辽宁省优秀教材·高等教育类
中国轻工业“十四五”规划教材

计算机程序设计案例教程

（第三版）

主　编　赵秀岩
副主编　康　丽　邵　利　王美航　房　媛

科学出版社
北　京

内 容 简 介

本书以层进式案例组为核心主线，用案例组逐步深入讲解程序设计知识点及问题求解的方法，并精心设计专业案例和多媒体小视频等。全书重点介绍程序设计的过程、方法及计算思维的基本思想。

本书以 C 语言作为程序设计的实现语言，共分 12 章，详细介绍 C 语言的数据类型与运算、程序设计基本结构、数组、函数、指针、其他构造数据类型、文件、算法之美等内容。每章围绕相关知识点和能力要素设计案例组，每组案例涉及 2～3 个程序。其中，案例由设计目的、案例分析与思考、案例主要代码、案例运行结果、案例小结、拓展训练、技能提高等部分组成。第 12 章算法之美，以拟解决的实际问题为导向，介绍问题求解的算法设计、代码设计、算法优化等内容，培养学生的计算思维能力、程序设计能力、问题分析求解能力和与专业结合解决实际问题能力。

本书适合作为高等学校本科计算机程序设计课程的教材，也可作为程序设计初学者的自学参考书，还可作为培训机构的培训教材。

图书在版编目（CIP）数据

计算机程序设计案例教程 / 赵秀岩主编. -- 3 版. -- 北京 ： 科学出版社, 2024. 8. --（辽宁省优秀教材）（中国轻工业“十四五”规划教材）.

ISBN 978-7-03-079264-8

I. TP311.1

中国国家版本馆 CIP 数据核字第 2024MT4355 号

责任编辑：宋 丽 杨 昕 / 责任校对：赵丽杰
责任印制：吕春珉 / 封面设计：东方人华平面设计部

科学出版社 出版
北京东黄城根北街 16 号
邮政编码：100717
http://www.sciencep.com

三河市骏杰印刷有限公司印刷
科学出版社发行 各地新华书店经销

*

2017 年 10 月第 一 版 2024 年 8 月第十一次印刷
2022 年 2 月第 二 版 开本：787×1092 1/16
2024 年 8 月第 三 版 印张：28 3/4
字数：680 000

定价：99.00 元

（如有印装质量问题，我社负责调换）
销售部电话 010-62136230 编辑部电话 010-62138978-2032

第三版前言

随着信息技术的发展，计算机应用技能及计算思维能力已成为当代大学生必备的基本素质。多数高等院校选择开设计算机程序设计课程，旨在培养学生利用计算机解决专业领域研究与应用问题的能力。本书为计算机程序设计类课程的推荐用书，是教师教学活动组织的重要参考资料，也是学生学习的辅导用书。依托本书，大连工业大学计算机基础教研室开设“计算机程序设计”的课程获批第二批国家级一流本科课程、辽宁省一流本科课程，同时本书也入选辽宁省优秀教材、中国轻工业“十四五”规划教材。

第三版在保留第二版特色和优势的基础上，对第二版的内容进行了如下修改。

1）修改第二版中错误和表述不够精准的内容，补充了部分案例的程序设计流程图，对部分习题做了更新。

2）对第二版中的部分案例重新设计与调整，对课程思政案例进行了部分调整。

3）对第二版中全部案例结构的完整性进行修改和完善。

第三版在保留第二版 11 章的基础上，新增第 12 章算法之美。第 12 章共设计六个典型实训，包括素数问题（哥德巴赫猜想）、排序问题（多种排序算法）、递归问题（汉诺塔）、穷举问题（破解密码）、大数处理（斐波那契序列），以及创意游戏设计（井字棋）。第 12 章总体设计以拟解决的实际问题为导向，介绍问题求解的算法设计、代码设计、算法优化等内容，培养学生的计算思维能力、程序设计能力和问题分析求解能力。

本书由大连工业大学教师团队组织编写。由赵秀岩担任主编，康丽、邵利、王美航、房媛担任副主编。参加本书编写的还有王海萍、于庆峰、王丹。全书由赵秀岩统稿。

由于编者水平有限，书中难免存在疏漏与不足之处，敬请广大读者批评指正。

编　者

第二版前言

随着信息技术的发展，计算机应用技能及计算思维能力已成为当代大学生必备的基本素质。多数高校选择开设计算机程序设计课程，旨在培养学生利用计算机解决专业领域研究与应用问题的能力。本书为计算机程序设计类课程的推荐使用教材，是教师教学活动组织的重要参考资料，也是学生预习、学习、复习的重要指导书。同时，书中思政案例设计也能够在潜移默化中实现立德树人的教育目标。

本次修订的主要内容及特色包括以下几个方面。

1）内容修改。修改第一版中有错误的内容，更新了部分习题。

2）修改和完善了案例组设计。课程教学内容采用案例组设计，培养学生计算思维能力；为实现阶梯式能力培养的案例组设计，难度层层递进，能力逐步提升，培养解决问题能力。其中，领写案例培养学生能够模仿并编写程序，实现人工逻辑验证；训练提高案例培养学生能够编写可在计算机上正确运行的程序，实现机器逻辑验证；高阶应用案例培养学生使用信息技术解决实际问题的能力，实现实际应用验证。

3）新增专业应用案例。为了助力轻工类专业的“新工科”建设，提升非计算机专业学生的计算应用能力，实现信息技术与专业知识的交叉融合，设计了专业应用案例。例如，应用于照明工程专业的“高压钠灯光效设计”案例，应用于化学工程专业的“锅炉材料设计中的温度计算”案例等。

4）新增高阶案例。为响应教育部关于国家级一流本科课程建设要求，提升课程挑战度，体现课程的高阶性与创新性，课程教学内容设计新增高阶案例，并将高阶案例写入书中。

5）新增课程思政案例。科学技术类课程思政设计的最大难点是，思政元素与课程内容的关联性、融合性较差，容易使思政教育变成刻板的说教，刻意痕迹明显。本书思政案例设计的根本原则是避开刻板说教的“坑”，力求做到“潜移默化，润物无声”。通过多年的教学实践，结合程序设计类课程的教学特点，编者从程序设计角度出发，以思政元素为程序设计题材，巧妙构建各类小程序的设计与开发，将思政元素融入程序设计中，真正做到课程思政与科学知识传授的完美融合。本书创新性地突出了鲜明的时代需求，培养学生具备大局观、社会责任感、高尚品德和严谨求真的能力。

6）新增二维码视频。为了满足新时代、新形势的教学需求，充分发挥教材的适用场景，特别在本书案例中加入了助学视频，用于解读案例内容、观看执行流程、查看常见错误等。

本书由大连工业大学教师团队组织编写。由赵秀岩、房媛担任主编，邵利、王美航、王海萍担任副主编。参加本书编写的还有康丽、李旭、刘英、于庆峰、伏剑森、王丹。全书由赵秀岩、房媛统稿。

由于编写时间紧张，加之编者水平有限，书中难免存在疏漏与不足之处，敬请广大读者和同行批评指正。

编　者

2021 年 9 月

第一版前言

随着信息技术的发展，计算机应用技能及计算思维能力已成为当代大学生必备的基本素质。多数高校选择开设计算机程序设计这样的课程，旨在培养学生利用计算机解决专业领域研究与应用问题的能力。

当前市场上多为传统教材，存在两方面不足。一方面，传统的程序设计教材注重编程语言的语法及规则介绍，学生依照教材完成学习过程，虽然可以掌握高级编程语言的语法规则，但是对利用计算机解决问题的思路及问题求解过程不能完全理解，不具备应用计算机独立解决实际问题的思维能力。另一方面，传统的程序设计教材在结构设计上分为理论与实验两部分内容，理论部分的知识介绍及案例与实验部分的内容之间没有进行紧密的关联设计，使得学生既对理论知识的认识和理解感到抽象，又对实验内容感到无从下手，实验只能“照猫画虎”、一知半解地完成，往往造成对学生的实践动手能力培养事倍功半。

本书是在总结传统教材存在的不足基础上，结合编者多年的教学经验编写而成的，具有如下特点：

1）在内容设计上，改变了传统教材以语法为主线的内容组织方式，而采取以案例为核心的组织方式，以“提出问题—分析问题—解决问题—总结问题—应用”为主线，旨在引导和帮助学生建立解决问题的常规思路，掌握程序设计的思维过程。

2）在结构形式上，实现了“理论实践一体化”的无缝设计。每个知识单元都设计成“案例组”的形式。每一组案例涉及 2～3 个程序，第一个是理解程序，主要由教师讲解，包括案例设计目的、案例分析与思考（部分简单案例略）、案例主要代码、案例运行结果、案例小结；第二个是拓展训练：模仿程序，问题难度、算法都与第一个程序十分类似，由学生模仿练习；第三个是技能提高（部分案例略）：提高程序，在前面两个程序的基础上，难度和算法略有变化和提升，由学生独立完成。这样就会在潜移默化中培养学生在面对复杂问题时，采用从简到繁的解决方法和思维方式。

3）本书突破了传统教材理论与实践分别组织的特点，将理论教学和实践完美地结合在一起。这也是本书的创新之处。如果程序设计课程能够在机房授课，即保证学生人手一机，那么本书将是教学的不二选择。即使是在多媒体教室授课，也可以选择本书，同样可以取得良好的教学效果。

4）书后附录 I 给出了大量经典习题，并附有答案，可供学生进行同步练习，也可供参加计算机等级考试的学生参考。

本书由大连工业大学计算机基础教研室教师组织编写，由赵秀岩、于晓强任主编，王美航、邵利、阎丕涛任副主编。具体分工如下：第 1、2 章由康丽编写，第 3、4 章由邵利编写，第 5 章由刘英编写，第 6 章由房媛编写，第 7 章由赵秀岩编写，第 8 章由于晓强编写，第 9 章由王美航编写，第 10、11 章由贺晓阳编写，全书由赵秀岩、阎丕涛统稿。

由于编者水平有限，书中难免存在疏漏与不足之处，敬请广大读者和同行批评指正。

编　者

2017 年 7 月

目　　录

第 1 章　概　　述

当今世界计算机已无处不在，从生产、生活到军事、科研，各行各业都离不开计算机；从学习、工作到休闲娱乐，计算机以各种形式成为人们不可缺少的“伴侣”。当你使用计算机进行数据计算或者游戏娱乐的时候，是否想过这些功能是如何实现的呢？显然是通过运行程序实现的，若要处理数据，就要运行数据处理的程序；若要玩游戏，就要运行游戏程序。那么，这些程序是如何编写的呢？是否想自己动手编写程序让计算机运行呢？让我们开始神奇的编程之旅吧！

本章知识图谱如图 1-1 所示。

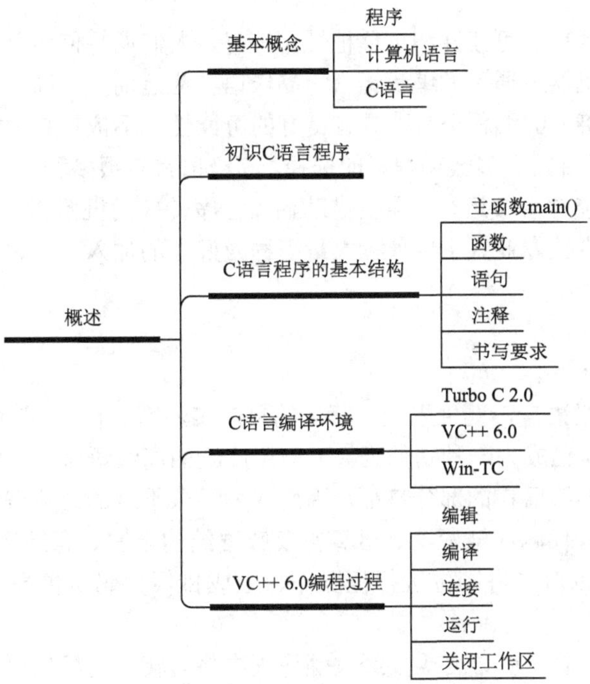

图 1-1　“概述”知识图谱

1.1　基 本 概 念

1. 程序

在编程写程序之前，首先要知道什么是程序。程序是为了实现特定任务而用计算机语言编写的命令序列的集合。

2. 计算机语言

编程需要使用计算机语言。计算机语言是人与计算机进行交流的工具，主要分为三种：机器语言、汇编语言和高级语言。

机器语言：完全由“0”和“1”构成的机器指令，计算机可直接运行。但其含义不清，难学、难记、难理解，同一条指令，不同型号的机器使用的“0”“1”字符串有可能不同。

汇编语言：为了方便理解和记忆，减轻编程人员的负担，人们开发出了汇编语言。汇编语言用一些含义相对清晰的英文字母、符号替代相应功能的二进制串指令，如ADD代表相加。汇编语言不能直接运行，需要由翻译程序将其转换成机器语言才能够运行。汇编语言依旧依赖计算机硬件，不同型号的硬件汇编指令可能不同。这种针对特定硬件的汇编指令，运行效率比较高，但移植性不好，更换硬件可能要更改程序甚至重新编程。

高级语言：汇编语言的可读性和可移植性不够好，人们期待使用更接近人类自然语言习惯、在不同型号机器上通用的编程语言，高级语言应运而生。高级语言是与人类自然语言（英语）较为接近的编程语言，具有良好的可读性，不依赖具体的计算机型号和类型，通用性较强，是目前大多数编程者的选择。高级语言有很多种，如C、C++、Java、C#等。高级语言也不能够直接运行，需要借助翻译程序转换为机器语言。高级语言的出现，使编程不再为极少数专业人士专属。大量编程爱好者的加入，极大地推动了计算机技术的飞速发展。

3. C语言

C语言是一种高级语言，诞生于世界著名的贝尔实验室。自1972年问世以来，经过多年的发展，C语言已成为一种功能强大、应用广泛的高级语言。它既具有高级语言的基本特征，又具有汇编语言的部分特征，因而成为经久不衰的经典编程工具。同其他语言相比，C语言具有代码简洁紧凑、运算符及数据结构丰富、有结构化的控制语句、语法限制不严格、可以对二进制位进行位操作、生成目标代码质量高、可移植性好等特点。

与所有高级语言一样，C语言需要经过翻译程序将其转换为机器语言才能够运行。C语言程序运行的过程（以VC++ 6.0编程环境为例）如图1-2所示。

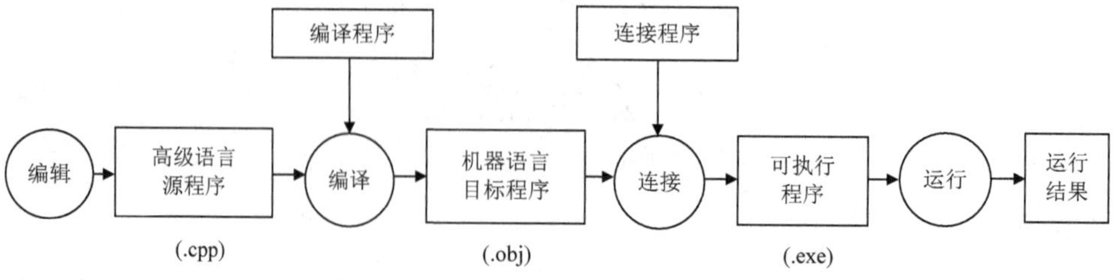

图1-2　C语言程序的运行过程（以VC++ 6.0编程环境为例）

1）编辑：使用编辑器输入程序代码，在VC++ 6.0编程环境中保存成扩展名为.cpp

的源程序文件。

2）编译：用编译程序将源程序翻译成机器语言程序，即生成扩展名为.obj 的目标程序文件。

3）连接和运行：连接，即通过连接程序将引用的所有函数连接到目标程序中，生成扩展名为.exe 的可运行程序文件；运行是指有相应运行结果。

1.2　初识 C 语言程序

本节通过两个案例初步认识 C 语言程序。

【案例 1-1】 编写程序，输出多行文字。

案例设计目的

1）初步认识 C 语言程序。

2）掌握高级语言程序执行过程。

案例主要代码

```
#include<stdio.h>
void main()
{
    printf("神奇的编程之旅\n");
    printf("启程！");
}
```

案例运行结果

本案例运行结果如图 1-3 所示。

图 1-3　案例 1-1 运行结果

拓展训练

运用 C 语言的力量，发挥你的想象力，表达你的心意。

参考代码如下：

```
#include<stdio.h>
void main()
{   printf("      ***           ***\n");
    printf("    *1111111*     *1111111*\n");
    printf("  *111111111111*111111111111*\n");
    printf(" *1110000  0000 0000  0000111*\n");
```

```
    printf(" *111   0  0  0    0  0  0111*\n");
    printf(" *1110000  0  0 0000  0  0111*\n");
    printf(" *1110     0  0 0     0  0111*\n");
    printf("  *110000  0000 0000  000011*\n");
    printf("   *                     *\n");
    printf("    *      编程之旅       *\n");
    printf("      *    正式启航      *\n");
    printf("        *              *\n");
    printf("          *         * \n");
    printf("            *     * \n");
    printf("                *\n");
}
```

运行结果如图 1-4 所示。

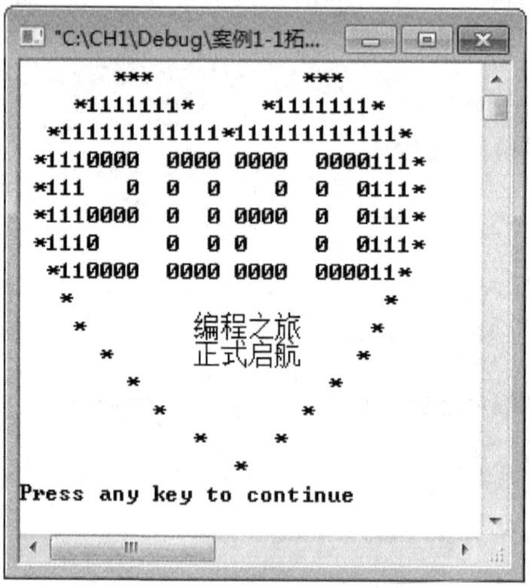

图 1-4　表达你的心意

C 语言的语法和语句更接近自然语言的表述习惯，其程序可读性很好。请阅读案例 1-2，推测其具体功能。

【案例 1-2】详细阅读并分析程序功能。

案例设计目的

1）阅读 C 语言程序。
2）推测程序功能。
3）体会 C 语言程序良好的可读性。

案例主要代码

```
#include<stdio.h>
void main()
{
    int a,b,c;
    a=300; b=18;
    c=a+b;
```

```
    printf("a+b=%d\n",c);
}
```

案例运行结果

通过案例 1-2 的运行结果（图 1-5），验证推测结果，该程序的功能是实现求两个整数的和。

图 1-5　案例 1-2 的运行结果

1.3　C 语言程序的基本结构

对比案例 1-1、案例 1-2 两个程序，不难总结出 C 语言程序的共同之处是都有 main( ){}。模仿案例 1-2 实现两个整数的和，可写出求两个数的平均值的程序。

【案例 1-3】 编写程序，实现计算并输出两个整数的平均值。

案例设计目的

1）掌握 C 语言程序的基本构成。

2）理解 C 语言程序的编写规则。

案例主要代码

```
/*求两个数的平均值*/
#include<stdio.h>
void main()                //主函数首部
{                          //"{"表示函数体开始
    int x,y,p;
    x=60; y=40;
    p=(x+y)/2;
    printf("p=%d\n",p);
}                          //"}"表示函数体结束
```

案例运行结果

案例 1-3 的运行结果如图 1-6 所示。

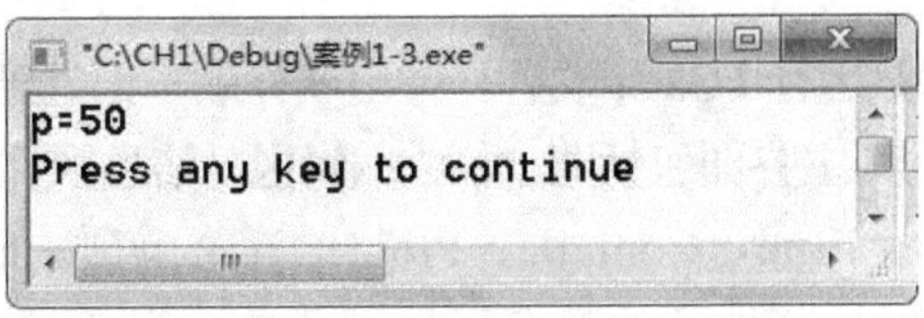

图 1-6　案例 1-3 的运行结果

案例小结

（1）主函数 main()

C 语言程序由函数构成，一个 C 语言程序可以有多个函数，但必须有且只能有一个 main()（主函数）；程序从 main()函数开始运行。

（2）函数

函数由函数首部和函数体组成，完整形式如下：

```
函数类型 函数名称(函数参数类型 函数参数 1,函数参数类型 函数参数 2,……)
{   函数体   }
```

本案例中 main()函数的首部就是第 3 行“void main()”，“main”是函数名称，函数名称前面的“void”是函数类型，没有函数参数，所以“()”内为空。紧跟在函数首部后的左大括号“{”表示函数体开始，相应的右大括号“}”表示函数体结束，即该函数结束。

（3）语句

函数体内为语句，包括说明性语句和可运行语句，所有语句必须以分号“;”结束。

（4）注释

注释是不参与程序运行的内容，可以出现在程序的任何位置。注释部分对程序运行没有任何影响，只是供编程人查看。常用的注释方式有以下两种：

①“/* …… */”形式。使用“/*”和“*/”括起来，可用于行中部分注释、单行或多行注释，如案例 1-3 代码第 1 行注释：“/*求两个数的平均值*/”。

②“//……”形式。使用“//”实现单行注释（个别编译环境不支持，如 Win-TC），表示从该行“//”开始的内容均为注释部分，如案例 1-3 代码第 3 行的注释“//主函数首部”等。

（5）书写格式

C 语言书写格式自由，一条语句可以占一行或多行，一行也可以有一条或多条语句。C 语言区分大小写，多用小写字母。程序书写格式虽未规定，但多采用按层次缩进格式。所有标点符号必须为英文格式，否则编译程序无法识别。

1.4　运行 C 语言程序

本节介绍如何在计算机上运行 C 语言程序。C 语言程序的开发主要包括编辑、编译、连接和运行几个步骤。常用的高级语言开发工具集成了编写程序需要的编辑器、编译需要的编译程序、连接需要的连接程序。下面简要介绍常见的 C 语言程序开发工具 Turbo C 2.0、VC++ 6.0、Win-TC。

1.4.1　Turbo C 2.0

打开 tc2 文件夹，找到并运行 TC.exe 文件，弹出软件版本信息窗口后按【Enter】键，即进入 Turbo C 2.0 开发环境。其主界面包括菜单栏、编辑区、信息区、提示栏，如图 1-7 所示。

菜单栏包括 File、Edit、Run、Compile、Project 等菜单项。Edit 的功能是激活编辑区进入编辑状态，除了此项外其他各项都有下拉子菜单。在 Turbo C 2.0 环境下鼠标不可用，只支持键盘。可使用【Alt】键加上菜单项首字母选择菜单项，结合上下左右方向键切换菜单项。

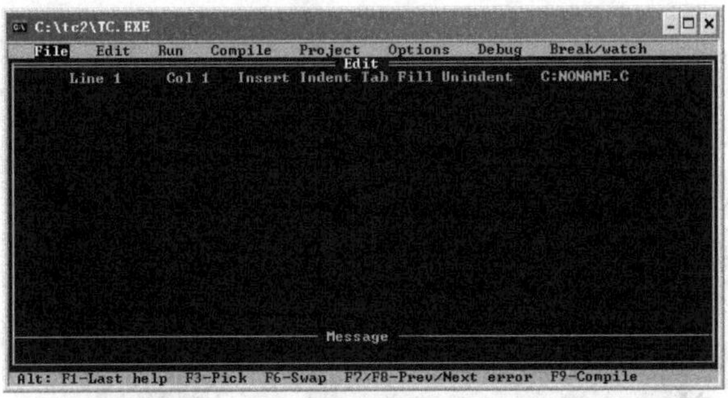

图 1-7　Turbo C 2.0 主界面

在 Turbo C 2.0 中运行程序的主要步骤如下。

1. 编辑

按【Alt+F】组合键或在 File 菜单项选中的状态下按【Enter】键，在下拉菜单中通过向下箭头键选择 New 命令并按【Enter】键，光标将切换到编辑区域，即可开始编辑程序，如图 1-8 所示。如果需要打开已有的 C 语言程序，则选择 Load 命令并按【Enter】键，输入要打开文件的路径名称后按【Enter】键即可。

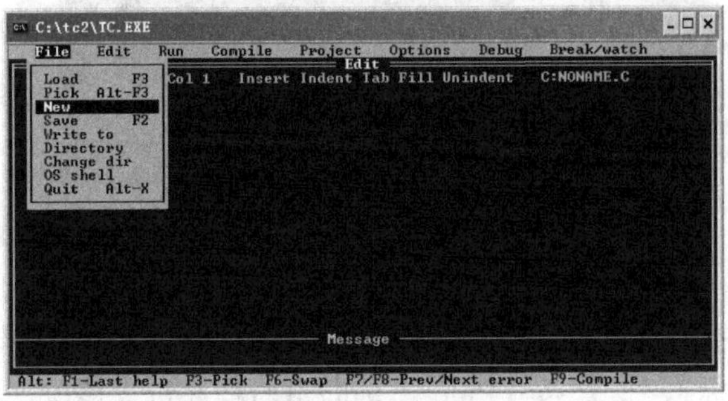

图 1-8　新建文件

在编辑区域输入 main() {printf("Let's start, now!")}。编辑完毕应保存程序，可使用 File→Save 命令或快捷键【F2】。同其他软件一样，首次保存程序会弹出保存路径窗口，输入需要保存的位置和文件名，按【Enter】键，即可完成保存，如图 1-9 所示。

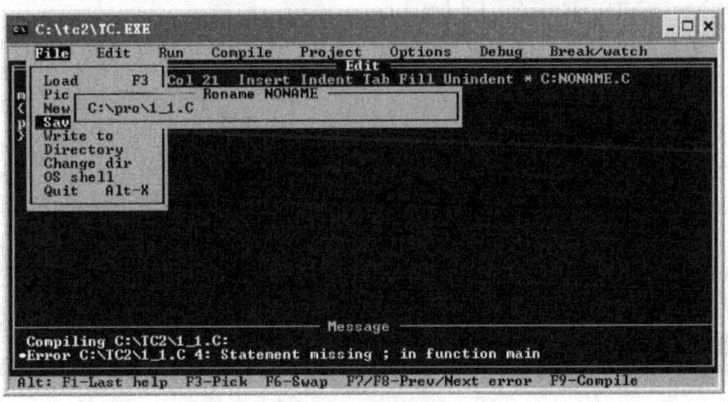

图 1-9　设置保存路径

2. 编译

完成程序的输入后，选择 Compile→Compile to Obj 命令进行编译。编译完成后会弹出编译结果窗口，如果错误数不为 0，则表示程序中有错误需要修改，如图 1-10 所示。

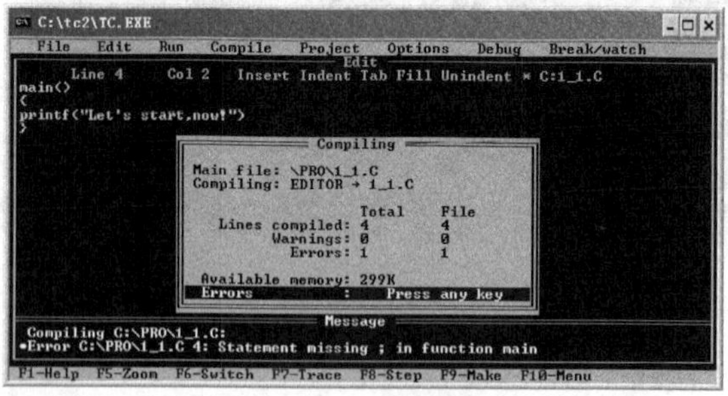

图 1-10 编译结果

按【Enter】键可看到信息窗口高亮显示错误提示信息，同时在编辑区域高亮显示错误可能出现的位置，如图 1-11 所示。

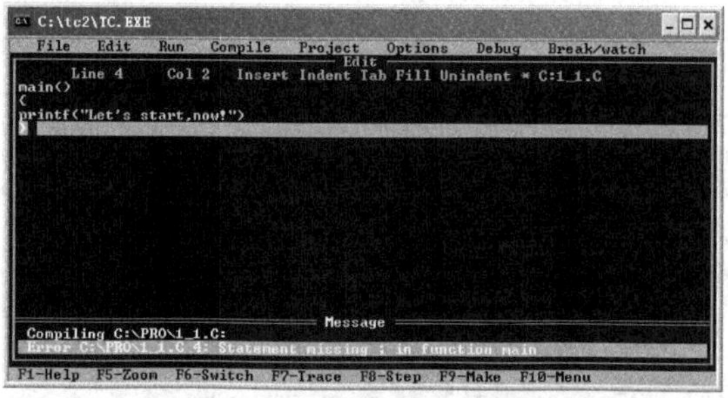

图 1-11 编译错误提示

阅读错误提示“Statement missing; in function main”，观察编辑区错误提示行，可以看出缺少了语句结束标志“;”。按【Enter】键即可对程序进行修改，将光标移到 printf 语句的末尾添加“;”，再次编译，若有错误则继续修改，直到显示错误数为 0。

3. 连接

编译无误后，可以开始连接。连接的方法是：选择 Compile→Link Exe File 命令。连接后也会有结果提示，通常是没有错误的。

4. 运行

连接的下一步是运行，通过 Run→Run 命令或按【Ctrl+F9】组合键完成。也可省略编译和连接，直接运行 Run 命令或按【Ctrl+F9】组合键，系统会自动依次进行编译、连接、运行。

程序正常运行后并没有任何提示，需要通过 Run→User Screen 命令或按【Alt+F5】组合键查看结果，按【Enter】键可返回编辑界面。程序运行结果如图 1-12 所示。

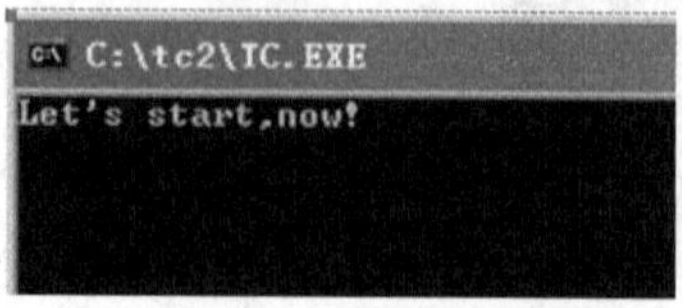

图 1-12 程序运行结果

1.4.2　VC++ 6.0

VC++ 6.0 是微软（Microsoft）公司开发的一个功能强大的可视化集成编程环境，其编程主界面如图 1-13 所示。本书后续章节所有案例程序均以 VC++ 6.0 为编程工具。

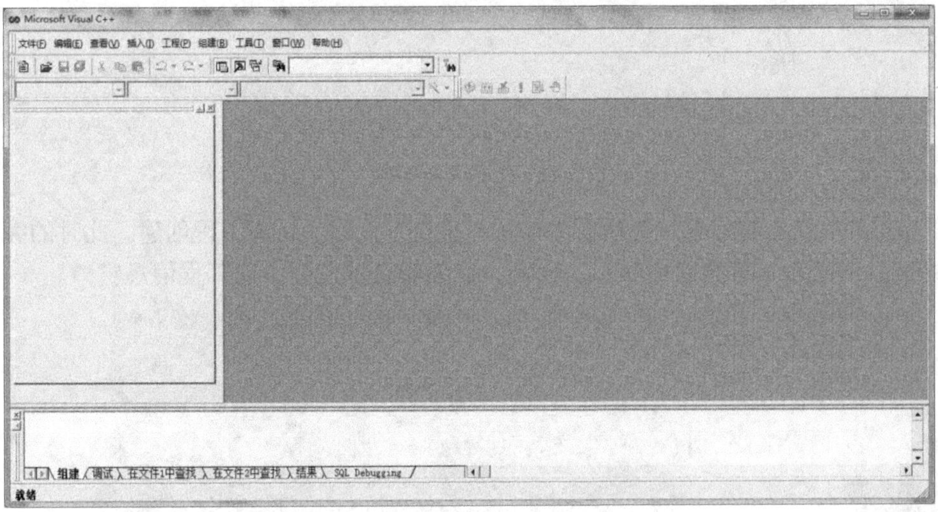

图 1-13　VC++ 6.0 主界面

以案例 1-2 的运行为例，在 VC++ 6.0 中运行程序的主要步骤如下。

编译环境使用指导

1．编辑

（1）新建工程

选择“文件”→“新建”命令，在弹出的“新建”对话框中选择“工程”选项卡中的 Win32 Console Application 选项，并设置工程名称及存储位置，然后单击“确定”按钮，如图 1-14 所示。

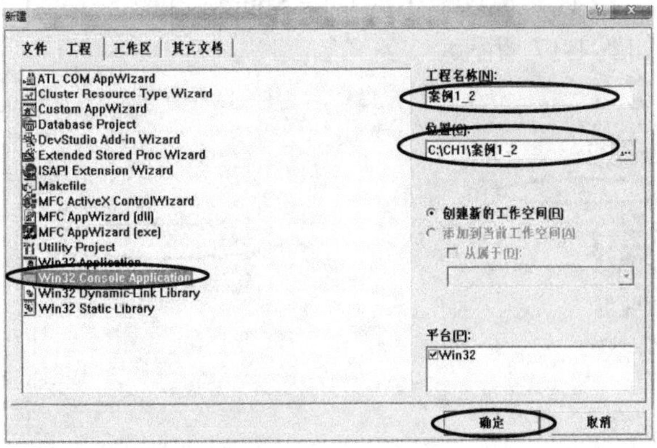

图 1-14　新建工程

在弹出的对话框中选中“一个空工程”单选按钮，单击“完成”按钮，如图 1-15 所示。

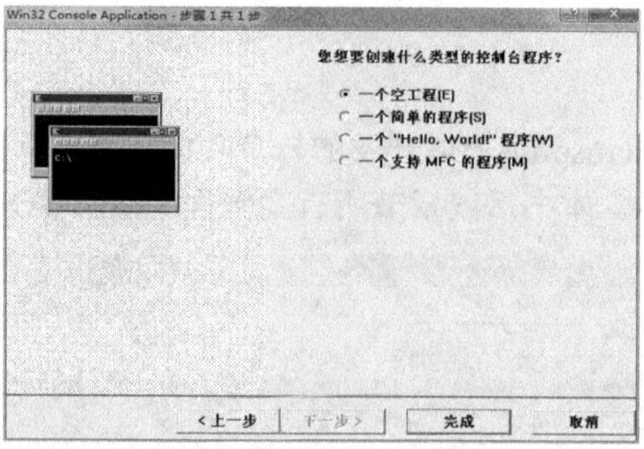

图 1-15　选择工程类型

在弹出的“新工程信息”对话框中单击“确定”按钮，完成工程创建。此时的编程环境如图 1-16 所示，标题栏中显示工程名，在编辑区域左侧出现工程信息窗口。

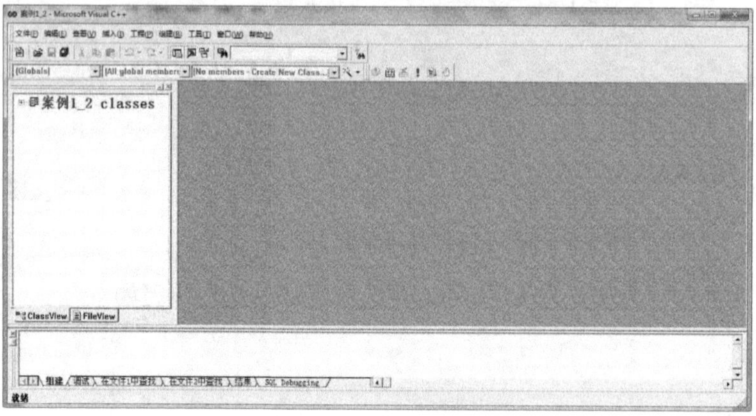

图 1-16　工程创建完成

（2）新建文件

在完成工程创建的主窗口（图 1-16）中，选择“文件”→“新建”命令，在弹出的“新建”对话框中选择“文件”选项卡中的 C++ Source File 项，并在右侧设置文件名，单击“确定”按钮，如图 1-17 所示。

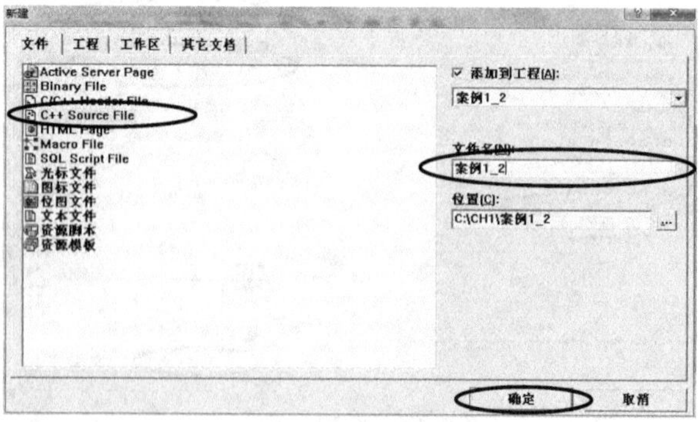

图 1-17　新建文件

（3）编辑程序

新建文件后，即可在文件编辑窗口中编辑程序（以案例 1-2 为例），如图 1-18 所示。

程序输入完成，选择“文件”→“保存”命令或单击工具栏中的“保存”按钮进行保存。

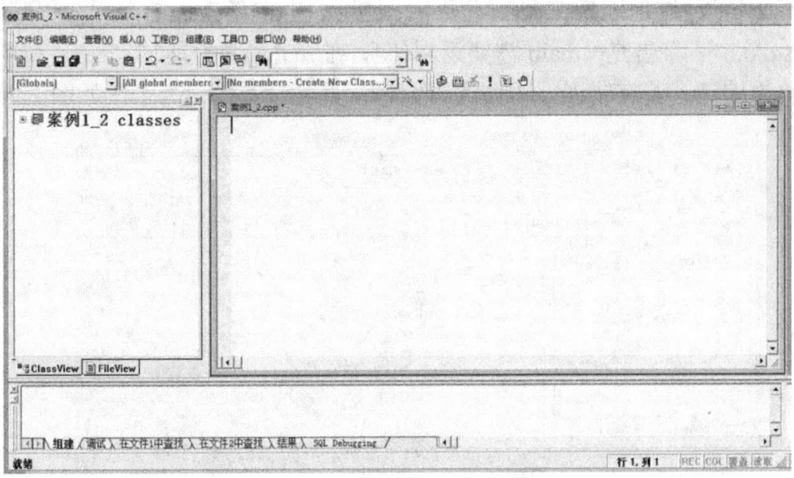

图 1-18　程序编辑界面

2. 编译

完成程序的输入并保存后，选择“组建”→“编译”命令或单击工具栏中的“编译”按钮进行编译，如图 1-19 所示。

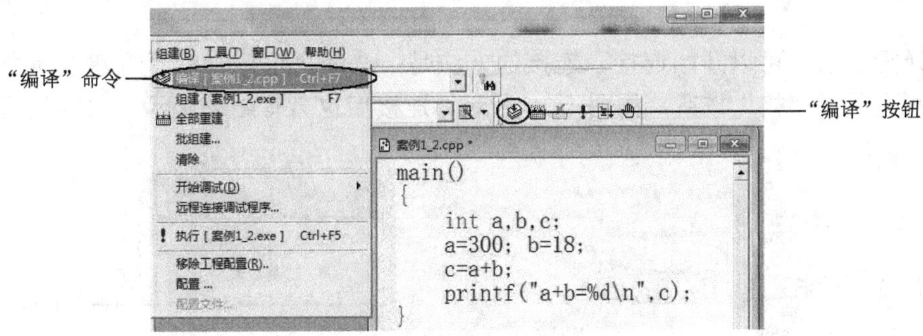

图 1-19　编译的两种方式

编译完成后，下方窗口会显示编译结果，提示是否有错误（error）或警告（warning），错误必须修改，警告可以不修改。本例中提示一个错误和一个警告，如图 1-20 所示。

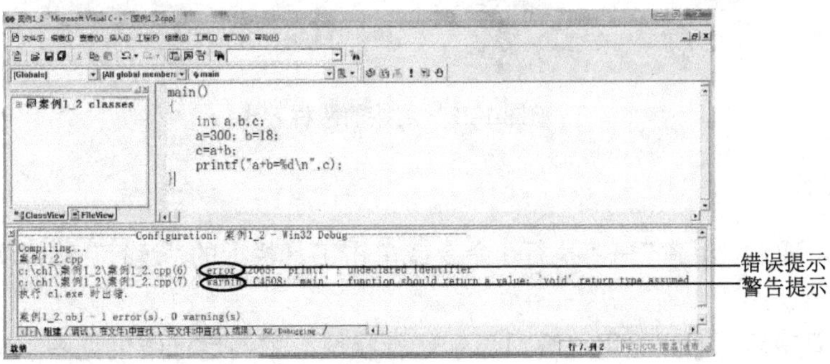

图 1-20　编译错误提示

双击错误提示行，会在程序编辑区域指示错误大概位置。本例错误提示是“printf 是没有声明的标识符”，这是因为在 VC 环境下，使用 printf()函数之前必须在程序第一行加上#include <stdio.h>。警告是“main 需要返回值”，在 main()函数前加上 void 和空格即可。修改完成后再次编译，若有错误，再修改再编译，直到没有错误为止，如图 1-21 所示。

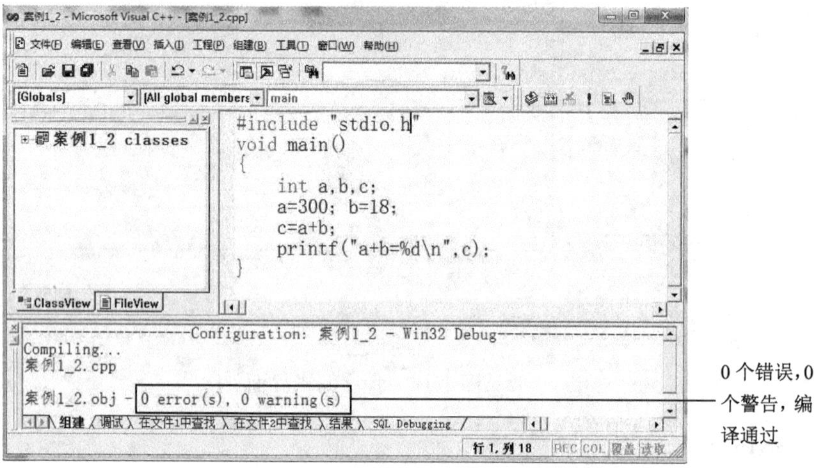

图 1-21　编译通过

3. 连接

编译无误后，可以开始连接。连接的方法是：选择“组建”→“组建”命令或单击工具栏上的“连接”按钮，如图 1-22 所示。连接后也会有结果提示，通常是没有错误的。

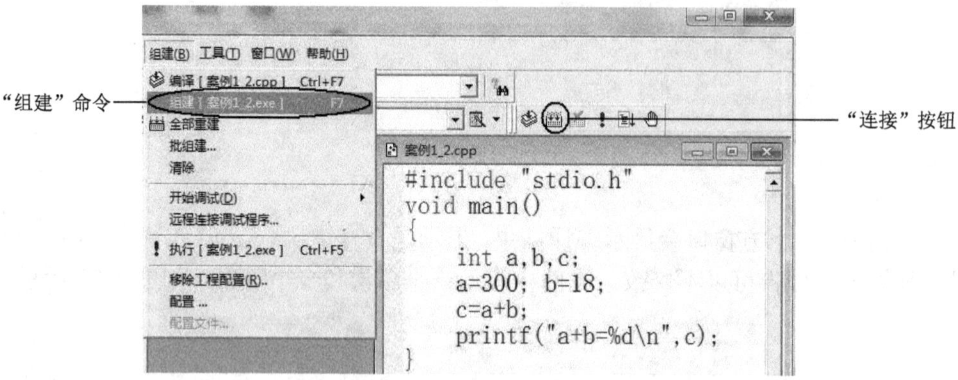

图 1-22　连接的两种方式

4. 运行

运行可通过“组建”→“执行”命令或单击工具栏上的“运行”按钮实现，如图 1-23 所示。

运行程序后，即弹出用户窗口显示运行状况，本例运行结果见图 1-5。

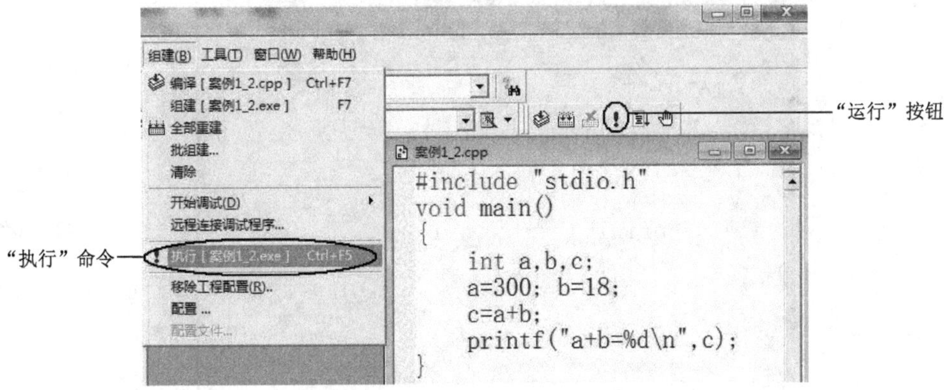

图 1-23 运行的两种方式

5. 关闭工作区

按任意键可返回程序编辑界面。若已完成此程序，则进行下一个程序的编辑之前必须先关闭当前程序所在的工程，使 VC 环境恢复到没有任何工程和文件的状态下（见图 1-13）。可以选择“文件”→“关闭工作空间”命令实现，如图 1-24 所示。

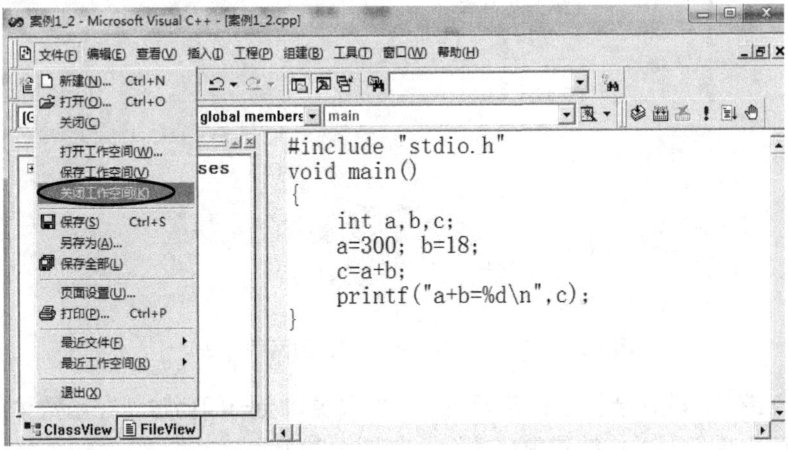

图 1-24 关闭工作区

1.4.3 Win-TC

Win-TC 是一个 TC 2 Windows 平台开发工具，该软件使用 TC 2 为内核，提供 Windows 平台的开发界面。因此与 Turbo C 2.0 不同，Win-TC 下可以使用鼠标，具有剪切、复制、粘贴和查找替换等功能。

打开 Win-TC，可以直接在其主界面编辑区域输入程序（以案例 1-3 为例），如图 1-25 所示。

完成输入并保存后，选择“运行”→“编译连接并运行”命令或单击工具栏中的相应按钮实现编译连接运行，如图 1-26 所示。

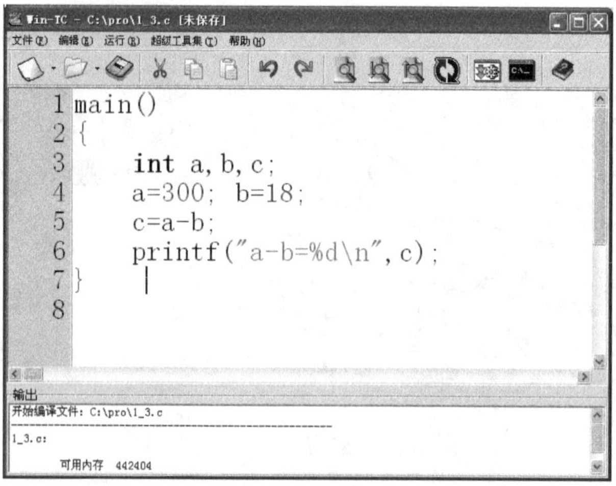

图 1-25 Win-TC 主界面

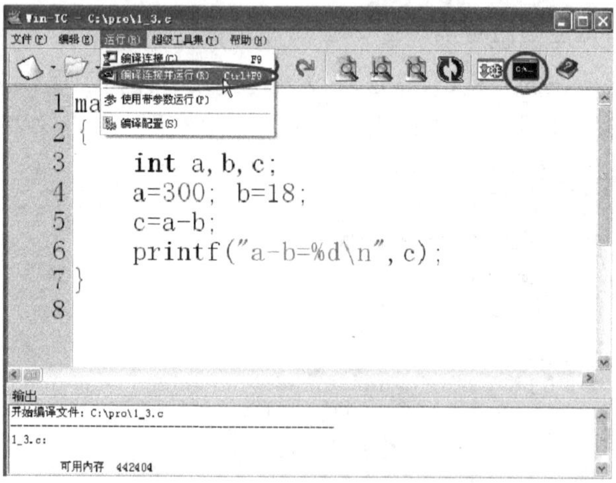

图 1-26 Win-TC 编译连接运行的两种方法

若程序有错误，软件会提示；若无错误，结果窗口会一闪而过。在函数体最后一行加上“getch();”语句即可使结果窗口停留，如图 1-27 所示。

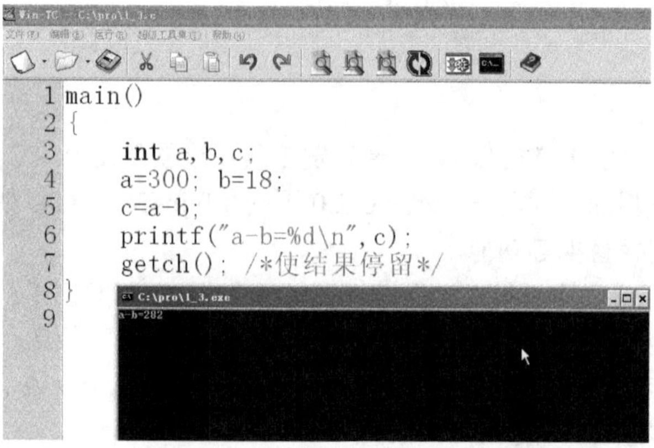

图 1-27 案例 1-3 运行结果

本章小结

本章介绍了程序、计算机语言等概念，C 语言程序的结构、C 语言编译环境等内容。

程序是为了实现特定任务而用计算机语言编写的命令序列的集合。

计算机语言是人与计算机进行交流的工具，主要分为三种：机器语言、汇编语言和高级语言。其中，机器语言是计算机可以直接识别的语言；汇编语言用助记符代替了“0”“1”字符串，使程序更好理解和阅读；高级语言更好地脱离了硬件的约束，语言语法规则更贴近自然语言，程序可读性和可移植性好，容易学习和掌握。

C 语言是计算机高级语言中的一种。用 C 语言编写的程序不能直接在计算机中运行，还需要使用相应的编译器对其进行编译、连接处理，生成可运行文件，才能运行。通常 C 语言程序的运行过程分为四个步骤：编辑、编译、连接和运行。

C 语言程序由函数构成，一个 C 语言程序中可以有多个函数，但必须有且只有一个 main()函数（主函数）；程序从 main()函数开始运行。为方便程序员或开发小组或维护团队阅读、理解、维护程序，C 语言允许在程序中插入注释，即对程序进行解释说明的文字。注释不参与程序运行，可以出现在程序中的任何位置。“//” 实现行注释，“/*” 和 “*/” 括起来，实现行中部分、单行或多行注释。

第 2 章　程序设计基础

所有程序都是为了求解某种计算或处理某种事务而编写的，如炮弹飞行轨迹计算程序、网上购物程序等。程序中主要包含两部分内容：算法（即处理方法）和数据（即所要处理的对象）。

同现实生活中一样，在实施解决问题的行动（编程）之前需要确定解决问题的方法（算法），然后依据算法编程实现对数据的处理，以得到所求结果。在数据处理方面，C 语言具有丰富的数据类型和相对齐全的运算符，可以表达复杂的数据存储和组织形式，可以实现各类运算，为实现高效率编程提供良好的基础条件。

本章简要介绍算法，重点讲述 C 语言程序设计中数据类型与运算符等与数据处理相关的基础知识。本章知识图谱如图 2-1 所示。

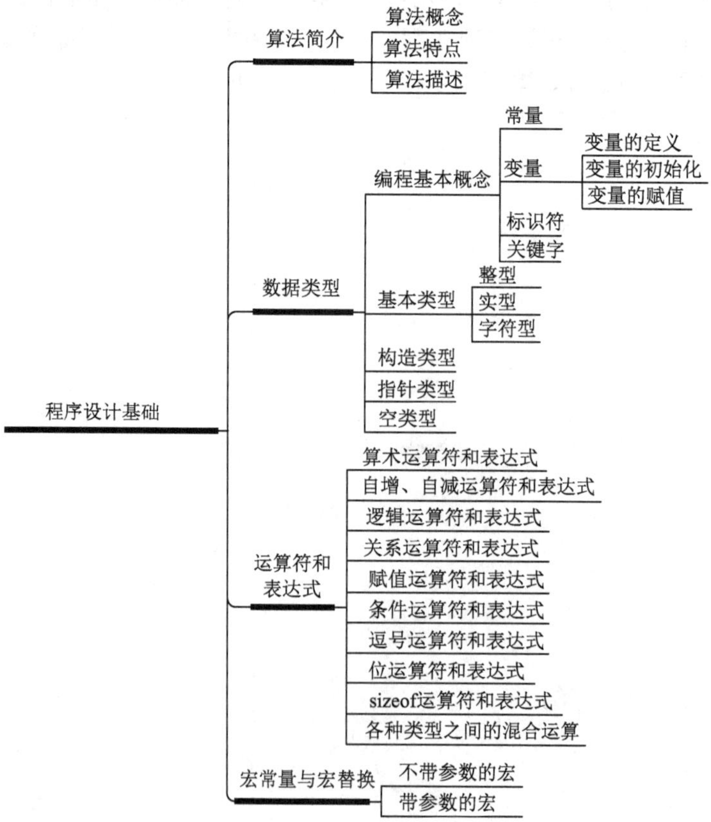

图 2-1　“程序设计基础”知识图谱

2.1　算 法 简 介

算法是为解决问题而采取的方法和步骤。编写程序前，必须先根据所要解决的问题制定算法。算法确定后，方可根据算法编写程序。算法的优劣是直接影响程序效率的重要因素。

【案例 2-1】 计算并输出 z=x+y 值的算法。

案例算法描述如下：

1）输入 x，y 的值；

2）计算 x+y 的值，并令 z 等于计算结果；

3）输出 z 的值。

【案例 2-2】 判断一个学生成绩（score）是否及格的算法。

案例算法描述如下：

1）输入 score 的值；

2）如果 score 大于或等于 60，输出“及格”；否则输出“不及格”。

【案例 2-3】 求 1+2+3+4+5+6 的算法。

案例设计目的

1）了解算法的基本概念。

2）体会不同算法实现的效率。

案例分析与思考

算法 1：

1）先求 1+2，得到 3；

2）将步骤 1）的结果 3 加 3，得到 6；

3）将步骤 2）的结果 6 加 4，得到 10；

4）将步骤 3）的结果 10 加 5，得到 15；

5）将步骤 4）的结果 15 加 6，得到 21。

算法 2：

定义两个变量 sum、i。其中，sum 代表累加和，i 代表加数。

1）令 sum=0；

2）令 i=1；

3）计算 sum+i，使 sum 等于最新计算的累加和，可表示为 sum+i⇒sum；

4）使 i 的值加 1，即 i+1 ⇒i；

5）如果 i 不大于 6，返回重新运行步骤 3）及其后的步骤 4）、5）；否则，算法结束。最后得到的 sum 值即所求。

思考：如果求 1+2+3+…+100 的值，上述两种算法需要做怎样的修改？哪种算法更简洁高效？

案例小结

（1）算法特点

1）一个算法可以有零个输入（如案例 1-1）或多个输入（如案例 2-1、案例 2-2）。

2）算法必须至少有一个输出。

3）算法的每一步必须准确地说明。

4）算法必须有有穷个计算步骤。

5）算法必须有确定有效的计算结果。

（2）算法描述

算法描述除了可以使用案例中的自然语言外，还有很多种方法。为了使算法更加直观形象、便于理解，人们大多采用图形化的方式进行描述，其中常用的是流程图，即用一些具有固定含义的几何图形描述算法，常用流程图图形及含义如图 2-2 所示。

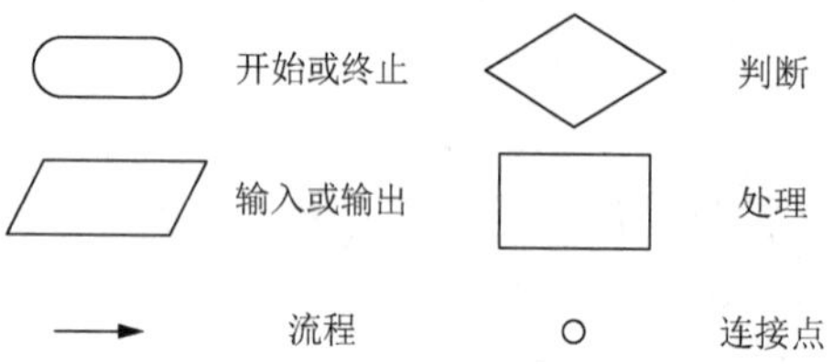

图 2-2　常用流程图图形及含义

用流程图表示案例 2-1～案例 2-3 的算法，如图 2-3～图 2-5 所示。

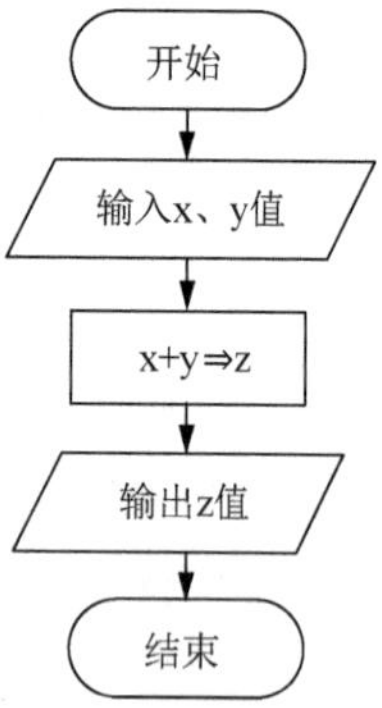

图 2-3　案例 2-1 流程图

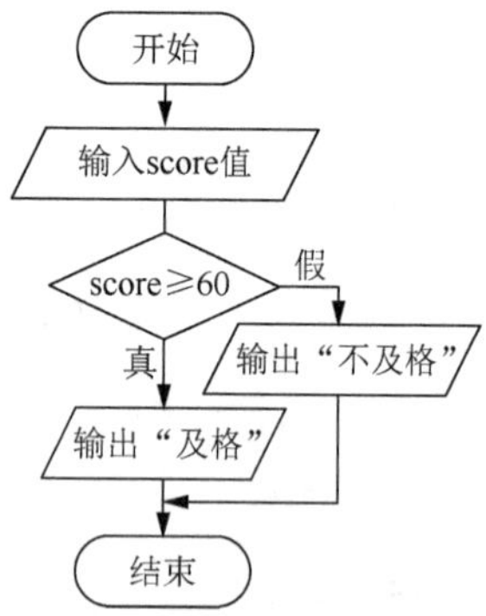

图 2-4　案例 2-2 流程图

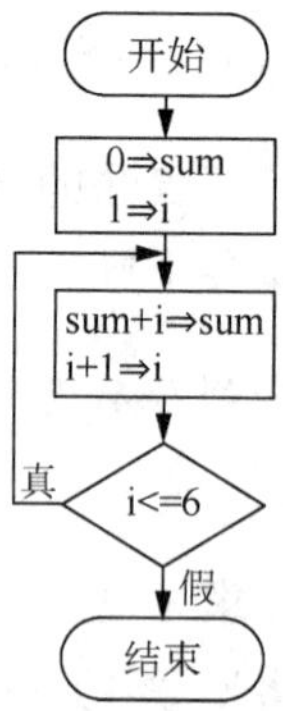

图 2-5　案例 2-3 流程图

确定了解决问题的算法后，即可依据算法选择编程语言编程并运行，以解决问题。例如，根据案例 2-1 的已确定的算法，按照 C 语言的规则编写程序，如图 2-6 所示。

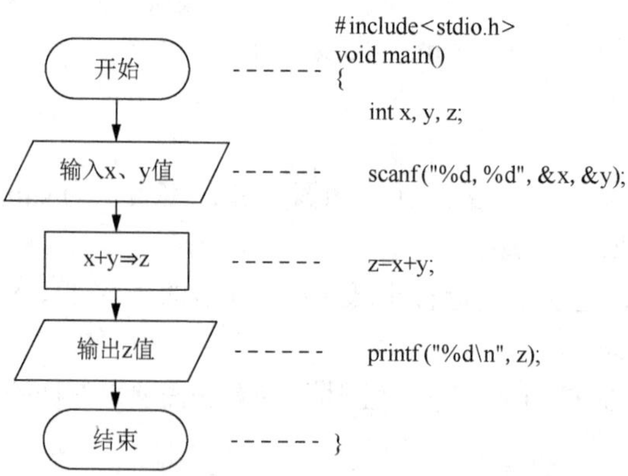

图 2-6　案例 2-1 算法流程图及 C 语言程序代码

拓展训练

设计求 31、96、75 平均值的算法，用流程图表示。

技能提高

设计求 1×2×3×4×…×n 的算法，用流程图表示。

2.2　数 据 类 型

现实中有多种不同的数据，如 5、x、1.2、π 等。为了更好地描述和解决问题，C 语言提供了丰富的数据类型。不同数据使用不同的数据类型存储，可以节约空间，方便存取，提高管理和处理效率。

按照数据是否可变化，可将数据划分为常量（不可变化的具体数据）和变量（可改变的数据存储空间）。按照数据形式（如整数、小数）和存储方式（存储所占空间），C 语言将数据划分为基本类型、构造类型、指针类型、空类型四大类，每一类型又有详细划分。C 语言的数据类型如图 2-7 所示。本节主要学习常量、变量及整型、实型和字符型数据，其他类型将在后续章节中介绍。

- C语言数据类型
  - 基本类型
    - 整型
    - 实型或浮点型
      - 单精度
      - 双精度
    - 字符型
    - 枚举类型
  - 构造类型
    - 数组类型
    - 结构体类型
    - 共用体类型
  - 指针类型
  - 空类型

图 2-7　C 语言的数据类型

2.2.1　常量和变量

1. 标识符

在编程过程中，很多对象需要名称，如符号常量、变量、数组、函数等。标识符即代表变量名称、符号常量名称、数组名称、函数名称等的单个或多个字符。合法标识符规则如下：

1）由字母、数字、下划线组成，且首字符必须是字母或下划线。

2）大小写敏感，即区分大小写字符，如 A 和 a 为不同标识符。

3）不能使用关键字。关键字是指系统保留的有特殊或固定含义的标识符。

C 语言中有 37 个关键字，如表 2-1 所示，其中后 5 个为新标准补充，部分书中采用旧标准中的 32 个关键字。

表 2-1 C 语言中的 37 个关键字及用途

关键字	用途	关键字	用途
int	基本整型	float	单精度实型
double	双精度实型	char	字符型
short	短整型	long	长整型
signed	有符号类型	unsigned	无符号类型
void	空类型	struct	结构体类型
union	共用体类型	enum	枚举类型
if	选择结构语句	else	选择结构语句，与 if 配对使用
switch	选择结构语句	case	选择结构语句，与 switch 配合使用
goto	跳转语句	do	循环结构语句，与 while 配合使用
while	循环结构语句	for	循环结构语句
return	函数返回语句	break	结束循环或跳出 switch 语句
continue	结束本次循环	default	switch 中的默认语句
auto	自动型存储类型	register	寄存器存储类型
extern	扩展存储类型	static	静态存储类型
const	把对象转变成常数对象	sizeof	测量字节数
typedef	类型重定义	volatile	特征修饰符
restrict	类型修饰符	inline	表示为内联函数
_bool	布尔型	_imaginary	虚浮动类型说明符
_complex	复数类型		

2. 常量

常量是指程序运行过程中其值不能改变的量，如数学方程 y=2x+1，2、1 是常量，x、y 是变量。常量的表示也可以不直接使用常数，使用指定的符号代表一个常数，如数学中的 π、e 等，称其为符号常量，详见 2.4 节的相关内容。

3. 变量

（1）变量定义

在程序运行过程中，其值可以随时改变的量称为变量。变量的命名遵守标识符命名规则。

变量在使用之前，必须对变量进行定义声明，即须先定义变量的类型（整型、实型、字符型等）和名称，一般格式如下：

```
数据类型说明符  变量列表;
```

其中，数据类型说明符为定义变量的类型，变量列表可以是一个或多个变量名称，若为多个变量同时定义，中间需要用逗号隔开。各种类型的变量定义形式如表 2-2 所示。

表 2-2　变量定义形式

数据类型	关键字	变量的定义	说明
整型	int	int x; int x,y;	定义整型变量 x 定义整型变量 x 和 y
	short int	short int x;	定义短整型变量 x
	long int	long int x;	定义长整型变量 x
	unsigned int	unsigned int x;	定义无符号整型变量 x
实型	float	float f1,f2;	定义单精度实型变量 f1 和 f2
	double	double a,b;	定义双精度实型变量 a 和 b
字符型	char	char _c1;	定义字符型变量_c1

（2）变量赋初值

定义变量后，部分或全部变量可能需要赋值，常见的变量赋初值形式有定义的同时赋值和先定义后赋值两种形式，详见表 2-3。

表 2-3　变量赋初值形式

变量赋初值形式	合法举例	说明

定义的同时赋值	int x=3;
	float f=5.9;
	char　c1='a';
		定义变量的同时为变量赋值，称为“变量的初始化”

先定义后赋值	int x; x=200;	变量定义后，在代码中的任何位置都可以随时为变量赋值
注意事项	初始化赋值：不允许连等赋值，如 int x=y=z=2;　　//不合法 先定义后赋值：允许连等赋值 int x,y,z;　x=y=z=2;　　//合法	

（3）重要概念区分

1）变量名：用合法标识符表示，如 x、y。编写程序时通过变量名存、取变量值。实际编程中尽量取有含义的标识符作为变量名，如 sum、aver 等，便于增加代码可读性。

2）变量地址：系统按照变量定义为每个变量分配内存空间，变量所分配到的起始存储单元编号即地址。如图 2-8 所示，假设内存将从第 1000 号开始的空间划分给变量 x，则变量 x 的地址为 1000。

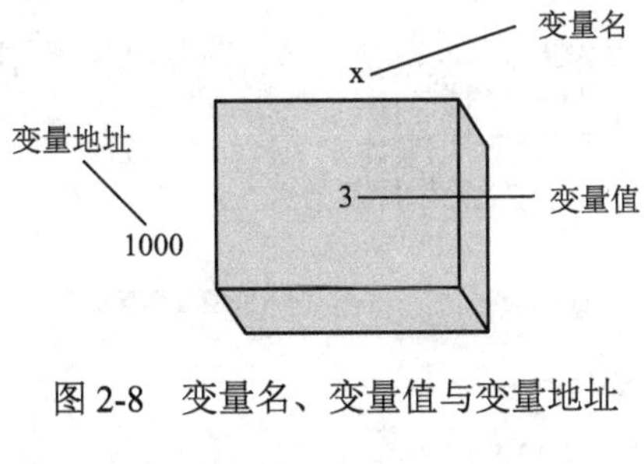

图 2-8　变量名、变量值与变量地址

3）变量值：变量所占存储空间内存放的值。例如，int x=3; 语句的运行效果为将 3 放入变量 x 的存储空间内，即 x 的值为 3。

2.2.2 整型数据

整型数据是指整数类型的数据，包括整型常量和整型变量。

（1）整型常量

在C语言中，整型常量可以用三种进制表示，分别为十进制、八进制和十六进制。同样一个整数，使用不同进制表示，展示出的数码组合是不一样的。在编程时，使用比较多的是用十进制表示，十六进制通常用来表示地址类型的数据。整型常量的表示形式如表2-4所示。

表2-4 整型常量的表示形式

进制	特征	合法的举例	不合法的举例
十进制	非0开头	256 -41 777 5L（长整型）	018（不应以0开头） 2A（不应有除0～9之外的数码A） 310D（不应有后缀字符D）
八进制	以数字0开头	063 011 0777	028（不应有数码8） 64（应以0开头） 02C（不应有后缀字符C）
十六进制	以0x或0X开头	0x46 0x3FFF 0X9B	0x68H（不应有后缀字符H） 0A3（应以0x或0X开头） OxG7（不应有除0～9、A～F之外的数码G）

注意：不同进制表示的常量在输出时，可以选择任何一种进制输出。例如，十进制的128，可以使用十进制输出（格式控制符，%d）：128；可以使用八进制输出（格式控制符，%o）：200；可以使用十六进制输出（格式控制符，%x）：80。整型常量的输出如图2-9所示。

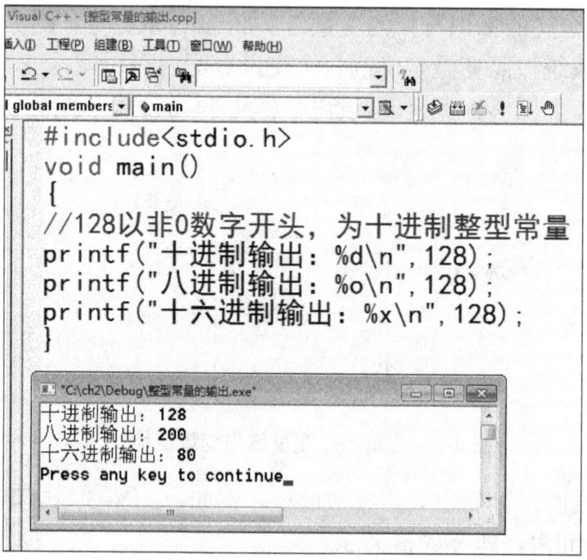

图2-9 整型常量的输出

（2）整型变量

整型变量用来存储整型数据，可分为基本整型、短整型、长整型、无符号基本整型（无符号短整型和无符号长整型）。在不同的编译环境下，不同整型变量在内存中所占用的存储空间可能会有所不同。例如，基本整型变量在 TC 环境下占用 2 字节，在 VC++环境下占用 4 字节。

在 VC++环境下，各种整型变量占用字节数如图 2-10 所示。其中，短整型占用 2 字节，由于其表示的数据范围比较小，很少使用。基本整型、长整型、无符号整型都占用 4 字节。在后面代码中，很少使用长整型，而是使用基本整型或无符号整型。下面详细介绍基本整型和无符号整型。

特别强调：图中 sizeof 为 C 语言中的运算符，可以求括号中的数据类型在内存中存储需要的字节数。sizeof 的详细使用方法见 2.3.9 小节。

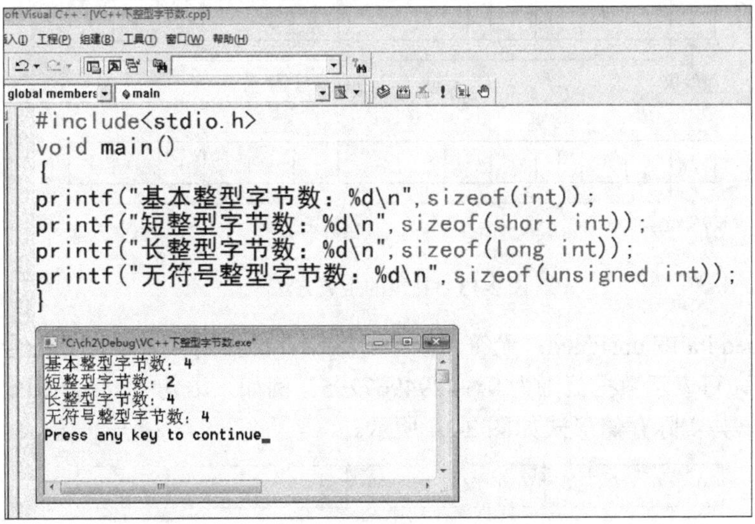

图 2-10　VC++环境下整型变量占用字节数

1）int：基本整型，简称整型，是最常用的整型变量类型。数据存储形式为占用 4 字节空间，最高位为符号位，0 表示正，1 表示负，其余 31 位为数据值，可表示的数据范围为-2147483648～2147483647。

① 正数的存储。例如，运行“a=011;”语句后，变量 a 的实际存储形式如图 2-11 所示。

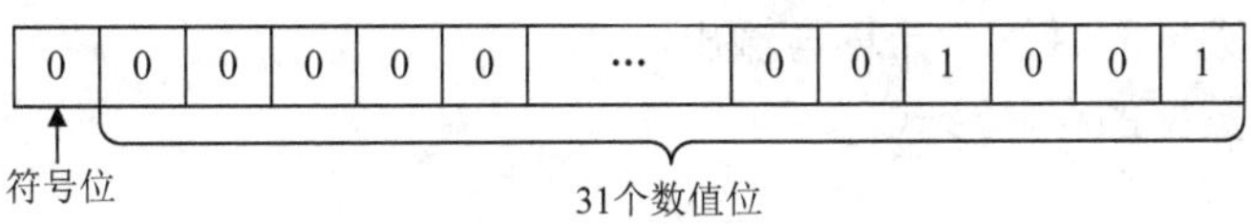

图 2-11　正数的存储

特别强调：“011”是八进制数，对应的十进制是“9”，对应的二进制是“0……001001”。

② 负数的存储。例如，运行“a=-1;”语句后，变量 a 的实际存储形式如图 2-12 所示。

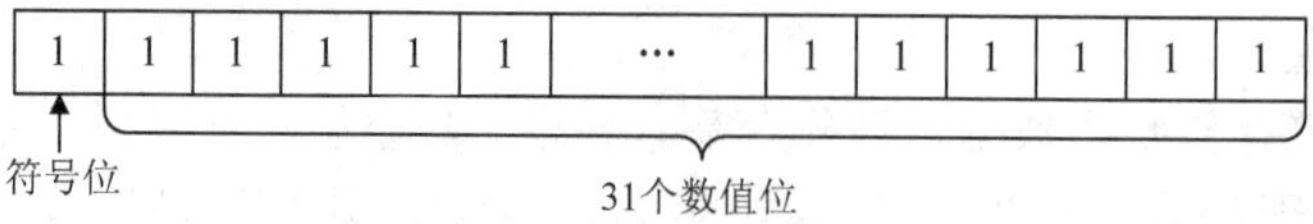

图 2-12 负数的存储

特别强调： 负数在计算机中存储的是它的补码。补码是一个数的原码按位取反再+1之后的编码。例如，“-1”在计算机中存储就是它的补码。以“-1”为例，其补码的生成方法如图 2-13 所示。“···”表示部分与左右数码相同。

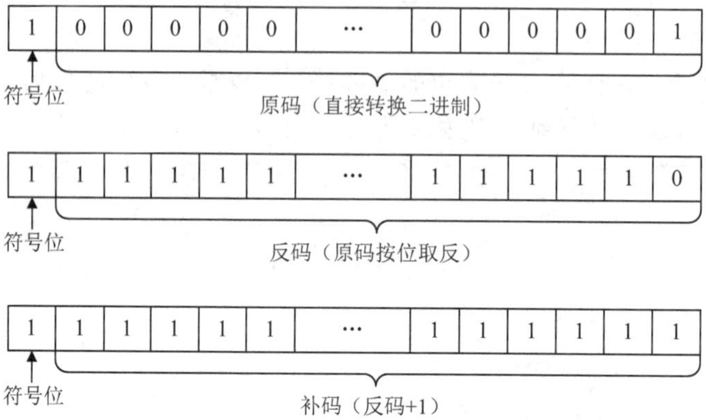

图 2-13 补码的生成方法

2）unsigned int 或 unsigned：无符号整型。数据存储占用 4 字节，无符号位，32 位全部为数据值，可表示数据范围为 0～4294967295。例如，语句“unsigned c;”，变量 c 赋值为“10”，其实际存储形式如图 2-14 所示。

图 2-14 unsigned int 型变量的存储形式

【案例 2-4】 整型数据的处理。程序功能为计算 d=a+b+c 的值，并输出计算结果。

案例设计目的

1）理解整型数据常量、变量的基本概念。
2）掌握整型数据的赋值、计算与输出。
3）了解整型数据的存储形式。

整型数据的处理

案例主要代码

```
#include<stdio.h>
void main()
{
   int a,b,c,d;
   a=011;b=0x14;c=10;
```

```
6.      d=a+b+c;
7.      printf("d=a+b+c=%d\n",d);
8.  }
```

案例运行结果

案例 2-4 运行结果如图 2-15 所示。

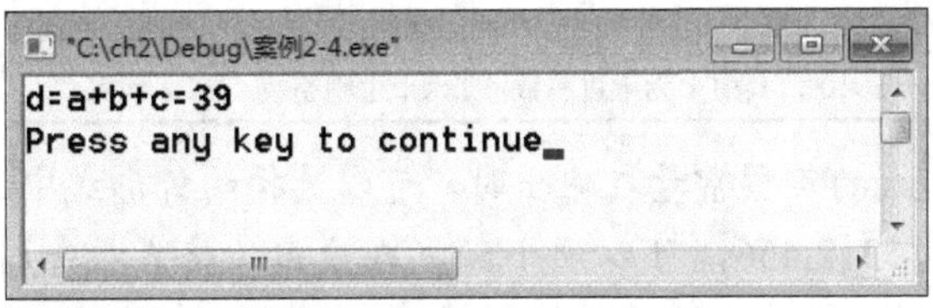

图 2-15　案例 2-4 运行结果

案例小结

代码第 4～7 行为本案例主要实现部分，包括变量的定义、为变量赋初值、变量计算、结果输出。

（1）定义

代码第 4 行："int a,b,c,d;" 定义 a、b、c、d 四个整型变量，基本整型。系统为各变量分配存储空间，均占 4 字节。

（2）赋值

代码第 5 行："a=011;b=-0x14;c=10;"，为各变量赋初值，将值放入各变量存储空间。赋值的常量分别用八进制、十六进制和十进制表示；但是数据存储到内存中，均为二进制的形式。

（3）计算

代码第 6 行："d=a+b+c;" 计算 a+b+c 的值赋给变量 d。

（4）输出

代码第 7 行："printf("d=a+b+c=%d\n",d);" 输出计算结果，输出格式为十进制整型（%d）。

拓展训练

在案例 2-4 的基础上，编程实现求 31、96、75 的平均值。

2.2.3　实型数据

实型（又称浮点型）数据是指小数类型的数据，包括实型常量和实型变量。

1. 实型常量

实型常量只采用十进制，有两种表示形式，即小数形式和指数形式，如表 2-5 所示。用小数表示时，小数点前后的数字都可以省略，但是小数点不能省略。用指数表示时，要求 E（e）的前面必须要有数字，E（e）后面必须为整数。

表 2-5 实型常量表示形式

表示形式	特征	合法的举例	不合法的举例
小数形式	不能省略小数点	10.35、1.2847、-5.93 406.（小数可以缺省） .43 （整数可以缺省）	
指数形式	E（e）前必须有一个非零数字 E（e）后必须为整数	0.276e2 20E2、1e4	e-5 1.2E-3.5
	xEn 表示 $x\times10^n$，其中 x 为十进制数，n 为十进制整数，E、e 均可		

注意：不同表示形式的实型常量在输出时，可以选择两种形式中的任何一种来实现。例如，小数形式的常量 312.456，可以用小数形式输出（格式控制符，%f 或者%lf）：312.456000；可以用指数形式输出（格式控制符，%e 或%E）：3.124560e+002，如图 2-16 所示。

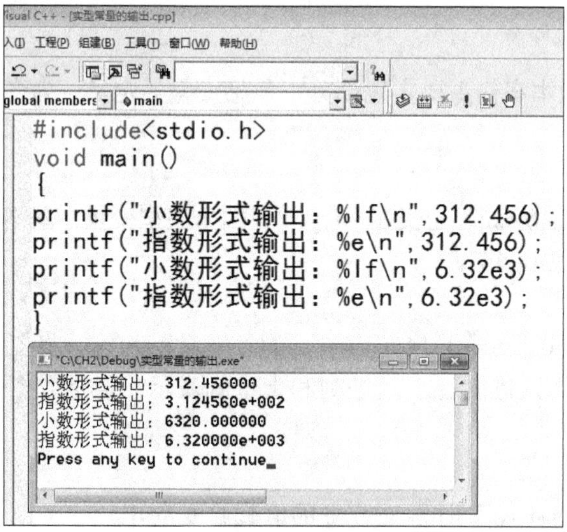

图 2-16 实型常量的输出

特别强调：实型数据在输出时，若不规定小数的位数，则默认按照 6 位小数输出。小数位数的规定办法参见 3.2.2 小节。

2. 实型变量

实型变量是用来存储实型数据的，常用实型变量主要分为 float、double 和 long double 3 种类型。其中，float 型占用字节数最少，能表示的数据范围最小；long double 型占用字节数最多，能表示的数据范围最大。常用实型变量分类及详情如表 2-6 所示。

表 2-6 实型变量分类及详情

类型说明符	名称	占字节数	精度	数据范围
float	单精度	4	6～7 位	-3.4×10^{-38}～3.4×10^{38}
double	双精度	8	15～16 位	-1.7×10^{-308}～1.7×10^{308}
long double	长双精度	16	18～19 位	-1.2×10^{-4932}～1.2×10^{4932}

【案例 2-5】阅读程序，分析实型数据的使用规则。

案例设计目的

1）理解实型数据常量、变量的基本概念。
2）掌握实型数据的使用方法。
3）了解实型数据的存储形式。

案例主要代码

```
1.  #include<stdio.h>
2.  void main()
3.  {
4.     float a,b,c;
5.     a=10.;b=12345.6789e3;
6.     c=a+b;
7.     printf("c=a+b=%f\n",c);
8.  }
```

案例运行结果

程序功能为计算 c=a+b 的值，运行结果如图 2-17 所示。

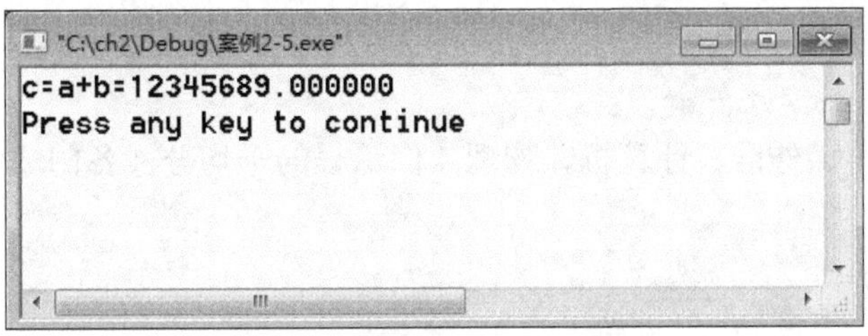

图 2-17　案例 2-5 运行结果

案例小结

（1）程序各语句具体含义

代码第 4～7 行为本案例主要实现部分，包括变量的定义、变量初值的获得、变量计算、结果输出。

1）定义。

代码第 4 行："float a,b,c;"，定义 a、b、c 三个实型变量。系统为各变量分配存储空间，均占 4 字节。

2）赋值。

代码第 5 行："a=10.;b=12345.6789e3;"，为各变量赋值，将值放入各变量存储空间。

3）计算。

代码第 6 行："c=a+b;"，计算 a+b 的值赋给变量 c。

4）输出。

代码第 7 行："printf("c=a+b=%f\n",c);"，输出计算结果，输出格式为单精度实型(%f)。

```
#include <stdio.h>
void main()
{
double a,b,c;
a=10.;b=12345.6789e3;
c=a+b;
printf("c=a+b=%lf\n",c);
}
```

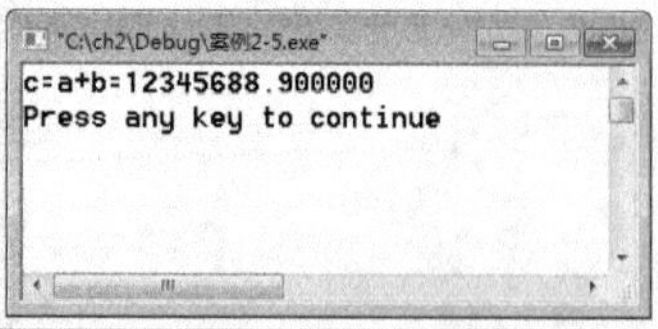

图 2-18　案例 2-5 修改后的运行结果

（2）有效数字与舍入误差

案例程序功能是计算 10.0 与 12345.6789e3（12345678.9）之和，理论计算结果应为 12345688.9。由图 2-17 可看到，程序实际运行结果为 12345689.0，与理论值不符。将程序中第 4 行“float a,b,c;”改为“double a,b,c;”，程序运行结果如图 2-18 所示。

修改前程序中定义 a、b、c 为 float 型，该类型精度为 6～7 位。运算数据 12345.6789e3 有效位数为 9 位，float 型不满足运算精度要求。修改程序定义 a、b、c 为 double 型，精度满足运算要求，所以运算结果正确。

拓展训练

编程实现计算某门课程总成绩，公式如下：总成绩=平时成绩*0.4+卷面成绩*0.6，设平时成绩为 30，卷面成绩为 85。

提示： 变量名尽量用不易混淆的名称，如总成绩定义为 zcj，平时成绩定义为 pscj，卷面成绩定义为 jmcj。

技能提高

编程实现求数学、外语、计算机、物理 4 门课程的平均分（各门成绩自由设置，结果为小数形式）。

2.2.4　字符型数据

当需要处理整数时使用整型，当需要处理小数时使用实型。字符型数据，如 A、c、? 等，需要使用字符型。

1. 字符型常量

字符型常量包括字符常量和字符串常量。字符常量是指由单个字符构成的常量，需要用单引号括起来表示；字符串常量是指由多个（最少可以是一个）字符构成的常量，需要用双引号括起来表示。字符型常量的表示形式如表 2-7 所示。

表 2-7　字符型常量的表示形式

字符型常量	特征	合法的举例	不合法的举例
字符常量	单引号括起来单个字符	'a"B"?'	‘ab’
字符串常量	双引号括起来多个字符，最少可以是一个	"hello""a"	

（1）字符常量

字符常量的值是该字符对应的美国信息交换标准代码（American Standard Code for Information Interchange，ASCII）值。在 ASCII 值表中，有如下几个规律需要了解，并在编程中使用。

① 字符'a'的 ASCII 值为 97，26 个小写字母的 ASCII 值是连续的。

② 字符'A'的 ASCII 值为 65，26 个大写字母的 ASCII 值是连续的。

③ 同一个字母，其大写字母和小写字母的 ASCII 值相差 32。

④ 字符'0'是字符常量，其值为该字符对应的 ASCII 值 48。

（2）字符串常量

字符型数据只是用来处理单个字符的，当需要表示多个字符时，可以使用字符串常量表示。

① 字符串常量的表示：字符串常量是用双引号（""）括起来的字符序列。例如，"abc"是包含 3 个字符的字符串，即长度为 3；"program"是包含 7 个字符的字符串，即长度为 7。

② 字符串常量的存储：每个字符串尾自动加字符'\0'，作为字符串结束标志，所以字符串所需存储空间为在其长度的基础上加 1。

例如：字符串"abc"

a	b	c	\0

空串 ""

\0

（3）字符常量与字符串常量的区别

① 字符常量：单引号括起，单个字符。

② 字符串常量：双引号括起，串末有'\0'。

例如：'a'是字符常量，存储形式为

a

"a"是字符串常量，存储形式为

a	\0

（4）字符常量与字符串常量的输出

字符常量和字符串常量在输出时，需要使用不同的格式控制符。字符常量格式控制符为%c，字符串常量格式控制符为%s，如图 2-19 所示。

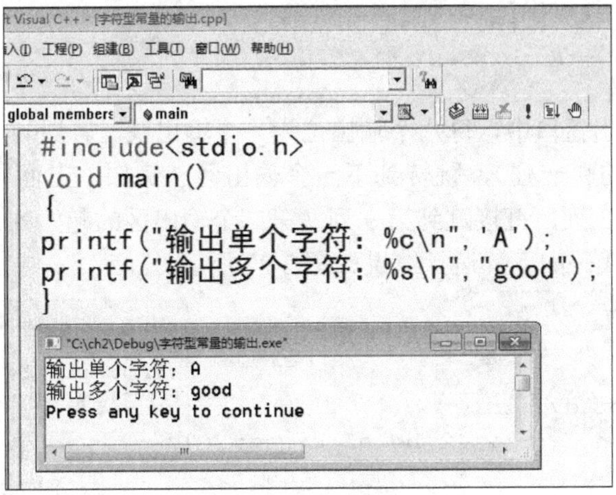

图 2-19　字符型常量的输出

特别强调：C 语言中没有专门用于存储字符串的变量，可借助字符数组存储字符串常量。

（5）特殊的字符常量——转义字符

转义字符是一类特殊的字符常量，用反斜线后面跟一个字符或几个字符表示一个具有特定含义的字符。常用转义字符及含义见表 2-8。

表 2-8 常用转义字符及含义

转义字符	含义	转义字符	含义
\n	回车换行	\a	响铃
\t	跳至下一个水平制表	\'	单引号 '
\r	回车	\"	双引号 "
\b	退格	\ddd	1～3 位八进制数代表的字符
\\	反斜线\	\xhh	1～2 位十六进制数代表的字符

为方便读者理解转义字符的使用，下面通过实际代码对每一个转义字符的应用逐一举例，并给出代码分析说明。

1）回车换行（\n），代码如下，运行结果如图 2-20 所示。

```
#include<stdio.h>
void main()
{
   printf("大连工业大学");
   printf("工程训练与创新中心\n");
   printf("计算机基础教研室");
}
```

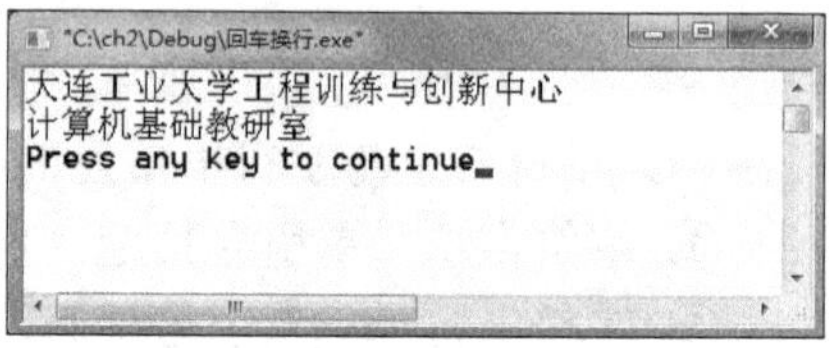

图 2-20 回车换行

代码分析：在 printf()函数的双引号中，若遇到'\n'则光标移动到下一行的开头。

2）跳转到下一个输出区（\t），代码如下，运行结果如图 2-21 所示。

```
#include<stdio.h>
void main()
{
   printf("12345678901234567890\n");
   printf("No\tName\tSex\n");
}
```

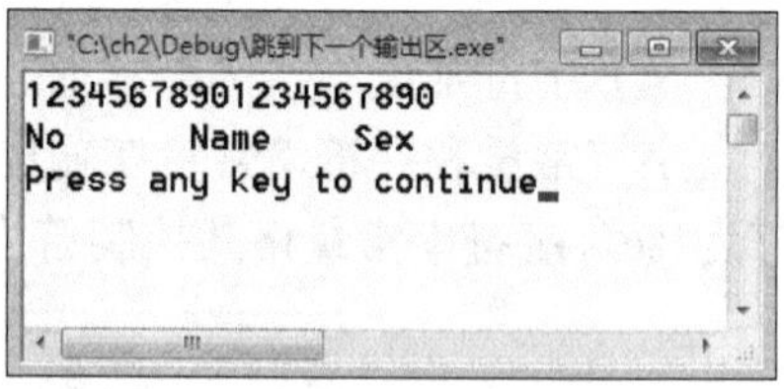

图 2-21 跳转到下一个输出区

代码分析：在输出窗口中，每八个输出位为一个输出区。若遇到'\t'则从当前输出区（不管在当前输出区的哪一列），跳转到下一个输出区。例如，上面代码中的第一个'\t'在第一个输出区的第 3 列，直接跳到第 9 列（第二个输出区的起始列）。

3）退格（\b），代码如下，运行结果如图 2-22 所示。

```
#include<stdio.h>
void main()
{
   printf("study hard\n");
   printf("and you will be aa\b good
guy\n");
}
```

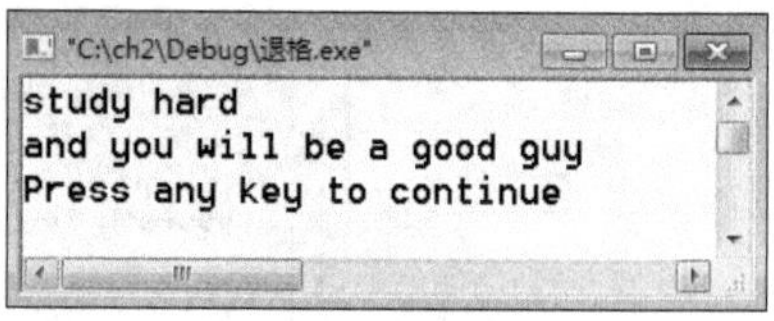

图 2-22 退格

代码分析：退格，相当于键盘上的 Backspace 键，光标会向左移动一格，同时，删除左侧字符。本案例是删除前面的一个“a”。

4）回车不换行（\r），代码如下，运行结果如图 2-23 所示。

```
#include<stdio.h>
void main()
{
   printf("大连工业大学\n");
   printf("工程训练与创新中心\r 计算机基础\n");
}
```

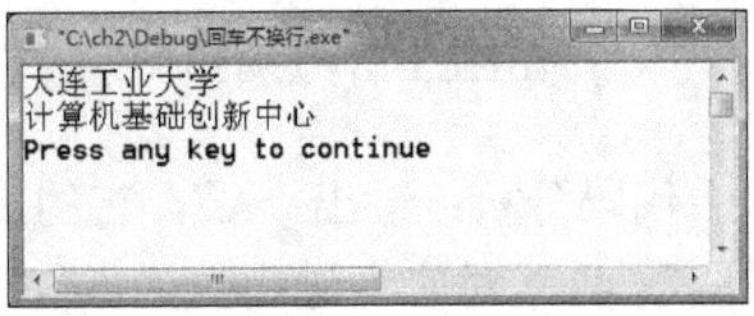

图 2-23　回车不换行

代码分析：第一个 printf 后面是\n，输出“大连工业大学”后光标换到下一行的开头。第二个 printf 中，先输出“工程训练与创新中心”，遇到\r，回车不换行，光标移动到第 2 行的开头，继续输出“计算机基础”，覆盖掉了“工程训练与”，然后遇到\n 再次换行。

5）输出斜杠（\\），代码如下，运行结果如图 2-24 所示。

```
#include<stdio.h>
void main()
{
   printf("C 语言\\高数\\英语\n");
}
```

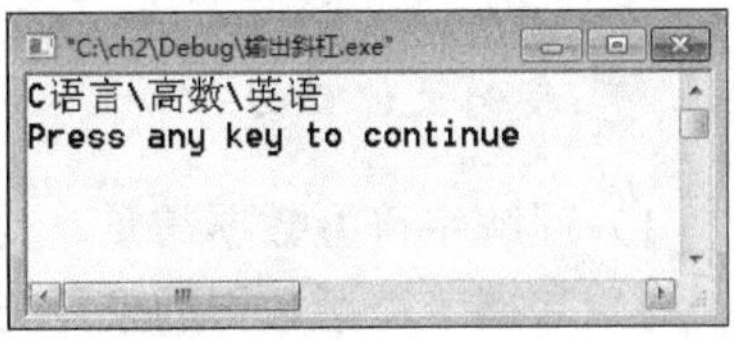

图 2-24　输出斜杠

代码分析：因为“\”在 C 语言中用来引导转义字符，所以若要输出一个“\”，为避免\与其后面的字符意外组合成转义字符，不能直接使用一个\，而应使用“\\”。

6）输出一个双引号，代码如下，运行结果如图 2-25 所示。

```
#include<stdio.h>
void main()
{
   printf("\"学号\" \"姓名\" \"性别\"\n");
}
```

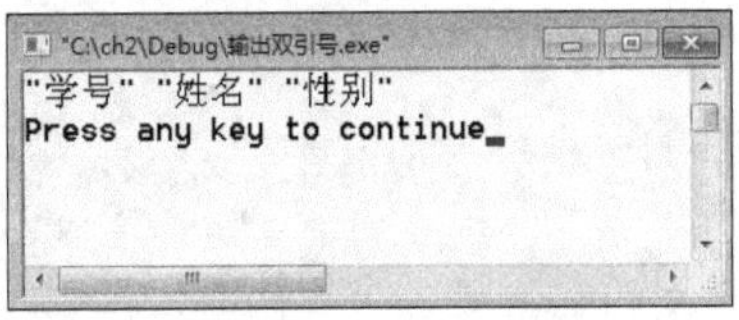

图 2-25　输出双引号

代码分析：双引号在 printf()函数中有特殊含义，用来标记输出表列。因此要输出双引号，不能直接书写，需要用斜杠\组合使用。

7）1～3 位八进制数表示的字符，代码如下，运行结果如图 2-26 所示。

```
#include<stdio.h>
void main()
{
   printf("\7\n");   //  \a
   printf("\77\n");
   printf("\101\n");
}
```

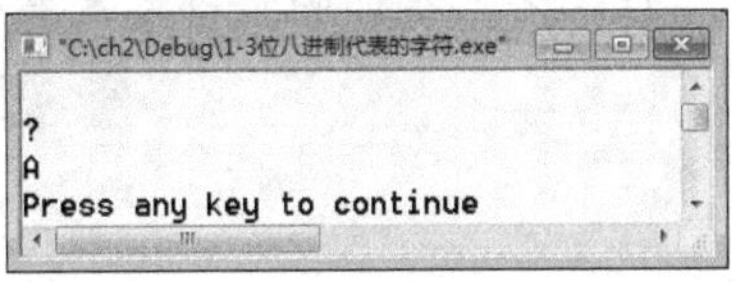

图 2-26　1～3 位八进制数表示的字符

代码分析：由\引导，后面跟随 1～3 位八进制数，该数作为 ASCII 值所对应的字符。例如，上面代码运行时，第一行输出为空，但是会听到计算机鸣叫一声，ASCII 值 7 对应的是非可见字符，而是“系统响铃”（\a 的 ASCII 值也为 7）；第二行输出“?”，它的 ASCII 值为八进制数 77，对应十进制数为 63；第三行输出“A”，它的 ASCII 值为八进制数 101，对应十进制数为 65。

8）1～2 位十六进制数表示的字符，代码如下，运行结果如图 2-27 所示。

```
#include<stdio.h>
```

```
void main()
{
  printf("\x41\n");
}
```

代码分析：输出“A”，它的 ASCII 值为十六进制数 41，对应十进制数为 65。

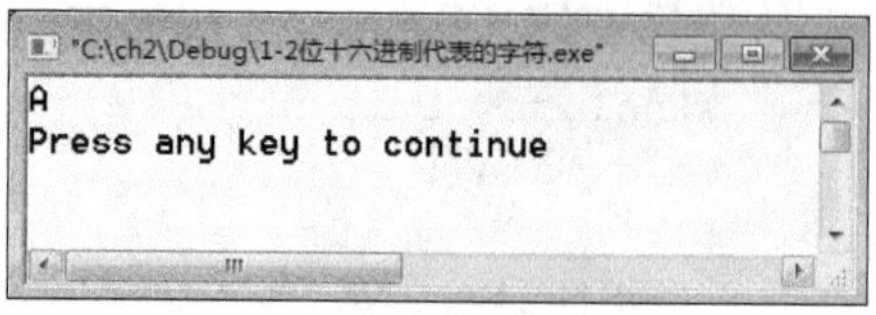

图 2-27　1～22 位十六进制数表示的字符

2. 字符型变量

字符型变量是用来存储字符型数据的，类型说明符为 char，在内存中占 1 字节。字符型变量，只能存放 1 个字符，不能存放字符串。

【案例 2-6】阅读程序，分析字符型数据的使用规则。

案例设计目的

1）理解字符型数据常量、变量及字符串的基本概念。
2）掌握字符型数据的使用方法。
3）了解字符型数据的存储形式。

案例主要代码

```
#include<stdio.h>
void main()
{
  char c1,c2;
  c1='a';
  c2='b';
  printf("%c\n",c1);
  printf("%c\n",c2);
}
```

案例运行结果

程序功能为输出字符型变量 c1、c2 的值，运行结果如图 2-28 所示。

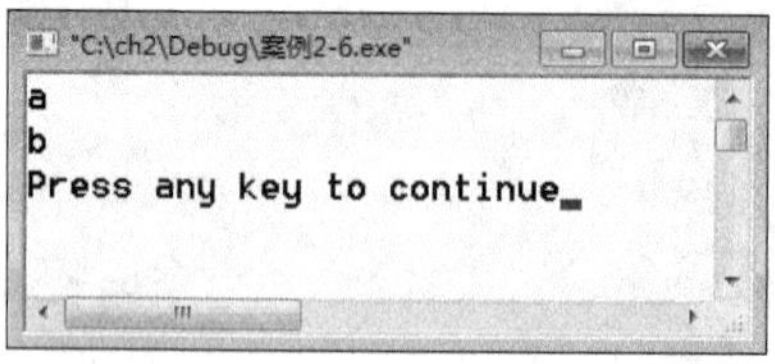

图 2-28　案例 2-6 运行结果

案例小结

（1）字符型变量的存储

一个字符型变量在内存中占 1 字节，其值为所存字符的 ASCII 值。以案例中的变量 c1、c2 为例，均占 1 字节。假设内存分配情况如图 2-29 所示，c1 地址为 1000，c2 地址为 2000。

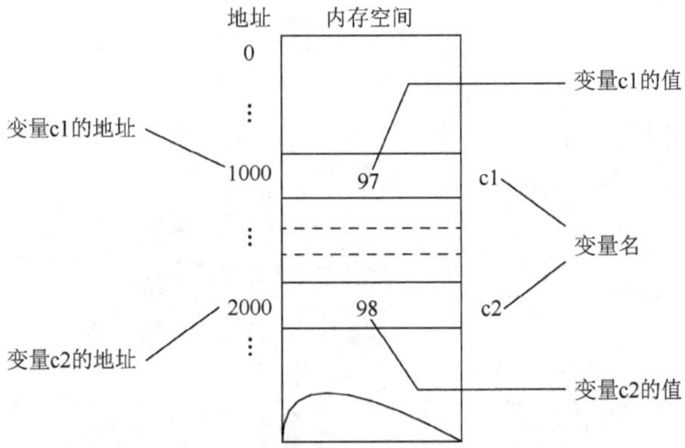

图 2-29　字符变量存储示例

（2）案例第 5 行和第 6 行是对 c1、c2 赋值

```
c1='a';   /*表示对 c1 赋值为字符常量'a'，即将'a'存储到 c1 空间内，实际存储值为
            'a'的 ASCII 值 97*/
c2='b';   /*表示对 c2 赋值为字符常量'b'，即将'b'存储到 c2 空间内，实际存储值为
            'b'的 ASCII 值 98*/
```

（3）char 型与 int 型数据之间的运算

由于字符型数据在内存中存储的是相应字符的 ASCII 值，实际上存储的是一个整数，因此字符型数据和整型数据是可以通用的，都可以进行算术运算，例如：

```
c1='a';        //等价于 c1=97;
a='B';         //等价于 a=66;
x='A'+32;      //等价于 x=65+32;,即 x=97;等价于 x='a';
```

（4）错误的字符串存储形式

修改上面代码，运行“c2="hello";”，如图 2-30 所示。单击“编译”按钮后，提示一个错误。“C:\ch2\案例 2-6.cpp(6) : error C2440: '=' : cannot convert from 'char [6]' to 'char'”。错误含义为：无法将含有 6 个字符的字符串（“hello”）赋值给一个字符型变量（c2）。

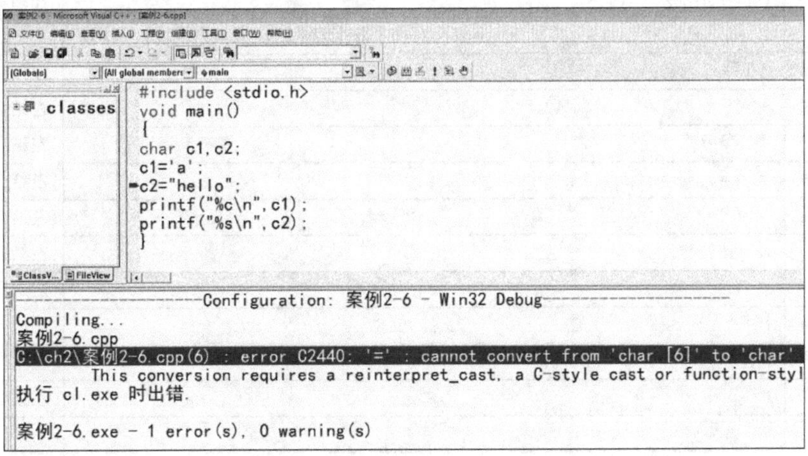

图 2-30　字符串赋值给字符型变量

前文已经提及：在 C 语言中，没有用来存储字符串的变量，字符串的存储及处理需

要使用字符数组来实现。

拓展训练

阅读下列程序，分析其功能。

```
#include<stdio.h>
void main()
{
    char c1,c2;
    c1=97;
    c2='b'-1;
    printf("%c %c\n",c1,c2 );
}
```

技能提高

修改本节案例程序，实现输出大写字母 A 和 B（至少有 3 种方法）。

2.3　运算符和表达式

C 语言具备丰富和完善的运算符，这也是 C 语言的特色之一。运算符按照功能可分为算术运算符、关系运算符、逻辑运算符等多种类型。参加某一运算的数据的个数，称为“目”。运算符按照运算对象个数又可以分为单目（一个操作数）运算符、双目（两个操作数）运算符、多目（多个操作数）运算符。

运算符连接数据构成的算式称为表达式，表达式的值按照其中运算符的优先级和结合性进行计算。常用运算符的优先级、分类、表示、结合性和目数等信息见表 2-9。

表 2-9　常用运算符完整信息表

优先级	分类	运算符	结合性	目数
1		()（小括号）、[ ]、->	左结合	双目
2		!、~、++、--、-、()（类型转换运算符）、*（指针运算符）、&（取地址）、sizeof	右结合	单目
3	算术	*（乘）、/、%	左结合	双目
4	算术	+、-	左结合	双目
5	位	<<、>>	左结合	双目
6	关系	<、<=、>、>=	左结合	双目
7	关系	= =、!=	左结合	双目
8	位	&（按位与）	左结合	双目
9	位	^	左结合	双目
10	位	|	左结合	双目
11	逻辑	&&	左结合	双目
12	逻辑	||	左结合	双目
13	条件	? :	右结合	三目
14	赋值	=、+=、-=、*=、/=、%=、>>=、<<=、&=、^=、|=	右结合	双目
15	逗号	,	左结合	双目

下面先来介绍几个基本概念，包括运算符与表达式、运算符优先级、运算符结合性。

1. 运算符与表达式

由运算符、变量、常量组成的算式，称为表达式。例如，x+3，由变量 x、常量 3 和算术运算符加号（+）构成，称为算术表达式。由关系运算符构成的表达式，称为关系表达式。

常用表达式举例见表 2-10。在所有的表达式中，关系表达式和逻辑表达式比较特殊。

表 2-10　常用表达式举例

运算符	表达式	举例	值的情况
算术运算符	算术表达式	x+3.5-2*3.14	整型、实型、字符型
关系运算符	关系表达式	a>b	逻辑值，1 或 0
逻辑运算符	逻辑表达式	(a>b)&&(c<d)	
赋值运算符	赋值表达式	x=125	表达式的值，即是 x 的值

2. 运算符优先级

C 语言中的运算符具有“优先级”属性。由表 2-9 可知，运算符优先级分为 15 个等级。其中，第 1 优先级，级别最高；第 15 优先级，级别最低。优先级讨论的是“先算谁，后算谁”的问题。当表达式中出现多个运算符的混合运算时，编译系统会根据运算符的优先级别高低决定运算顺序。运算的基本原则是：先进行优先级高的运算。

例如，表达式“2+3*6”的值等价于表达式“2+(3*6)”的值，因为“*（乘法）”优先级高于“+(加法)”，所以应先计算 3*6 得到 18，再计算 18+2 得到 20，即表达式“2+3*6”的值为 20。

3. 运算符结合性

C 语言中的运算符具有“结合性”属性。由表 2-9 可见，运算符结合性分为“左结合”和“右结合”两种。结合性讨论的是“和谁在一起”的问题。当表达式中含有多个相同优先级别的运算符时，需要按照结合性进行计算，对于左结合性运算符先进行左侧运算，对于右结合性运算符先进行右侧运算。部分运算符结合性举例见表 2-11。

表 2-11　部分运算符结合性举例

举例	表达式	运算符	运算符的结合性	计算方向
案例一	a-b+c	+、-	左结合	(a-b)+c
案例二	-i++	-(负)、++	右结合	-(i++)
案例三	a+=a-=a-a*a	+=、-=	右结合	a+=(a-=(a-a*a))
案例四	a?b:c?d:e	?:	右结合	a?b:(c?d:e)

2.3.1 算术运算符和表达式

算术运算符是用于实现程序中算术运算的运算符，基本算术运算符包括+（加）、-（减）、*（乘）、/（除）、%（求余）。算术运算符详情见表 2-12。

表 2-12 算术运算符详情

<table>
<tr><th>运算</th><th>符号</th><th>解释</th><th>优先级</th><th>结合性</th><th>目数</th><th>适合数据类型</th></tr>
<tr><td>加</td><td>+</td><td>两个数求和</td><td>4</td><td rowspan="5">左结合</td><td rowspan="5">双目</td><td rowspan="4">整型、实型、字符型</td></tr>
<tr><td>减</td><td>-</td><td>两个数求差</td><td>4</td></tr>
<tr><td>乘</td><td>*</td><td>两个数求乘积</td><td>3</td></tr>
<tr><td>除</td><td>/</td><td>两个数求商</td><td>3</td></tr>
<tr><td>求余</td><td>%</td><td>两个数求余数</td><td>3</td><td>整型</td></tr>
</table>

由算术运算符连接数据构成的表达式称为算术表达式。

【案例 2-7】阅读程序，分析算术运算符的运算规则。

案例设计目的

1）理解算术运算符和算术表达式的基本概念。

2）掌握算术运算符的运算规则及特殊情况。

案例主要代码

```
#include<stdio.h>
void main()
{
   float a;
   int b;
   a=1/1+1/2+1/3+1/4;
   b=7%3*4;
   printf("a=%f\nb=%d\n",a,b);
}
```

案例运行结果

程序功能为输出 a、b 的值，运行结果如图 2-31 所示。

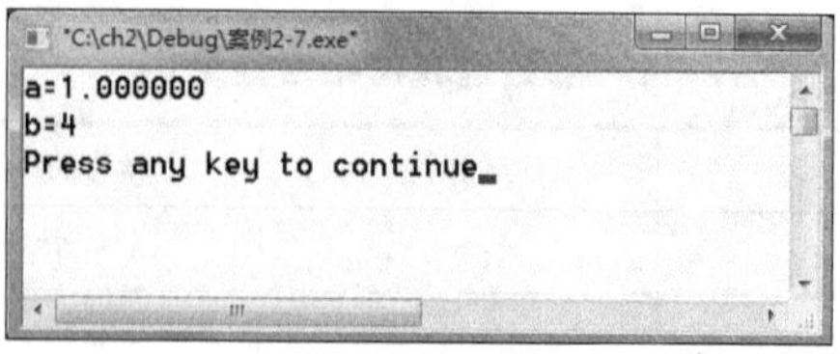

图 2-31 案例 2-7 运行结果

案例小结

1）变量 a 为实型变量，可以存储带小数的实型数据。

2）代码第 6 行“a=1/1+1/2+1/3+1/4;”输出结果为 1.000000。代码第 6 行中包括“+、/、=”三种运算符，其中“=”优先级最低，其次是加法，除法优先级最高。因此表达式可以等价于“a=（1/1+1/2+1/3+1/4）;”，其中，1/1 的值为 1；a 最终的值为 1，显然其余三项的和为 0。为什么？

3）除法（/）运算符参加运算的两个运算对象可以是整型或实型。但当运算对象都为整数时，结果“向零取整”，即 1/2、1/3、1/4 的值均为 0。

4）代码第 7 行“b=7%3*4;”中的“%”为求余运算符。求余运算符（%）的功能是求两个整数相除后的余数，运算对象必须为整数。表达式“b=7%3*4;”中“7%3”的值为 1，所以 b=4。

拓展训练

编程实现将华氏温度转换成摄氏温度，公式为“c=5/9*(f−32)”，要求：分别用整型变量和实型变量调试程序，并比较运行结果。

技能提高

编程实现“三天打鱼，两天晒网”这句耳熟能详的俗语。

提示：如果说每一天的基准值为 1，打鱼动作可以设定为数值 1.01，晒网可以设定为数值 0.99。那么，我们的目标就转换为计算 $1.01^3 \times 0.99^2$，并与 1.01^5 比较大小。

笃行加油站

三天打鱼，两天晒网，终无所获！“凿不休则沟深，斧不止则薪多。”望同学们“只争朝夕，不负韶华”！

2.3.2　自增、自减运算符和表达式

自增、自减运算符主要用于对变量的值增 1 或减 1，运算符分别为++、--。自增、自减运算符详情见表 2-13。

表 2-13　自增、自减运算符详情

运算	符号	解释	优先级	结合性	目数	适合类型
自增	++	变量的值+1	2	右结合	单目	整型、字符型
自减	--	变量的值-1	2	右结合		

由自增（自减）运算符连接数据构成的表达式称为自增（自减）表达式。

【案例 2-8】阅读程序，分析自增、自减运算符的运算规则。

案例设计目的

1）理解自增、自减运算符的基本概念。

2）掌握自增、自减运算符的运算规则。

自增、自减运算

案例主要代码

代码 1：

```
1.  #include<stdio.h>
2.  void main()
3.  {
4.     int x=5,y=10;
5.     x++;
6.     ++y;
7.     printf("x=%d\n",x);
8.     printf("y=%d\n",y);
9.  }
```

代码 2：

```
1.  #include<stdio.h>
2.  void main()
3.  {
4.     int x=5,y=10;
5.     ++x;
6.     y++;
7.     printf("x=%d\n",x);
8.     printf("y=%d\n",y);
9.  }
```

案例运行结果

分别运行代码 1 和代码 2，运行结果完全相同，如图 2-32 所示。

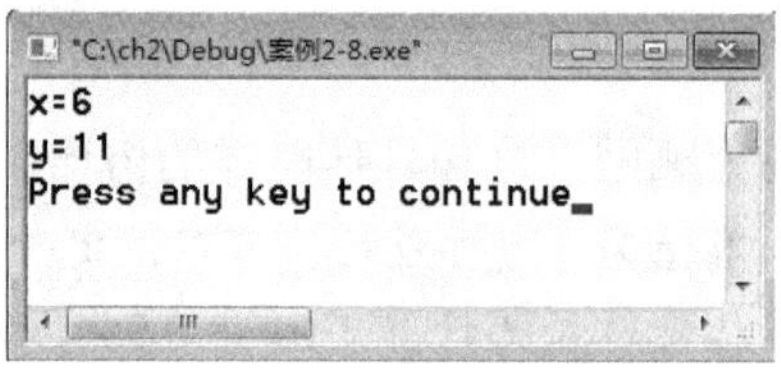

图 2-32　案例 2-8 运行结果

案例小结

1）自增、自减运算符只能应用于变量，如 x++是正确的。

2）自增、自减运算符不可以用于常量，如 5++是错误的。

3）自增、自减运算符都是对一个数据进行运算，如 x--是正确的，x--y 是错误。

4）自增、自减运算符的使用方式有前缀和后缀两种形式。前缀形式如代码 1 中的第 6 行“++y”和代码 2 中的第 5 行“++x”；后缀形式如代码 1 中的第 5 行“x++”和代码 2 中的第 6 行“y++”。

5）独立的自增（或自减）表达式。没有其他运算参与，只有自增、自减运算的表达式，称为独立的自增（自减）表达式。例如，代码 1 和代码 2 中都是独立的表达式，代码 1 运行“++x”，代码 2 运行“x++”，两种情况输出 x，其值都是 6；同理，输出 y，其值都是 11。由此可得结论：对于独立的自增（或自减）表达式，前缀形式和后缀形式，不影响运行结果，都是将变量的值+1（或-1）。

6）混合运算中的自增或自减表达式。若在一个表达式中，除了自增（或自减）运算符外，还有其他运算符参与运算，那么前缀形式或者后缀形式运行结果有所不同。例如，如下代码，其运行结果如图 2-33 所示。

```
#include<stdio.h>
void main()
{
   int x=5,y=10;
```

```
5.      int m,n;
6.      m=++x;
7.      n=y++;
8.      printf("x=%d\n",x);
9.      printf("y=%d\n",y);
10.      printf("m=%d\n",m);
11.      printf("n=%d\n",n);
12.  }
```

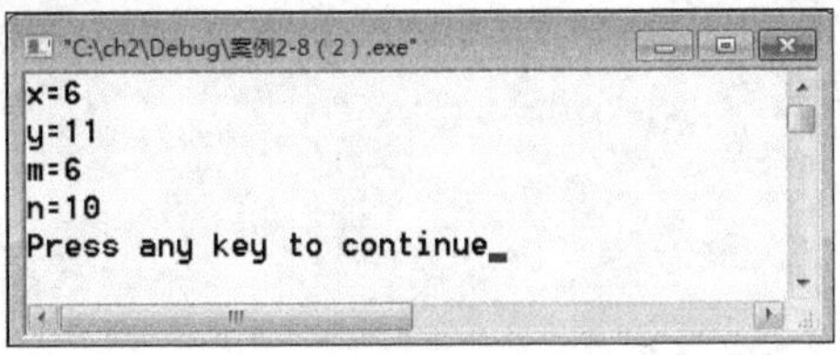

图 2-33　混合运算运行结果

代码第 6 行“m=++x;”，前缀“++”，先将变量 x 的值+1，x 的值为 6，再运行赋值运算，将 x 的值赋值给 m，m 的值也为 6。

代码第 7 行“n=y++;”，后缀“++”，先将变量 y 的值赋值给 n，n 的值为 10，再将变量 y 的值+1，运行完成后 y 的值为 11。

拓展训练

设 a=3，b=5，求下列表达式的值：①a++；②b+a--；③b+(++a)。

2.3.3　关系运算符和表达式

关系运算符用于判定两个数据的大小关系，关系运算符详情见表 2-14。

表 2-14　关系运算符详情

运算	符号	解释	优先级	结合性	目数	适合类型
大于	>	大于	6	左结合	双目	任何基本类型
大于等于	>=	大于或等于	6			
小于	<	小于	6			
小于等于	<=	小于或等于	6			
等于	==	相等	7			
不等于	!=	不相等	7			

由关系运算符连接数据构成的表达式称为关系表达式。

【案例 2-9】阅读程序，分析关系运算符的运算规则。

案例设计目的

1）理解关系运算符和关系表达式的基本概念。

2）掌握关系运算符的运算规则。

案例主要代码

```
1.  #include<stdio.h>
2.  void main()
3.  {
4.     int x1,x2,x3,x4,x5,x6;
5.     int y1=100,y2=50;
6.     x1=y1>y2;
7.     x2=y1<y2;
8.     y1=50;
9.     x3=y1<=y2;
10.    x4=y1>=y2;
11.    x5=y1==y2;
12.    x6=y1!=y2;
13.    printf("x1=%d\n",x1);
14.    printf("x2=%d\n",x2);
15.    printf("x3=%d\n",x3);
16.    printf("x4=%d\n",x4);
17.    printf("x5=%d\n",x5);
18.    printf("x6=%d\n",x6);
19. }
```

案例运行结果

程序功能为使用变量 y1 和 y2 进行六种关系运算，将运算结果存入变量 x1～x6 中，并输出运行结果，如图 2-34 所示。

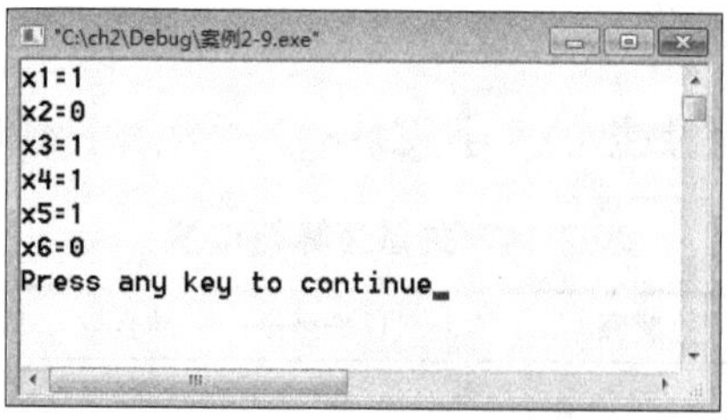

图 2-34　案例 2-9 运行结果

案例小结

1）关系运算符均为双目运算符，功能是比较两个数的大小关系。

2）关系运算结果为逻辑值。C 语言中用 1 表示逻辑真，用 0 表示逻辑假，即用 1 表示关系成立，用 0 表示关系不成立。

3）关系运算符的优先级别高于赋值运算。代码第 6～12 行，都是先运行关系表达式，然后将关系表达式的值，赋值给 x1～x6，因此代码运行结果中，变量的值或者是 0，或者是 1。

4）关系运算通常用于实现程序中的分支判定或者循环条件判断，后续章节将陆续使用和介绍。

拓展训练

设 a=3，b=5，求下列表达式的值：①a>b；②a!=b−1；③'a'<'A'；④b>a>2。

2.3.4　逻辑运算符和表达式

逻辑运算符用于对数据进行逻辑运算，包括&&（逻辑与）、||（逻辑或）、!（逻辑非）。逻辑运算符详情见表 2-15。

表 2-15　逻辑运算符详情

运算	符号	运算规则	优先级	结合性	目数	适合类型
逻辑与	&&	两个条件同时为真，结论为真	11	左结合	双目	任何基本类型
逻辑或	||	两个条件有 1 个为真，结论为真	12			
逻辑非	!	真变假，假变真	2	右结合	单目	

由逻辑运算符连接数据构成的表达式称为逻辑表达式。

【案例 2-10】逻辑表达式，判定某年是否为闰年。闰年的条件：年份能被 4 整除，并且不能被 100 整除，或者能被 400 整除。

案例设计目的

1）理解逻辑运算符和逻辑表达式的基本概念。
2）掌握逻辑运算符的运算规则。
3）训练学习将现实问题模型化的过程和方法。

逻辑表达式，判定某年是否为闰年

案例分析与思考

（1）分析

首先，利用所学知识，给出 3 个条件的问题描述、算法描述、涉及的运算符及最终表示的表达式，见表 2-16（假设年份数据存储在变量 y 中）。

表 2-16　问题描述转换成表达式

问题描述	算法描述	运算符	表达式
能被 4 整除	y 对 4 求余等于 0	%，= =	y%4= =0
不能被 100 整除	y 对 100 求余不等于 0	%，! =	y%100! =0
能被 400 整除	y 对 400 求余等于 0	%，= =	y%400= =0

其次，建立上述表达式的逻辑关系。上述描述可以拆解为以下两个条件，满足其一就是闰年。

条件一：年份能被 4 整除，并且不能被 100 整除。

条件二：能被 400 整除。

条件一中，两个表达式的关系是“并且”，使用逻辑与（&&）；条件一与条件二的关系是“或者”，使用逻辑或（||）。

（2）思考

变量 y 必须定义成什么类型？为什么？

案例主要代码

```
#include<stdio.h>
void main()
{
   int y,k;
   y=1996;
   k=((y%4==0&&y%100!=0)||(y%400==0));
   printf("k 的值为%d\n",k);
   printf("备注：1 表示是闰年，0 表示不是闰年。\n");
}
```

案例运行结果

案例 2-10 运行结果如图 2-35 所示。

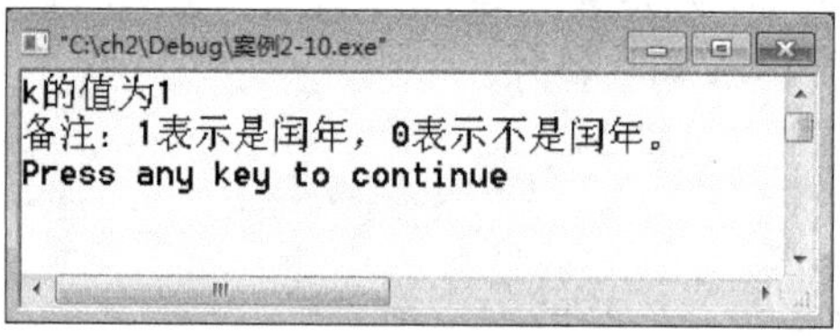

图 2-35　案例 2-10 运行结果

案例小结

（1）运算规则

逻辑运算是对逻辑值进行运算，运算对象值非 0 为逻辑真，0 为逻辑假。逻辑运算结果也为逻辑值，用 1 表示逻辑真，用 0 表示逻辑假。

1）&&：逻辑与，双目运算符，当两个运算对象都为逻辑真时，运算结果为真，否则为假。

2）||：逻辑或，双目运算符，当两个数据有一个为逻辑真时，运算结果为真，两个数都为假，运算结果为假。

3）!：逻辑非，单目运算符，放在数据前，当数据为真时，运算结果为假，当数据为假时，运算结果为真。

（2）逻辑表达式应用举例

逻辑表达式应用举例见表 2-17。

表 2-17　逻辑表达式应用举例

问题描述	表达式
表示 x、y 都为大于 0 的数	x>0&&y>0
表示字符变量 c 的值为字母	(c>= 'a'&&c<= 'z') || (c>= 'A'&&c<='Z')

续表

问题描述	表达式
表示 x 能被 4 整除，且不能被 3 整除	(x%4==0)&&(x%3!=0)
表示 x 介于两个数 m、n 之间	x>m&&x<n，正确
	n>x>m，错误

注：设 n=6，x=4，m=2，则表达式 6>4>2 按照数学含义，成立；按照 C 语言运算规则，不成立，为假（先运算 6>4 为真，即值为 1，1>2 为假）。

拓展训练

使用逻辑运算符描述下列实际问题，给出相应的逻辑表达式：

1）能被 3 整除，同时又能被 5 整除的数。数据举例：15,30。

2）能被 3 整除，但是不能被 5 整除的数。数据举例：9,12。

3）能被 3 整除，或者能被 5 整除的数。数据举例：6,10。

逻辑运算短路特性辨析

【案例 2-11】阅读程序，对比分析运算结果，辨析逻辑运算短路特性。

案例设计目的

1）掌握逻辑运算的两种特殊情况。

2）能够在编程中巧妙运用短路特性。

案例主要代码

代码 1：

```
#include<stdio.h>
void main()
{
   int a,b,c,d;
   a=35;
   b=0;
   c=(a>b)&&(b==0);
   d=(a<b)||(b=15);
   printf("a=%d,b=%d,c=%d,
    d=%d\n",a,b,c,d);
}
```

代码 2：

```
#include<stdio.h>
void main()
{
   int a,b,c,d;
   a=35;
   b=0;
   c=(a<b)&&(b==0);
   d=(a>b)||(b=15);
   printf("a=%d,b=%d,c=%d,
    d=%d\n",a,b,c,d);
}
```

案例运行结果

代码 1 运行结果如图 2-36 所示，代码 2 运行结果如图 2-37 所示。

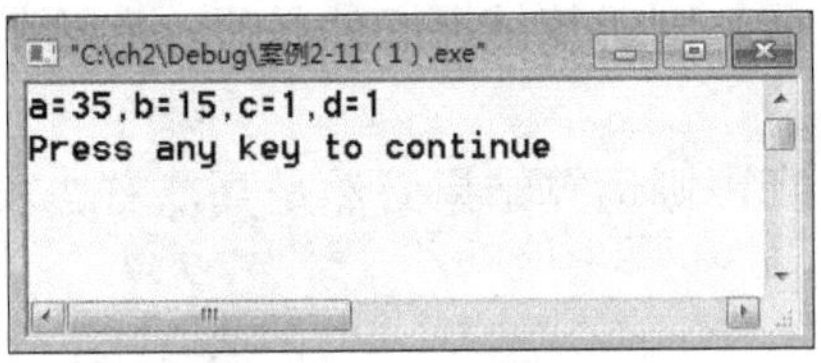

图 2-36　代码 1 运行结果

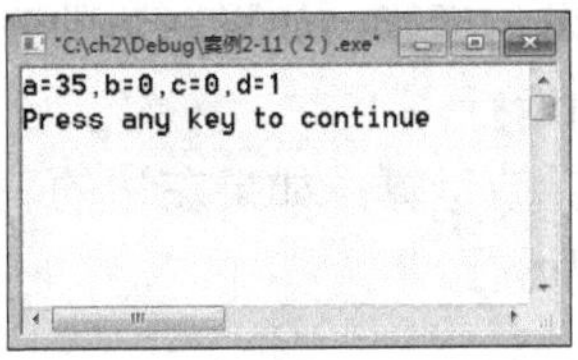

图 2-37　代码 2 运行结果

案例小结

（1）代码 1 小结

1）代码第 7 行“c=(a>b)&&(b==0);”，逻辑与（&&）运算优先级高于赋值（=），先运行“=”右边的表达式“(a>b)&&(b==0)”。从左向右判定：若(a>b)为真，再判定(b==0)为真，则整个表达式为真，值为 1，赋值给变量 c。

2）代码第 8 行“d=(a<b)||(b=15);”，逻辑或（||）运算优先级高于赋值（=），先运行“=”右边的表达式“(a<b)||(b=15)”。从左向右判定：若(a<b)为假，再判定(b=15)为真，则整个表达式为真，值为 1，赋值给变量 d。

> **博学小助理**
>
> 代码第 8 行逻辑或运算右边的表达式为“b=15”，此处是“=”（即赋值运算），而不是“==”（即不是“是否相等”的关系运算）。此时，将 15 赋值给 b 后，判断 b 的值是否为真。在 C 语言中，默认“非 0”即是“真”。
>
> 因此，在运行结果中，b 的值不是 0，而是 15。

（2）代码 2 小结

1）代码第 7 行“c=(a<b)&&(b==0);”，逻辑与（&&）运算优先级高于赋值（=），先运行“=”右边的表达式“(a<b)&&(b==0)”。从左向右判定：左边(a<b)为假，根据逻辑与运算的运算规则“两个条件同时为真，结论为真”，此时不必对右边表达式进行判断，即可得出结论——逻辑表达式的值一定为假，值为 0，赋值给变量 c。

2）代码第 8 行“d=(a>b)||(b=15);”，逻辑或（||）运算优先级高于赋值（=），先运行“=”右边的表达式“d=(a>b)||(b=15)”。从左向右判定：左边(a>b)为真，根据逻辑或运算的运算规则“两个条件有 1 个为真，结论为真”，此时不必对右边表达式进行判断，即可得出结论——逻辑表达式的值一定为真，值为 1，赋值给变量 d。

> **博学小助理**
>
> 代码 2 中第 8 行逻辑或运算右边的表达式为“b=15”，没有被判断运行。因此，在运行结果中，b 的值是 0，不是 15。

3）短路特性是指在逻辑运算从左至右依次进行中，只要能确定整个逻辑表达式的值，运算即终止。短路特性详述如下。

① 逻辑与运算：如果左边的表达式值为假，则运算结果必然是假，右边表达式将不被判断和运行。

② 逻辑或运算：如果左边的表达式值为真，则运算结果必然是真，右边表达式将不被判断和运行。

2.3.5 赋值运算符和表达式

赋值运算符“=”连接变量和表达式构成赋值表达式，其功能是将右侧表达式值赋给左侧变量。赋值运算符详情见表 2-18。

表 2-18　赋值运算符详情

符号	解释	优先级	结合性	目数	适合类型
=	将“=”右侧的值赋给左侧的变量	14	右结合	双目	全部基本类型 部分构造类型

赋值运算符的结合性为“右结合”，因此在运行赋值运算时，从右向左运行。

1）若参与运算的运算符优先级别不同，则按照优先级别运行运算顺序。例如，代码“x=a+b*c;”，其运算顺序等价于“x=(a+(b*c))”，最后运行赋值运算。

2）若参与运算的运算符优先级别相同，则按照从右向左的顺序来运行运算。例如，代码“a=b=c=d;”，其运算顺序等价于“a=(b=(c=d))”，最后运行 b 赋值给 a。

【**案例 2-12**】阅读程序，分析赋值运算符的运算规则。

案例设计目的

1）理解赋值运算符的基本概念。

2）掌握赋值运算符的运算规则。

3）了解左右两侧类型不匹配的赋值规则。

案例主要代码

代码 1：左右两侧类型匹配的赋值

```
#include<stdio.h>
void main()
{
   int a;
    char b;
    float c;
    double d;
    a=35;
    b='x';
    c=3.14;
    d=256.789;
    printf("%d,%c,%f,%lf\n",a,b,c,d);
}
```

代码 2：左右两侧类型不匹配的赋值

```
#include<stdio.h>
void main()
{
   int a,b;
    float x;
    char c1='k',c2;
    a=8.88;
    b=c1;
    x=200;
    c2=322;
    printf("a=%d,b=%d\n",a,b);
    printf("x=%f,c2=%c\n",x,c2);
}
```

案例运行结果

代码 1 运行结果如图 2-38 所示，代码 2 运行结果如图 2-39 所示。

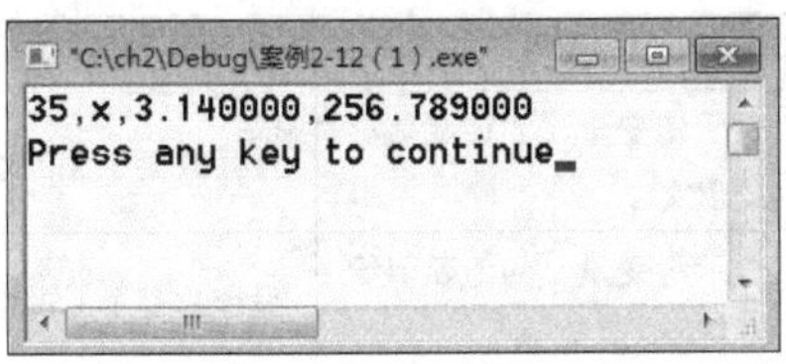

图 2-38　代码 1 运行结果

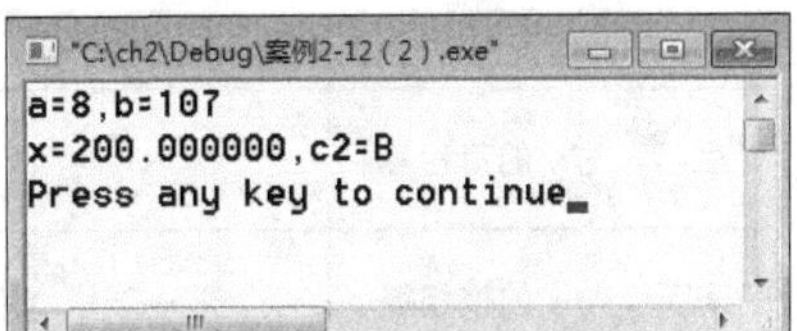

图 2-39　代码 2 运行结果

案例小结

（1）代码 1 小结

1）代码第 8 行“a=35”，整型常量赋值给整型变量，输出 a 的值，结果为“35”。

2）代码第 9 行“b='x'”，字符常量赋值给字符型变量，输出 b 的值，结果为“x”。

3）代码第 10 行“c=3.14”，实型常量赋值给实型变量（单精度），输出 c 的值，结果为“3.140000”（实型数据输出，默认保留 6 位小数）。

4）代码第 11 行“d=256.789”，实型常量赋值给实型变量（双精度），输出 d 的值，结果为“256.789000”（实型数据输出，默认保留 6 位小数）。

（2）代码 2 小结

1）代码第 7 行“a=8.88”，实型常量赋值给整型变量，输出 a 的值为“8”。运算规则为舍弃小数部分，只将整数部分赋值。注意：不运行四舍五入。

2）代码第 8 行“b=c1”，字符型变量赋值给整型变量，输出 b 的值为“107”（107 为字符“k”的 ASCII 值，也就是 c1 中存储的值）。运算规则为将字符型数据存入整型变量的低字节，高字节自动补“0”。

3）代码第 9 行“x=200”，整型常量赋值给实型变量，输出 x 的值为“200.000000”。运算规则为自动增加小数部分，小数部分的值为 0。

4）代码第 10 行“c2=322”，整型常量赋值给字符型变量，输出 c2 的值为“B”。运算规则为取整型数据的低 8 位，赋值给字符变量。在 C 语言中，整型数据占 4 字节，即 32 位。正数 322 在内存中存储的二进制如图 2-40 所示。

322 —	0	0	0	0	0	0	0	0	…	0	0	0	0	1	0	1	0	0	0	0	1	0

图 2-40　正数 322 换算成二进制

由图 2-40 可见，正数 322 的低 8 位为“0100 0010”（对应的十进制数为 66，是大写字母“B”的 ACSII 值），赋值给了变量 c2，因此输出 c2，结果为大写字母“B”。

（3）赋值运算符（=）与数学中的“=”的辨析

在数学中，“=”表示“相等”，这与其在 C 语言中的含义截然不同。作为程序设计的初学者，容易混淆的就是“赋值”与“相等”的表达形式。将相等的关系运算写成赋值运算，是程序设计初学者最常见的错误之一。数学中的“=”赋值运算符（=）与的区别详情见表 2-19。

表 2-19　数学与 C 语言中“=”的区别

数学			C 语言		
表达式	含义	C 语言表示	表达式	含义	备注
x=y	表示 x 与 y 的值相等	x= =y	x=y	表示将变量 y 的值赋值给变量 x	强行改变了 x 的值
y=x	表示 y 与 x 的值相等	y= =x	y=x	表示将变量 x 的值赋值给变量 y	强行改变了 y 的值

博学小助理

- ✧ 在 C 语言中，一个“=”是赋值运算，两个“==”才是是否相等的关系判断。
- ✧ 在运行赋值运算时，“=”的右边可以是变量、常量、表达式，“=”的左边只能是变量。

【案例 2-13】 阅读程序，分析复合赋值运算符的运算规则。

案例设计目的

1）了解复合赋值运算符的概念。
2）掌握复合赋值运算符的运算规则。
3）灵活使用复合赋值运算符。

案例主要代码

```
1.  #include<stdio.h>
2.  void main()
3.  { int x,y;
4.     x=100;
5.     y=200;
6.     x+=50;
7.     y/=50;
8.     printf("x=%d\ny=%d\n",x,y);
9.  }
```

案例运行结果

案例 2-13 运行结果如图 2-41 所示。

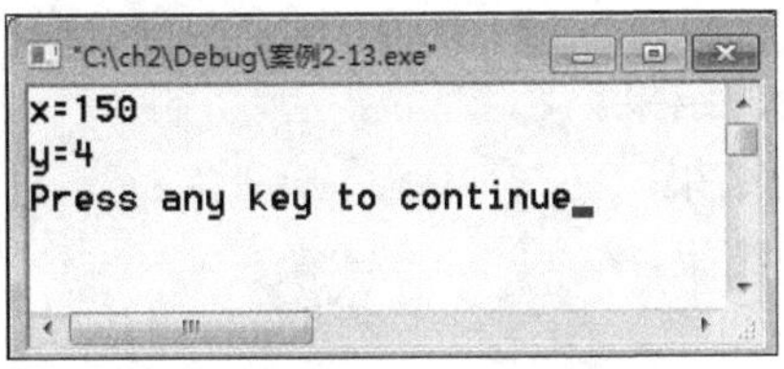

图 2-41　案例 2-13 运行结果

案例小结

1）代码第 6 行“x+=50”，x 的初值为 100，由运行结果可见，输出 x 的值为 150。该代码等价于“x=x+50”。

2）代码第 7 行“y/=50”，y 的初值为 200，由运行结果可见，输出 y 的值为 4。该代码等价于“y=y/50”。

3）代码中“+=”和“/=”这样的运算符，称为复合赋值运算符。由复合赋值运算符构成的表达式称为复合赋值表达式，如“x+=50”和“y/=50”。

4）复合赋值表达式一般形式及其等价表达式见表 2-20。

表 2-20　复合赋值表达式及其等价表达式

复合赋值表达式				等价表达式				
变量	双目运算符	赋值符	表达式	变量	赋值符	变量	双目运算符	表达式
x	+	=	50	x	=	x	+	50

5）复合赋值运算符汇总：复合赋值运算符共有 10 个，分别由 5 个算术运算符、5 个位运算符与赋值运算符组合而成，具体见表 2-21。5 个算术运算符在 2.3.1 小节已经介绍，位运算符将在 2.3.8 小节中介绍。

表 2-21　复合赋值运算符

复合赋值	涉及运算符	运算符分类	表达式	等价表达式
+=	+	算术运算	s+=i	s=s+i
-=	-		s-=i	s=s-i
*=	*		s*=i	s=s*i
/=	/		s/=i	s=s/i
%=	%		s%=i	s=s%i
<<=	<<	位运算	x<<=2	x=x<<2
>>=	>>		x>>=2	x=x>>2
&=	&		x&=3	x=x&3
|=	|		x|=4	x=x|4
^=	^		x^=5	x=x^5

拓展训练

设有“int a=13，b=25;”使用复合赋值运算符，将如下问题描述表示成复合赋值表达式：

1）令 a 等于 a 对 5 求余的结果。

2）令 b 等于 b 乘以 3 的结果。

3）令 a 等于 a 减去 4 的结果。

2.3.6　逗号运算符和表达式

逗号“,”也可作为运算符，称为逗号运算符。其功能是连接两个或多个表达式，构成逗号表达式。逗号运算符详情见表 2-22。

表 2-22　逗号运算符详情

符号	解释	优先级	结合性	目数	适合类型
,	表达式 1,表达式 2	15	左结合	双目	任何基本类型
运算规则	先计算表达式 1，再计算表达式 2，表达式 2 的值为整个表达式的值				

由表 2-22 可见，1 个逗号运算符可以连接两个表达式。若有 2 个逗号运算符，则可以连接 3 个表达式；以此类推，若有 n 个逗号运算符，则可以连接 n+1 个表达式。当有多个逗号时，表达式运算规则见表 2-23。

表 2-23　逗号运算符的运算规则

说明	符号	表示形式	运行过程
2 个逗号	,,	表达式 1,表达式 2,表达式 3	先计算表达式 1，然后计算表达式 2，再计算表达式 3 的值，表达式 3 的值为整个表达式的值
n 个逗号	,,......,	表达式 1,表达式 2,……,表达式(n+1)	依次计算表达式 1，表达式 2……直到表达式 n+1，表达式 n+1 的值为整个表达式的值

【案例 2-14】阅读程序，分析逗号运算符的运算规则。

案例设计目的

1）理解逗号运算符的基本概念。
2）掌握逗号表达式的运算规则。
3）掌握运算符的优先级别。

案例主要代码

```
1.  #include<stdio.h>
2.  void main()
3.  {
4.     int x=5,y=10;
5.     int m,n;
6.     m=x,y;
7.     n=(x,y);
8.     printf("m=%d\n",m);
9.     printf("n=%d\n",n);
10. }
```

案例运行结果

案例 2-14 的运行结果如图 2-42 所示。

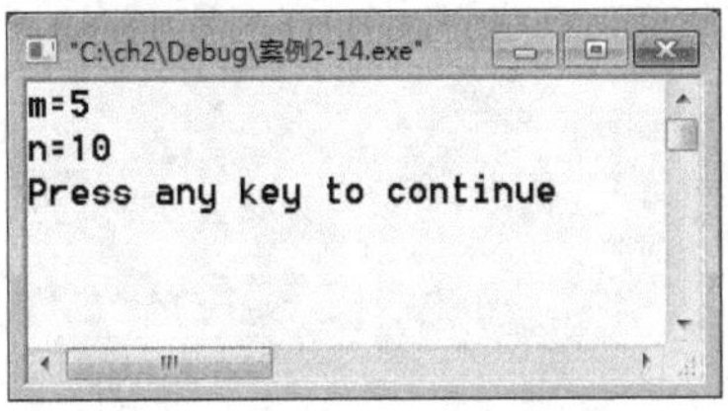

图 2-42　案例 2-14 运行结果

案例小结

1）代码第 6 行“m=x,y;”，在整个表达式中有赋值（=）和逗号（,）两个运算符。由于“=”的优先级高于“,”，因此该表达式等价于“(m=x), y;”，从左向右，先运行表达式 1（m=x，此刻 m 获得值 5），再运行表达式 2（y），整个逗号表达式的值为表达式 2 的值，即 10。（此处逗号表达式的值被计算出来，但是并没有被保留。）

2）代码第 7 行“n=(x,y);”，在该表达式中，括号的优先级别最高，括号中是逗号表达式，计算括号中的逗号表达式之后，再将逗号表达式的值赋值给变量 n。在逗号表达式中，表达式 1 是变量 x，表达式 2 是变量 y，y 的值就是整个逗号表达式的值，并赋值给 n，因此 n 的值为 10。

3）很多时候，程序设计者并不需要求解逗号表达式的值，而是需要依次运行逗号表达式中的各个表达式。例如，“a++,b++”，只是需要将变量 a 和变量 b 的值都“+1”。

拓展训练

设 a=3，b=5，求下列表达式的值及各变量的值：①a=3,5；②++a,b=a+1,a；③b=(a++,a--)。

2.3.7 条件运算符和表达式

条件运算符是一个三目运算符，由“?”和“:”连接三个表达式，构成条件运算表达式。条件运算符详情见表 2-24。

表 2-24 条件运算符详情

符号	解释	优先级	结合性	目数	适合类型
?:	表达式 1?表达式 2:表达式 3	13	右结合	三目	任何基本类型
运算规则	判定表达式 1 的值是否为真，若为真（非 0），取表达式 2 的值为整个表达式的值；若为假（0），取表达式 3 的值为整个表达式的值				

【案例 2-15】阅读程序，分析条件运算符的运算规则。

案例设计目的

1）理解条件运算符的基本概念。
2）掌握条件运算符的运算规则。

条件运算符

案例主要代码

```
#include<stdio.h>
void main()
{
  int x=5,y=10;
  int max,min;
  max=x>y?x:y;
  min=x<y?x:y;
  printf("max=%d\n",max);
  printf("min=%d\n",min);
}
```

案例运行结果

案例 2-15 运行结果如图 2-43 所示。

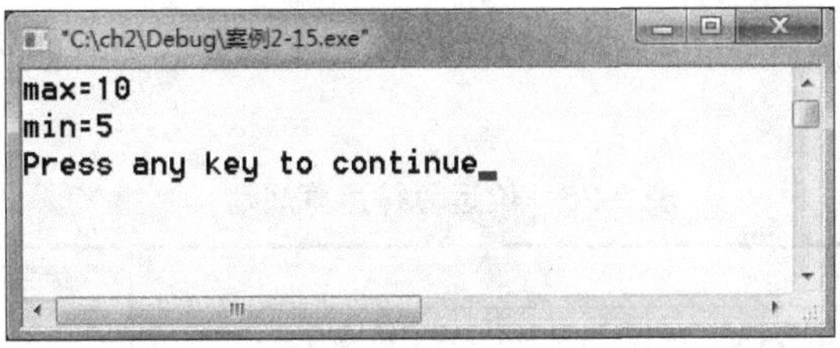

图 2-43　案例 2-15 运行结果

案例小结

1）代码第 6 行“max=x>y?x:y;”，条件运算符优先级高于赋值运算符，所以整个语句为一个赋值语句，等价于“max=(x>y?x:y;)”。先求条件运算表达式（x>y?x:y）的值，表达式 1（x>y 即 5>10）的值为假，取表达式 3（y）的值（10）为整个条件表达式的值，并赋值给 max，因此 max 的值为 10。

2）代码第 7 行“min=x<y?x:y;”，等价于“min=(x<y?x:y;)”。条件运算表达式（x<y?x:y;）中表达式 1（x<y 即 5<10）的值为真，取表达式 2（x）的值（5）为整个表达式的值，并赋值给 min，因此 min 的值为 5。

拓展训练

阅读下列程序并分析其功能：

```
#include<stdio.h>
void main()
{
   int a,b,c,d;
   scanf("%d,%d,%d",&a,&b,&c); //输入 3 个整数，分别放入 a，b，c 中
   d=a>b?a:b;
   d=d>c?d:c;
   printf("d=%d",d);
}
```

2.3.8　位运算符和表达式

C 语言在具备高级语言特征的同时，还具备汇编语言直接处理二进制位的一些功能。位运算是 C 语言区别于其他高级语言的重要优势。位运算符详情见表 2-25。

表 2-25　位运算符详情

<table>
<tr><th>运算</th><th>符号</th><th>表达式</th><th>解释</th><th>目数</th><th>适合数据类型</th></tr>
<tr><td>按位与</td><td>&</td><td>x&y</td><td>x、y 分别展开成二进制，按位做与运算</td><td rowspan="5">双目</td><td rowspan="6">整型或字符型</td></tr>
<tr><td>按位或</td><td>|</td><td>x|y</td><td>x、y 分别展开成二进制，按位做或运算</td></tr>
<tr><td>按位异或</td><td>^</td><td>x^y</td><td>x、y 分别展开成二进制，按位做异或运算</td></tr>
<tr><td>左移位</td><td><<</td><td>x<<n</td><td>x 展开成二进制，按位左移 n 位</td></tr>
<tr><td>右移位</td><td>>></td><td>x>>n</td><td>x 展开成二进制，按位右移 n 位</td></tr>
<tr><td>按位反</td><td>~</td><td>~x</td><td>x 展开成二进制，按位取反</td><td>单目</td></tr>
</table>

由位运算符与常量、变量构成的表达式，称为位运算表达式。位运算符运算规则见表 2-26。

表 2-26　位运算符运算规则

运算	符号	规则	优先级	结合性
按位与	&	两位都为 1，结果为 1；否则结果为 0	8	左结合
按位或	|	两位有一个为 1，结果即为 1；两位都为 0，结果为 0	10	
按位异或	^	两位相同为 0；相异为 1	9	
左移位	<<	将数据向左移动	5	
右移位	>>	将数据向右移动	5	
按位反	~	取反，0 变 1，1 变 0	2	右结合

【案例 2-16】阅读程序，分析位运算符的运算规则。

案例设计目的

1）理解位运算符的基本概念。

2）了解位运算符的运算规则。

案例代码及解析

（1）按位与运算

按位与（&）运算代码如下：

```
1.  #include<stdio.h>
2.  void main()
3.  {
4.     int m=5,n=9;
5.     int a=101,b=15;
6.     printf("m&n=%d\n",m&n);
7.     printf("a&b=%d\n",a&b);
8.  }
```

运行结果如图 2-44 所示。

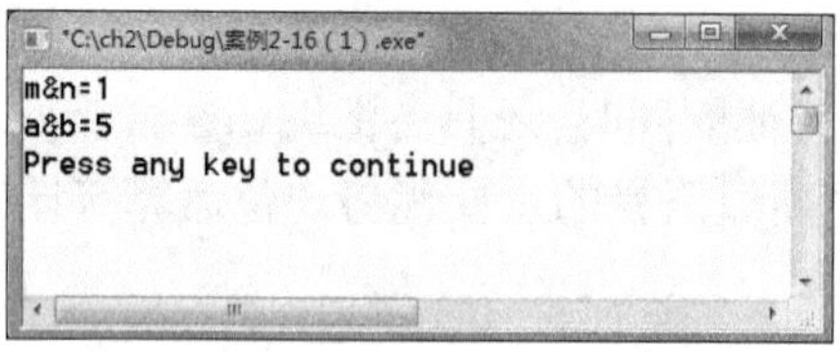

图 2-44　按位与运算的运行结果

1）代码解析：代码第 6 行“m&n”，对 m、n 进行按位与运算，即 5&9，运算如下（为便于理解，本节假设用 1 字节存储一个整数）：

```
    00000101
&   00001001
------------
    00000001
```

结果 00000001，对应十进制数为 1。

2）特殊应用：按位与可用于某些位置 0 或取某些位的值。置 0 方法为与需要置 0 位为 0、其他位为 1 的数相与，取某些位值可通过与所取位为 1、其他位为 0 的数相与实现。例如，代码第 7 行通过“a&b”实现了取 a 的低 4 位值，运算如下：

```
    01100101
&   00001111
------------
    00000101
```

结果 00000101，对应十进制数为 5。

（2）按位或运算

按位或（|）运算代码如下：

```
1.  #include<stdio.h>
2.  void main()
3.  {
4.     int m=5,n=9;
5.     int a=101,b=15;
6.     printf("m|n=%d\n",m|n);
7.     printf("a|b=%d\n",a|b);
8.  }
```

运行结果如图 2-45 所示。

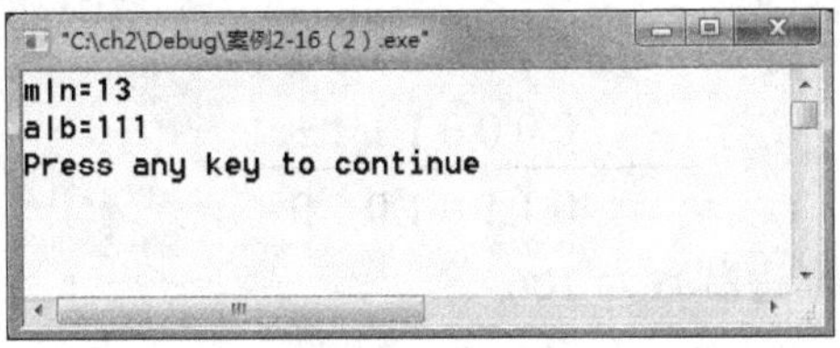

图 2-45　按位或运算的运行结果

1）代码解析：代码第 6 行“m|n”，对 m、n 进行按位或运算，即 5|9，运算如下：

```
    00000101
|   00001001
------------
    00001101
```

结果 00001101，对应十进制数为 13。

2）特殊应用：按位或可用于某些位置 1，方法为与置 1 位为 1、其他位为 0 的数相或。例如，代码第 7 行通过“a|b”实现了将 a 的低 4 位置 1，运算如下：

```
    01100101
|   00001111
------------
    01101111
```

结果 01101111，对应十进制数为 111。

（3）按位异或运算

按位异或（^）运算代码如下：

```
1.  #include<stdio.h>
2.  void main()
3.  {
4.     int m=5,n=9;
```

```
5.    int a=101,b=15;
6.    printf("m^n=%d\n",m^n);
7.    printf("a^b=%d\n",a^b);
8. }
```

运行结果如图 2-46 所示。

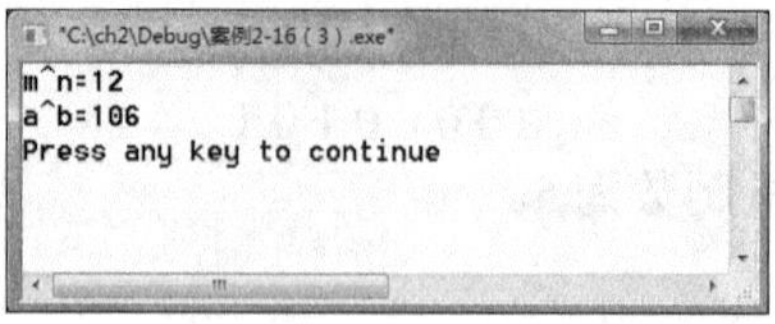

图 2-46　按位异或运算的运行结果

1）代码解析：代码第 6 行“m^n”，对 m、n 进行按位异或运算，即 5^9，运算如下：

```
   0 0 0 0 0 1 0 1
^  0 0 0 0 1 0 0 1
------------------
   0 0 0 0 1 1 0 0
```

结果 00001100，对应十进制数为 12。

2）特殊应用：按位异或可用于某些位取反，方法为与取反位为 1、其他位为 0 的数相异或。例如，代码第 7 行通过“a^b”实现了将 a 的低 4 位取反，运算如下：

```
   0 1 1 0 0 1 0 1
^  0 0 0 0 1 1 1 1
------------------
   0 1 1 0 1 0 1 0
```

结果 01101010，对应十进制数为 106。

（4）左移位运算

左移位代码如下：

```
1. #include<stdio.h>
2. void main()
3. {
4.    int m=5;
5.    printf("m<<1=%d\n",m<<1);
6.    printf("m<<2=%d\n",m<<2);
7. }
```

运行结果如图 2-47 所示。

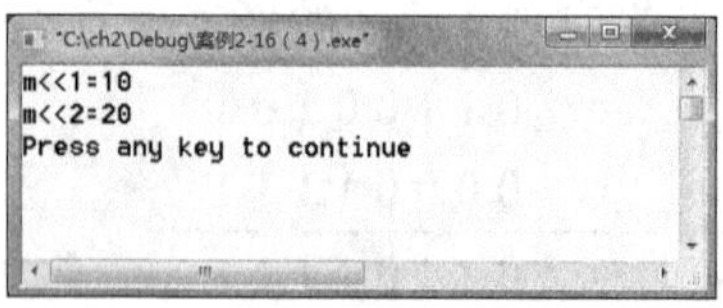

图 2-47　左移位运算的运行结果

代码解析：代码第 5、6 行中“m<<1”“m<<2”，分别对 m 进行左移 1 位和 2 位，右侧低位补 0，运算如下：

```
m      0 0 0 0 0 1 0 1
m<<1   0 0 0 0 1 0 1 0
m<<2   0 0 0 1 0 1 0 0
```

m 左移 1 位为 00001010，对应十进制数为 10，左移 2 位为 00010100，对应十进制数为 20。可以看出，每左移 1 位相当于乘 2。

最高位左移后溢出，如（以 1 字节存储 m）：

m<<6　　0 1 0 0 0 0 0 0

（5）右移位运算

右移位代码如下：

```
1.  #include<stdio.h>
2.  void main()
3.  {
4.     int a=101,b=-8;
5.     printf("a>>1=%d\n",a>>1);
6.     printf("a>>2=%d\n",a>>2);
7.     printf("b>>2=%d\n",b>>2);
8.  }
```

运行结果如图 2-48 所示。

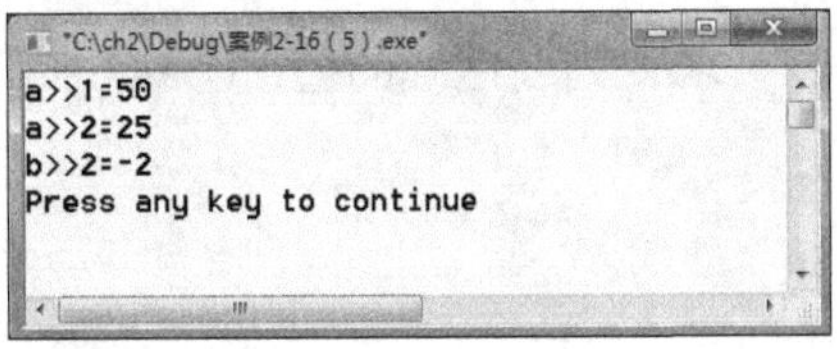

图 2-48　右移位运算的运行结果

代码解析：代码第 5、6 行中“a>>1”“a>>2”，分别对 a 进行右移 1 位和 2 位，左侧高位补 0，运算如下：

a　　0 1 1 0 0 1 0 1

a>>1　0 0 1 1 0 0 1 0

a>>2　0 0 0 1 1 0 0 1

a 右移 1 位，最低位舍弃，变为 00110010，对应十进制数为 50；a 右移 2 位为 00011001，对应十进制数为 25。可以看出，每右移 1 位相当于除以 2。

代码第 7 行中“b>>2”，对 b 进行右移 2 位，由于 b 是负数，符号位为 1，左侧高位补 1，运算如下：

b　　1 1 1 1 1 0 0 0

b>>2　1 1 1 1 1 1 1 0

输出结果为-2。这种负数右移左侧高位补 1 的运算称为算术右移，也有的系统采用的是高位补 0，即逻辑右移。

（6）按位取反运算

取反代码如下：

```
#include<stdio.h>
void main()
{
   int m=5;
   printf("~m=%d\n",~m);
}
```

运行结果如图 2-49 所示。

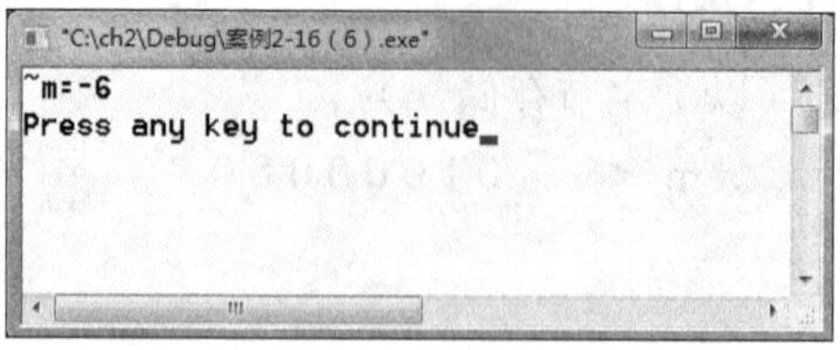

图 2-49 按位取反运算的运行结果

代码解析：代码第 5 行中“~m”，对 m 取反，运算如下：

m　00000101

~m　11111010

11111010 对应的十进制为-6。

拓展训练

有定义“int a=1,b=2,c=4;”，求下列表达式的值：①a&b^c；②(a&b)||(a|b)；③~a&c；④b<<(c-a)。

2.3.9 sizeof 运算符和表达式

sizeof 是单目运算符，其功能是计算某数据类型或变量、常量及表达式等在内存中存储所需要的字节数（即所占空间大小，也称为长度）。sizeof 运算符详情见表 2-27。

表 2-27 sizeof 运算符详情

符号	解释	优先级	结合性	目数	适合类型
sizeof	sizeof( )计算括号内运算对象所占存储空间大小	2	右结合	单目	全部类型

sizeof 运算符与常量、变量、类型说明符等构成的表达式，称为 sizeof 表达式。

【案例 2-17】 阅读程序，分析 sizeof 运算符的运算规则。

案例设计目的

了解 sizeof 运算符的基本概念和运算规则。

案例主要代码

```
#include<stdio.h>
void main()
{
  printf("int\t 长度=%d\n",sizeof(int));
  printf("float\t 长度=%d\n",sizeof(float));
  printf("double\t 长度=%d\n",sizeof(double));
  printf("char\t 长度=%d\n",sizeof(char));
  printf("100\t 长度=%d\n",sizeof(100));
  printf("3.14\t 长度=%d\n",sizeof(3.14));
  printf("\'a\'\t 长度=%d\n",sizeof('a'));
  printf("hello\t 长度=%d\n",sizeof("hello"));
```

```
12.     printf("100+20\t 长度=%d\n",sizeof(100+20));
13. }
```

案例运行结果

案例 2-17 运行结果如图 2-50 所示。

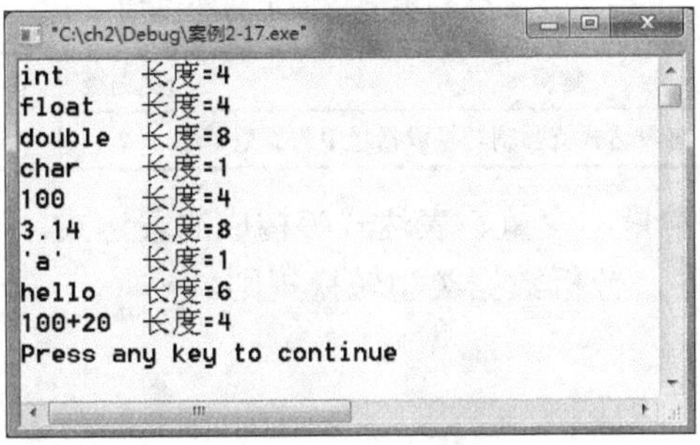

图 2-50　案例 2-17 运行结果

案例小结

1）代码第 4 行中“sizeof(int)”为求 int 型的长度，为 4。同理，代码第 5～7 行分别为求 float、double 和 char 数据类型的长度，结果分别为 4、8 和 1。

2）代码第 8 行中“sizeof(100)”为求整型常量“100”所占空间长度，结果为 4。

3）代码第 9 行中“sizeof(3.14)”为求实型常量“3.14”所占空间长度，从结果可以看到，占 8 字节，这说明对于实型常量，系统按照 double 型来处理。

4）代码第 10、11 行分别求字符常量“'a'”和字符串常量“"hello"”所占空间长度，结果分别为 1 和 6。

5）代码第 12 行中“sizeof(100+20)”为求表达式计算结果所占空间，表达式“100+20”运算结果类型为整型，所占空间长度为 4，因此输出结果为 4。

博学小助理

同一种数据类型因系统或编译环境不同，所占的存储空间长度也可能不同。例如，int 型数据在 VC++环境中占 4 字节，在 TC 环境中占 2 字节。当需要表示 int 型数据的长度时，可以使用长度运算符 sizeof(int)表示，以“摆脱”环境限制，提高程序的通用性。

2.3.10　各类型数据之间的混合运算

通常在数据处理过程中，很难保证只有相同数据类型的数据参加运算，当出现多种数据类型进行混合运算时，如何处理数据类型是需要明确了解的内容。实际上，不管多么复杂的计算，计算结果一定只能有一个，这就要求在计算过程中，某种类型向另外一种类型转换。

在 C 语言中，数据类型的转换有两种方式：自动类型转换和强制类型转换。自动类型转换是系统按照默认的转换规则，在计算过程中自动转换数据类型，无须用户干预。强制类型转换是用户根据自己的实际需求，有目的性地强行将一种数据类型转换成自己需要的另外一种数据类型。强制类型转换也是运算符的一种，其功能是将表达式的值转换为括号内指定的类型。强制类型转换运算符详情见表 2-28。

表 2-28 强制类型转换运算符详情

符号	解释	优先级	结合性	目数	适合类型
(类型)	(类型)表达式，将表达式值强制转换成括号中的类型	2	右结合	单目	全部基本类型

由类型转换运算符与常量、变量、表达式等构成的表达式，称为类型转换表达式。

【案例 2-18】 阅读程序，分析数据类型转换规则。

案例设计目的

1）掌握自动转换和强制转换的基本概念。

2）了解数据类型转换的使用方法。

案例主要代码

```
1.  #include<stdio.h>
2.  void main()
3.  {
4.     float  x=10.913;
5.     float  y=2.235;
6.     int z=100;
7.     char c='a';
8.     printf("%f\n",z-x+c);
9.     printf("(int)x+y=%f\n",(int)x+y);
10.    printf("(int)(x+y)=%d\n",(int)(x+y));
11.    printf("x=%f\ny=%f\n",x,y);
12. }
```

案例运行结果

案例 2-18 运行结果如图 2-51 所示。

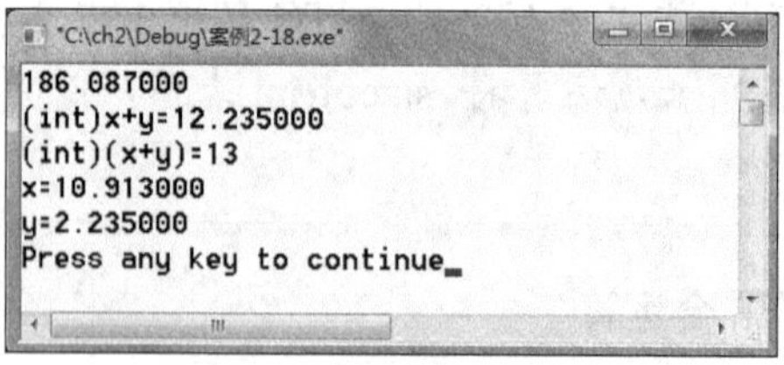

图 2-51 案例 2-18 运行结果

案例小结

（1）自动类型转换

代码第 8 行“z-x+c”中的 z、x、c 为不同数据类型，系统会自动进行类型转换。

自动类型转换是由精度低的类型向精度相对高的类型转换，以保证运算的准确性。自动类型转换规则如图 2-52 所示。

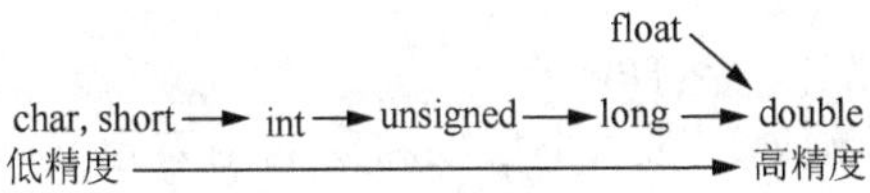

图 2-52　自动类型转换规则

“z-x+c”的运算过程如下：

1）计算 z-x，系统自动将 z 由 int 型转换为精度更高的 float 型与 x 相减，结果为 float 型 89.087000；

2）计算 89.087000+c，系统自动将 c 由 char 型转换为精度更高的 float 型再计算，结果为 float 型 186.087000。

（2）强制类型转换

1）代码第 9 行中的“(int)x+y”，先运算(int)x，将 10.913 强制转换为 int 型 10（舍弃小数）；然后计算 10+y，将 10 自动转换为 float 型与 y 运算，结果为 float 型 12.235000。

2）代码第 10 行中的“(int)(x+y)”，先运算 x+y，将其结果 13.148000 强制转换为 int 型，结果为 13。

博学小助理

由案例 2-18 中代码第 11 行可见，在经过强制类型转换运算后，变量 x、y 原有的值均未发生改变。因此可知，数据类型转换不改变变量原有的值，它只是取变量的值进行类型转换运算，得到一个临时的表达式结果。

拓展训练

阅读下列程序，分析其功能。

```
#include<stdio.h>
void main()
{
   int a=3,c;  float b=2.7;
   c=a+(int)b;
   a=b;
   printf("a=%d,b=%f,c=%d\n",a,b,c );  //输出 a、b、c 的值
}
```

2.4　宏常量与宏替换

宏定义又称为宏替换或宏代换，简称宏，是 C 语言特有的预处理功能（包括宏定义、文件包含、条件编译）之一。

宏定义的功能是用一个合法标识符（宏名）来代表一个指定字符串。在编译预处理时（正式编译前），将程序中所有宏名都替换为宏定义中指定的字符串。宏定义分为不带参数的宏定义和带参数的宏定义。

不带参数的宏定义一般格式如下：

```
#define  宏名  字符串
```

带参数的宏定义一般格式如下：

```
#define  宏名(形参表)  字符串
```

带参数的宏定义在编译预处理时，不仅要将宏名用宏定义中的字符串替换，还要用程序中宏名后圆括号中的实参替换字符串中的形参。

【案例 2-19】阅读程序，分析宏替换规则。

案例设计目的

1）理解宏定义的基本概念。
2）掌握宏替换的基本规则。

宏定义的使用

案例主要代码

```
1.   #include<stdio.h>
2.   #define  PI  3.14
3.   #define  len(x)  2*PI*x
4.   #define  m(x)  3.14*x*x
5.   #define  n(x)  3.14*(x)*(x)
6.   void main()
7.   {
8.      float s,c,r,s1,s2;
9.      scanf("%f",&r);
10.     s=PI*r*r;
11.     c=len(r);
12.     s1=m(r+r);
13.     s2=n(r+r);
14.     printf("s=%f,c=%f\n",s,c);
15.     printf("s1=%f,s2=%f\n",s1,s2);
16.  }
```

案例运行结果

本案例运行结果如图 2-53 所示。

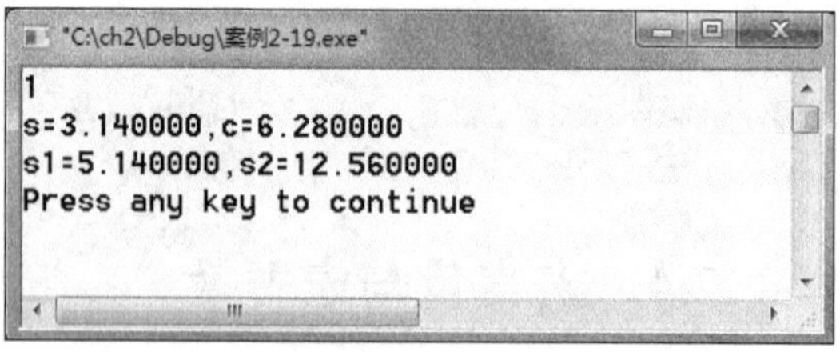

图 2-53　案例 2-19 运行结果

案例小结

1）代码第 2 行“#define　PI　3.14”是宏定义，其功能是用宏名 PI 代表字符串“3.14”。在编译预处理时，系统将程序中所有的 PI 都替换为 3.14，此替换过程叫作宏展开。

例如，代码第 10 行，宏展开如下：

s=PI*r*r; ——宏展开——→ s=3.14*r*r;

预处理后进行编译、连接，运行时进行计算，s 的值为 3.14。

上述宏定义的作用在于不直接使用常数，而是由一个指定的符号代表一个常数，如数学中的 π、e 等，也可以称其为符号常量。使用符号常量的优点是含义清晰，一改全改。

2）代码第 3 行“#define　len(x)　2*PI*x”是有参数的宏定义，其含义是用宏名 len(x) 代表字符串“2*PI*x”。在编译预处理时，系统将程序中所有的 len(x)都替换为 2*PI*x，同时用程序中宏名后圆括号中的实参替换字符串中的 x。

例如，代码第 11 行，宏展开如下：

c=len(r); ——宏展开（r 为实参，替换形参 x）——→ c=2*PI*r ——宏展开（替换 PI）——→ c=2*3.14*r

编译、连接运行后，c 的值为 6.28。

3）代码第 12 行“s1=m(r+r);”，按照代码第 4 行“#define　m(x)　3.14*x*x”定义进行宏展开。x 为形参，程序中的 r+r 为实参。宏展开时将 m(x)替换为 3.14*x*x，将 x 替换为 r+r，预处理不做任何运算，只是文本替换。宏展开如下：

s1=m(r+r); ——宏展开——→ s1=3.14*r+r*r+r;

编译、连接运行后，s1 的值为 5.14。

4）代码第 13 行“s2=n(r+r);”，按照代码第 5 行“#define　n(x)　3.14*(x)*(x)”定义进行宏展开。x 为形参，程序中的 r+r 为实参。宏展开时将 n(x)替换为 3.14*(x)*(x)，将 x 替换为 r+r。宏展开如下：

s2=n(r+r); ——宏展开——→ s2=3.14*(r+r)*(r+r);

编译、连接运行后，s2 的值为 12.56。

博学小助理

- ✧ 宏定义是预处理指令，是在编译之前进行的，所以不做任何语法检查和运算，只是简单文本替换。
- ✧ 宏定义不是语句，是预处理指令，末尾不加分号，通常写在程序的开头。
- ✧ 宏名一般习惯用大写字母，利于与普通变量名相区分。
- ✧ 使用宏可提高编程效率，减少输入错误且方便修改，增强程序的通用性和可读性。

拓展训练

请分析以下程序的运行结果：

```
#include<stdio.h>
#define N 2
```

```
#define M(X) X*X
void main()
{
   int a=19,k=1;
   a/=M(k+N)/M(k+N);
   printf("%d",a);
}
```

本章小结

算法是为解决问题而采取的方法和步骤。程序设计应先制定算法，然后根据算法编写程序。最常用的算法描述方法是流程图。

从是否可变化的角度，数据总体可分为常量和变量。

从数据类型的角度，数据可分为整型、实型、字符型等数据类型。整型数据占 4 字节（VC++环境下），变量关键字为 int；实型数据占 4 字节，变量关键字为 float；字符型数据占 1 字节，变量关键字为 char。

C 语言提供的运算符丰富完善。在运算过程中按照运算规则进行运算。注意运算符的优先级和结合性。

宏定义是用宏名代表指定字符串。

预处理是按照宏定义中的指令进行文本替换的，即将程序中所有的宏名替换为字符串。

第 3 章　顺序结构与输入/输出

C 语言是结构化程序设计语言，其控制结构分为顺序结构、选择结构和循环结构。其中，顺序结构是最基本、最简单的一种结构。顺序结构按照语句的书写顺序自上而下依次运行。前面两章已经详细介绍了编写一个简单的 C 语言程序所需要的基本知识，包括头文件的引入、主函数的格式、变量的定义等，要想顺利地写出一个完整的程序，还需要学会控制程序中数据的输入/输出。本章着重介绍输入/输出函数和顺序结构程序的设计。本章知识图谱如图 3-1 所示。

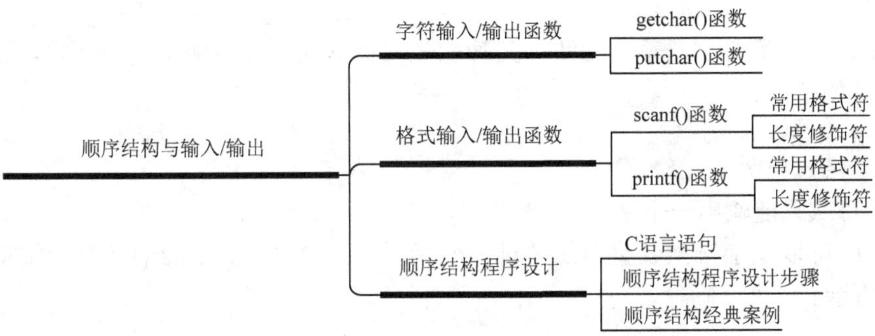

图 3-1　“顺序结构与输入/输出”知识图谱

3.1　字符输入/输出函数

在 C 语言中，数据的输入和输出都是由系统预先设计的库函数实现的。其中有能够处理各种数据类型输入及输出的 scanf()函数和 printf()函数，也有专门处理字符型数据的 getchar()函数和 putchar()函数，getchar()函数和 putchar()函数的特点是一次只能处理一个字符，所以称为字符输入函数和字符输出函数。

3.1.1　getchar()函数

getchar()函数是字符输入函数，其功能是接收从标准输入设备上输入的一个字符。该函数的一般形式如下：

```
getchar();
```

格式说明如下：

1）每次只能接收（读取）一个字符。

2）当程序运行到 getchar()函数时，光标闪烁（图 3-2），等待用户输入，此时用户必须输入相关数据，并按【Enter】键结束输入，用

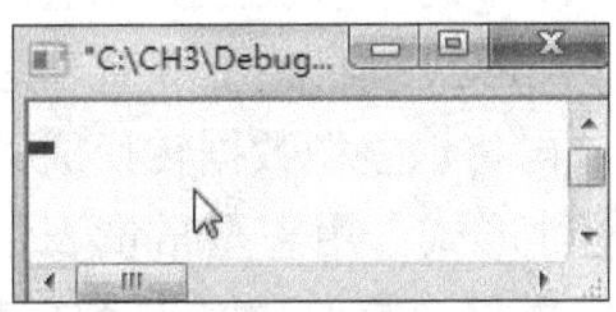

图 3-2　运行 getchar()函数后等待用户输入

户输入的数据和回车符均被存入缓冲区，getchar()函数从缓冲区中读入第一个字符。

3）getchar()函数读入字符后，返回该字符的 ASCII 值，所以可用字符型变量接收 getchar()函数的返回值，如 char c; c=getchar();，此时 getchar()函数将返回值赋值给变量 c；也可以用整型变量接收 getchar()函数的返回值，如“int c; c=getchar();”，getchar()函数将返回值的 ASCII 值赋值给变量 c。

例如：

```
char a,b;
a=getchar();
b=getchar();
```

如果输入 xy↙（“↙”表示回车符），则 a 中存放的是字符 x，b 中存放的是字符 y。如果用户误操作输入了 x↙，则变量 a 中存放的是 x，变量 b 中存放的是↙。

3.1.2 putchar()函数

putchar()函数是字符输出函数，其功能是向标准输出设备输出一个字符，该函数的一般形式如下：

```
putchar(E);
```

（1）格式说明

1）每次只能输出一个字符。

2）E 可以是字符型或整型的常量、变量或者表达式。putchar()函数的常用形式如表 3-1 所示。

表 3-1 putchar()函数的常用形式

编号	①	②	③	④	⑤	⑥
参数类型	整型变量	字符型变量	整型常量	字符型常量	表达式	表达式
主要代码	int c=97; putchar(c);	char c='a'; putchar(c);	putchar(65);	putchar('A');	int c=97; putchar(c−32);	putchar('A'+32);
输出	a	a	A	A	A	a

（2）分析

第①种形式：整型变量作为函数的参数，putchar()函数将该变量的值 97 转换成其所对应的字符输出（注：97 是小写字母 a 的 ASCII 值）。

第②种形式：字符型变量作为函数的参数，利用 putchar()函数将该变量中存放的字符输出。

第③种形式：整型常量作为函数的参数，putchar()函数将该整型常量转换成其所对应的字符输出（注：65 是大写字母 A 的 ASCII 值）。

第④种形式：用字符型常量作为函数的参数，putchar()函数将该字符常量输出。

第⑤种形式：用整型变量表达式作为函数的参数，putchar()函数先计算该表达式的值为 65，再将该整型数据转换成其所对应的字符输出。

第⑥种形式：用整型常量表达式作为函数的参数，putchar()函数先计算该表达式的值为 97，再将该整型数据转换成其所对应的字符输出。

3.1.3　字符输入/输出函数的应用

【案例 3-1】 输入一个大写字母，将其转换成小写字母，并在屏幕上显示。

案例设计目的

掌握 getchar()函数与 putchar()函数的使用。

案例分析与思考

（1）分析

熟练掌握 getchar()函数与 putchar()函数，首先要清楚其功能及基本格式，了解其参数及返回值类型，知道大小写字母之间的关系。

（2）思考

getchar()函数与 putchar()函数的功能是什么？两个函数的参数分别由什么组成？返回值具体是什么？返回值类型是什么？大小写字母之间有什么关系？

程序流程图

案例 3-1 程序流程图如图 3-3 所示。

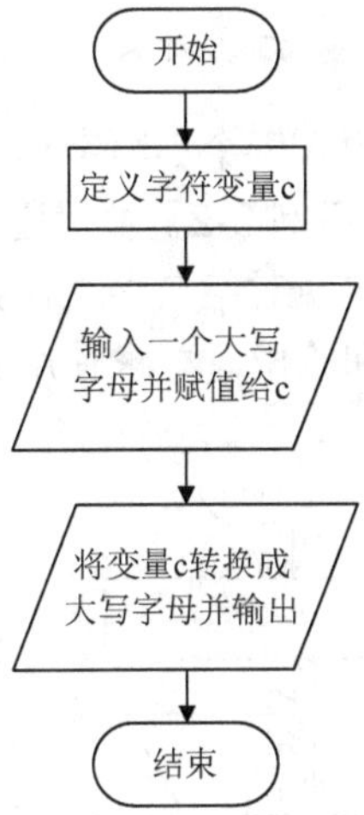

图 3-3　案例 3-1 程序流程图

案例主要代码

```
#include<stdio.h>      //引入头文件，以便在程序中能正确使用输入/输出函数
void main()            //主函数
{
  char c;              //定义一个字符型变量
  c=getchar();         //调用 getchar()函数，将获得的值赋给变量 c
  putchar(c+32);       //调用 putchar()函数，将获得的 c 值加上 32 显示
  putchar('\n');       //调用 putchar()函数，在屏幕上输出换行
}
```

案例运行结果

案例 3-1 运行结果如图 3-4 所示。

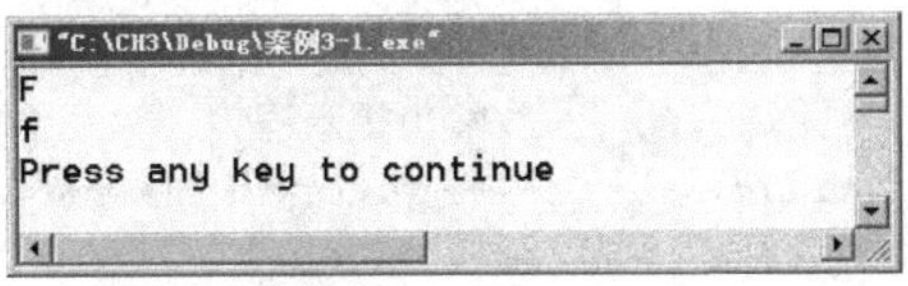

图 3-4　案例 3-1 运行结果

大写字母转换成小写字母

案例小结

1）根据题意，本案例中需要定义一个字符型的变量，用于接收用户输入的大写

字母。

2）大写字母与小写字母之间的关系是：两者 ASCII 值相差 32，即小写字母的 ASCII 值比大写字母的 ASCII 值大 32。

3）根据题目要求，只涉及大写字母转换成小写字母，因此用 getchar()函数和 putchar()函数可以处理程序中的输入与输出。

拓展训练

输入一个小写字母，将其转换成大写字母，并在屏幕上显示。

【案例 3-2】 编写程序，实现学生成绩等级管理。

实现对某名学生计算机考试成绩等级（A、B、C、D 分别代表优、良、中、差）的输入和输出。要求使用 putchar()函数与 getchar()函数完成。

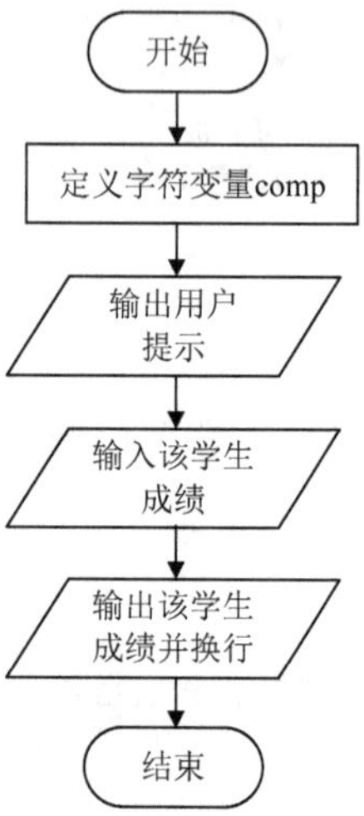

图 3-5 案例 3-2 程序流程图

案例设计目的

能够使用 getchar()函数与 putchar()函数解决实际问题。

案例分析与思考

（1）分析

本案例要求对某学生计算机考试成绩等级进行输入和输出，计算机成绩使用 A、B、C、D 表示，均为单个字符，使用 getchar()函数和 putchar()函数分别完成成绩等级的输入和输出。

（2）思考

需要定义变量的类型和个数。在此程序中需要一个变量且其类型为 char 型。getchar()和 putchar()函数使用的格式及参数。

程序流程图

案例 3-2 程序流程图如图 3-5 所示。

案例主要代码

```
#include<stdio.h>           //引入头文件
void main()                 //主函数头部
{                           //“{”是函数体的定界符
   char comp;               //定义一个字符变量
   printf("请输入该学生计算机考试成绩等级（A,B,C,D 分别代表优、良、中、
    差）：\n");              //输出提示语句
   comp=getchar();          //将 getchar()函数接收的字符赋值给 comp
   putchar(comp);           //用 putchar()函数将 comp 中存放的内容输出
   putchar('\n');           //输出换行
}                           //“}”是函数体的定界符
```

案例运行结果

本案例运行结果如图 3-6 所示。

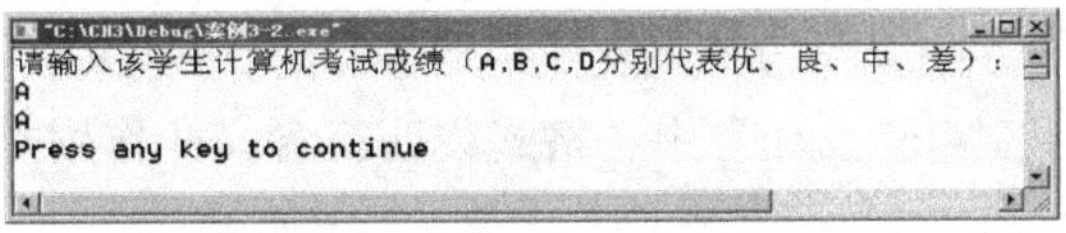

图 3-6　案例 3-2 运行结果

案例小结

1）学生成绩等级为字符型数据。因此，程序中用语句“char comp;”定义一个字符型的变量 comp，用于接收输入的学生考试成绩等级。

2）程序中使用 getchar()函数接收从键盘输入的学生考试成绩等级。getchar()函数的值即为键盘输入的字符，通常情况下使用“comp=getchar();”的形式来实现字符的保存。另外，getchar()函数的括号中没有参数。

3）程序中使用语句“putchar(comp);”输出学生考试成绩等级，参数为字符型变量 comp。comp 的值已经在上一条语句中从键盘接收。

4）为了增强程序的互动性，使程序界面更加友好，使用 printf()函数输出提示性语句，“请输入该学生计算机考试成绩（A、B、C、D 分别代表优、良、中、差)：”。

拓展训练

编写程序，实现对某名学生计算机、数学、英语考试等级（用 A、B、C、D、E 表示成绩等级，分别代表优、良、中、及格和不及格 5 个等级）的输入和输出。要求输入/输出用 getchar()函数与 putchar()函数。

3.2　格式输入/输出函数

scanf()函数和 printf()函数是 C 语言标准的输入/输出函数。其功能要远大于 getchar()函数和 putchar()函数（只能处理字符型数据），它们可以处理整型、实型、字符型等数据类型的数据。在程序编写过程中，用户可以通过 scanf()函数和 printf()函数对输入与输出的数据进行格式化规范（如指定存放或者显示数据的类型、位置、长度等），因此又称为格式输入函数和格式输出函数。本节详细介绍 scanf()函数和 printf()函数的常用格式及使用。

3.2.1　scanf()函数概述

C 语言中，从标准输入设备输入的数据是存储在缓冲区中的，scanf()函数的功能是按照格式说明符指定的格式从缓冲区中读入数据，并且将这些数据存放到指定的位置。scanf()函数的一般形式如下：

```
scanf("格式控制",地址列表);
```

函数说明如下。

（1）格式控制

格式控制是由双引号引起来的一串字符，包括如下两部分内容：

1）格式说明符：<%>[*][m][长度修饰符]<格式码>。其中，方括号（[]）中为可选项。

例如，“scanf("x=%*4ld",&x);”中各格式说明符含义和作用如表 3-2 所示。

表 3-2 “scanf("x=%*4ld",&x);”中格式说明符的含义和作用

格式说明符	含义	本例中作用
%	格式说明符的起始标志	格式说明符的起始标志
*	按照格式说明符读入的数据不赋相应的变量	表示输入的数据不赋变量 x
4	m 非负整数，规定读入几个字符宽度的数据	表示读入 4 个字符宽度的数据
l	长度修饰符，用于修饰格式码	修饰格式码“d”，表示读入长整型数据
d	格式码，规定 scanf()函数读入缓冲区中数据的格式	表示整型数据

表 3-2 中的长度修饰符和格式码详见表 3-3 和表 3-4。

表 3-3 scanf()函数的长度修饰符

长度修饰符	说明
L、l	用于 d、o、x 和 X 格式字符前，规定读入为 long 型整数
	用于 e、f 格式字符前，规定读入为 double 型实数
h	用于 d、o、x 和 X 格式字符前，规定读入为 short 型整数

表 3-4 scanf()函数的常用格式码

格式码	说明
c	读入单个字符
d	读入十进制有符号整型数据
u	读入十进制无符号整型数据
o	读入八进制无符号整型数据
x、X	读入十六进制无符号整型数据
e、E	读入指数形式的浮点数
f	读入小数点形式的浮点数
s	读入字符串

表 3-4 中列出了 scanf()函数常用的格式码，除此之外，还有其他一些格式码，读者如有兴趣，可以自行查阅相关资料。在编程过程中，利用表中格式码可以读入不同类型的数据，并且将数据存放到指定的地址内存单元中。

2）普通字符：用户输入数据时，遇到普通字符需要原样输入。例子中是“x=”，需要原样输入。

（2）地址列表

地址列表可以是一个或多个地址，如果是多个地址，用逗号隔开。地址既可以是变量的地址，也可以是数组元素的地址和指针变量（本章重点介绍变量地址，其他两种情况将在数组和指针等章节介绍）。

获取变量地址的方法为在变量名字的前面加上取地址运算符“&”，格式如下：

```
&变量名
```

例如，“&c”的值就是变量 c 的地址。

（3）常用的格式说明符

本章中出现的符号“↙”、“□”和“→”分别表示回车（Enter）、空格（Space）和制表符（Tab）。

1）格式说明符“%d”。“%d”表示 scanf()函数读入十进制有符号整型数据，此时 scanf()函数默认分隔符为所有空白字符，即空格（Space）、制表符（Tab）和回车（Enter），一个或多个均可。需要注意的是，scanf()函数对于数字输入会自动忽略数据前面的一个或多个空白字符（详见表 3-5）。

表 3-5　格式说明符“%d”之间无字符的输入形式

int a,b;
scanf("%d%d",&a,&b);
printf("a=%d,b=%d\n",a,b);		

输入方式	说明	输出结果
123□456↙	用一个空格分隔，以回车结束	a=123,b=456
123□□456↙	用两个空格分隔，以回车结束	a=123,b=456
123→456↙	用一个 Tab 分隔，以回车结束	a=123,b=456
123↙ 456↙	用一个回车分隔，以回车结束	a=123,b=456
↙ 123□456↙	先输入一个回车，再输入数据，用一个空格分隔，以回车结束	a=123,b=456
□123□456□↙	先输入一个空格，再输入数据，用一个空格分隔，以回车结束	a=123,b=456
□□123→456↙	先输入两个空格，再输入数据，用一个 Tab 分隔，以回车结束	a=123,b=456

如果格式说明符之间有给定字符分隔，则必须输入原样字符，作为数据分隔标记。

例如：int a,b; scanf("%d,%d",&a,&b); printf("a=%d,b=%d\n",a,b);。

输入形式：123,456↙；输出：a=123,b=456。

2）格式说明符“%f”。“%f”表示 scanf()函数读入单精度实型数据，使用方式与格式说明符“%d”相同，此处不再赘述。

3）格式说明符“%c”。“%c”表示 scanf()函数读入字符型数据。在输入字符数据时，若格式控制中没有非格式字符，则认为所有输入的字符均为有效字符（详见表 3-6）。

表 3-6　格式说明符%c 的输入形式

char c1,c2; scanf("%c%c",&c1,&c2);printf("c1=%c,c2=%c\n",c1,c2);			
输入形式	说明	输出结果	结果分析
ab↙	输入 ab，以回车结束	c1=a,c2=b	scanf()函数依次读入字符 a 和字符 b
a□b↙	输入 ab，用空格分隔，以回车结束	c1=a,c2=□	scanf()函数把空格作为第二个字符读入
□ab↙	先输入一个空格，再输入 ab，以回车结束	c1=□,c2=a	scanf()函数把空格作为第一个字符读入
a→b↙	输入 ab，用 Tab 分隔，以回车结束	c1=a,c2=→	scanf()函数把 Tab 作为第二个字符读入

续表

输入形式	说明	输出结果	结果分析
↙ ab↙	先输入回车，再输入 ab，以回车结束	c1=↙ c2=a	scanf()函数把回车作为第一个字符读入

注：在输入多个字符数据时，如果格式说明符之间无任何分隔，则不需要输入任何字符作为分隔，如果格式说明符之间有字符分隔，则字符原样输入即可。

4）格式码前有宽度“m”和“*”（详见表 3-7）。

表 3-7　宽度“m”和“*”的使用

程序段	输入形式	输出结果	结果分析

int a,b;
scanf("%d,%*d,%d",&a,&b);
printf("a=%d,b=%d",a,b);
	12,34,56↙	a=12,b=56	第二个格式说明符为%*d，scanf()函数跳过 34，读入 56，所以 b 的值为 56

int a;
scanf("%4d",&a);
printf("%d",a);
	12345↙	a=1234	读入 4 个字符宽度的数据

int a,b;
scanf("%4d%2d",&a,&b);
printf("a=%d,b=%d",a,b);
	12345678↙	a=1234,b=56	分别读入 4 个和 2 个字符宽度的数据

int a,b;
scanf("%4d%2d",&a,&b);
printf("a=%d,b=%d",a,b);
	12□34↙	a=12,b=34	虽然第一个字符宽度为 4，但是读入两个字符宽度数据后遇到空白字符，所以 a 变量的值为 12

3.2.2　printf()函数概述

printf()函数的功能是按照格式说明符指定的格式，在标准输出设备（通常指显示器）上输出数据。printf()函数的一般形式如下：

```
    printf("格式控制",输出列表);
```

函数说明如下。

（1）格式控制

格式控制是由双引号引起来的一串字符，包括 3 部分内容：格式说明符、普通字符、转义字符，其中格式说明符、普通字符内容与 scanf()函数基本相同。

1）格式说明符：<%>[标识符][m][精度][长度修饰符]<格式码>。

其中，方括号“[]”中的项为可选项。

例如，“printf("x=%-10.2lf\n",x);”中各格式说明符的含义和作用如表 3-8 所示。

表 3-8　printf("x=%-10.2f\n",x);中格式说明符的含义和作用

格式说明符	含义	示例中的作用
%	格式说明符的起始标志	格式说明符的起始标志
-	标识符，用于修改输出格式	表示左对齐
10	m 非负整数，用于规定输出数据占输出位的个数	表示数据输出占十个输出位
.2	精度，以“.”开头，跟一个十进制整数 用于字符串输出时，指定输出的字符串中字符的个数 用于实型数据输出时，指定输出的小数点后的数字位数	实型数据，保留两位小数

续表

格式说明符	含义	示例中的作用
l	长度修饰符，修改某些格式码的作用	表示输出数据为 double 型数据
f	格式码，规定输出数据的格式	表示输出实型数据

表 3-8 中的标识符详见表 3-9。

表 3-9　printf()常用标识符

标识符	含义
-	输出左对齐，缺省情况下为右对齐
0	右对齐时，用 0 填充左边未使用的列；默认用空格填充，如果格式码前出现了标志“-”号，此标识符失效
+	当一个数为正数时，前面加上一个“+”号；若为负，前面加“-”号
空格	当一个数为正数时，前面加上一个空格
#	用在格式码“o”前面，输出的值以 0 开头
	用在格式码“x，X”前面，在非零值前面加 0x，0X 前缀

2）普通字符：普通字符在屏幕上原样输出，例子中“x=”原样输出。

3）转义字符：由“\”与一个字母组成（详见第 2 章），例子中 “\n”输出一个换行。

（2）输出列表

由一个或者多个输出项组成，如果为多个输出项，则中间用逗号隔开。输出项表示输出的数据，可以是常量、变量、表达式、函数等。

注意：与 scanf()函数不同的是，printf()函数可以没有输出列表，此时会原样输出格式控制（双引号）中的字符串。例如，“printf ("hello\n") ;” 会直接输出字符串 “hello”。

下面介绍 printf()函数的几种常见使用形式（详见表 3-10～表 3-13。注意：表中“□”代表“空格”）。

表 3-10　printf()输出整型数据

格式说明符	原始数据	输出样式
%d	1234	1234
%6d	1234567	1234567
%-6d	1234	1234□□
%06d	123456	123456
%0-6d	1234567	1234567

注：输出整型数据宽度大于等于限定宽度时，数据原样输出。数据宽度小于限定宽度时按照要求补齐。

表 3-11　printf()输出实型数据

格式说明符	原始数据	输出样式
%f	12.34	12.340000
%5f	12.34	12.340000
%11f	12.34	□□12.340000

续表

格式说明符	原始数据	输出样式
%.2f	12.2	12.20
%7.2f	12.2	□□12.20
%-7.2f	12.2	12.20□□

注：输出实型数据时，先确定小数位数，再比较数据宽度和限定宽度的关系。数据宽度小于限定宽度时按照要求补齐。

表 3-12 printf()输出字符串数据

格式说明符	原始数据	输出样式
%s	ABC	ABC
%5s	ABC	□□ABC
%-5s	ABC	ABC□□
%.5s	ABCDEFGH	ABCDE
%6.5s	ABCDEFGH	□ABCDE
%-6.5s	ABCDEFGH	ABCDE□

注：输出字符串数据时，先确定输出的字符，再比较数据宽度与限定宽度的关系。数据宽度小于限定宽度时按照要求补齐。

表 3-13 printf()的其他输出

语句	输出数据
int a=12; printf("%%",a);	%
int a=12; printf("%%d",a);	%d
int a=12,b=34; printf("%d,%d",a,b);	12,34
int a=12,b=34; printf("%d,%d,%d",a,b);	12,34,0
int a=12,b=34; printf("%d",a,b);	12

3.3 顺序结构程序设计

3.3.1 C 语言语句

通过学习前面章节的内容，我们知道 C 语言程序是由函数组成的，函数的函数体由若干条语句组成。C 语言语句可以分为表达式语句、空语句、复合语句、函数调用语句和控制语句。

（1）表达式语句

表达式通常由运算符、变量、常量构成，用来完成指定的计算。由表达式加上分号“;”构成的语句，称为表达式语句。其一般形式如下：

```
表达式;
```

例如：

```
void main()
{
    int x,y;
    x=100;                                  //由赋值表达式构成的语句
    y=(x+3)*2;                              //由赋值、算术表达式构成的语句
    printf("x=%d,y=%d",x,y);
}
```

（2）空语句

只由分号“;”构成的语句，称为空语句。空语句不运行任何操作。有时，空语句会被用在循环语句的循环体，表示该循环体无须运行任何操作。

（3）复合语句

多条语句用大括号“{}”括起来构成的语句，称为复合语句。C 语言把复合语句看成是单条语句，而不是多条语句。复合语句通常用于选择结构的某一分支，或者循环结构的循环体。

例如：

```
{
    x=y+z;
    a=b+c;
    printf("%d%d",x,a);
}                                  //由 3 条语句构成的复合语句
```

（4）函数调用语句

由函数调用加上分号“;”构成的语句，称为函数调用语句。其一般形式如下：

① 有参函数：函数名(实际参数表) ;。

② 无参函数：函数名();。

例如，案例 3-1 中的“putchar(c+32);”即为有参函数调用语句，其中 putchar 为函数名，c+32 为此函数调用的实际参数。如果被调函数为无参函数，函数名后面括号内为空。

（5）控制语句

用于控制程序流程的语句，称为控制语句，用来实现程序的各种结构问题求解。结构化程序设计所面对的问题主要有 3 种结构：顺序结构、选择结构和循环结构。为实现这 3 种结构问题求解，C 语言提供 9 种控制语句，分别用于解决不同的问题。具体语句分类如下：

① 条件判断语句：if 语句、switch 语句。

② 循环运行语句：do…while 语句、while 语句、for 语句。

③ 转向语句：break 语句、goto 语句、continue 语句、return 语句。

3.3.2 顺序结构程序设计步骤

编写顺序结构程序，首先分析具体的应用，按照代码从上往下运行的顺序规则，编写程序。顺序结构程序设计步骤大致分为四步，如图 3-7 所示。

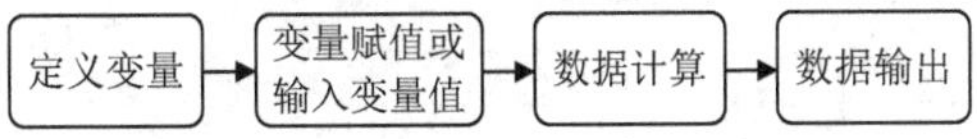

图 3-7 顺序结构程序设计步骤

【案例 3-3】编程实现对某学生计算机、数学和英语三门课程考试成绩的输入和输出（成绩为整型）。

案例设计目的

掌握 printf()函数与 scanf()函数的使用方法。

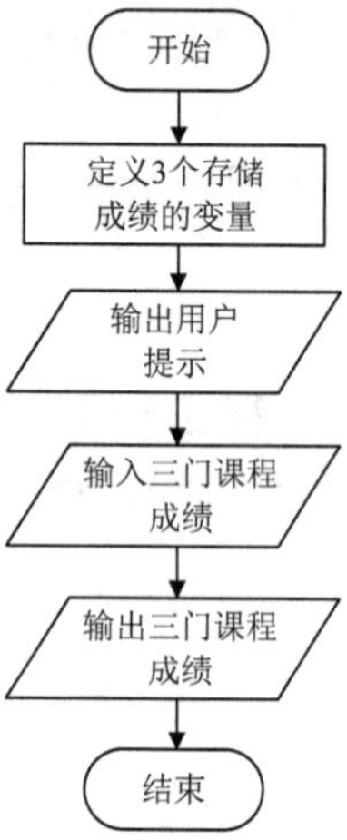

图 3-8　案例 3-3 程序流程图

案例分析与思考

（1）分析

本案例要求对学生的三门课程考试成绩进行输入和输出，且成绩为整型，此处需要使用格式输入和输出函数，即 printf()函数和 scanf()函数。

（2）思考

本案例要处理三门课程的成绩，且已明确成绩为整型数据，由此可确定需要的变量个数及类型。对于 printf()函数与 scanf()函数，当输入数据为多个整型数据时，应如何选择格式说明形式？

程序流程图

本案例程序流程图如图 3-8 所示。

案例主要代码

```
#include<stdio.h>                              //引入头文件
void main()                                    //主函数
{
   int comp, math, eng;                        //定义 3 个整型变量，用来存放成绩
   printf("请分别输入该学生的计算机成绩、数学成绩和英语成绩：\n");
                                               //输出提示语句
   scanf("%d%d%d",&comp,&math,&eng);           //从键盘上接收 3 个数据
   printf("该学生计算机成绩为：%d\n 数学成绩为：%d\n 英语成绩：%d\n",
         comp,math,eng);                       /*在屏幕上输出该学生的计算机、数
                                                 学及英语成绩*/
 }
```

案例运行结果

本案例运行结果如图 3-9 所示。

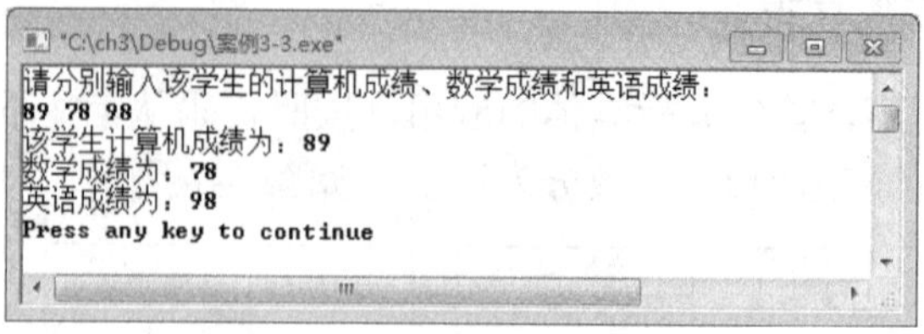

图 3-9　案例 3-3 运行结果

案例小结

1）程序中用 scanf()函数接收从键盘上输入的 3 门课程成绩。此处，scanf()函数格式控制为“%d%d%d”，在 3 个%d 之间无任何分隔符号。C 语言规定，此时在输入 3 个整型数据时，可以用“空格键”、“Tab 键”或者“回车键”对数据进行分隔。

2）在语句“scanf("%d%d%d",&comp,&math,&eng);”中，scanf()函数的地址列表中，三个变量前面的“&”符号（表示取地址运算）一定不能缺省。

拓展训练

编写程序，实现对学生计算机、数学和英语三门课程考试成绩的输入，计算该学生考试成绩的总分和平均分，并输出。要求：①三门课程的考试成绩与总分、平均分均为浮点型；②三门课程的考试成绩、总分为整型，平均分为浮点型。

【案例 3-4】 计算一元二次方程 $ax^2+bx+c=0$ 的根。

由数学知识可知，求解一元二次方程的根有 3 种情况（本案例中的Δ为 b^2-4ac）：

① Δ>0，方程有两个不相等的实根；

② Δ=0，方程有两个相等的实根；

③ Δ<0，方程无实根。

本案例中，假设方程系数满足条件Δ>0，在此前提下计算方程两个不相等的实根（注意：在输入方程系数 a、b、c 的时候，要确保 $b^2-4ac>0$）。

案例设计目的

1）熟悉 printf()函数与 scanf()函数的使用方法。

2）掌握顺序结构程序设计求解问题的过程和思路。

计算一元二次方程两个不等实根

案例分析与思考

（1）分析

计算一元二次方程 $ax^2+bx+c=0$ 的根，已知系数 a、b、c，要求方程有两个不相等的实根 x1、x2。考虑求根过程中需要计算 b^2-4ac 及 b^2-4ac 的平方根，因此再增加两个变量 t 和 d 分别存储，其程序设计步骤如表 3-14 所示。

表 3-14　程序设计步骤

序号	步骤	本例中的功能
1	定义变量	定义 7 个变量：a、b、c、x1、x2、t、d
2	输入变量的值	输入方程 3 个系数变量 a、b、c 的值
3	数据计算	由 a、b、c 的值计算 t、d、x1、x2
4	数据输出	输出方程两个根 x1、x2

（2）思考

上述分析归纳起来，有 4 件事情要做：定义需要的变量，接收已知条件的数据，计算结果，输出结果。这 4 件事情的处理在时间上有无顺序要求？

如果不做假设和保证 $b^2-4ac>0$，任意输入方程系数，则方程的根就有 3 种情况，该如何计算方程的根？

程序流程图

本案例程序流程图如图 3-10 所示。

案例主要代码

```
#include<stdio.h>
#include<math.h>                              //添加 math.h 头文件
void main()
{  float a,b,c,x1,x2,t,d;                     //定义变量
 printf("请输入一元二次方程的 3 个系数:");    //提示输入内容
 scanf("%f%f%f",&a,&b,&c);                   //接收方程的 3 个系数
 t=b*b-4.0*a*c;                               //计算Δ的值存放在 t 中
 d=sqrt(t);                                   //计算Δ的平方根存放在 d 中
 x1=(-b+d)/(2.0*a);                           //根据公式求出两个不相等实根的值
 x2=(-b-d)/(2.0*a);
 printf("x1=%f,x2=%f\n",x1,x2);}              //将结果在屏幕上显示
```

案例运行结果

本案例运行结果如图 3-11 所示。

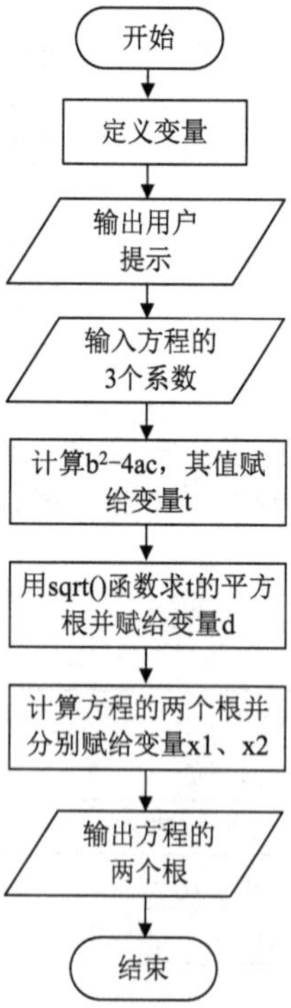

图 3-10　案例 3-4 程序流程图

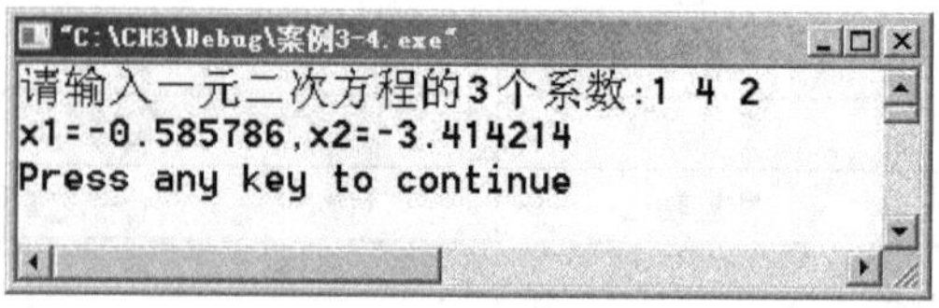

图 3-11　案例 3-4 运行结果

案例小结

1）在计算过程中，需要注意两点：

① 数学公式中的 2a，在编程时必须写成 2*a。

② 求平方根是利用数学函数 sqrt()实现的。数学函数 sqrt()的定义存放在“math.h”头文件中，需要在程序开头引用。

2）顺序结构程序设计问题求解的过程分为变量的定义、数据的输入、数据的计算和数据的输出共 4 个步骤。

3.3.3 顺序结构经典案例

【案例 3-5】交换两个整型变量的值。

交换两个整型变量的值

案例设计目的

1）熟悉 printf()函数与 scanf()函数的使用方法。

2）进一步理解顺序结构程序设计。

案例分析与思考

（1）分析

1）交换两个整型变量的值，需要借助一个中间变量，因此需要定义 3 个整型变量 a、b、t。

2）输入交换的两个整型变量 a、b 的值。

3）利用中间变量 t 交换两个整型变量 a、b 的值，分为以下三步：

① 把 a 的值赋给 t；

② 把 b 的值赋给 a；

③ 把 t 的值赋给 b。

4）输出交换后两个整型变量 a、b 的值。

（2）思考

按照顺序结构程序设计的 4 个步骤实现程序设计。

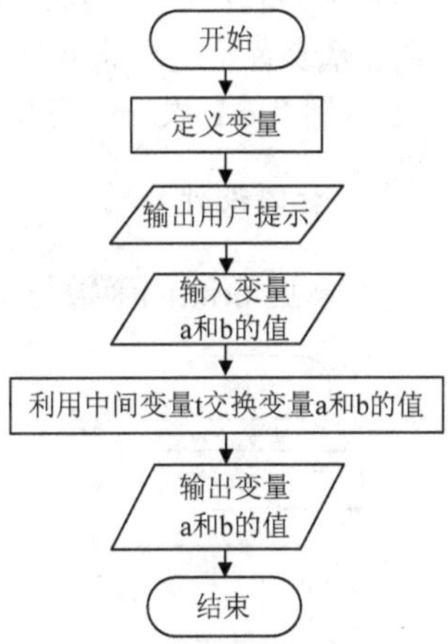

图 3-12 案例 3-5 程序流程图

程序流程图

本案例程序流程图如图 3-12 所示。

案例主要代码

```
#include<stdio.h>
void main()
{int a,b,t;                          //定义 3 个整型变量
printf("请输入变量 a,b 的值:");       //输入提示
scanf("%d,%d",&a,&b);                //用 scanf()函数输入变量 a 和 b 的值
t=a;
a=b;
```

```
b=t;                                     //交换变量 a 和 b 的值
printf("a=%d,b=%d",a,b);}                //输出交换后的变量 a 和 b 的值
```

案例运行结果

本案例运行结果如图 3-13 所示。

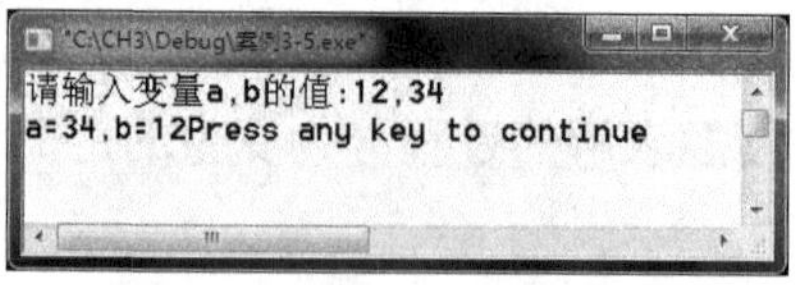

图 3-13　案例 3-5 运行结果

案例小结

1）使用 scanf()函数输入数据时，应按照其格式说明输入数据。使用 printf()函数时，要注意输出数据的类型，其格式控制应与数据类型匹配。

2）顺序结构程序是按照语句的书写顺序自上而下依次运行的，如果改变某些语句的顺序，程序就会出现错误，不能通过编译或者运行结果与预期结果不同。

3）本案例交换两个变量值采用借助第三个变量的方法，也可以使用算术运算或者位运算实现。

拓展训练

案例 3-5 中两个变量的值的交换是借助第三个变量实现的。除此之外，也可以采用算术运算或者位运算来实现，请编程实现。

【案例 3-6】求一个三位数的各数位的数码。

求一个三位数的各数位的数码

案例设计目的

1）掌握 printf()函数与 scanf()函数的使用方法。

2）进一步理解顺序结构程序设计。

3）掌握整数各个数位上数码的拆解。

案例分析与思考

（1）分析

本案例需要一个变量来保存三位数，还需要 3 个变量来保存这个三位数的各数位的数码，一共需要定义 4 个变量，均为整型变量。

（2）思考

按照顺序结构程序设计的 4 个步骤实现程序设计，三位数各个位数码的拆解如何实现？需要使用哪些运算符？

程序流程图

本案例程序流程图如图 3-14 所示。

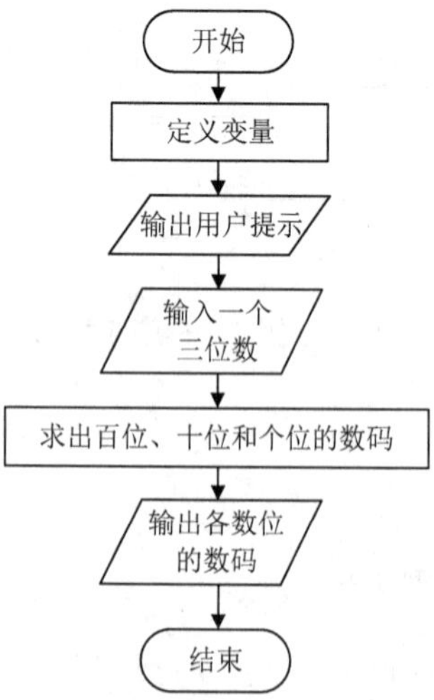

图 3-14　案例 3-6 程序流程图

案例主要代码

```
1. #include<stdio.h>
2. void main()
3. {
4.    int a,x,y,z;                          //定义 4 个变量
5.    printf("请输入一个三位数:");          //提示用户输入数据
6.    scanf("%d",&a);                       //输入一个三位数
7.    x=a/100;                              //求 a 的百位数码
8.    y=a/10%10;                            //求 a 的十位数码
9.    z=a%10;                               //求 a 的个位数码
10.   printf("百位:%d,十位:%d,个位:%d\n",x,y,z);//输出各数位的数码
11.}
```

案例运行结果

本案例运行结果如图 3-15 所示。

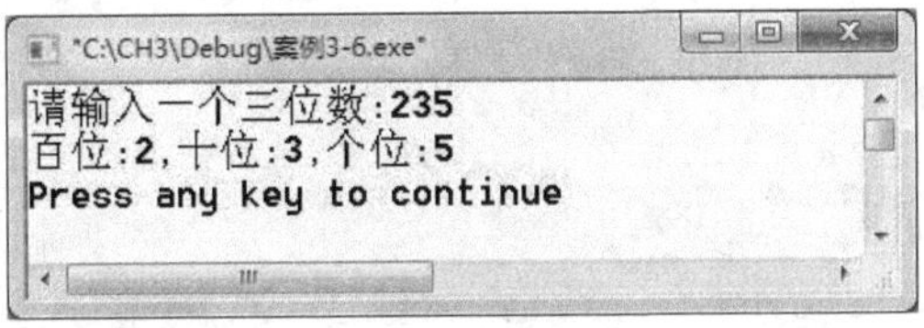

图 3-15 案例 3-6 运行结果

案例小结

1）数码拆解主要使用算术运算符中的除法（/）和求余运算（%）。

2）除法运算特点：当两个整数做除法，其结果“向 0”取整，即只取商的整数部分，舍弃商的小数部分。例如，235/100 等于 2，即 235 的百位。

3）求余运算特点：当两个整数做求余运算，其结果为两个整数做除法运算后的余数。例如 235%10 等于 5，即 235 的个位。

4）代码第 8 行，“y=a/10%10”，计算的是 235 的十位。235/10 得到“23”，23%10 得到 3，即十位数码。

拓展训练

编写程序，计算四位数各数位的数码，并思考如何计算任何一个多位数各数位的数码。

【案例 3-7】 产生并输出一个 10 以内的随机数。

案例设计目的

1）熟悉 printf()函数的使用方法。

2）了解 C 语言产生随机数的函数。

3）真正的随机数产生的方法。

产生一个 10 以内的随机数

案例分析与思考

（1）分析

本案例需要一个变量来存储产生的随机数，因为产生的随机数为整数，所以变量定义为整型。在 C 语言中能够生成随机数的库函数是 rand()。但是如果仅用 rand()函数，程序会在每次运行时产生一个相同的随机数。因此，本案例同时还引入 srand()函数和 time()函数，根据每次程序运行的时间生成一个产生随机数的起始数据，每次程序运行的时间不同，srand()函数产生的起始数据不同，rand()函数生成的随机数就不同。

（2）思考

按照前面提到的顺序结构程序设计的 4 个步骤实现程序设计，值得注意的是此程序的数据是由库函数产生，无须用户输入，所以跳过第二步（变量赋值或输入变量值）。

程序流程图

本案例程序流程图如图 3-16 所示。

案例主要代码

```
#include<stdlib.h>     //rand()函数头文件
#include<stdio.h>
#include <time.h>      //time()函数头文件
void main()
{
   int num;                //定义存储随机数的变量 num
   srand(time(NULL));  //给 rand()函数产生起始数据（以时间为种子）
   num=rand()%10;      //产生 0~9 的随机整数并赋值给 num 变量
   printf("%d",num);   //输出变量 num 的值
}
```

案例运行结果

本案例运行结果如图 3-17 所示。

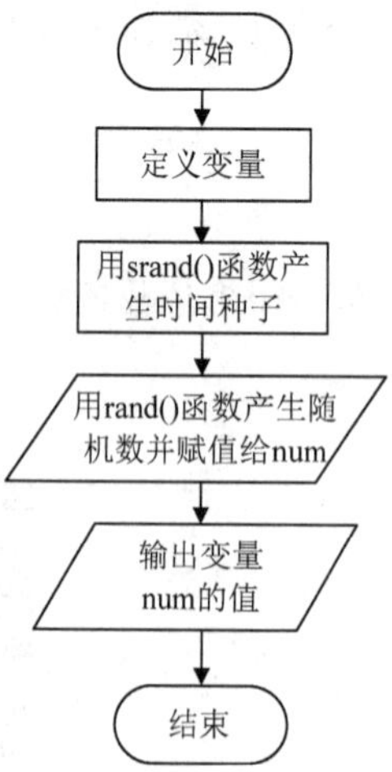

图 3-16 案例 3-7 程序流程图

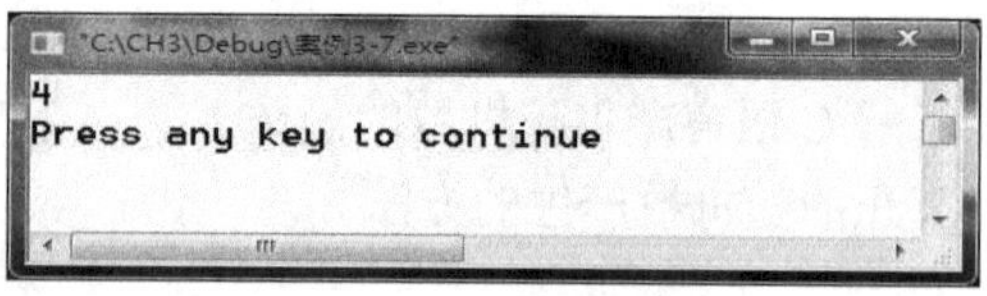

图 3-17 案例 3-7 运行结果

案例小结

1）本案例使用了 rand()函数、srand()函数和 time()函数，需要包含它们所在的头文件 time.h 和 stdlib.h。

2）代码第 8 行，“num=rand()%10”是为了保证产生 10 以内的随机数。

本 章 小 结

本章重点介绍了 4 个基本的输入/输出函数和顺序结构程序设计的步骤，其中 getchar()函数与 putchar()函数是字符输入/输出函数，只能针对字符型和整型数据进行输入和输出操作；scanf()函数与 printf()函数是格式输入/输出函数，能够对多种数据进行输入和输出操作，同时能对数据进行格式控制。这 4 个函数是 C 语言标准库函数，使用时必须包含 stdio.h 头文件。在使用这 4 个函数的时候，有以下几条注意事项：

1）当程序运行输入函数时，屏幕处于等待输入状态，此时需要用户输入数据，输入以回车符为结束标记。如果用户不输入数据，程序将无法继续运行。

2）使用 scanf()函数时，如果忘记在变量前面加上“&”，则编译器不会检查出这种错误，因此在程序编译连接的过程中不会有错误提示，当程序运行时，无法完成数据的输入。

本章中的案例均采用顺序结构程序设计，即自上而下、依次逐步运行每一条语句。顺序结构是最基本的结构，在后续章节将会学习选择结构和循环结构。一个 C 语言程序无论包含了什么语句，总体上仍然是顺序结构：程序都是从主函数进入，逐条运行，即使遇到选择结构和循环结构语句，也是在该结构语句运行完毕之后，继续向下运行。因此理解并掌握顺序结构是非常重要的。

归纳本章案例的结构不难看出，在每一个案例的代码中，主函数的函数体基本包括 4 部分内容（注：有的程序也会省略其中的一个或者几个步骤）。

1）定义变量：对程序中需要的变量，根据不同的情况进行定义或者初始化。

2）数据输入：接收从键盘输入的数据，存放到之前定义的变量中。

3）功能实现：一条或者多条语句，实现整个程序的功能。

4）数据输出：将所得的结果在标准输出设备上显示出来。

头文件是以.h 为扩展名的文件，其功能是用来做某种声明（详细功能在 7.2 节介绍）。简单来说就是 C 语言本身预先设计了很多功能函数用来实现一些常用功能，当需要使用该功能时，直接使用功能函数即可，大幅节省了编程时间。C 语言库中的函数较多，分类存放在不同的文件中，当用户需要使用时，可查询 C 语言库函数大全，找到相应功能的函数后，在程序开头用语句#include 对其所在的头文件进行声明，然后在程序中正确使用该函数。

第4章 选择结构

结构化程序设计包括顺序结构、选择结构和循环结构。前面的章节学习了如何使用顺序结构解决已知问题。随着需要解决问题的复杂度增加，经常会出现需要判断一个或者多个条件的情况。简单的判断情况可以使用第 2 章学过的条件运算符（?:）解决，当遇见复杂的判断条件或者复杂的流程控制结构，该如何解决呢？C 语言的选择语句可以解决此类问题。

在学习选择语句之前，首先思考什么是选择结构？选择结构有什么用处？在 C 语言中，选择结构又称为分支结构，选择结构的功能是通过判断给定的选择条件得到相应的结果，再根据判断的结果控制程序的流程。因此在选择结构程序设计中构建选择结构模型非常重要。设计选择结构模型，需要明确三个问题：一是有几个选择条件；二是如何表述选择条件；三是满足选择条件后要运行的语句是什么。在 C 语言中，选择语句有两种：if 语句和 switch 语句，二者各有特点，如表 4-1 所示。

表 4-1 选择结构语句

语句分类	形式	特点
if 语句	单分支选择结构	条件灵活，可以处理多种类型数据
	双分支选择结构	
	多分支选择结构	
switch 语句	1~n 个分支	条件只能处理整型、字符型、枚举类型数据

选择语句的选择条件通常不限制具体格式，大多数情况下使用由逻辑运算符、关系运算符、算术运算符等构成的表达式。也可以直接用常量表示或是有返回值的函数调用表达式（第 7 章）。本章重点介绍 if 和 switch 两种选择语句。本章知识图谱如图 4-1 所示。

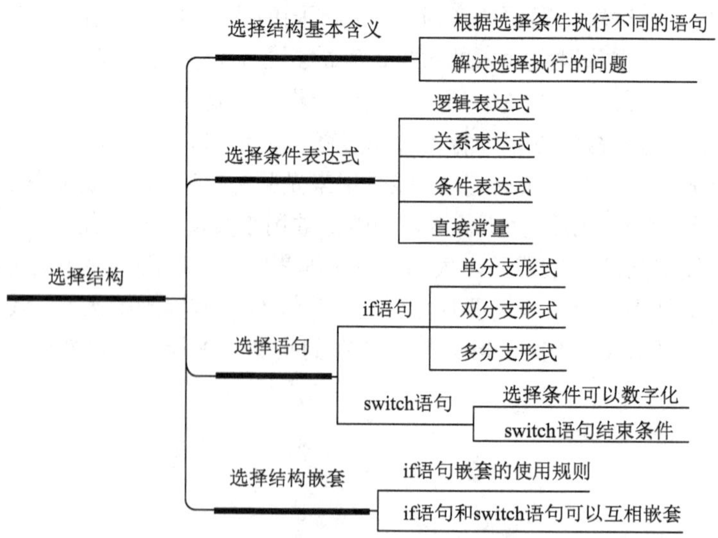

图 4-1 “选择结构”知识图谱

4.1　if 语句

在编写 C 语言程序时，if 语句是实现选择结构的常用语句。if 语句共有三种不同的使用形式，分别可以解决一个判定条件、两个判定条件及多个判定条件的选择结构问题。下面对 if 语句的三种形式分别做详细介绍。

4.1.1　if 语句的单分支形式

if 语句的单分支选择结构的一般格式如下：

```
if(表达式)
语句;
```

【功能】如果 if 后面括号中的表达式为真，则运行语句；如果表达式为假，则不运行语句，直接运行 if 语句后的其他语句。单分支 if 语句运行流程图如图 4-2 所示。

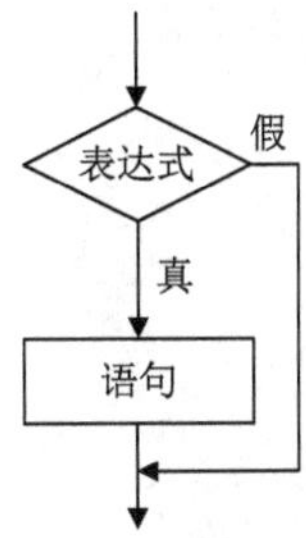

图 4-2　单分支 if 语句运行流程图

【说明】

1）if 为选择结构关键字，后面必须有一对圆括号，不能省略。

2）if 后面圆括号中的表达式是需要判断的选择条件。该表达式的计算结果为逻辑值，真或者假。若给定的条件为非零值，则表达式为逻辑真；若给定的条件为 0，则表达式为逻辑假。

博学小助理

在 C 语言中，选择结构或者第 5 章的循环结构，都存在“条件判定”的情况，在条件判定时，会根据表达式的值来确定“真”“假”。逻辑表达式或者关系表达式的值，都是逻辑值，用“1”代表真、“0”代表假。除此之外，还有一条原则是“非 0 即为真”。

逻辑真：非 0 的值。

逻辑假：0、0.0、'\0'、NULL。

3）编译系统会自动将 if 及其后面的第一条语句组合在一起。形成 if 的单分支结构。如果 if 需要与多条语句组合在一起，则需要将此多条语句写成复合语句的格式。

博学小助理

在 C 语言中，共有四类语句：

✧　表达式语句。例如，x+y;。

✧　函数调用语句。例如，printf("%d\n",x);。

✧　空语句。例如，一个“;”就是一条空语句。

✧　复合语句：用大括号括起来的多条语句。

其中，复合语句虽然由多条语句组成，但是仍是一条语句。例如，{t=a;a=b;b=t;}就是一条语句。

例如：

```
#include<stdio.h>
void main()
{
  int a,b;
  scanf("%d,%d",&a,&b);
  if(a>b) a=3;b=5;
  printf("%d,%d\n",a,b);
}
```

本例运行流程图如图 4-3 所示。

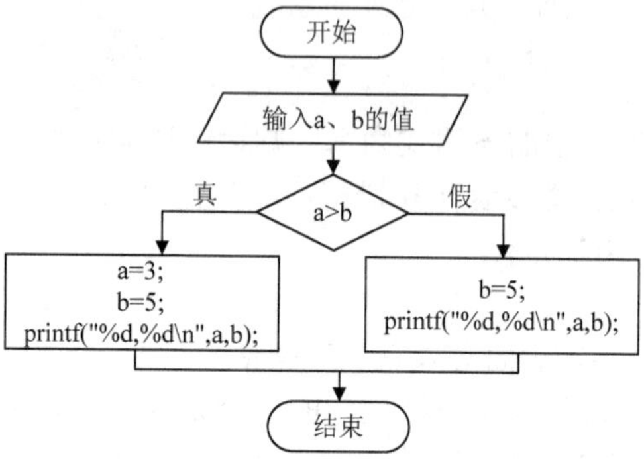

图 4-3 本例运行流程图

【思考】如果将“a=3; b=5;”组合成复合语句，运行结果会有什么不同呢？

【案例 4-1】判断成绩是否及格。判断一名学生的“计算机程序设计”课程成绩是否及格，如果及格则输出：“恭喜！通过了计算机考试，继续努力！”（假设成绩为整型数据）。

案例设计目的

1）理解选择结构解决问题的思想。

2）熟练应用 if 语句的单分支形式解决问题。

案例分析与思考

（1）分析

案例要求对一名学生的一门课程的成绩进行判断。首先输入成绩信息；然后判断该成绩是否及格：如果及格则给出相应的提示，如果不及格则没有相应的提示。因此用 if 的单分支形式实现。

（2）思考

if 单分支选择结构的运行流程是怎样的？条件表达式如何表示？

程序流程图

本案例程序流程图如图 4-4 所示。

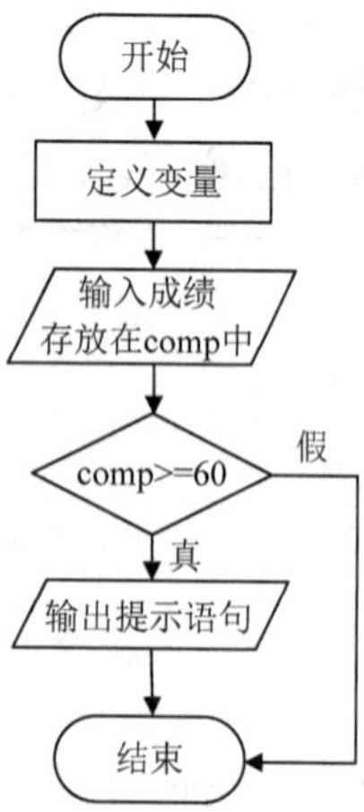

图 4-4 案例 4-1 程序流程图

案例主要代码

```
#include<stdio.h>              //头文件的引入
void main()                    //主函数
{
   int comp;                   //变量定义
   printf("请输入“计算机程序设计”考试成绩："); //提示语句
   scanf("%d",&comp);       //从键盘上接收一个数据
   if(comp>=60)          //判断如果成绩大于等于 60，则给出提示，否则没有提示
      printf("恭喜！通过了计算机考试，继续努力！\n");
}
```

案例运行结果

本案例运行结果如图 4-5 所示。

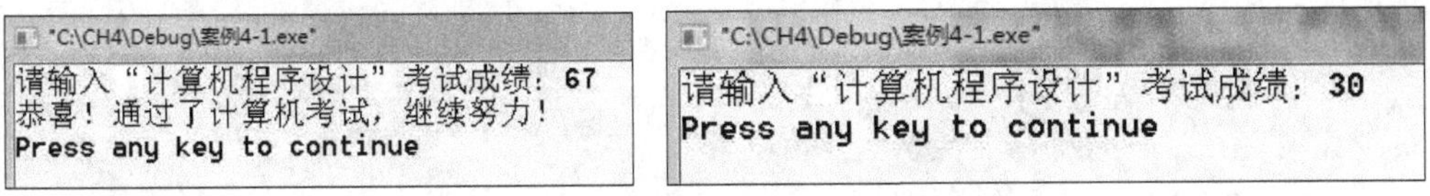

图 4-5 案例 4-1 运行结果

案例小结

1）案例要求对一名学生的一门课程的成绩进行判断，并且提示成绩为整型，因此定义 1 个整型变量存放输入的成绩。通过 scanf 语句从键盘上接收成绩数据，存放到该变量中。

2）案例要求只对及格的成绩进行判断，因此选用 if 单分支语句，表达式为“comp>=60”，如果成立则运行 printf 语句；如果不成立，则不运行任何语句。

3）本案例对不及格的成绩没有提示，没有很好的人机交互体验。在 if 的双分支结构案例中将对其进行完善。

拓展训练

猜数游戏：随机产生一个 0～9 之间的整数，从键盘输入猜测的数字，判断是否猜对了，如果猜对了则给出提示（有关生成随机数的方法详见案例 3-7）。

4.1.2 if 语句的双分支形式

if 语句的双分支选择结构的一般格式如下：

```
if(表达式)  语句 1;
else        语句 2;
```

【功能】如果 if 后面括号中的表达式为真，则运行语句 1；若表达式为假，则运行 else 后面的语句 2。双分支 if 语句运行流程图如图 4-6 所示。

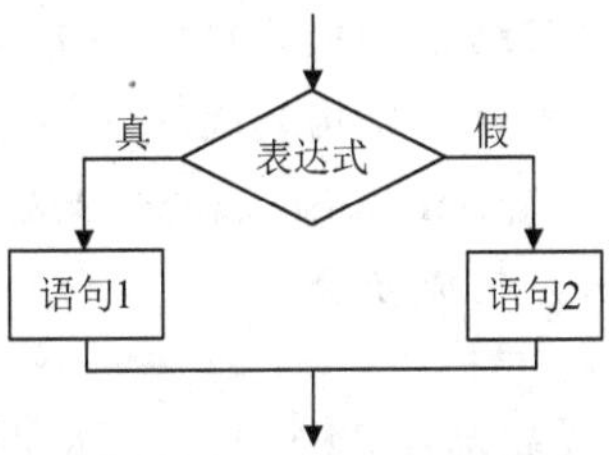

图 4-6 双分支 if 语句运行流程图

【说明】

1）if 为选择结构关键字，后面必须有一对圆括号（同单分支形式），圆括号后面不能有分号（刻意设计的空语句除外）。

2）if 后面圆括号中的表达式是需要判断的选择条件。该表达式的计算结果为逻辑值，真或者假。若给定的条件为非零值，则表达式为逻辑真；若给定的条件为零，则表达式为逻辑假（同单分支形式）。

3）else 为选择结构关键字，不能单独书写，必须与 if 成对书写，并且 else 不需要有判定条件。

4）编译系统会自动将 if 和 else 与其后面第一条语句组合在一起。

例如：

```
#include<stdio.h>
void main()
{
   int  a=10,b=5;
   if(a>b)  a=a+b;  b=b+a;
      ①        ②       ③
   else   a=a-b; b=b-a;
      ④        ⑤       ⑥
}
```

本例运行后会在编译时出现错误提示，如图 4-7 所示。

```
error C2181: illegal else without matching if
```

图 4-7　本例错误提示

该错误提示的意思是else是不合法的，没有与if匹配。为什么会出现这样的错误呢？因为在编译过程中，当编译器扫描到语句②时，认为语句①、②组成了 if 的单分支形式，继续向下扫描时，语句③为独立语句，与前面的 if 无关。语句④else 被前面的语句③隔离，编译器认为此时的 else 没有 if 与之匹配，故报出错误。如果让 if 与 else 匹配，需要将语句②、③用大括号括起来组成复合语句。

【思考】语句⑥是否属于当前 if...else 双分支结构？

博学小助理

if...else 双分支结构中，if 会与其后的第一条语句构成分支一（默认只与一条语句结合构成选择结构），else 也会与其后的第一条语句构成分支二（默认只与一条语句结合构成选择结构）。

若 if...else 某个分支后，需要运行多条语句，则需要将这些语句用“{}”括起来，构成复合语句。

【案例 4-2】判断成绩是否及格，给出相应提示。判断一名学生的“计算机程序设计”课程考试成绩（假设成绩为整型数据）是否及格，并且对判断结果给出相应提示（及格：

祝贺；不及格：警告）。

案例设计目的

1）理解选择结构解决问题的思想。
2）熟练应用 if 语句的双分支形式解决问题。

案例分析与思考

（1）分析

本案例是对案例 4-1 进行完善。首先判断输入的成绩是否及格，然后根据判断的不同结果给出相对应的提示。因为有两种结果，所以用双分支选择结构实现。

（2）思考

if 双分支语句的基本结构是怎样的？需要写几个选择条件？条件表达式如何表示？

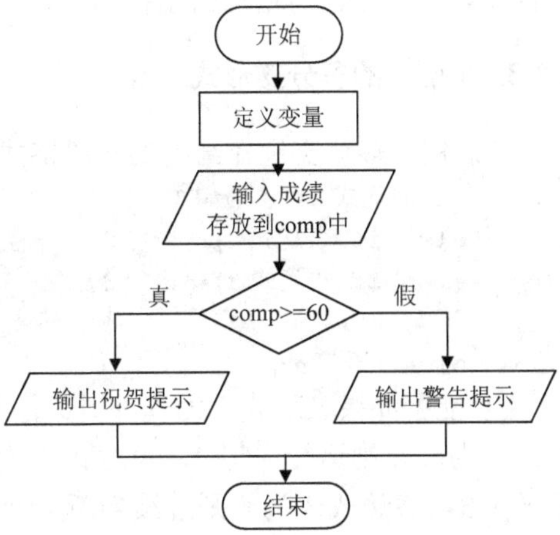

图 4-8　案例 4-2 程序流程图

程序流程图

本案例程序流程图如图 4-8 所示。

案例主要代码

```
#include<stdio.h>                  //头文件的引入
void main()                        //主函数
{
   int comp;                       //变量定义
   printf("请输入“计算机程序设计”考试成绩："); //提示语句
   scanf("%d",&comp);              //从键盘上接收一个数据
   if(comp>=60)                    //判断如果成绩大于等于 60，则表示祝贺
      printf("恭喜！通过了计算机考试，继续努力！\n");
    else                           //判断如果成绩小于 60，则提出警告
      printf("本次计算机考试没有通过！需要更加努力！\n");
}
```

案例运行结果

本案例运行结果如图 4-9 所示。

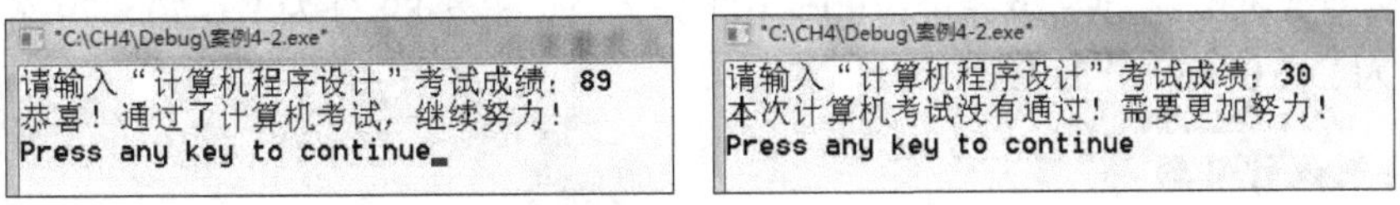

图 4-9　案例 4-2 运行结果

案例小结

1）本案例在案例 4-1 的基础上对成绩判断的结果进行完善，因此变量的定义及输

入数据的代码第 1～6 行与案例 4-1 完全一致。

2）本案例对不及格分数也给出相应的提示，人机交互的友好感进一步提升。

拓展训练

改进的猜数游戏：随机产生一个 0～9 之间的整数，从键盘输入猜测的数字，判断是否猜对了，无论对错均给出提示。

4.1.3 if 语句的多分支形式

if 语句的多分支选择结构的一般格式如下：

```
if(表达式 1)    语句 1;
else if(表达式 2)  语句 2;
else if(表达式 3)  语句 3;
⋮
else  语句 n;
```

【功能】如果表达式 1 为真，则运行语句 1，表达式 1 为假则判断表达式 2；如果表达式 2 为真，则运行语句 2，表达式 2 为假则判断表达式 3；如果表达式 3 为真，则运行语句 3，表达式 3 为假则继续判断后面的表达式；如果所有的表达式均为假，则运行 else 后面的语句 n。多分支 if 语句运行流程图如图 4-10 所示。

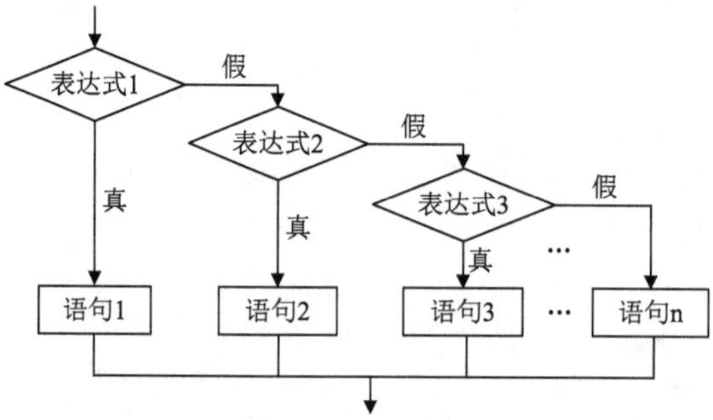

图 4-10　多分支 if 语句运行流程图

【说明】

1）else 和 if 两个关键字之间应用空格隔开。

2）最后一条“else　语句 n;”可以省略。

3）其他规则与 if 的其他两种形式相同。

【案例 4-3】判断成绩的等级。对一名学生的“计算机程序设计”课程考试成绩（假设成绩为整型数据）进行等级评价：90～100 分为 A，80～89 分为 B，70～79 分为 C，60～69 分为 D，0～59 分为 E。

案例设计目的

1）理解选择结构解决问题的思想。

2）熟练应用 if 语句的多分支形式解决问题。

案例分析与思考

（1）分析

本案例要求对一名学生的一门成绩进行等级判定，对于满足不同分数区间的成绩给出不同的等级评价。因为需要对成绩进行多区间判断，所以选用 if 多分支选择结构实现本案例。

（2）思考

if 多分支语句的基本结构是怎样的？需要写几个选择条件？条件表达式如何表示？

程序流程图

本案例程序流程图如图 4-11 所示。

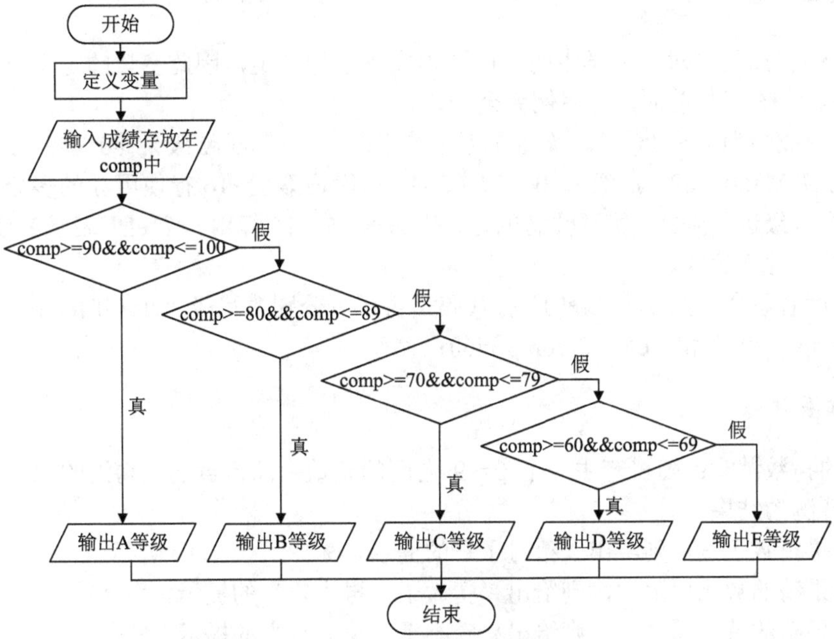

图 4-11　案例 4-3 程序流程图

案例主要代码

```
#include<stdio.h>                    //头文件的引入
void main()                          //主函数
{
   int comp;                         //变量定义
   printf("请输入“计算机程序设计”考试成绩："); //提示语句
   scanf("%d",&comp);                //从键盘上接收一个数据
   if(comp>=90&&comp<=100)           //如果成绩为 90～100 分，输出等级为 A
      printf("你的计算机成绩为：A 级\n");
   else if(comp>=80&&comp<=89)       //如果成绩为 80～89 分，输出等级为 B
      printf("你的计算机成绩为：B 级\n");
   else if(comp>=70&&comp<=79)       //如果成绩为 70～79 分，输出等级为 C
      printf("你的计算机成绩为：C 级\n");
```

```
13.     else if(comp>=60&&comp<=69)      //如果成绩为 60～69 分，输出等级为 D
14.         printf("你的计算机成绩为：D 级\n");
15.     else                             //如果成绩为 0～59 分，输出等级为 E
16.         printf("你的计算机成绩为：E 级\n");
17.  }
```

案例运行结果

本案例运行结果如图 4-12 所示。

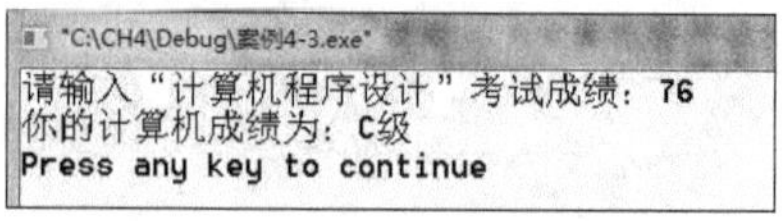

图 4-12　案例 4-3 运行结果

案例小结

1）本例仍然要求对一名学生的一门课程成绩进行判定，因此变量的定义及输入数据的代码第 1～6 行与前面两个案例完全一致。

2）有效成绩为 0～100 分，设定了五个等级：90～100（A 级）、80～89（B 级）、70～79（C 级）、60～69（D 级）、0～59（E 级）。代码第 7～16 行使用 if 的多分支形式实现对五个等级进行判断。需要注意的是，代码第 15～16 行用一个 else 表示 E 级，else 后面不能写条件表达式。

3）请读者思考，第 9、11 和 13 行代码是否可以分别改写成"else if (comp>=80)"、"else if (comp>=70)"和"else if (comp>=60)"？

拓展训练

改进的猜数游戏：随机产生一个 0～9 之间的整数，从键盘输入猜测的数字，通过程序判断猜测的结果：

1）如果猜数正确，则给出"猜对了"的提示。

2）如果猜的数比原数大，则给出"猜大了，再小点"的提示。

3）如果猜的数比原数小，则给出"猜小了，再大点"的提示。

4.2　if 语句的嵌套使用

if 语句的嵌套是指一个 if 语句中包含一个或者多个 if 语句。if 语句的三种形式可以相互嵌套。由于 if 语句的三种形式比较相近，随意嵌套会产生语法及逻辑错误，因此要按照规则对 if 语句进行嵌套。本节着重介绍 if 语句的嵌套规则。

4.2.1　if 语句嵌套的一般形式

if 语句的嵌套规则如下：

1）else 必须与 if 配对使用，并且总是与其上面距离最近的且没有配对的 if 进行配对。

2）if、else 这两个关键字只能与其后第一条语句组合。

下面是一个典型的一层 if 语句嵌套结构，请尝试划分出嵌套结构：

```
1: if(表达式 1)
2: if(表达式 2)
3: 语句 1;
4: else
5: 语句 2;
6: else
7: if(表达式 3)
8: 语句 3;
```

正确的嵌套结构如下：

外层：if 双分支结构

```
1: if(表达式 1)
2:     if(表达式 2)
3:         语句 1;
4:     else
5:         语句 2;
6: else
7:     if(表达式 3)
8:         语句 3;
```

内层：if 双分支结构（第 2～5 行）

内层：if 单分支结构（第 7～8 行）

【说明】

1）按照 if 语句的嵌套规则，第 4 行的 else，必须与离它最近的第 2 行 if 组成双分支结构。第 6 行的 else 只能与离它最近且没有配过对的第 1 行 if 组成 if 的双分支结构。第 7 行的 if 和第 8 行的语句 3 组成 if 的单分支结构。

2）通过本例可以看出，if 语句的嵌套结构一般可以从最内层的 else 进行分析，将符合条件的 else 与 if 语句进行配对。

4.2.2 if 语句嵌套的应用

【案例 4-4】论文查重小程序。要求：对本科论文、硕士论文、博士论文及一般发表论文的查重结果进行判断，并且给出对应的结论，具体要求见表 4-2。

表 4-2 论文查重结果

论文类型	论文重复率要求	备注
本科论文	30%	低于该值为合格
硕士论文	25%	
博士论文	20%	
一般发表论文	30%	

案例设计目的

1）熟练应用 if 语句的嵌套形式解决问题。

2）了解论文查重的概念。

3）培养学术诚信意识。

论文查重小程序

案例分析与思考

（1）分析

本案例要求对四种类型的论文（本科论文、硕士论文、博士论文及一般发表论文）

的查重结果进行判断，并给出对应的提示。具体思路如下：首先判断论文是否属于本案例要探讨的范围（第一层选择结构），如果输入的论文类型满足本案例的范围，则进一步判断论文的类别（第二层选择结构）及重复率（第三层选择结构）是否符合要求；如果不满足本案例的范围，则退出程序。因此选用 if 语句的嵌套形式：最外层因为有两个判定条件，因此选用 if 的双分支形式，第二层因为有多个判定条件，因此选用 if 多分支结构，第三层因为有两个判定条件，因此选用 if 双分支结构。

笃行加油站

查重，全称为论文查重，又称为论文检测服务，是一种为了应对论文（包括学位论文、学术论文、发表论文、职称论文，以及科研成果和学生作文）的学术不端行为（包括抄袭、剽窃、伪造、篡改、不当署名、一稿多投等行为）而推出的计算机软件检测系统。其运行原理是先建立比对库，当有一篇文章需要检测时，放入比对库进行检测，如果某一句、某段或者整篇和对比库中的文章相似，就会视为重复而记录。

（2）思考

if语句嵌套的规则有哪些？ 每一层if语句要写几个选择条件？条件表达式如何表示？

程序流程图

本案例的程序流程图如图 4-13 所示。

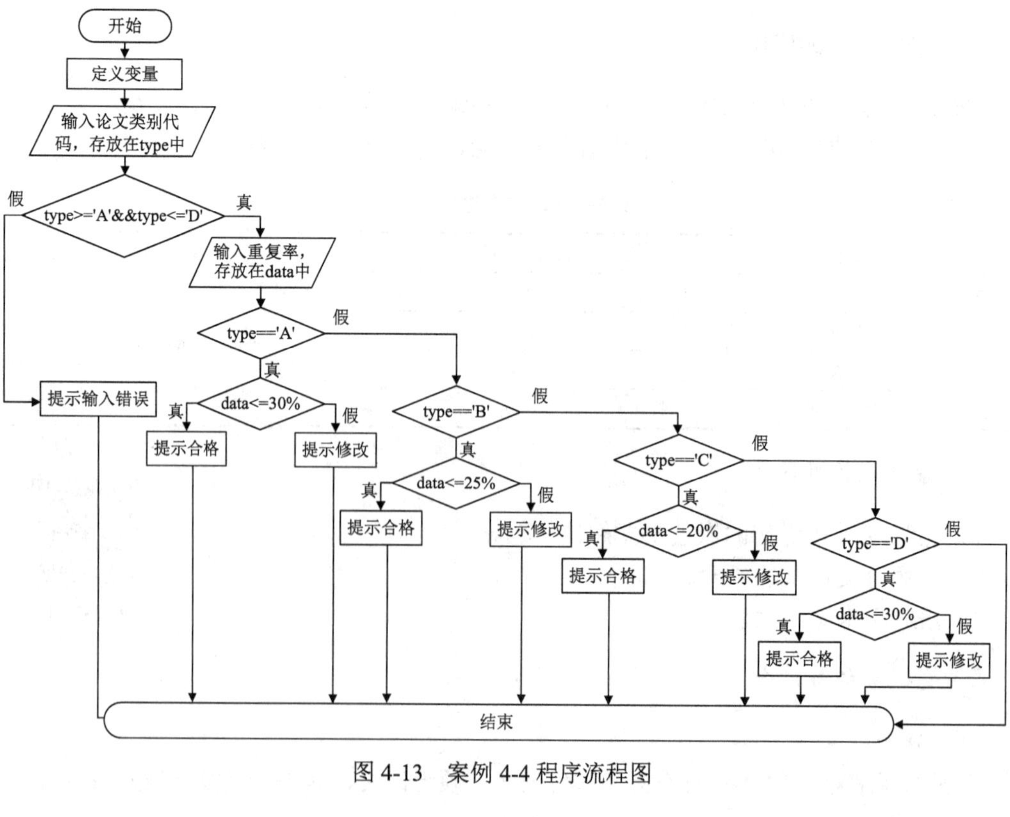

图 4-13 案例 4-4 程序流程图

案例主要代码

```
#include<stdio.h>
void main()
{
  char type;                    //存放论文的类型
  float data;                   //存放论文的重复率
  printf("请输入论文类型对应的代码(本科:A 硕士:B 博士:C 一般论文:D)\n");
  type=getchar();
  if(type>='A'&&type<='D')
  {
    printf("请输入论文的重复率(格式: 15.5%%): \n");
    scanf("%f",&data);
    if(type=='A')
    {
      if(data<=30)
          printf("您的论文重复率为: %.1f%%, 恭喜您论文合格! \n",data);
      else
          printf("您的论文重复率为: %.1f%%, 很遗憾, 您的论文涉嫌抄袭, 请尽快修改! \n",data);
    }
    else if(type=='B')
    {
      if(data<=25)
          printf("您的论文重复率为: %.1f%%, 恭喜您论文合格! \n",data);
      else
          printf("您的论文重复率为: %.1f%%, 很遗憾, 您的论文涉嫌抄袭, 请尽快修改! \n",data);
    }
    else if(type=='C')
    {
      if(data<=20)
          printf("您的论文重复率为: %.1f%%, 恭喜您论文合格! \n",data);
      else
          printf("您的论文重复率为: %.1f%%, 很遗憾, 您的论文涉嫌抄袭, 请尽快修改! \n",data);
    }
    else if(type=='D')
    {
      if(data<=30)
          printf("您的论文重复率为: %lf%%, 恭喜您论文合格! ",data);
      else
          printf("您的论文重复率为: %lf%%, 很遗憾, 您的论文涉嫌抄袭, 请尽快修改! ",data);
    }
  }
  else
     printf("论文类型输入有误, 请认真查看提示, 重新输入! \n");
}
```

案例运行结果

本案例运行结果如图 4-14 所示。

```
选择"C:\CH4\Debug\案例4-4.exe"
请输入论文类型对应的代码（本科:A 硕士:B 博士:C 一般论文:D)
C
请输入论文的重复率(格式: 15.5%):
12.8%
您的论文重复率为: 12.8%, 恭喜您论文合格!
Press any key to continue
```

图 4-14　案例 4-4 运行结果

案例小结

1）由于目前学到的编程知识无法对汉字进行判断，因此将论文类型用英文字母表示“本科：A　硕士：B　博士：C　一般论文：D”。

2）本案例程序由 if 嵌套语句组成：外层用 if 的双分支语句判断论文类型是否符合要求；内层用 if 的多分支语句判断不同类型论文的查重率。

3）思考：如果从键盘接收多名学生的论文信息，如何实现？

拓展训练

改进的猜数游戏：随机产生一个 0～9 之间的整数，从键盘输入猜测的数字（要求：能够对输入的非法字符进行判断并且给出提示），编写程序判断猜测的结果：

1）如果猜数正确，则给出“猜对了”的提示。

2）如果猜的数比原数大，则给出“猜大了，再小点”的提示。

3）如果猜的数比原数小，则给出“猜小了，再大点”的提示。

提示：此处需要使用嵌套的条件语句。

4.3　switch 语句

switch 语句又称为开关语句，是 C 语言程序中用来实现选择结构问题的语句, 常与 case、default 语句一起使用。

switch 语句的一般格式如下：

```
switch(表达式)
{
   case 常量表达式1：语句1;
   case 常量表达式2：语句2;
   ⋮
   case 常量表达式n：语句n;
   default：语句n+1;
}
```

【功能】计算 switch 语句括号中表达式的结果，与 case 的常量表达式进行比较，当其结果一致时，就从这个 case 的语句开始运行，并按照顺序运行其后的所有 case 分支的语句，直至 switch 的右侧大括号完毕；若所有的 case 常量表达式都无法与 switch 的表达式结果一致，则运行 default 分支后的语句，然后结束 switch 语句。switch 语句运行流程图如图 4-15 所示。

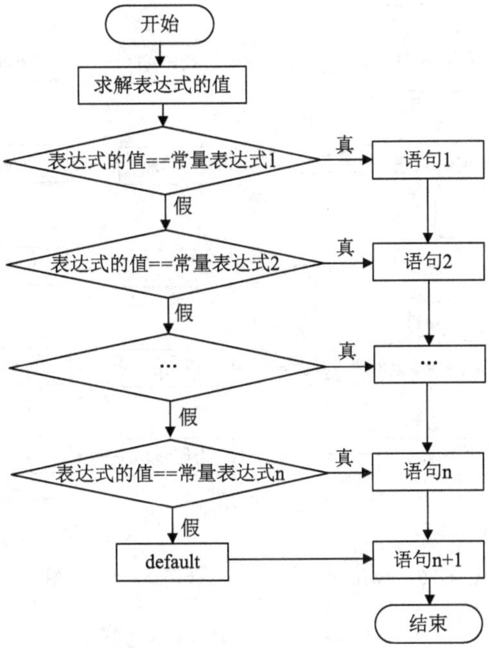

图 4-15 switch 语句运行流程图

【说明】

1）switch、case、default 均为关键字。

2）switch 后面的表达式结果必须是整型、字符型或枚举型。

3）case 后面的表达式必须是常量，且表达式的值不能重复。

4）多个 case 可以共用运行语句。

多个 case 可以共用运行语句的一般格式如下：

```
case 常量表达式 1:
case 常量表达式 2: 语句 1;
```

switch 表达式的值与常量表达式 1 或者常量表达式 2 任意一个相等，都会运行语句 1。

5）case 常量表达式：后面的语句如果是复合语句，可以不用大括号括起来。例如：

```
case  'A': printf("score>60\n");break;
```

6）case 语句和 default 语句的顺序可以任意改变，不会影响程序运行结果。

7）default 语句可以省略。

8）由图 4-15 可知，当运行完成匹配的 case 或者 default 分支语句后，继续运行后面的 case 或者 default 分支语句，直到 switch 语句的右大括号结束。如果希望只运行一条 case 分支语句就结束 switch 语句，则需要用到 break 语句。break 语句可以立即结束当前层 switch 语句。有 break 语句配合的 switch 语句运行流程图如图 4-16 所示。

例如，假设定义字符型的变量 color，实现输入颜色的首字母显示颜色的完整单词，下面的 switch 语句能否得出正确的输出？如果不能得到正确的输出，该如何改正？

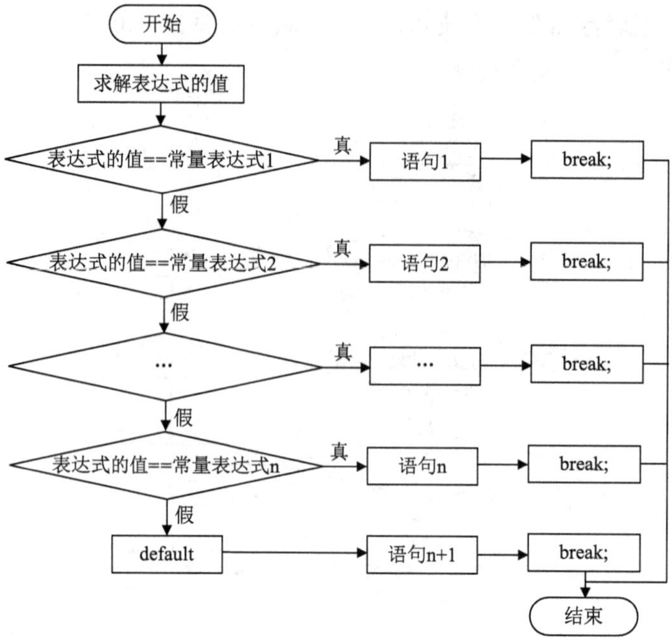

图 4-16 switch 语句+break 语句运行流程图

```
switch(color)
{
    case 'y':printf("It's yellow\n");
    case 'r':printf("It's red\n");
    case 'b':printf("It's blue\n");
    case 'g':printf("It's green\n");
}
```

【案例 4-5】用 switch 语句改写案例 4-3。对一名学生的“计算机程序设计”课程成绩（假设成绩为整型数据）进行等级评价：90～100 分为 A，80～89 分为 B，70～79 分为 C，60～69 分为 D，0～59 分为 E。

案例设计目的

1）理解选择结构解决问题的思想。
2）熟练应用 switch 语句解决问题。
3）能够区分使用 switch 语句和 if 多分支语句解决问题的不同之处。

案例分析与思考

（1）分析

本案例的题目要求与案例 4-3 基本一致，不同的是要求用 switch 语句完成。switch 语句的规则是对一个具体的整型、字符型、枚举型数据进行判断，无法对一个区间段的数据进行判断，因此需要找到不同区间段数据之间的特点。具体分析见表 4-3。

表 4-3 考试成绩等级评定表

成绩范围	等级评定	成绩特点
100	A	十位、百位为 0，1
90～99		十位均为 9
80～89	B	十位均为 8
70～79	C	十位均为 7
60～69	D	十位均为 6
0～59	E	十位为 5、4、3、2、1、0

根据表中列出的成绩特点，发现一定区间段内数据的十位均相同（除了 100 分），所以需要将成绩的十位上的数据分离出来。小于 100（分）的数据，只需提取其“十位”，等于 100（分）的数据取其“百位十位”，然后就可以用 switch 语句实现本案例。

（2）思考

switch 语句的基本结构是怎样的？如何将成绩十位上或者百位、十位上的数据分离出来？案例编写过程是否需要 break 语句？

程序流程图

本案例程序流程图如图 4-17 所示。

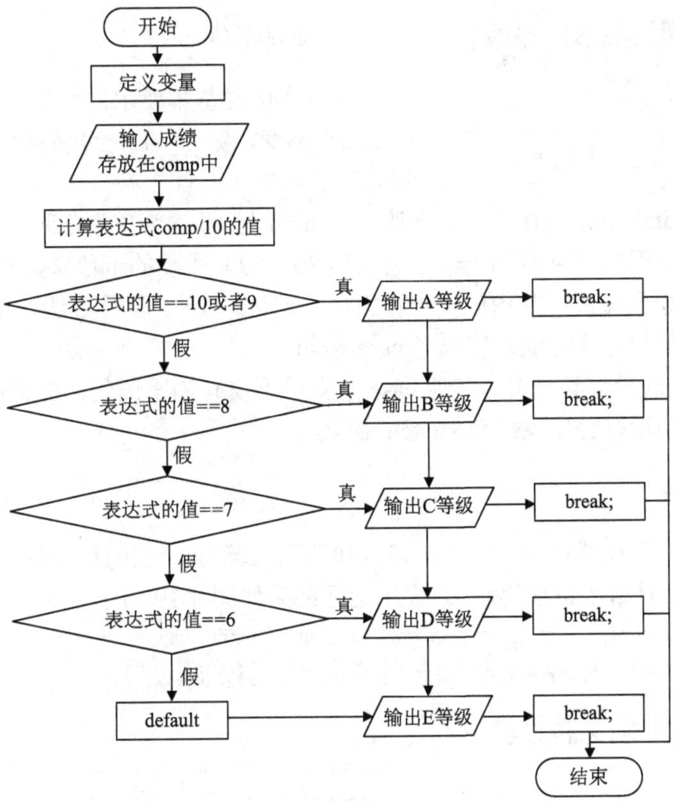

图 4-17 案例 4-5 程序流程图

案例主要代码

```
1.  #include<stdio.h>
2.  void main()
3.  {
4.     int comp;
5.     printf("请输入“计算机程序设计”考试成绩：");
6.     scanf("%d",&comp);
7.     switch(comp/10)
8.     {
9.        case 10:
10.       case  9: printf("你的计算机程序设计成绩为：A\n"); break;
11.       case  8: printf("你的计算机程序设计成绩为：B\n"); break;
12.       case  7: printf("你的计算机程序设计成绩为：C\n"); break;
13.       case  6: printf("你的计算机程序设计成绩为：D\n"); break;
14.       default: printf("你的计算机程序设计成绩为：E\n");
15.    }
16. }
```

案例运行结果

本案例运行结果如图 4-18 所示。

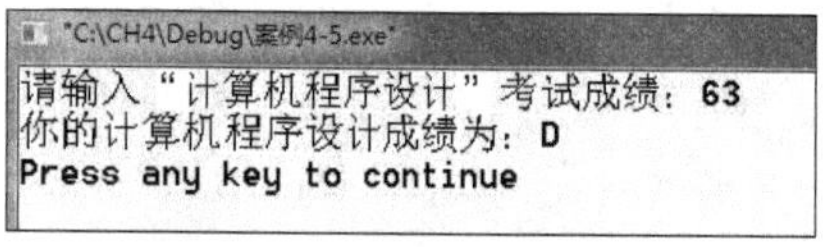

图 4-18　案例 4-5 运行结果

案例小结

1）本案例的基本要求同案例 4-3，所以第 1～6 行代码不变，第 7～15 行代码组成了 switch 语句的完整结构。

2）语句“switch(comp/10)”中的表达式，comp 与 10 均为整型，两个整型数据做除法结果向零取整，因此可以得到一个区间（如 80～89）成绩的十位整数部分，即 8。

3）9 和 10 属于 A 级，共用同一个输出语句即可；0～5 属于 E 级，用 default 分支语句输出即可；其他每个等级对应一个 case 语句。

4）除了 default 分支语句外，其他 case 分支后不仅有输出语句，还要有 break 语句，确保当前分支语句运行完毕就结束 switch 语句。

拓展训练

编写一个四则运算器程序。输入运算数和四则运算符，输出计算结果（当输入运算符不是+、-、*、/时给出错误提示）。程序运行结果如图 4-19 所示。

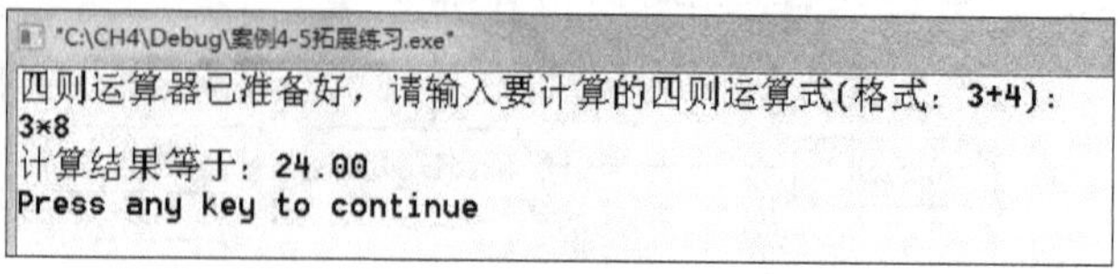

图 4-19　拓展训练运行结果

4.4 经典程序举例

【案例 4-6】从键盘输入一个三位整数，判断其是否是水仙花数。

案例设计目的

1）深入理解使用选择结构解决问题的思想。
2）熟悉 if 语句的使用规则。
3）掌握对整数各位数码的拆解算法。

判断一个数是否是水仙花数

案例分析与思考

（1）分析

水仙花数是指一个三位整数，该数百位上数字的三次方、十位上数字的三次方和个位上数字的三次方之和等于该数本身。因此可以确定水仙花数的范围为100～999。运算时，只要将该数据的百位、十位及个位上的数字分离，计算这三个数的三次方和并与原数据做比较，即可得出结论。

（2）思考

如何将一个三位整数的百位、十位和个位上的数字分离？选取 if 的哪种形式处理案例比较合适？

程序流程图

本案例程序流程图如图 4-20 所示。

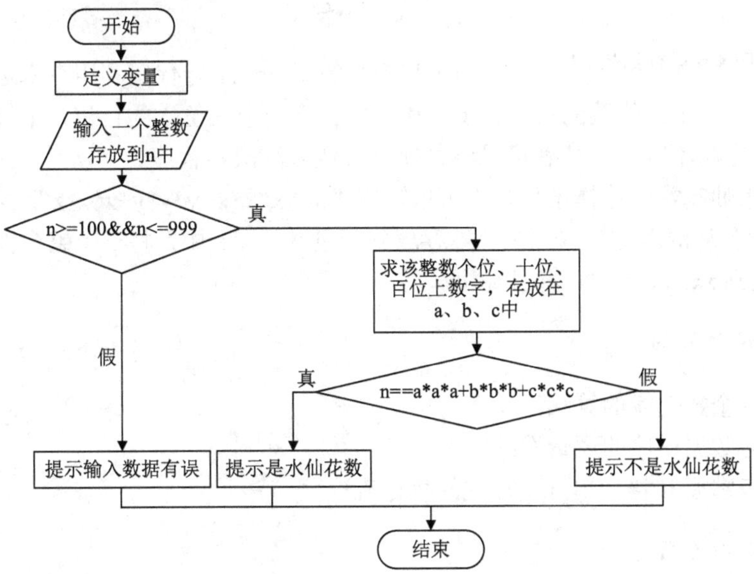

图 4-20 案例 4-6 程序流程图

案例主要代码

```
1.   #include<stdio.h>
2.   void main()
3.   {
4.     int n,x,y,z;
5.     printf("请输入一个三位数：\n");
6.     scanf("%d",&n);
7.     if(n<=999&&n>=100)
8.     {
9.          x=n/100;
10.         y=n/10-x*10;
11.         z=n%10;
12.         if(n==x*x*x+y*y*y+z*z*z)
13.            printf("%d 是水仙花数。\n",n);
14.         else
15.            printf("%d 不是水仙花数。\n",n);
16.     }
17.    else
18.     {
19.          printf("输入的数据格式不对，请核对！\n");
20.     }
21.   }
```

图 4-21　案例 4-6 运行结果

案例运行结果

本案例运行结果如图 4-21 所示。

案例小结

1）案例中的第 9～11 行代码利用算术运算符的特点，分别求出了一个三位数的百位、十位和个位。将一个三位数的百位、十位和个位上的数字分离的方法不唯一，读者可以尝试使用其他方法改写程序。

2）判断水仙花数的选择条件是否可以写成“n = x*x*x+y*y*y+z*z*z”，为什么？

【案例 4-7】从键盘上输入三个整数存放到变量 x、y、z 中，将三个整数按照从大到小的顺序存放到 x、y、z 中，并且输出。

案例设计目的

1）复习两个数交换的算法。

2）建立对数据排序的逻辑思维。

3）进一步掌握 if 语句单分支形式的执行流程。

将三个整数排序

案例分析与思考

（1）分析

本案例要求将三个整数进行排序，并且将排序结果按照一定顺序存放在三个变量中。因为数据存放的位置发生了变化，所以需要使用两个数交换的算法。数据排序的方法很多，本例采用如下选择排序法的思路：

1）让变量 x 中存放的数据与变量 y 和变量 z 中存放的数据分别比较，满足一定条件后，进行交换。确保将最大的数存放到变量 x 中。

2）将变量 y 和变量 z 存放的数据做比较，确保将次大的数存放到变量 y 中。

3）变量 z 的数据就是最小的数。

（2）思考

两个变量数据做交换的语句怎么写？选取 if 的哪种形式解决本案例的问题比较合适？

程序流程图

本案例程序流程图如图 4-22 所示。

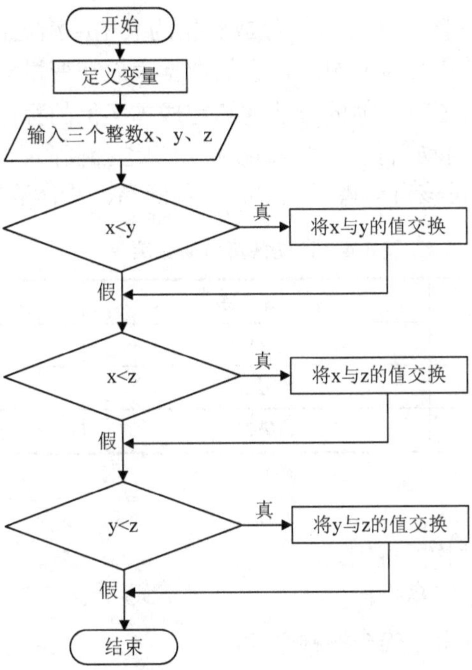

图 4-22　案例 4-7 程序流程图

案例主要代码

```
#include<stdio.h>
void main()
{
   int x,y,z,t;
   printf("请输入三个整数:\n");
   scanf("%d,%d,%d",&x,&y,&z);
   if(x<y)   {t=x; x=y; y=t;}
   if(x<z)   {t=x; x=z; z=t;}
```

```
9.     if(y<z)   {t=y; y=z; z=t;}
10.    printf("三个数据的顺序为:%d>%d>%d\n",x,y,z);
11. }
```

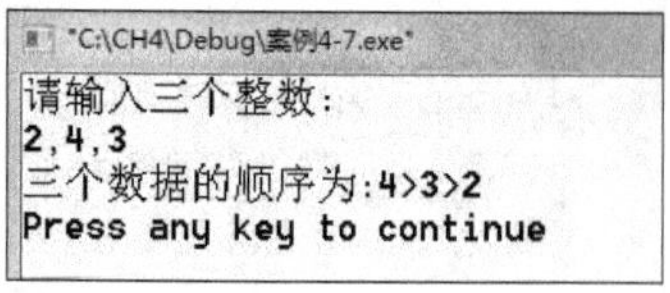

图 4-23　案例 4-7 运行结果

案例运行结果

本案例运行结果如图 4-23 所示。

案例小结

1）本案例使用了三个 if 单分支结构解决排序问题。

- 第 7 行代码判断变量 x 和变量 y 存放数据的大小，满足条件后进行交换，确保变量 x 存放较大的数据；
- 第 8 行代码判断变量 x 和变量 z 存放数据的大小，满足条件后进行交换，确保存放最大的数据；
- 第 9 行代码判断变量 y 和变量 z 存放数据的大小，满足条件后进行交换，确保第二大的数据存放在变量 y 中，最小的数据存放在变量 z 中。

2）请读者思考，是否还有其他的方法能够完成本案例的程序编写。

【案例 4-8】编写一个自动售货机程序。模拟用户选择商品、投入钱币、吐出饮料及找回零钱的全部过程。假设该自动售货机中有三种商品，具体清单如表 4-4 所示。

表 4-4　自动售货机商品清单

代码	商品名称	价格
a	矿泉水	2 元
b	可乐	5 元
c	奶茶	8 元

案例设计目的

1）熟练掌握 switch 结构的规则。
2）熟悉条件嵌套的规则和流程。
3）通过实际案例的应用，提高编程兴趣。

自动售货机程序

案例分析与思考

（1）分析

根据题目要求首先为用户展示商品的类型，因为现阶段所学的知识点无法处理字符串（商品的中文名字），因此为每款商品设定一个英文代码，用户选择商品时只需输入对应的英文代码。选择好需要的商品后，就可以投入钱币，程序自动计算找零的金额。由于商品类型有多个选项并且每个选项使用一个字符来表示，因此选择 switch 语句来实现本案例。对于用户投入的钱币金额，或者购买商品，或者不购买商品，因此用 if 的双分支语句处理用户投入钱币、自动找零的全过程。

（2）思考

两种不同条件语句是否可以进行嵌套，嵌套后的运行流程如何？

程序流程图

本案例程序流程图如图 4-24 所示。

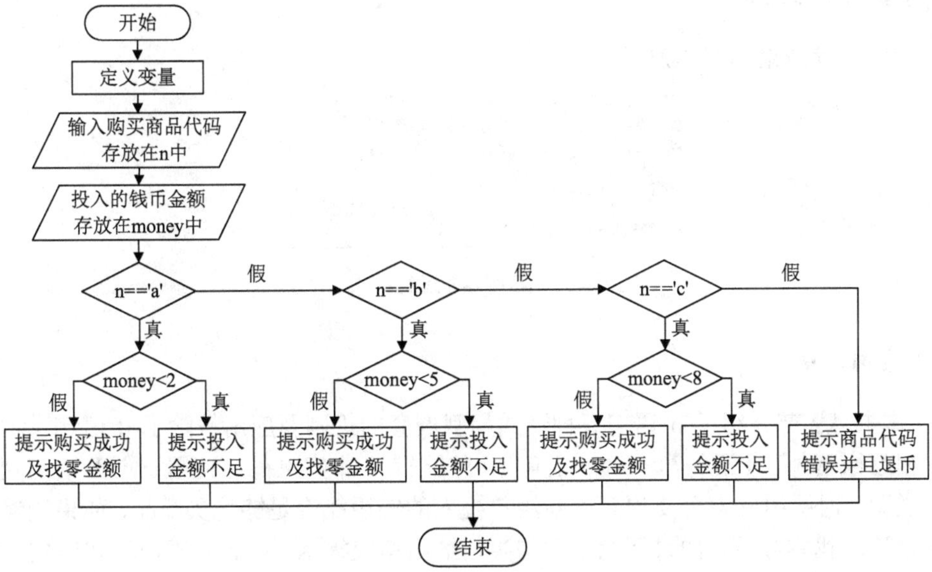

图 4-24　案例 4-8 程序流程图

案例主要代码

```
#include<stdio.h>
void main()
{
  char n;
  int money;
  printf("欢迎光临！请输入商品的英文代码。\n");
  printf("a.矿泉水(2 元) b.可乐(5 元) c.奶茶(8 元)\n");
  printf("需要购买的商品代码：");
  scanf("%c",&n);
  printf("请投入纸币:");
  scanf("%d",&money);
  switch(n)
 {
    case 'a':if(money<2) printf("您投入的金额不足,再见。\n");
          else {money-=2;printf("您购买了矿泉水,找零=%d 元,
          期待你的下一次光临!\n",money);} break;
    case 'b':if(money<5) printf("您投入的金额不足,再见。\n");
          else {money-=5;printf("您购买了可乐,找零=%d 元,
          期待你的下一次光临!\n",money);}break;
    case 'c':if(money<8) printf("您投入的金额不足,再见。\n");
          else{money-=8;printf("您购买了奶茶,找零=%d 元,
          期待你的下一次光临!\n",money);}break;
    default: printf("输入的商品代码错误，退还%d 元，请重新输入，
```

```
                    再见！\n",money);break;
        }
    }
```

案例运行结果

本案例运行结果如图 4-25 所示。

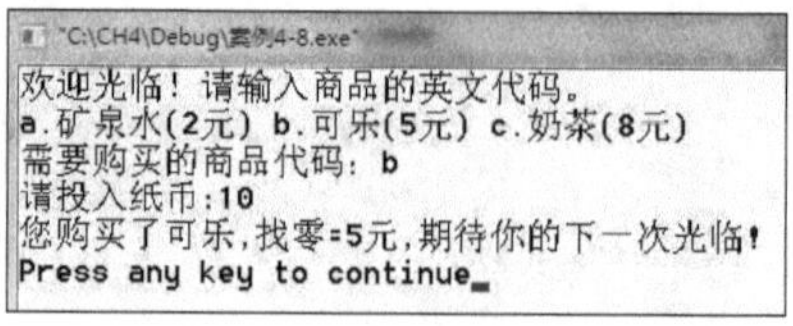

图 4-25　案例 4-8 运行结果

案例小结

1）本书 4.2 节介绍了 if 语句三种形式相互嵌套的规则及应用。除了 if 语句三种形式可以相互嵌套外，if 语句与 switch 语句也可以嵌套。本案例外层使用 switch 语句判断饮料的类型，内层用 if 双分支语句判断用户投入的钱币能否足够购买商品，如果能够正常购买则计算找零金额，如果不能正常购买则给出相应提示。switch 语句与 if 语句进行嵌套没有特殊的规则，只需注意代码执行流程符合题目要求。

2）每一个 case 分支都需要一个 break 语句，保证程序流程能够正确运行。

【案例 4-9】 编写程序，求解一元二次方程的实根。

案例设计目的

1）熟悉和巩固选择结构解决问题的思想。

2）熟悉和巩固 if 语句的多分支形式。

3）了解数学函数的使用方法。

求解一元二次方程的实根

案例分析与思考

（1）分析

本案例要求计算一元二次方程 $ax^2+bx+c=0$ 的实根，共有 3 种结果：

1）Δ>0 有两个不相等的实根：$x=\dfrac{-b\pm\sqrt{b^2-4ac}}{2a}$。

2）Δ=0 有两个相等的实根：$x1=x2=\dfrac{-b}{2a}$。

3）Δ<0 没有实根。

因为Δ计算后是实型数据，因此选用 if 多分支结构计算不同情况下的实根。

（2）思考

怎样求解Δ的平方根？怎么判断一个实数是否等于 0？

程序流程图

本案例程序流程图如图 4-26 所示。

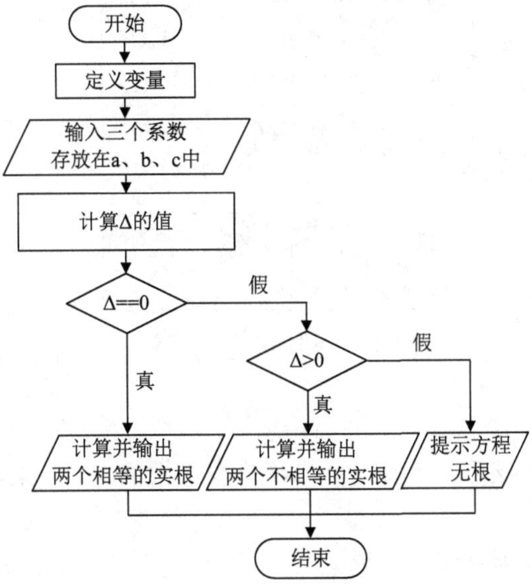

图 4-26　案例 4-9 程序流程图

案例主要代码

```
#include<stdio.h>
#include<math.h>     //添加 math.h 头文件
void main()
{
   double a,b,c,x1,x2,t,d;
   printf("请输入一元二次方程的三个系数：");
   scanf("%lf,%lf,%lf",&a,&b,&c);
   t=b*b-4.0*a*c;
   if(fabs(t)<=1e-6)      //判断Δ是否等于 0
   {
       x1=x2=-b/ (2.0*a);
       printf("方程有两个相等的实根：x1,x2=%.2lf\n",x1);
   }
   else if(t>1e-6)        //判断Δ是否大于 0
   {
       d=sqrt(t);
       x1=(-b+d)/(2.0*a);
       x2=(-b-d)/(2.0*a);;
       printf("方程有两个不相等的实根：x1=%.2lf,x2=.2lf\n",x1,x2);
   }
   else  //否则Δ小于 0
   {
       printf("方程没有实根。\n");
   }
}
```

案例运行结果

本案例的运行结果如图 4-27 所示。

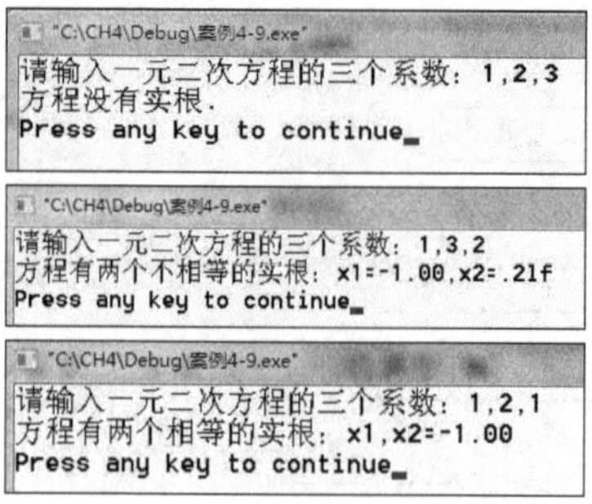

图 4-27　案例 4-9 运行结果

案例小结

本案例选用 if 的多分支形式计算一元二次方程实根的 3 种结果，在求实根的过程中，需要注意以下 3 点：

1）数学公式中 2a 在编程时应写成 2*a。

2）求平方根是利用数学函数 sqrt()实现的，其定义存放在 math.h 头文件中，因此在程序开始必须引用 math.h 文件。

3）实型数据是否等于零的判断与整型数据的判断方法不同，本案例通过第 9 行代码实现。

博学小助理

关于实型数据是否等于零的判断处理：Δ的计算结果是实型数据，实型数据在计算和存储的过程中会产生一定的误差，如果直接用判断整型数据是否等于零的方法判断Δ是否为零，会将原本为零的数据判断成不为零的数据。

可采用如下方法判断Δ是否为零：先计算实型数据的绝对值（fabs()函数），然后判断该绝对值是否小于等于一个很小的数（如 10^{-6}），如果结果为真，说明此实型数据接近零（详细书写方式见第 9 行代码）。在 C 语言中，使用 fabs()函数求一个数的绝对值，其定义存放在 math.h 头文件中，因此在程序开始必须引入 math.h 文件。

本 章 小 结

本章主要介绍了 C 语言中的选择结构。选择结构共有两种语句：一种是 if 语句，另一种是 switch 语句。两者均有其自身的特点。

if 语句相对于 switch 语句较灵活，共有 3 种形式，可以实现单分支、双分支及多分支不同情况的要求，语句简单、一目了然。通常情况下，编程人员比较偏好用 if 语句实现选择结构。需要注意的是，在进行 if 语句嵌套时，else 与哪个 if 相匹配是学习 if 语句的关键。

switch 语句相对于 if 语句结构较清晰，目标较明确。当题目中明确了对多个常量值进行判断选择时，使用 switch 语句比较容易。学习 switch 语句的关键是知道只有两种方法可以结束 switch：第一种方法是运行到 break 语句，第二种方法是运行到 switch 右边的大括号。

第5章 循环结构

结构化程序设计利用 3 种结构解决控制结构的运行问题，它们是顺序结构、选择结构和循环结构。本章的主要内容是循环结构程序设计。

控制结构可以有效地解决现实问题，其中循环结构主要解决重复运行的问题。例如，多名学生的成绩处理，具有一定规律的数字的阶乘或累加，迭代法求根等。循环结构程序设计是结构化程序设计的基本结构之一，也是处理复杂问题的重要方法之一。因此，掌握循环结构的程序设计方法是学好 C 语言程序设计非常重要的一个环节。

在 C 语言中，可以实现循环控制的语句有 for、while 和 do…while。同时，还有 break 语句、continue 语句、goto 语句实现循环结构的流程控制。

本章的知识图谱如图 5-1 所示。

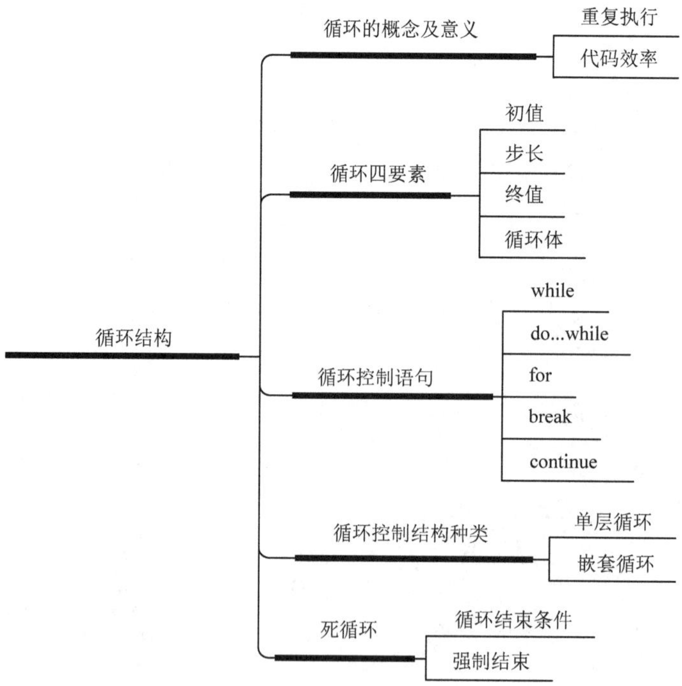

图 5-1 “循环结构”知识图谱

5.1 循环的概念和基本要素

当若干条语句因程序功能需要被重复运行多次的时候，可以用循环结构来实现。循环结构的基本概念是重复运行某些语句，达到降低代码的冗余度、提升程序运行效率的目的。

实现在屏幕上输出 1 行星号的程序，如果要实现输出 4 行星号，40 行星号，应该如何修改程序呢？如表 5-1 所示，将输出函数语句复制 4 次，可以实现输出 4 行星号。那么 40 行星号呢？当然复制 40 行语句是可以的，可这是效率最高的方法吗？如果程序的需求改为从键盘输入整数 n，输出 n 行星号，显然复制代码的操作是完成不了需求的。

表 5-1　打印若干行星号的程序举例

输出 1 行星号	输出 4 行星号
1. #include<stdio.h> 2. void main() 3. { printf("********\n"); 4. }	1. #include<stdio.h> 2. void main() 3. { printf("********\n "); 4.　printf("********\n "); 5.　printf("********\n "); 6.　printf("********\n "); 7. }
输出 40 行星号	**输出 n 行星号**
1. #include<stdio.h> 2. void main() 3. { printf("********\n "); 4.　printf("********\n "); 5.　printf("********\n "); 6.　printf("********\n "); …… //省略书写第 7～41 行代码 42.　printf("********\n "); 43. }	1. #include<stdio.h> 2. void main() 3. {　int n,i=1; 4.　　scanf("%d",&n); 5.　　while(i<=n) 6.　　{printf("********\n "); 7.　　　i++;} 8. }

表 5-1 的例子，循序渐进地实现了循环控制结构程序的编写。在此例中，循环实现了语句“printf("********\n ");”和“i++;”的重复运行，控制其重复运行的语句是“while(i<=n)”，其中循环可以运行的条件是“i<=n”。

循环的四要素包括初值、条件（终值）、循环体和步长，如图 5-2 所示。循环的四要素，有助于分析循环控制结构与程序的实现。

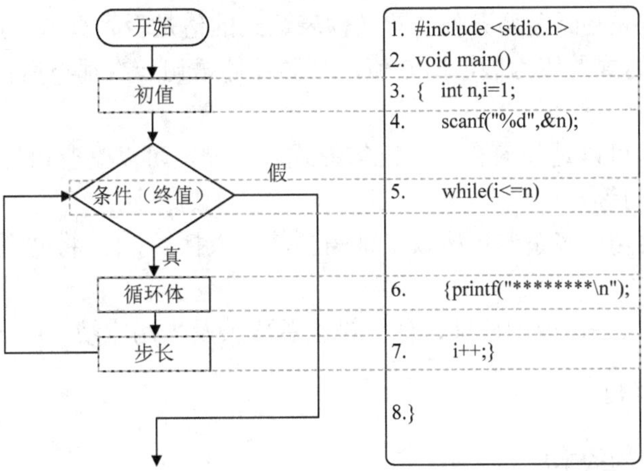

图 5-2　循环的四要素

笃行加油站

循环的本质是重复。大自然重复着春夏秋冬，周而复始。人类社会重复着繁衍生息，生生不息。重复既是传承，也是积累。宋·罗大经《鹤林玉露》有云：“一日一钱，千日千钱，绳锯木断，水滴石穿。”重复是有毅力做一件事，坚持做一件事。在循环中的重复是有目的的重复，一定要找到结束标志，即石穿的那一刻。

5.2 while 循环语句

while 语句是基本的循环语句，大多数高级语言中有 while 循环。由于该语句在运行循环体语句之前需要先判断循环条件这一特征，常被称为“当型”循环结构。

while 语句的一般形式如下：

```
while(条件表达式)
    循环体语句
```

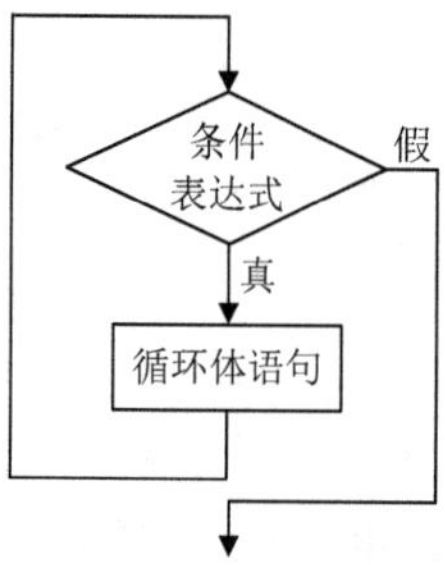

图 5-3 while 循环语句的流程图

（1）语法规则

1）while 为小写字母，()不能缺少。

2）条件表达式可以是任何合法表达式，一般是关系表达式或逻辑表达式。

（2）控制流程

1）while 循环语句的流程图如图 5-3 所示。

2）只能控制一条语句的运行。

3）当条件表达式的值为“非 0”时，运行 while 语句中内嵌的循环体语句。

4）当条件表达式的值为“0”时，退出 while 循环，运行 while 循环语句后面的其他语句。

5）控制特点是先判断循环条件（即条件表达式的值是否为真），再决定是否运行循环体语句。如果表达式的值为假，即 0 值，则循环体语句一次都不运行。

（3）循环体规则

1）循环体语句可以是任何合法的语句形式。例如，可以是空语句、表达式语句、复合语句、选择语句等。

2）若循环体语句由多条语句构成，则需要使用大括号{ }，将循环体语句组合成复合语句。

【案例 5-1】 输入三门课程成绩，计算输出总成绩及平均成绩（用 while 语句实现）。

案例设计目的

1）理解循环结构的本质。

2）掌握 while 语句的基本结构及运行流程。

案例分析与思考

（1）分析

三门课程需要 3 个变量进行存储，根据以往的学习经验，定义 3 个变量即可，变量名称可以是字母 a、b、c。如果题目的需求变为大学一、二年级的 20 门课程，或者大学四年的全部 50 门课程呢？很显然，通过增加变量的数量这种解决方法不能满足需求。考虑变量的本质就是内存空间，是可以重复利用的空间这一关键知识点，将问题重新描述如下。

① 定义：成绩变量 cj，成绩的和变量 sum=0；

② 输入：一个成绩给变量 cj；

③ 计算：将成绩 cj 加到总成绩 sum 中；

④ 输入：一个成绩给变量 cj；

⑤ 计算：将成绩 cj 加到总成绩 sum 中；

⑥ 输入：一个成绩给变量 cj；

⑦ 计算：将成绩 cj 加到总成绩 sum 中；

⑧ 输出：总成绩和平均成绩。

从上述问题描述中可以看出，步骤②和③重复运行了 3 次，如果成绩数量增多，则重复运行的次数也随之增多，根据 5.1 节的内容，可以将此问题描述如下。

① 定义：成绩变量 cj，成绩的和变量 sum=0，成绩个数变量 i=0；

② 计算：循环判断 i<3，如果是则重复运行步骤③、④和⑤，如果不是则转到步骤⑥；

③ 输入：一个成绩给变量 cj；

④ 计算：将成绩 cj 加到总成绩 sum 中；

⑤ 计算：每完成 1 次成绩的计算，i 增加 1；

⑥ 输出：总成绩和平均成绩。

由此可知，使用循环结构解决这样的问题，只需定义一个变量，多次反复通过该变量接收数据就可以获得多个数据。需要注意的是，用一个变量反复接收多个数据，在某一时刻，只有当前值有效，前面输入的数据才能被当前输入的数据覆盖。

（2）思考

既然某一时刻，变量中只有当前值有效，那么怎么能够保证输入的所有数据都会被累加到“和”中呢？while 语句的基本格式是怎样的？while 语句的工作流程是什么？

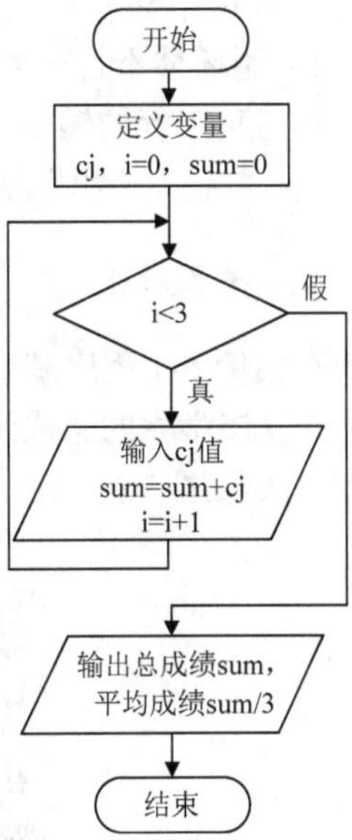

图 5-4 案例 5-1 程序流程图

程序流程图

本案例程序流程图如图 5-4 所示。

案例主要代码

```
#include<stdio.h>              //引入头文件
```

```
2.   void main()                          //定义主函数
3.   {int i=0;
4.    float cj,sum=0;                     //变量 cj 用来输入各门课程的成绩
5.     while(i<3)                         //while 循环控制语句
6.     { printf("请输入第%d 门课程的成绩",i+1);
7.       scanf("%f",&cj);                 //输入各门课程的成绩
8.       sum+=cj;                         //每输入一门课程的成绩即累加到 sum 中
9.       i++;                             //重要，i 逐渐向循环结束条件靠近
10.    }
11.    printf("该学生的总成绩=%f，平均成绩=%.2f\n",sum,sum/3);
12.  }
```

案例运行结果

本案例运行结果如图 5-5 所示。

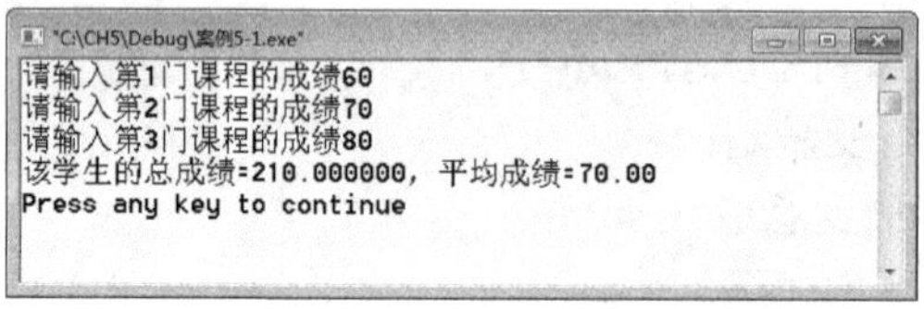

图 5-5　案例 5-1 运行结果

案例小结

1）循环的四要素在本案例中的位置：初值在第 3 行语句，终值在第 5 行语句，循环体在第 6 行至第 10 行，步长是第 9 行语句。

2）循环体不止一条语句，需要做成复合语句，即用大括号括起来的若干语句。

3）第 11 行的输出语句，分别采用“%f”和“%.2f”进行格式控制，从运行结果可以看出，“%f”输出默认为 6 位小数；“.2”表示要四舍五入保留两位小数。

拓展训练

在案例 5-1 程序基础上编写案例 5-1 拓展程序。要求：输入某名学生 10 门课程的成绩，计算该学生的总成绩、平均成绩和及格课程门数并输出。循环要用 while 语句实现。运行结果如图 5-6 所示。

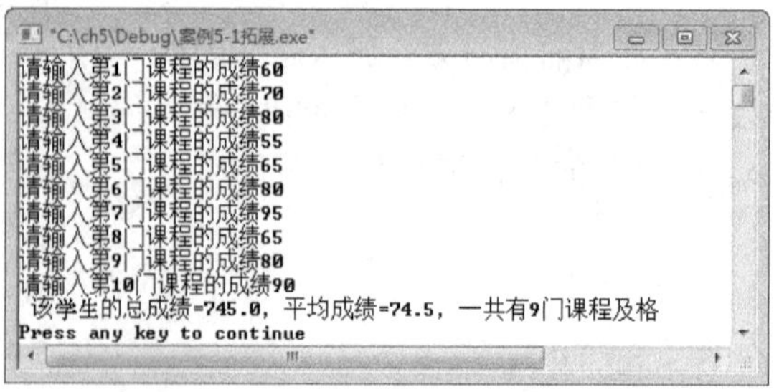

图 5-6　案例 5-1 拓展训练运行结果

提示：可以定义一个变量用来记录及格课程门数；在循环体中，每输入一个分数，

在求和的同时，判断该分数是否大于 60，是则计数变量加 1。关键代码如下：

```
变量定义：int i=0,jg=0;                    //变量 jg 用来存储及格的成绩门数
循环体中判断及格门数：if(cj>=60) jg++;     //及格成绩的判断，计数
```

5.3　do…while 循环语句

除了 while 循环外，C 语言还提供了 do…while 循环语句实现循环结构。该语句的特点是：先运行循环体中的语句，再通过判断条件表达式的值决定是否继续下一次循环。因此常将 do…while 语句称为“直到型”循环结构。

do…while 语句的一般形式如下：

```
do
   循环体语句
while(条件表达式);
```

（1）语法规则

1）do 和 while 均为小写字母，且“while（条件表达式);”的分号不能缺少。

2）条件表达式可以是任何合法表达式，一般是关系表达式或逻辑表达式。

（2）控制流程

1）do…while 循环语句的流程图如图 5-7 所示。

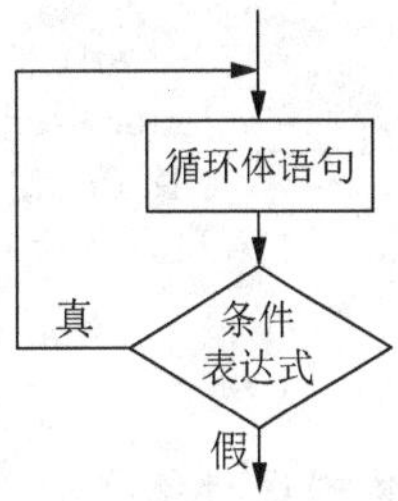

图 5-7　do…while 循环语句的流程图

2）do…while 之间只能控制一条语句的运行。

3）先运行一次循环体语句，再判断循环条件（即条件表达式的值是否为真），所以无论初始条件表达式的值是真还是假，循环体语句都至少会运行一次。这是与 while 循环语句最大的区别。

4）当 while 条件表达式的值为“非 0”时，运行 do 后面的循环体语句。

5）当 while 条件表达式的值为“0”时，退出 do…while 循环，运行 while 循环语句后面的其他语句。

（3）循环体规则

1）循环体语句可以是任何合法的语句形式，如可以是空语句、表达式语句、复合语句、选择语句等。

2）循环体只能有一条语句被控制，多于一行语句则必须使用复合语句。

【案例 5-2】用 do…while 语句实现输入某学生 3 门课程的考试成绩，计算该学生的总成绩及平均成绩并输出。

案例设计目的

熟悉并掌握 do…while 循环语句的基本结构及运行流程。

案例分析与思考

（1）分析

对应循环的要素和 do…while 语句的语法规则实现本例。

（2）思考

本案例要求使用 do…while 语句，其特点是先运行循环体，再判断条件。do…while 语句的基本格式是怎样的？初值、终值、循环体和步长分别对应哪些语句？

程序流程图

本案例程序流程图如图 5-8 所示。

案例主要代码

```
1.    #include<stdio.h>           //引入头文件
2.    void main()                 //定义主函数
3.    {int i=0;                   //循环要素：初值
4.     float cj,sum=0;            //输入各门课程的成绩
5.     do                         //do…while 循环控制语句
6.     {  printf("请输入第%d 门课的成绩",i);
                                  //循环要素：循环体
7.        scanf("%f",&cj);        //输入各门课程的成绩
8.        sum+=cj;                //每输入一门课程的成绩即累加到 sum 中
9.        i++;                    //循环要素：i 是步长
10.    }while(i<3);               //循环要素：终值表达式
11.    printf("该学生的总成绩=%.2f，平均成绩=%.2f\n",sum,sum/3);
12.   }
```

案例运行结果

本案例运行结果如图 5-9 所示。

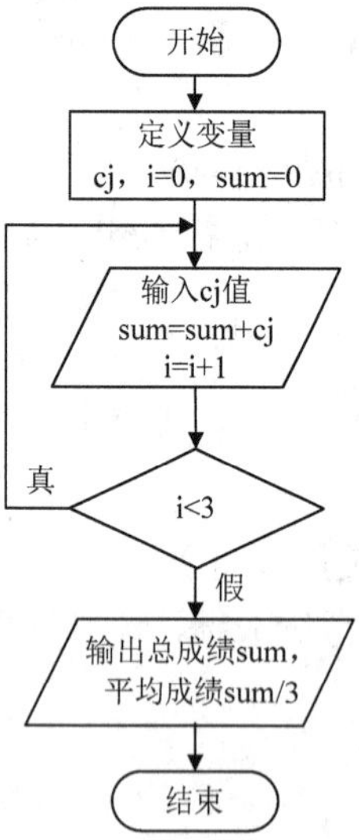

图 5-8　案例 5-2 程序流程图

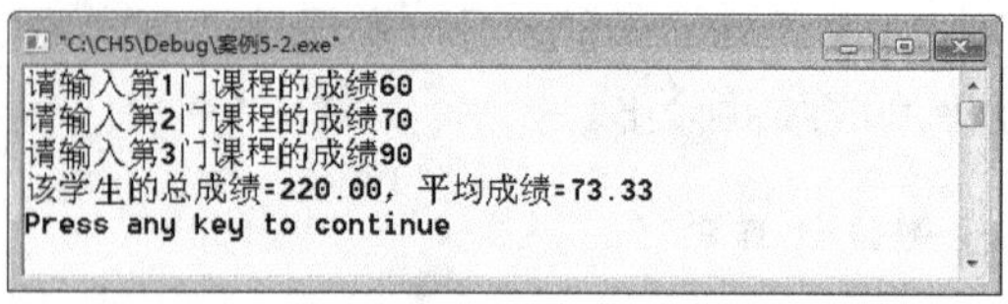

图 5-9　案例 5-2 运行结果

案例小结

1）循环的四要素在本案例中的位置：初值在第 3 行语句，终值在第 10 行语句，循环体在第 5～10 行，步长是第 9 行语句。

2）在提示输入部分，由于 i 的初值从 0 开始，故采用了第 i+1 次的方式，让程序的运行更能满足用户的需求。

3）需要特别注意的是，第 10 行行尾的分号不可省略。该分号是 do…while 循环语句不可缺少的部分。

拓展训练

在案例 5-2 程序基础上编写案例 5-2 拓展程序，输入 5 名学生的 3 门课程（数学、英语、计算机）的考试成绩，计算每名学生的总成绩、平均成绩并输出。要求循环用 do…while 语句实现。

提示：3 门课程用 3 个不同的变量表示；5 个人，只要利用循环接收 5 次数据即可。

```
//变量定义
int i=1;                        //循环要素：初值
float m,e,c,sum;                //变量 m,e,c 用来存储 3 门课程（数学、英语和计
                                  算机）的成绩
//循环体
do                              //do…while 循环控制语句
{ sum=0;                        //sum 在每次循环开始时赋初值
  printf("请输入第%d 个人的数学，英语，计算机成绩",i);
  scanf("%f,%f,%f",&m,&e,&c);//输入各门课程成绩
  sum+=m+e+c;                   //每输入一门课程成绩即累加到 sum 中
  i++;
  printf("总成绩=%.2f，平均成绩=%.2f\n\n",sum,sum/3);//循环要素：i 是步长
} while(i<=5);                  //循环要素：终值表达式
```

程序运行结果如图 5-10 所示。

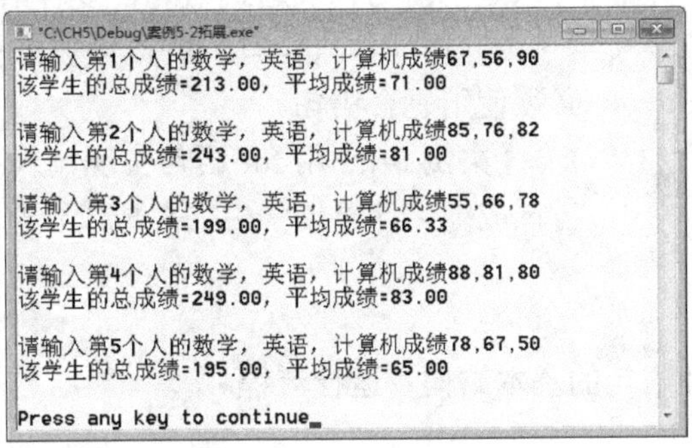

图 5-10　案例 5-2 拓展训练运行结果

5.4　for 循环语句

除了 while 和 do…while 语句可以实现循环结构问题的处理外，C 语言还提供了 for 语句实现循环。在 C 语言的 3 种循环控制语句中，for 语句使用最灵活，不仅经常应用于循环次数已经确定的情况，还可以应用于循环次数不确定而只给出循环结束条件的情况。for 语句的结构最紧凑，运行流程相对复杂，希望读者能够认真领悟并熟练掌握。

for 语句的一般形式如下：

```
for(表达式 1;表达式 2;表达式 3)
    循环体语句
```

（1）语法规则

1）表达式 1：一般是设置循环变量初值的赋值表达式，也可以是与循环变量无关的其他表达式，通常被称为初始化表达式。在循环中，只被运行一次。

2）表达式 2：一般是关系表达式或逻辑表达式，也可以是前面介绍过的任何合法表达式，此表达式的值（真或假）决定了循环能否继续进行，通常被称为条件表达式。

3）表达式 3：一般是控制循环变量不断变化的赋值表达式，也可以是其他与循环变量变化无关的其他表达式，通常被称为修正表达式。

4）3 个表达式中间一定要用分号分隔。

由于 for 循环语句中 3 个表达式的特殊作用，也可以把 for 语句的一般形式与循环的四要素结合表示成容易理解的以下形式：

```
for(初值表达式;循环条件（终值表达式）;步长表达式)
    循环体语句
```

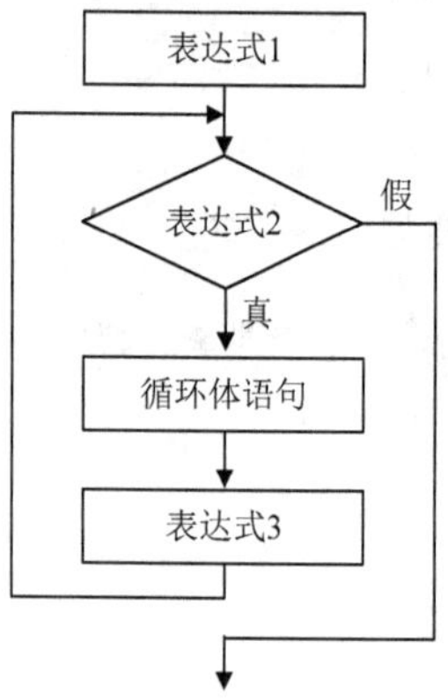

图 5-11 for 循环语句的流程图

（2）控制流程

1）for 循环语句的流程图如图 5-11 所示。

2）当表达式 2 的值为真（非 0）时，运行 for 语句中内嵌的循环体语句；当表达式 2 的值为假（0）时，退出 for 循环，运行 for 循环语句后面的其他语句。

（3）循环体规则

1）循环体语句可以是任何合法的语句形式。例如，可以是空语句、表达式语句、复合语句、选择语句等。

2）循环体只能有一条语句被控制，多于一行语句则必须使用复合语句。

【案例 5-3】用 for 语句实现输入某名学生三门课程的考试成绩，计算该学生的总成绩及平均成绩并输出。

案例设计目的

熟悉并掌握 for 循环语句的基本结构及运行流程。

案例分析与思考

（1）分析

初值、终值、步长和循环体，这四要素在 for 语句中的位置明确，对应本案例的需求进行程序编写。

（2）思考

本案例要求用 for 语句实现，要明确以下几个问题：for 语句的基本格式是怎样的？循环四要素分别放在什么位置？

程序流程图

本案例程序流程图如图 5-12 所示。

案例主要代码

```
1.   #include<stdio.h>                 //引入头文件
2.   void main()                        //定义主函数
3.   {  int i;
4.      float cj,sum;                   //变量 cj 用来输入各门课程成绩
5.      for(i=0,sum=0;i<3;i++)     //初值、循环条件、步长
6.      {  printf("请输入该学生第%d 门课程成绩:",i+1);     //for 循环体
7.         scanf("%f",&cj);
8.         sum+=cj;
9.      }
10.     printf("该学生的总成绩=%.1f，平均成绩=%.1f\n",
11.     sum,sum/3);
12.  }
```

案例运行结果

本案例运行结果如图 5-13 所示。

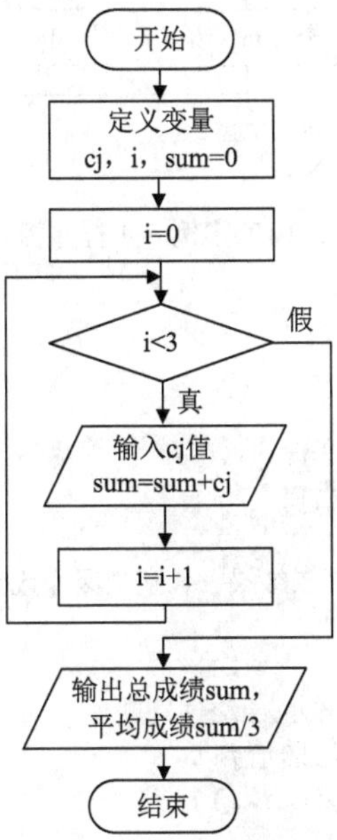

图 5-12　案例 5-3 程序流程图

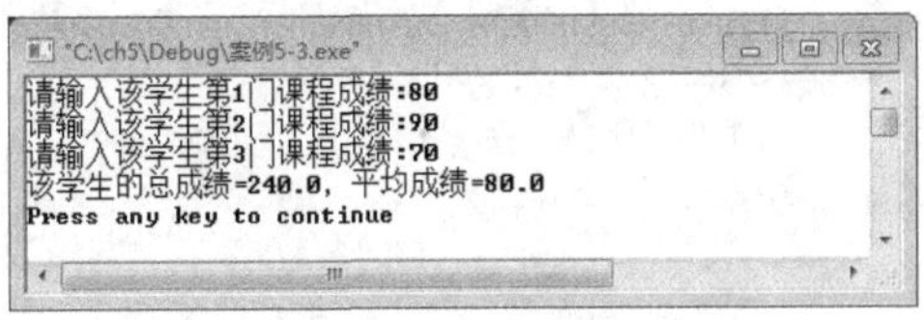

图 5-13　案例 5-3 运行结果

案例小结

1）循环的四要素在本案例中的位置：初值在第 5 行语句 i=0，sum=0，终值在第 5 行语句 i<3，步长是第 5 行语句 i++，循环体在第 6～9 行。

2）在提示输入部分，由于 i 的初值是从 0 开始的，故采用了第 i+1 次的方式，让程

序的运行更能满足用户的需求。

3）需要特别注意的是，for 循环语句 3 个表达式之间的两个分号不可省略。

【案例 5-4】从键盘输入 m 和 n 两个正整数，编写程序求 m^n。

案例设计目的

编程求解

1）熟悉并掌握 for 循环语句的基本结构及运行流程。

2）对特殊数值的范围进行判断后，再计算。

3）累乘的结果变量数据类型尽量最大，防止溢出。

案例分析与思考

（1）分析

m 的 n 次方，是 n 个 m 相乘，也就是 m 累计乘 n 次。需要循环计数变量 i 从 1 变化到 n。需要变量 p 存放乘积的结果，其值应从 1 开始。

（2）思考

因为是累计乘积、成倍增长的变量值，什么样的数据类型才可以容纳？从键盘上输入的数据如何保证其输入的是正整数，是否需要在输入后进行判断？

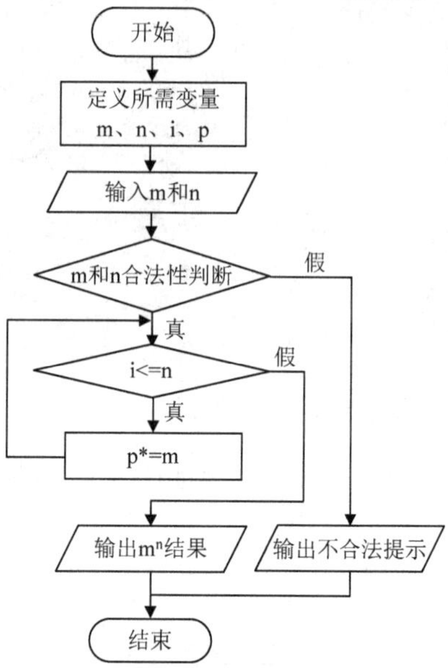

图 5-14 案例 5-4 程序流程图

程序流程图

本案例程序流程图如图 5-14 所示。

案例主要代码

```
#include<stdio.h>                     //引入头文件
void main()                           //定义主函数
{  int m,n,i;
   long int p=1;                      //p 用来存放结果，长整型保证数据不溢出
   printf("请输入正整数 m 和 n:");
   scanf("%d,%d",&m,&n);
   if(m>0 && n>=0)                    //对 m 和 n 的合法性判断
   {  if(n==0)                        //对 n 的特殊值判断
           printf("%d 的%d 次方结果是=%d\n",m,n,1);
      else
          {for(i=1;i<=n;i++)          //for 循环控制语句
               {  p*=m;   }           //m 累乘
          printf("%d 的%d 次方结果是=%ld\n",m,n,p);}
   }
  else
     printf("输入的 m 和 n 不合法！\n");
}
```

案例运行结果

本案例运行结果如图 5-15 所示。

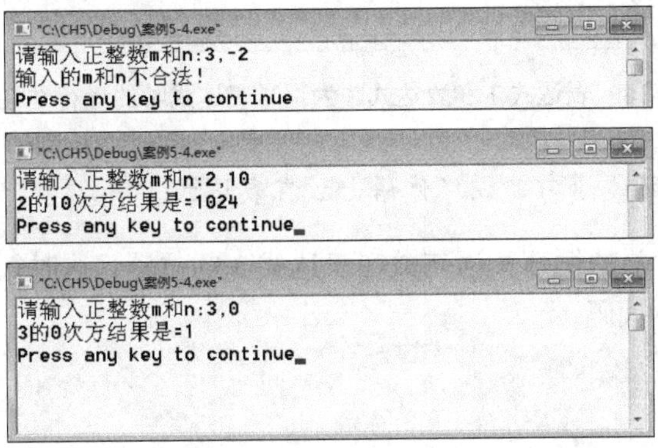

图 5-15　案例 5-4 运行结果

案例小结

1）案例综合的选择结构程序设计语句 if...else，实现了特殊值、不合法值的判断。

2）存放累乘结果的变量 p 最好设置为 long int 数据类型，可以容纳更庞大的数值，使得程序的健壮性提高。

3）for 循环语句特别适合有明确的初值、终值的实际问题的解决情况。

5.5　for 循环语句的特殊格式

for 语句格式紧凑，将循环变量赋初值、循环条件、循环变量增量 3 个表达式都放在 for 后的括号中。实际应用中，for 语句括号中的 3 个表达式都会有一些特殊的格式。例如，括号中的表达式 1 和表达式 3 有时可以使用逗号表达式；3 个表达式中任何一个表达式都可以省略不写；根据需要，循环体语句可以是空语句等。下面将逐一介绍这些特殊形式。

1. 表达式 1 和表达式 3 使用逗号表达式

for 语句中的表达式 1 和表达式 3 可以是逗号表达式，特别是在有两个循环变量参与循环控制的情况下，经常使用。例如，有如下代码：

```
#include<stdio.h>
void main()
{  int i,j;
   for(i=1,j=10;i<=j;i++,j--)
   printf("i=%d,j=%d,i+j=%d\n",i,j,i+j);
}
```

程序运行结果如图 5-16 所示。

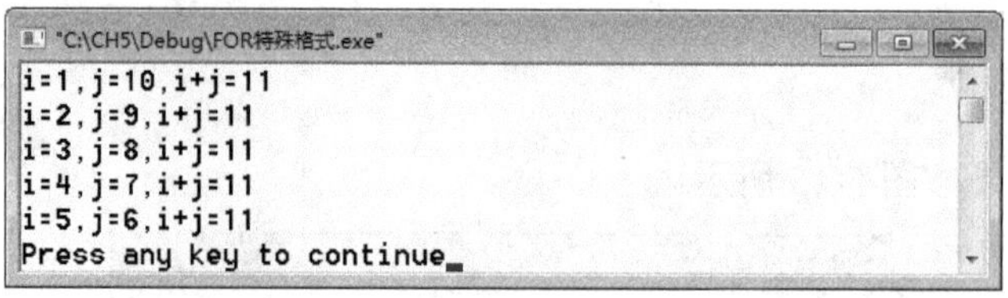

图 5-16　表达式 1 和表达式 3 为逗号表达式时的运行结果

2. 空语句作为循环体语句，循环体语句放在表达式 3 中

有时，也可以将简单的循环体语句放在表达式 3 的位置，这时循环体语句可以使用空语句。例如，有如下代码：

```
#include <stdio.h>
void main()
{  int i,sum;
   for(i=1,sum=0;i<=10;sum+=i,i++);
   /*空语句，本例中必须有，否则 printf 语句将被认为是 for 的循环体*/
   printf("sum=%d\n",sum);
}
```

程序运行结果如图 5-17 所示。

图 5-17　空语句作为循环体语句的运行结果

在此例中，需要特别注意 for 语句括号后有一个分号，该分号表示 for 语句的循环体语句是空语句。若无此空语句，则 printf 语句将被认为是 for 的循环体，运行结果如图 5-18 所示。

```
#include <stdio.h>
void main()
{  int i,sum;
   for(i=1,sum=0;i<=10;sum+=i,i++)
   printf("sum=%d\n",sum);
}
```

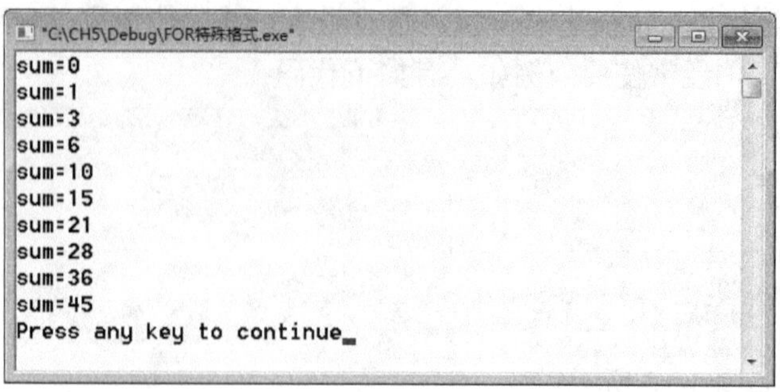

图 5-18　将循环体合并到表达式 3 中的 for 语句示例运行结果

3. 省略表达式 1

for 语句一般形式中的表达式 1 可以省略。如果省略，则应在 for 语句前给循环变量赋初值。例如，以下程序段：

```
int i=1,sum=0;
for(;i<10;i++)
   sum+=i;
```

运行时，跳过求解表达式 1 这一步，其他运行过程不变。

注意：省略表达式 1 时，其后的分号不能省略。

4. 省略表达式 3

for 语句一般形式中的表达式 3 可以省略。如果省略，则应在另外的位置保证循环变量能够得以变化，以达到正常结束循环的目的。例如，以下程序段：

```
int i,sum=0;
for(i=1;i<10;)
{  sum+=i;
   i++;
}
```

在这段 for 语句中，只有表达式 1 和表达式 2，省略了表达式 3。i++的操作不是放在 for 语句的表达式 3 位置处，而是作为循环体语句，放在最后，其效果与放在表达式 3 位置处完全相同，类似于 while 循环体语句中的步长表达式位置。

注意：省略表达式 3 时，其前面的分号不能省略。

5. 同时省略表达式 1 和表达式 3

for 语句的表达式 1 和表达式 3 可以同时省略，即只给出循环条件终值。例如，以下程序段：

```
int i=1,sum=0;
for(;i<10;)
{  sum+=i;
   i++;
}
```

在这种情况下，程序的运行过程与没有省略表达式 1 和表达式 3 时完全相同，从格式上来看，完全等同于以下 while 语句：

```
int i=1,sum=0;
while(i<10)
{  sum+=i;
   i++;
}
```

由此可见，for 语句与 while 语句相比，格式更紧凑，功能更强大，除了可以给出循环条件外，for 语句的表达式 1 还可以给循环变量赋初值，表达式 3 可以实现循环变量的增量变化等。

注意：省略表达式 1 和表达式 3 时，括号中的两个分号都不能省略。

6. 省略表达式 2

for 语句的表达式 2 可以省略，如果省略表达式 2，则表示不进行循环条件的判断，认为表达式 2 始终为真，循环将会无休止地进行下去，形成“死循环”。例如，以下程序段：

```
int i,sum=0;
for(i=1;;i++)
  sum+=i;
```

该程序段运行时，系统会认为表达式 2 永远为真，循环将一直运行下去。这种省略情况比较少见，如果出现这种情况，需要避免“死循环”，可添加 break 语句退出循环。

7. 3 个表达式同时省略

for 语句中的 3 个表达式可同时省略，即

```
for(;;) 循环体语句
```

这种情况在 C 语言的语法中是合法的，但没有实际意义，所以在实际应用中极少使用。

5.6 用 goto 语句和 if 语句构成循环语句

goto 语句在 C 语言中称为无条件跳转语句，其一般形式如下：

```
goto 语句标号;
```

（1）语法规则

语句标号用标识符表示，命名规则与变量名相同，即由字母、数字、下划线组成，其第一个字符必须是字母或下划线。例如，goto bh_1。

（2）控制流程

1）goto 语句被称为无条件跳转语句，也就说明 goto 语句的跳转是随意的，程序中的任何位置定义语句标号，都可以通过 goto 语句跳转到该位置。结构化程序设计方法不提倡使用 goto 语句，因为它的无条件跳转破坏了程序的规律性，使程序的可读性变差。

2）goto 语句可与 if 语句一起构成循环结构，由于 C 语言中有前面介绍过的 3 种结构化的循环语句，因此该方法用得并不多。

【案例 5-5】用 goto 语句与 if 语句实现输入某名学生 3 门课程的考试成绩，计算总成绩及平均成绩并输出。

案例设计目的

1）了解 goto 语句的定义及使用方法。

2）了解 goto 语句与 if 语句配合构成循环结构。

案例分析与思考

（1）分析

由 goto 语句和 if 语句构成的循环不是很常用，为了实现程序的模块化设计思想，要慎用 goto 语句，但是在一些特殊的设计要求中，合理地使用 goto 语句，确实会简化程序设计的过程，使程序设计的难度大幅降低。

（2）思考

本例要求用 goto 语句和 if 语句的复合结构实现。两种语句构成循环的基本格式是怎样的？使用 goto 语句时，语句的标号是如何定义的？哪些操作要放在循环体中运行？哪些操作只会运行一次，要放在循环体的外面？

程序流程图

本案例程序流程图如图 5-19 所示。

案例主要代码

```
#include<stdio.h>             //引入头文件
void main()                   //定义主函数
{  int i=0;
    float cj,sum=0;           //变量 cj 用来输入各门课程的成绩
    loop. if(i<3)             //loop 的作用是定义语句标号
     {  printf("请输入该学生第%d 门课程成绩:",i+1);
        scanf("%f",&cj);      //输入各门课程的成绩
        sum+=cj;              //每输入一门课程的成绩即累加到 sum 中
        i++;                  //i 逐渐向结束位置靠近，才可能结束
        printf("这是 goto 的第%d 次跳转\n\n",i);//提示进入 goto 跳转
        goto loop;//跳转到前面定义的标号 loop 位置运行
     }
     printf("总成绩=%.2f，平均成绩=%.2f\n",sum,sum/3);
}
```

案例运行结果

本案例运行结果如图 5-20 所示。

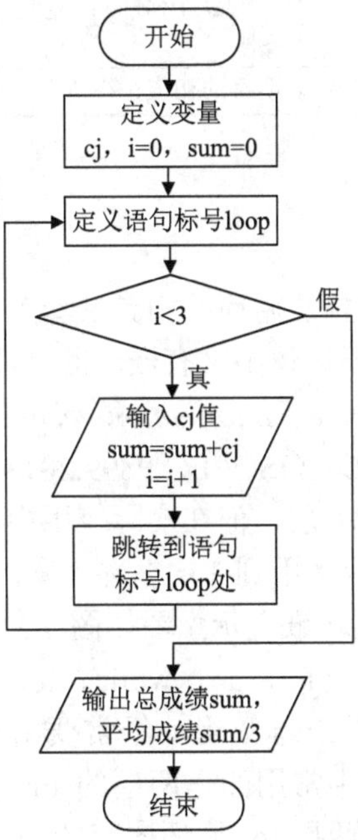

图 5-19　案例 5-5 程序流程图

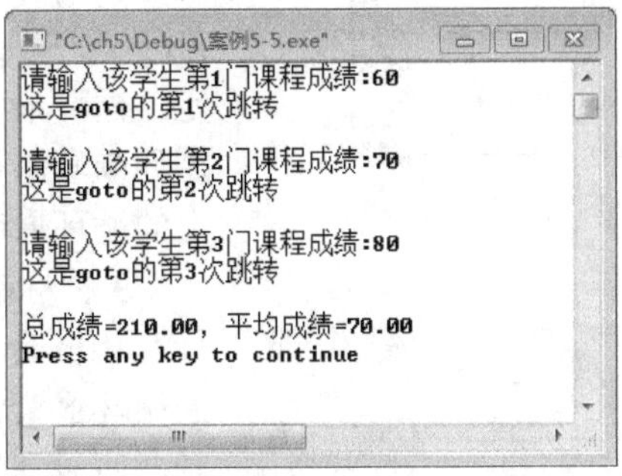

图 5-20　案例 5-5 运行结果

案例小结

1）第 5 行语句开始处的“loop:”起定义语句标号的作用，当程序运行到第 11 行语句时，即要跳转到第 5 行的位置，继续运行程序。

2）从流程图可以看出，当 if 语句的条件为真，即 i<3 时，会反复运行第 6～10 行语句，当 if 语句的条件为假时，运行第 11 行语句。所以，从结构上来看，程序的第 5～10 行语句就由 if 语句和 goto 语句构成了循环结构。

5.7 循环控制语句比较

常用的 3 种循环语句 while、do…while 和 for，都有自身的特点。在对应循环要素的位置不一样，同时对应解决的现实问题也不一样。在这 3 种循环语句中，循环四要素[初值、条件（终值）、步长、循环体]都有指定的“座位”，只要能够“对号入座”，就可以设计出正确的循环结构。同时，在选择哪种循环作为程序的实现时，还要参考循环结构的对应现实问题的特征，使编写程序事半功倍。此外，一定注意循环控制语句的语法规则，例如，do…while 语句中 while 后面的表达式必须加上分号以示 do…while 语句的结束。不同循环语句中循环四要素及对应现实问题的特征如表 5-2 所示。

表 5-2　不同循环语句中循环四要素及对应现实问题的特征

循环语句	while	do…while	for

对应循环四要素	①初值;
	while(②终值)
	{
	④循环体
	③步长
	}
		①初值;
		do
		{
		④循环体
		③步长
		}while(②循环条件);
			for(①初值;②循环条件;③步长)
			④循环体

对应现实问题	“当”有明确的结束条件	先循环再判断，常用于登录验证等	明确的初值、终值

5.8 循环的嵌套

循环的嵌套是指一个循环体语句中包含了另外一个完整的循环结构。嵌套在循环体内的循环体称为内循环，外面的循环体称为外循环。如果内循环体中又有嵌套的循环语句，则构成多重循环。C 语言在《信息技术——编程语言——C》（*Information technology—Programming languages—C*）（ISO/IEC 9899:2018）中规定，循环最多可以嵌套 127 层，但在实际应用中，两层循环嵌套用得较多，偶尔也会用到 3 层循环嵌套，4 层以上的循环嵌套极少使用。循环嵌套示意图如图 5-21 所示。

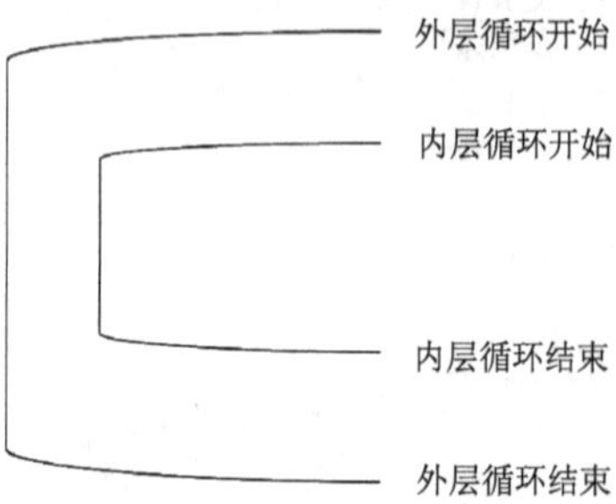

图 5-21　循环嵌套示意图

3 种标准的循环语句 while、do…while、for 可以进行互相嵌套。6.3 节介绍的二维数组就经常要用到两层的循环嵌套。在实际应用中常用的是两层的 for 循环嵌套，所以请读者重点掌握两层 for 循环嵌套的使用。

【案例 5-6】输入 4 名学生的 3 门课程的考试成绩，计算每名学生的总成绩及平均成绩并输出。

案例设计目的

1）了解循环嵌套的实际意义。
2）掌握可以构成循环嵌套的语句。
3）掌握循环嵌套结构的运行过程。

案例分析与思考

（1）分析

由于本案例是典型的循环次数确定的循环结构（4 名学生，外层应该循环 4 次；3 门课程，内层应该循环 3 次），因此适合使用 for 循环语句，本案例代码的内外层循环都采用 for 循环语句。

（2）思考

for 循环语句的基本格式是怎样的？哪些操作要放在内层循环体中运行？哪些操作要放在外层循环体中运行？哪些操作只运行一次，要放在外层循环的外面？

程序流程图

本案例程序流程图如图 5-22 所示。

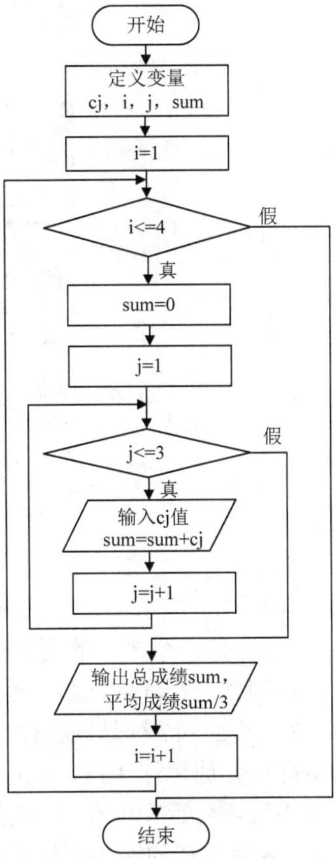

图 5-22　案例 5-6 程序流程图

案例主要代码

```
#include<stdio.h>                //引入头文件
void main()                      //定义主函数
{ int i, j;                      //i 是外层循环变量，j 是内层循环变量
  float cj,sum;                  //变量 cj 用来输入各门课程的成绩
  for(i=1;i<=4;i++)              //外层循环，i 控制每一名学生
   { printf("******第%d 位学生********\n",i);
     sum=0;                      //每次外层循环，先让变量初值为 0
     for(j=1;j<=3;j++)           //内层循环，j 控制每一门课程
         { printf("第%d 门课程成绩:",j);
           scanf("%f",&cj);
           sum+=cj;              //每输入一门课程的成绩即累加到 sum 中
         }
  printf("--------------------------\n");
  printf("第%d 位学生的总成绩=%.2f，平均成绩=%.2f\n", i,sum,sum/3);
 printf("----------------------------\n");
   }
}
```

案例运行结果

本案例运行结果如图 5-23 所示。

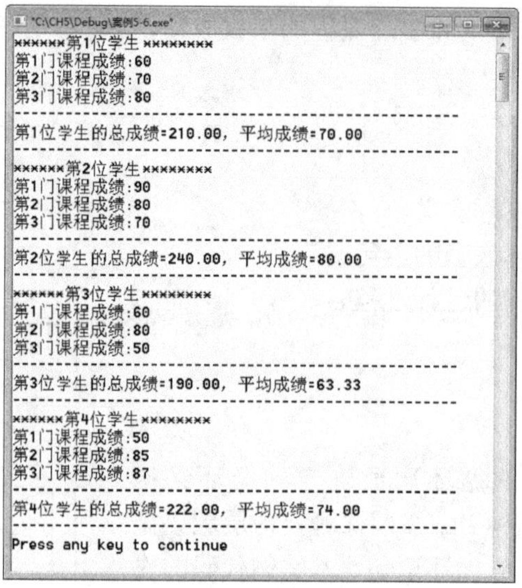

图 5-23　案例 5-6 运行结果

案例小结

1）这是一个典型的两层 for 循环的案例。整个嵌套循环通过循环变量 i 的不断变化，控制外层循环的次数；通过循环变量 j 的不断变化，控制内层循环的次数。

2）第 5～17 行是嵌套循环的核心语句。外层循环会反复运行 4 次，i 每变化一次，内层循环会被运行 3 次。以第 10 行的 scanf()函数构成的输入语句的运行情况为例，由于外层循环会运行 4 次，而变量 i 每变化一次，内层循环中的循环体语句都会运行 3 次，scanf()函数构成的输入语句正是内循环中的循环体语句，因此在整个程序运行过程中，输入语句会被运行 12 次，每运行一次，都会要求在用户屏幕上输入一个成绩的数值。再看第 14～16 行的 printf()函数输出语句，该语句在外层循环中，外层循环会运行 4 次，因此输出语句会被运行 4 次。

3）在学习循环的嵌套时，希望读者能够认真体会每层循环中的循环体语句的运行情况。另外，还要注意当结束某层循环时，循环变量的值。

5.9　break 语句和 continue 语句

在循环流程控制语句中，C 语言还提供了两个控制跳转语句：break 语句和 continue 语句，它们可以使循环语句的运行流程更灵活、更自由。与 goto 语句的无条件跳转不同，break 语句和 continue 语句都必须严格地遵守跳转规则。

5.9.1　break 语句

在第 4 章讲解 switch 语句时已经介绍过，使用 break 语句可以使流程跳出 switch 结构，转而运行 switch 语句后面的其他语句。除此以外，break 语句还有另外一个作用，它可以用来从某个循环体内跳出，即提前结束循环，运行循环后面的其他语句。

break 语句的一般形式如下：

```
    break;
```

（1）语法规则

break 语句必须加分号。

（2）控制流程

1）循环体中运行到 break 语句时，跳出循环体，转去运行循环体后面的其他语句。

2）在循环结构中，break 语句一般与 if 语句配合使用，用于实现某条件为真时结束循环。

3）若 break 语句出现在多层嵌套循环中的某一层，在运行到 break 语句时，要跳出 break 语句所在的那一层循环，进入本层循环的外层循环继续运行。

【案例 5-7】输入多名学生某门课程的成绩，计算这些学生的总成绩及平均成绩并输出，如果总成绩高于 500 分则结束。

案例设计目的

1）了解 break 语句的使用方法。

2）掌握循环中含有 break 语句时的程序运行流程。

案例分析与思考

（1）分析

案例分析如表 5-3 所示。

表 5-3 案例 5-7 分析

项目	说明
定义	学生成绩变量 cj，成绩和 sum，计数变量 i
输入/赋值 计算	无条件开始循环，重复运行： ① 输入成绩数据； ② 计算成绩的和，累计输入的个数； ③ 判断成绩的和是否大于 500： 若是，则终止循环（break）；若不是，则继续循环
输出	总成绩，平均成绩（总成绩/个数）

（2）思考

1）哪些语句可以作为无条件开始的循环语句？适合无条件开始的循环，do…while(1) 语句，或者 while(1)，再或者 for(; ;)，这类永真含义的语句都可以作为无条件开始的循环。

2）break 语句放在循环中实现退出循环的功能时，一般与哪种语句配合使用？

程序流程图

本案例程序流程图如图 5-24 所示。

案例主要代码

```
#include<stdio.h>            //引入头文件
```

```
2.   void main()               //定义主函数
3.   {  int i=0;
4.      float cj,sum=0;        //cj 输入每个成绩，sum 存储总成绩
5.      do                     //用 do…while 循环
6.      {  scanf("%f",&cj);
7.         sum+=cj;            //每输入一个成绩就累加到 sum 中
8.         i++;                //i 的作用是统计累计的人数
9.         if(sum>500)         //break 语句常放在 if 语句中
10.           break;           //运行 break 语句，则中途终止循环
11.     }while(1);             //1 表示循环条件恒为真
12.     printf("总成绩=%.2f，平均成绩=%.2f\n",sum,sum/i);
13.  }
```

案例运行结果

本案例运行结果如图 5-25 所示。

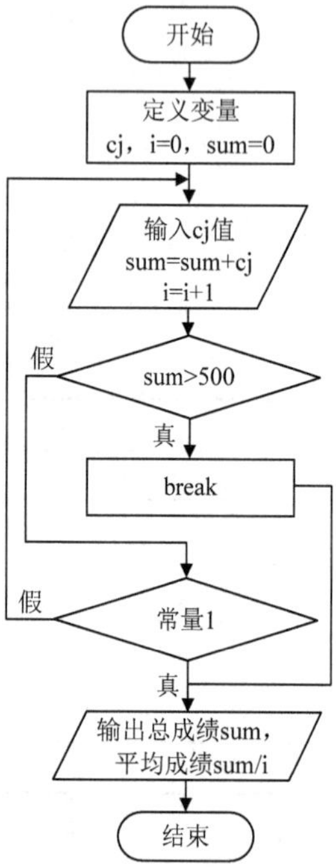

图 5-24 案例 5-7 程序流程图

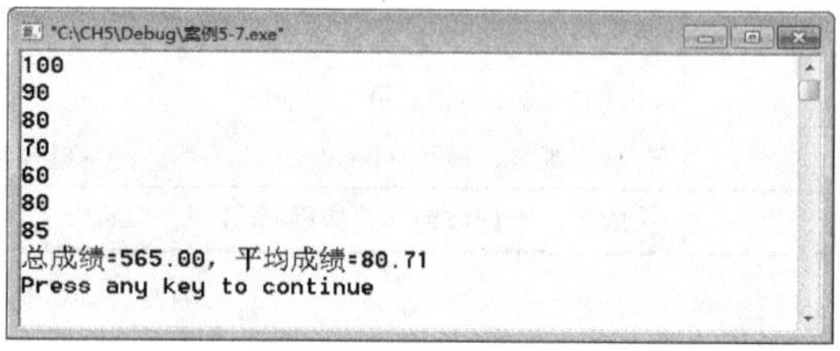

图 5-25 案例 5-7 运行结果

案例小结

1）程序代码中的第 5～11 行是核心语句，使用 do…while 循环语句完成案例中的主要功能。循环条件是常量 1，单从循环结构来看，循环条件恒为非零值，循环将会成为“死循环”。

2）为了达到能够退出循环的目的，在循环体语句中使用 break 语句。

3）break 语句在循环结构中一般不单独使用，而是配合 if 语句使用，从而选择性地运行 break 语句。break 语句如果直接放在循环体语句中无条件运行，那么第一次运行循

环体语句时就会运行到 break 语句，也就会退出循环结构，循环也就不会形成真正的循环结构了。

【案例 5-8】猜数游戏：由计算机随机产生一个 100 以内的整数，从键盘输入数据来猜数，并记录输入的次数。每次输入后，若输入的数据比随机整数大，则输出“猜大了！”；比随机整数小，输出“猜小了！”；猜对时，输出“恭喜您，猜对了！”。反复输入数据，直到猜对为止，并输出共猜了多少次。

案例设计目的

1）掌握循环结构中使用选择结构的方法。

2）灵活使用 break 语句。

猜数游戏

案例分析与思考

（1）分析

案例分析如表 5-4 所示。

表 5-4　案例 5-8 分析

项目	说明
定义	随机数字 1 个变量，猜的次数 1 个变量
输入/赋值	产生随机数字的值
计算	无条件开始，重复运行： ① 输入数据； ② 判断小、大和对三种状态（选择结构实现判断）。 猜对为止（break）
输出	输出猜的次数的值

（2）思考

实现猜中为止即终止循环是在猜中的条件下，换句话说，循环应该是无条件开始的，有条件终止的。所以在选择循环的结束条件时，可以使用循环中的选择结构与 break 语句结合的方式。

程序流程图

本案例程序流程图如图 5-26 所示。

案例主要代码

```
#include "stdio.h"
#include "stdlib.h"                //使用 rand()函数需要引入头文件
void main()
{int rand_n,m,i=0;                 //i 用来计数，初值为 0
rand_n=rand()%100;                 //产生 0～100 之间的随机数赋值给 rand_n
 while(1)                          //1 是常量，表示永真，无条件开始循环
 {  printf("请输入你猜的数字:");
    scanf("%d",&m);
    i++;                           //输入之后，计数
```

```
10.     if(m==rand_n)
11.     {printf("恭喜你!猜对了!\n");
12.       break;}                          //break 用于结束循环
13.     else if(m>rand_n)
14.             printf("猜大了!\n");
15.          else
16.             printf("猜小了!\n");
17.  }
18.   printf("一共猜了%d 次\n",i);
19.}
```

案例运行结果

本案例运行结果如图 5-27 所示。

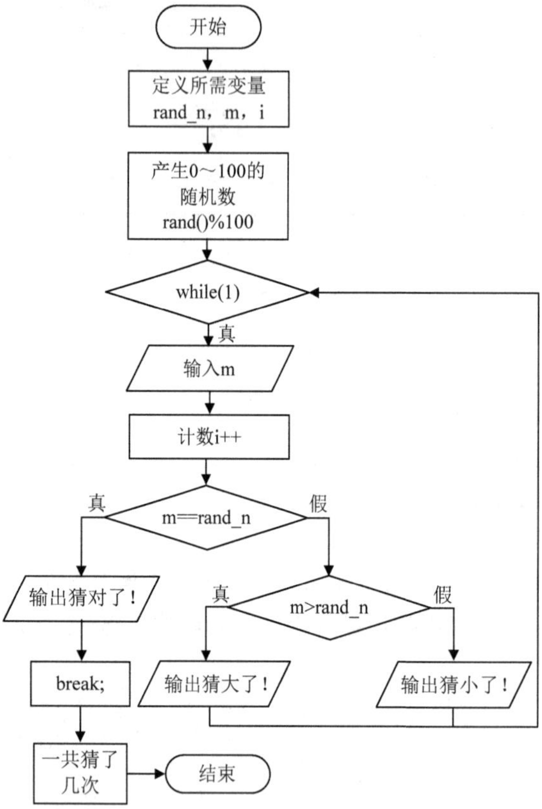

图 5-26　案例 5-8 程序流程图

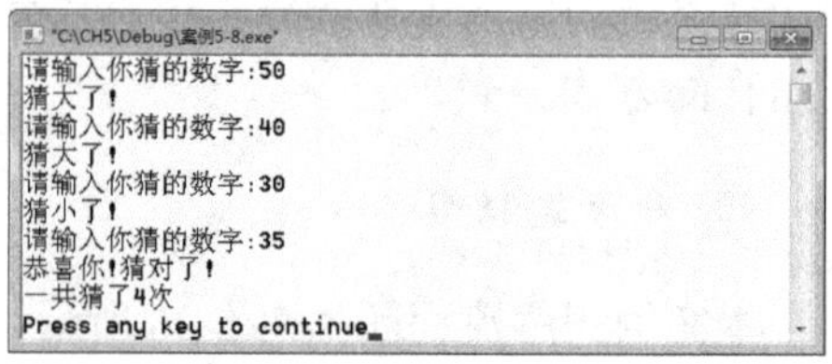

图 5-27　案例 5-8 运行结果

案例小结

1）无条件开始的循环，一般用永真表达式来表示，如第 6 行代码。

2）对于永真表达式作为循环的终值要素，显然需要使用 break 语句来终止循环，如第 12 行语句。

3）在测试案例运行的过程中，最好在猜数字之前输出 rand_n 的值，便于进行测试，否则可能猜很多次都不正确，导致浪费调试时间。在调试好程序以后，可以将这行输出语句作为注释语句，增加游戏程序的趣味性。

5.9.2 continue 语句

continue 语句是 C 语言提供的另外一条控制跳转语句，其作用是跳过循环体语句中剩余的语句，回到循环条件处，判断是否运行下一次循环。

continue 语句的一般形式如下：

```
continue;
```

（1）语法规则

1）continue 语句必须加分号。

2）continue 语句只能用在 while、do...while、for 等循环结构中，不能用于 switch 语句。

（2）控制流程

1）continue 语句的功能是提前结束本次循环，进入下一次循环。运行 continue 语句后，循环体中其后面的语句将不被运行。

2）在循环结构中，continue 语句一般不会直接放在循环结构中，常与 if 条件语句一起使用。

3）与 break 语句相同，如果 continue 语句出现在多层嵌套循环中的某一层，在运行到 continue 语句时，要回到 continue 语句所在的那一层循环条件处，判断是否进行本层的下一次循环。

【案例 5-9】输入 5 名学生某门课程的成绩，计算这 5 名学生的及格成绩的总成绩及平均成绩并输出。

案例设计目的

1）了解 continue 语句的使用方法。

2）掌握循环中含有 continue 语句时的程序运行流程。

案例分析与思考

（1）分析

循环中的条件选择可以使用选择结构实现，也可以通过 continue 语句实现跳过循环体中部分语句的目的。本案例使用 continue 语句选择循环体中要运行哪些语句，要跳过哪些语句。案例分析如表 5-5 所示。

表 5-5 案例 5-9 分析

项目	说明
定义	存储成绩变量 cj，成绩和 sum，及格人数 i，循环次数 j
输入/赋值 计算	在 j 的循环次数内，重复运行： ① 输入成绩数据； ② 判断成绩是否不及格： 若是，则进入下一次循环（continue）；否则，计算成绩和，累计输入的个数
输出	及格成绩的总成绩和平均成绩

（2）思考

continue 语句的基本格式是怎样的？continue 语句一般与哪种语句配合使用？如果

将 continue 语句直接放到循环体中，则如何改变循环结构的运行结果？

程序流程图

本案例程序流程图如图 5-28 所示。

案例主要代码

```
#include<stdio.h>          //引入头文件
void main()                //定义主函数
{  int i=0,j;              //i 存储及格人数，j 为循环变量
   float cj,sum=0;         //cj 输入每门课程的成绩，sum 存储总成绩
   for(j=0;j<5;j++)        //j 从 0 到 4，共循环 5 次
   {  scanf("%f",&cj);     //输入每门课程的成绩
      if(cj<60)            //判断是否及格
         continue;         //若不及格，终止本次循环，进行下一次循环
      sum+=cj;             //成绩累加
      i++;                 //人数累加
   }
   printf("及格人数=%d，总成绩=%.2f，平均成绩=%.2f\n",i,sum,sum/i);
}
```

案例运行结果

本案例运行结果如图 5-29 所示。

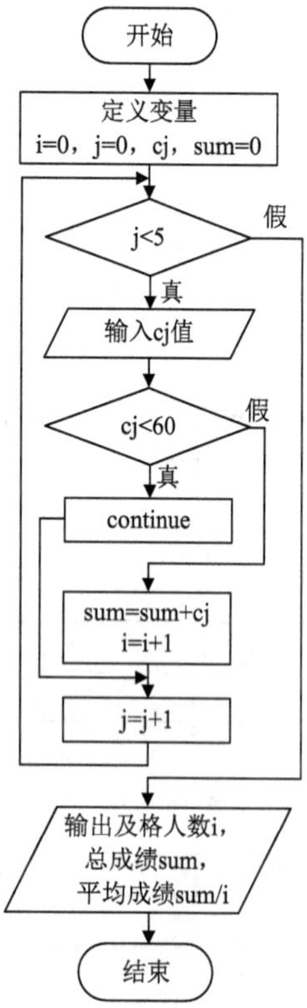

图 5-28 案例 5-9 程序流程图

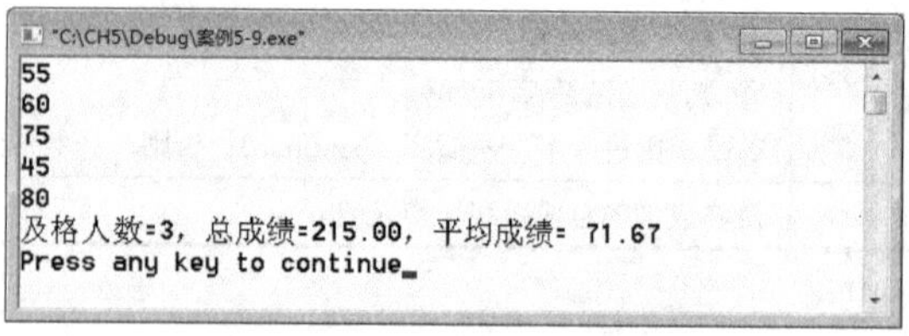

图 5-29 案例 5-9 运行结果

案例小结

1）程序代码中的第 5～11 行是核心语句，使用 for 循环语句完成案例中的主要功能。循环变量 j 从 0 开始，到 4 结束，共循环 5 次。

2）如果成绩小于 60，则运行 continue 语句，本次循环结束，后面的求和计算不被运行，进入下一次循环，再次输入成绩。如果成绩大于等于 60，则不运行 continue 语句，将成绩累加。

5.10 经典程序举例

5.10.1 数值计算案例

【案例 5-10】 用公式 $\frac{\pi}{4}\approx 1-\frac{1}{3}+\frac{1}{5}-\frac{1}{7}+\cdots$ 求 π 的近似值，直到某一项的绝对值小于 10^{-6} 为止。

案例设计目的

1）熟悉数列或数学公式的特征规律。
2）熟悉循环的运行流程。

案例分析与思考

这是一个典型的利用循环结构求和/求乘积问题，循环的终止条件是最后一个分数的值小于 10^{-6}，那么循环运行的条件就是最后一个分数的值大于或等于 10^{-6}。

由公式可知，整个数列是有规律可循的，每一项的分母是连续的奇数，如果用 n 表示分母，那么 n 初值为 1，变化为 n=n+2。公式中前后两项都是正负相反。

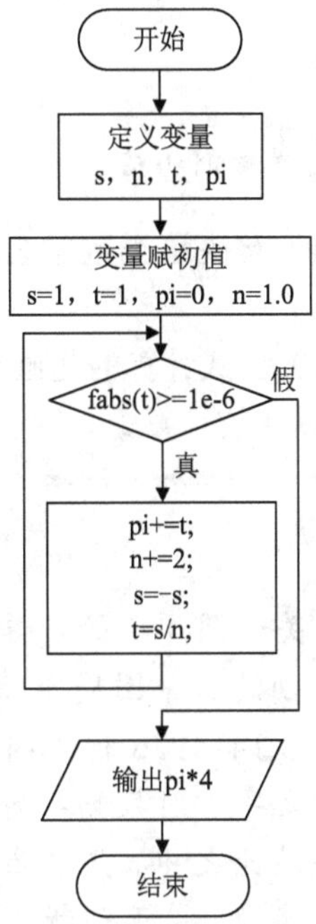

图 5-30 案例 5-10 程序流程图

程序流程图

本案例程序流程图如图 5-30 所示。

求 π 的近似值

案例主要代码

```
#include<stdio.h>
#include<math.h>              //使用 fabs()函数，引入头文件
void main()
{  int s;                     //s 用来改变各项的正负号
   float n,t,pi;              //n 是分母，t 是分子
   t=1,pi=0,n=1.0,s=1;
   while(fabs(t)>=1e-6)       //循环条件
```

```
    { pi+=t;
      n+=2;
      s=-s;                  //每求解一项，下一项的正负变化一次
      t=s/n;
    }
    printf("pi=%10.6f\n",pi*4);
}
```

案例运行结果

本案例运行结果如图 5-31 所示。

图 5-31　案例 5-10 运行结果

案例小结

1）解决这类数学公式问题，关键在于寻找公式中前一项和后一项之间的规律和关系。

2）公式计算的是圆周率的 1/4，而最终要计算的是圆周率，所以输出结果时，有一个乘以 4 的计算。

笃行加油站

关于圆周率的计算，我国南北朝时期杰出的数学家、天文学家祖冲之，在刘徽开创的探索圆周率精确方法的基础上，首次将圆周率精算到小数点后第七位，即在 3.1415926 和 3.1415927 之间。他提出的“祖率”对数学的研究有重大贡献。祖冲之年少时期勤奋好学，主张决不“虚推古人”，决不把自己束缚在古人陈腐的错误结论之中，并且亲自进行精密的测量和仔细地推算。他精益求精、刻苦学习、脚踏实地、勇于创新的精神至今仍鼓舞着新时代年轻人在信息时代的大潮中勇敢搏击。

【案例 5-11】输出 50～100 之间的所有素数。

案例设计目的

1）熟悉循环语句的使用。

2）掌握从实际问题中抽象、归纳循环四要素的方法。

3）掌握嵌套循环的结构和构造的方法。

输出 50～100 之间的所有素数

案例分析与思考

完成本程序，需要理解以下几个问题：

1）素数是除了 1 和它本身之外不能被任何一个整数整除的自然数。

2）判断一个自然数 i 是否为素数的方法是：用 2、3、4、…、i-1 逐个去除 i，只要有一个能整除，则 i 不是素数，否则 i 是素数。再认真分析，实际不需要除到 i-1，只要除到 $\sqrt{i}$ 即可，这样可以减少循环运行的次数，提高程序运行效率（因为 i 的每一对因子应该是一个小于 $\sqrt{i}$，一个大于 $\sqrt{i}$，这样只要看它在小于 $\sqrt{i}$ 的范围内有没有因子即可。平方根函数是 sqrt()）。

3）判断一个自然数是否为素数，需要一层循环。本题要求判断多个数是否为素数，则需要两层的循环嵌套。

程序流程图

本案例程序流程图如图 5-32 所示。

案例主要代码

```
#include<stdio.h>
#include<math.h>                          //程序中用到 sqrt()函数，先引入头文件
void main()
{  int i,j,count=0,flag;
   for(i=50;i<=100;i++)
   {  flag=0;                             //flag 标志，标识数据是否为素数
      for(j=2;j<=sqrt(i);j++)             //判断素数，从 2 除到 i 的平方根
         if(i%j==0)
         {  flag=1;   break;  }           //flag 为 1 时，i 是非素数
            if(flag==0)                   //flag 为 0 时，i 是素数
            {  printf("%4d,",i);
               count++;                   //count 对素数计数
               if(count%5==0)             //输出素数时，每行 5 个
                  printf("\n");
            }                             //内循环结束
   }                                      //外循环结束
}
```

案例运行结果

本案例运行结果如图 5-33 所示。

案例小结

1）在程序设计中，使用了 flag 变量作为是否为素数的标志变量；

2）使用 count%5==0 对每行输出 5 个素数进行判别。

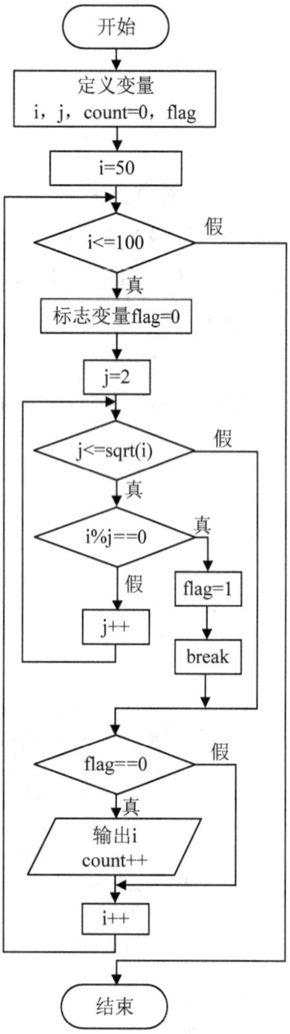

图 5-32　案例 5-11 程序流程图

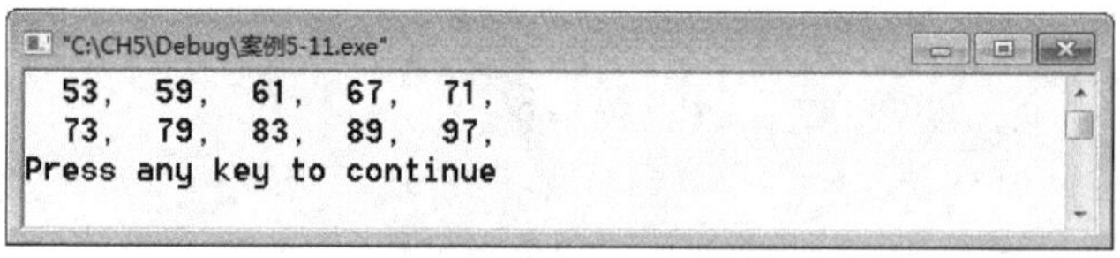

图 5-33　案例 5-11 运行结果

【案例 5-12】输出斐波那契（Fibonacci）序列的前 40 个数，每行输出 4 个数。

案例设计目的

1）掌握循环结构问题的解决思路和过程。

2）掌握循环中循环四要素的抽象和归纳方法。

输出 Fibonacci（斐波那契）序列的前 40 个数

案例分析与思考

Fibonacci 序列具有如下特点：前两个数为 1，从第 3 个数开始，每个数都是其前面两数之和，即

$$F(1)=1 \qquad (i=1)$$

$$F(2)=1 \qquad (i=2)$$

$$F(i)=F(i-1)+F(i-2) \qquad (i\geqslant 3)$$

程序流程图

本案例程序流程图如图 5-34 所示。

案例主要代码

```
#include<stdio.h>
void main()
{  long f1=1,f2=1,fi;                  //输出的数据很大，所以定义为 long 型
   int i;
   printf("%15ld%15ld",f1,f2);  //先将数是定值的前两项输出
   for(i=2;i<40;i++)
   {  if(i%4==0) printf("\n");  //每行输出 4 个数据
      fi=f1+f2;                        //数列从第 3 项开始，每一项是前两项的和
      f1=f2;                           //下次循环的 f1 是本次的 f2
      f2=fi;                           //下次循环的 f2 是本次新求得的 fi
      printf("%15ld",fi);
   }
}
```

案例运行结果

本案例运行结果如图 5-35 所示。

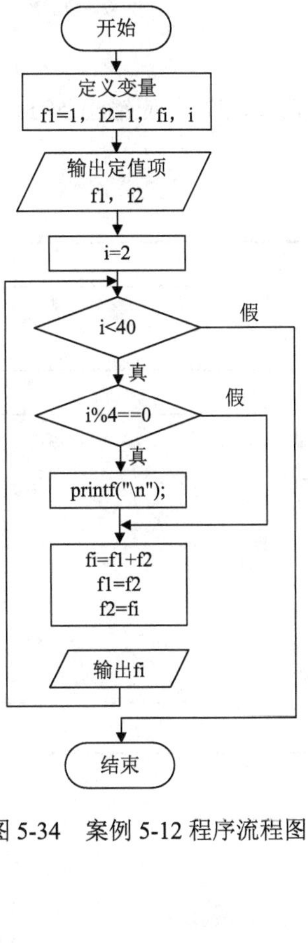

图 5-34　案例 5-12 程序流程图

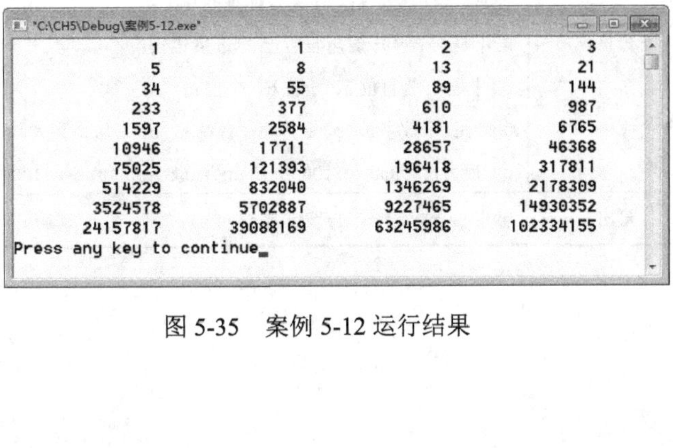

图 5-35　案例 5-12 运行结果

案例小结

1）循环变量 i 只用来控制循环运行的次数，语句“for(i=2;i<40;i++)”中 i 的取值范围为 2～39，共计算了 38 个数，加上前面两个已知的 1，共 40 个数。

2）每行输出 4 个数的实现，是通过判断 i 的值能否被 4 整除来决定是否输出换行。

3）循环之前输出的两个数是已知条件，即数列的前两个数。

【案例 5-13】验证黑洞数。

验证命题：任何各个位数字不全相同的三位正整数经变换后都能变为 495，称 495 为三位数的黑洞数。编写程序，从键盘输入一个三位正整数，判断各位数字是否相同，若不完全相同则实施黑洞数变换，输出每一步变化结果。

变换步骤：对于任一个各位数字不全相同的三位正整数，将组成该正整数的 3 个数字重新组合分别生成一个最大数字和最小数字，用最大数字减去最小数字，得到一个新的三位数，再对新的三位数重复上述操作，最多重复 7 次。

案例设计目的

1）掌握分离和组合数字各个位的方法。

2）掌握排序的方法。

3）掌握循环判定的结束条件。

验证黑洞数

案例分析与思考

测试数据：如输入 486，应输出 486、396、594、495；如输入 591，应输出 591、792、693、594、495。案例分析如表 5-6 所示。

表 5-6　案例 5-13 分析

项目	说明
定义	存储三位数变量 n，百位 a，十位 b，个位 c； 交换 t，最大 max，最小 min
输入/赋值	输入一个三位正整数 n
计算	拆分 n 的每一位； 判断 n 的每一位是否完全相同： 若是，给出提示输入不符合计算规则； 若不是，n!=495 时重复运行（while 语句）： ① 拆分 n 为百位 a、十位 b、个位 c； ② 对三个数字 a、b、c 排序，保持 a、b、c 从小到大； ③ 最大值“max=c*100+b*10+a;”，最小值“min=a*100+b*10+c;”
输出	输出 n=max−min，必须更新 n

程序流程图

本案例程序流程图如图 5-36 所示。

案例主要代码

```
#include "stdio.h"
void main()
{  int n,a,b,c,t,min,max;          //初始接收 n，定义所需变量
   scanf("%d",&n);
   a=n/100;
   b=n/10%10;
   c=n%10;
   if(a!=b&&b!=c&&a!=c)
   {   printf("%5d->",n);          //输出原始 n
       while(n!=495)               //符合条件计算黑洞数
       {                               //拆分
           a=n/100;
           b=n/10%10;
           c=n%10;                 //排序
           if(a>b){t=a;a=b;b=t;}
           if(b>c){t=b;b=c;c=t;}
           if(a>b){t=a;a=b;b=t;}       //重组
           max=c*100+b*10+a;
           min=a*100+b*10+c;
           n=max-min;              //输出中间结果
           if(n!=495)              //输出变换中间结果 n
           printf("%5d->",n);
           else                    //输出黑洞 495 终值
            printf("%5d\n",n);
       }
   }
  else
       printf("不符合规则！\n");
 }
```

案例运行结果

本案例运行结果如图 5-37 所示。

案例小结

1）运用适当的数学运算符对整数进行分离，如本例中使用到的/或者%运算；

2）正确使用循环、选择、顺序结构，使得程序满足应用需求，如本例在是否符合黑洞数的控制语句中使用了循环结构 while(n!=495)，在拆分数字的每一位时使用了顺序结构，在排序每一位的顺序上使用了选择结构。

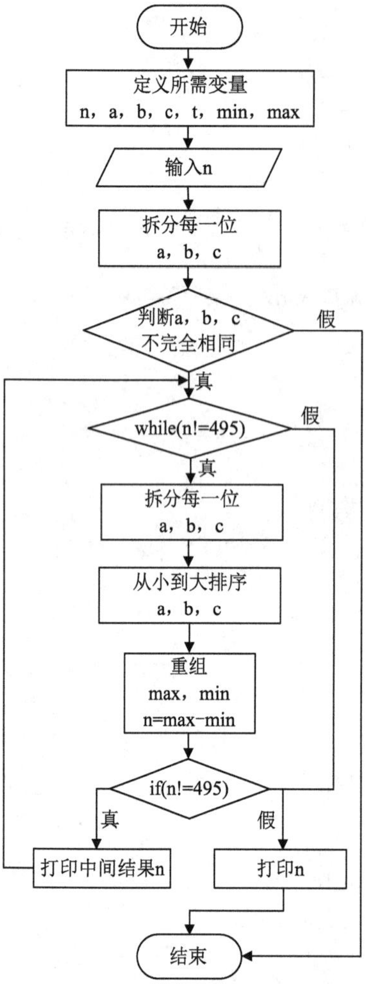

图 5-36　案例 5-13 程序流程图

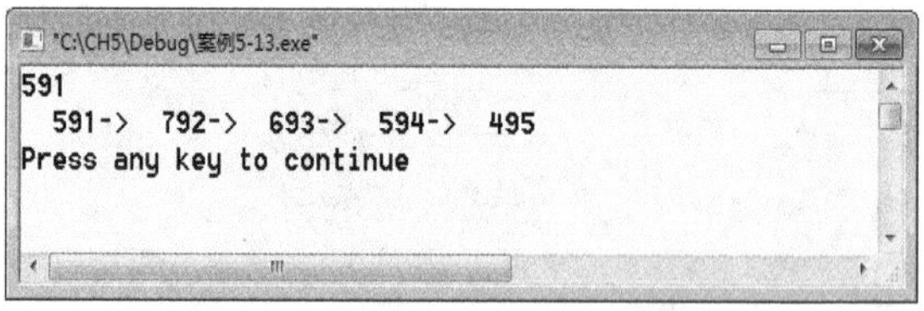

图 5-37　案例 5-13 运行结果

【案例 5-14】输出所有的水仙花数。

水仙花数是一个三位数，其各个位的立方和等于这个数本身。例如，$153=1^3+5^3+3^3$。编写程序输出所有的水仙花数。

案例设计目的

1）掌握分离和组合数字各个位的方法。
2）根据实际应用选择最合适的循环语句。

输出所有的水仙花数

案例分析与思考

案例分析如表 5-7 所示。

表 5-7　案例 5-14 分析

项目	说明
定义	存储三位数变量 n，百位 a、十位 b、个位 c

续表

项目	说明
输入/赋值 计算	从 n=100 到 n=999，重复运行（for 语句）： ① 拆分 n 为百位 a、十位 b、个位 c； ② 判断其是否为水仙花数： 若是，则输出；若不是，则继续下一个数字
输出	水仙花数

程序流程图

本案例程序流程图如图 5-38 所示。

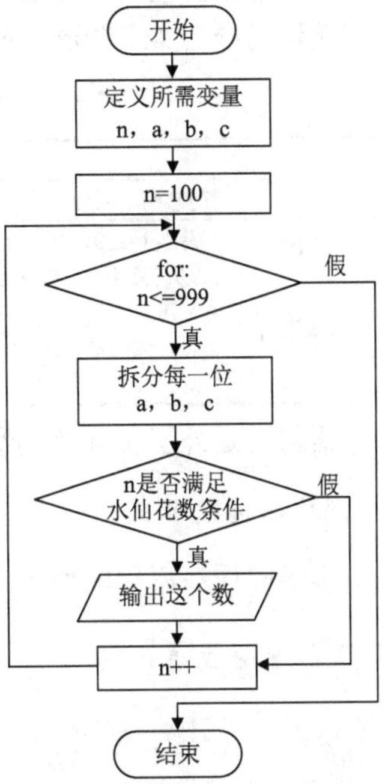

图 5-38 案例 5-14 程序流程图

案例主要代码

```
#include "stdio.h"
void main()
{int n,a,b,c;
   printf("三位数的水仙花数有：");
   for(n=100;n<=999;n++)
   {   a=n/100;//拆分
       b=n/10%10;
       c=n%10; //判别是否为水仙花数
       if(a*a*a+b*b*b+c*c*c==n)
           printf("%5d",n);
   }
   printf("\n");
}
```

案例运行结果

本案例运行结果如图 5-39 所示。

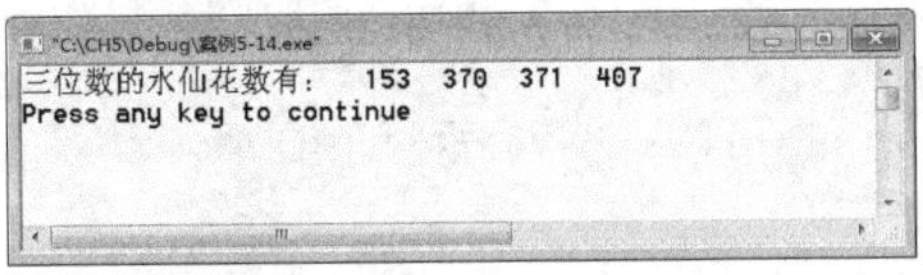

图 5-39 案例 5-14 运行结果

案例小结

1）对于三位数组成的水仙花数的范围判定方面，使用起始值 100，终止值 999；

2）在判别是否能够组成水仙花数的表达式方面，除了使用本案例的方法以外，还可以在引入系统库函数#include"math.h"后，使用 pow(a,3)来代替本案例中的 a*a*a。

5.10.2 图形计算案例

【案例 5-15】输出九九乘法表。

二维数组实现九九乘法表

案例设计目的

1）掌握二维图形的输出方法。

2）使用循环的嵌套实现二维图形的输出。

案例分析与思考

C 语言的输出是按行进行的，输出这一行的所有列之后才能输出下一行，到下一行后又是这一行的所有列，在每一行内都重复输出这一行的所有列。针对这一特点，在图形的输出问题上，设置行变量作为外层循环，设置列变量作为内层循环，利用循环的嵌套实现图形的输出。案例分析如表 5-8 所示。

表 5-8 案例 5-15 分析

项目	说明
定义	行变量 i，列变量 j
输入/赋值 计算/输出	①从 i=1 到 9，重复运行（for 语句） {②从 j=1 到 i，重复运行（for 语句） ③输出算式 ④每行输出回车换行 }

语句①是外层循环控制②和④，③是②的循环体。

程序流程图

本案例程序流程图如图 5-40 所示。

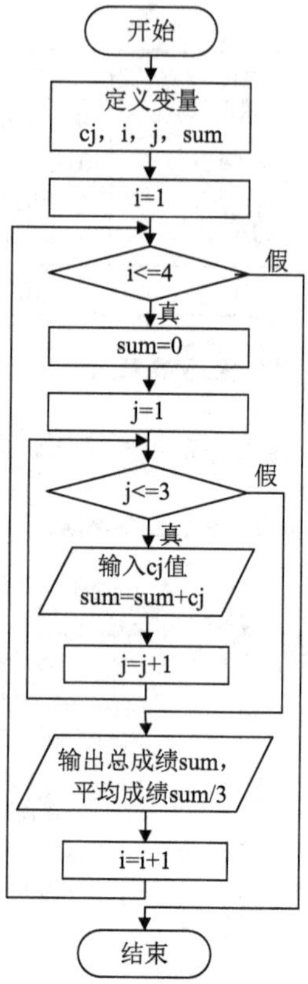

图 5-40 案例 5-15 程序流程图

案例主要代码

```
#include "stdio.h"
void main()
{int i,j;
  for(i=1;i<=9;i++)       //外层控制行
  {  for(j=1;j<=i;j++)    //内层控制列
       printf("%2d*%2d=%2d ",i,j,i*j);
       printf("\n");       //行控制的回车
  }
}
```

案例运行结果

本案例运行结果如图 5-41 所示。

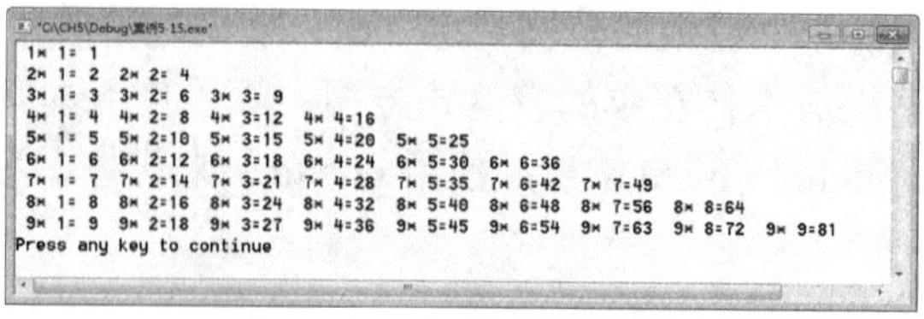

图 5-41 案例 5-15 运行结果

案例小结

1）输出图形采用双重循环，外层循环和内层循环分别控制行和列；

2）回车换行符在每一行循环结束时使用；

【案例 5-16】 输出星号构成的菱形。

案例设计目的

1）掌握二维图形的输出方法。

2）使用循环的嵌套实现二维图形的输出。

案例分析与思考

菱形是一个由上三角和下三角组成的图形，从上三角的形态构成分析，其在每一行中先输出空格，再输出星号，随着行数的增加，空格减少，星号增多，直至空格为 0。下三角的形态构成与上三角相比，在每一行中先输出空格，再输出星号，随着行数增加，星号减少，空格增加，直至星号为 1 个。案例分析如表 5-9 所示。

表 5-9　案例 5-16 分析

项目	说明
定义	行变量 i，列变量 j
输入/赋值 计算/输出	上三角形 ①从 i=1 到 5，重复运行（for 语句） {②从 j=5 到 i，重复运行（for 语句） ③输出空格 ④从 j=1 到 i，重复运行（for 语句） ⑤输出星号 } 下三角形 ⑥从 i=1 到 5，重复运行（for 语句） {⑦从 j=1 到 i，重复运行（for 语句） ⑧输出空格 ⑨从 j=5 到 i，重复运行（for 语句） ⑩输出星号 }

对于上三角形，语句①是外层循环控制②和④，③和⑤分别是②和④循环体。对于下三角形，语句⑥是外层循环控制⑦和⑨，⑧和⑩分别是⑦和⑨循环体。

案例主要代码

```
#include "stdio.h"
void main()
{  int i,j;                              //上三角部分
   for(i=1;i<=5;i++)
  {
     for(j=5;j>i;j--)                    //输出空格
        printf(" ");
     for(j=1;j<=i;j++)                   //输出星号
        printf("* ");
     printf("\n");
  }
  for(i=1;i<=5;i++)                      //下三角部分
  {
```

```
    for(j=1;j<=i;j++)          //输出空格
        printf(" ");
   for(j=5;j>i;j--)            //输出星号
        printf("* ");
    printf("\n");
  }
}
```

案例运行结果

本案例运行结果如图 5-42 所示。

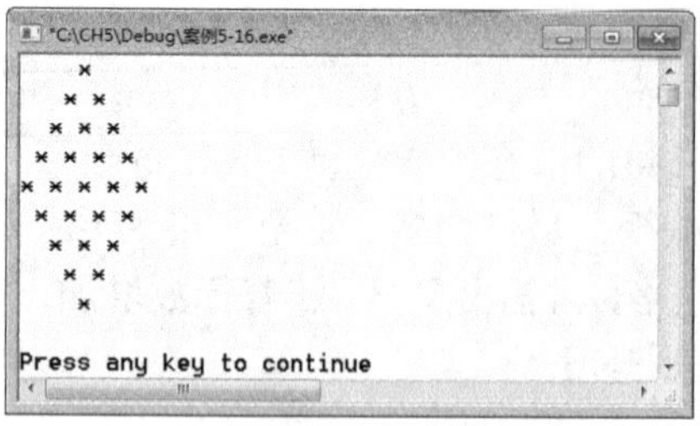

图 5-42　案例 5-16 运行结果

案例小结

1）本案例中的菱形可以拆分为上三角形和下三角形。

2）输出三角形，由两部分组成，一部分是空格，一部分是符号。

5.10.3　结合专业案例

【案例 5-17】 根据高压钠灯的设计参数计算该灯的光效。

案例设计目的

1）掌握从现实模型到数学模型再到计算机模型的建模过程。

2）灵活运用循环的嵌套。

高压钠灯光效计算器

案例分析与思考

对于标准普通照明高光效高压钠灯参数计算思路如下：从灯的功率因数 $\cos Q$ 计算在设计电压 V_l 下产生电功率 P_l 所需放电电流 I；从放电电流 I、弧管内径 d_i 和钠摩尔百分比 x 决定最大光效时的电场强度 E_x；由电场强度求出弧长，再由弧长 l、内径 d_i、输入功率 P_a、钠的摩尔百分比 x 和壁厚 t 计算光效 η_x 的大小。遵循如下的数学模型。

1）确定放电电流 I。

根据设计电功率 $P_l(45\text{W} \leqslant P_l \leqslant 400)$ 和设计电压 $V_l(79\text{V} \leqslant V_l \leqslant 105\text{V})$，按下式计算：

$$I = \frac{P_l}{V_l \times \cos Q} \tag{5.1}$$

式中，功率因数计算如下：

$$\begin{aligned}\cos Q = 0.839 + 4.3\times 10^{-4} P_l - 4.79\times 10^{-4} V_l - 1.46\times 10^{-6} P_l^2 - 5.83\times 10^{-6} V_l^2 \\ + 4.51\times 10^{-6} P_l V_l\end{aligned} \tag{5.2}$$

2）确定最高光效时的电场强度 E，计算如下：

$$E = 2.805629 + 0.0572551927I - 0.26572727d_i + \frac{1.7295894}{I} - 0.1765058\frac{d_i}{I} \tag{5.3}$$

电场强度 E 除了与弧管内径 d_i（mm）和放电电流 I 有关以外，还受到钠的摩尔百分比 x 的影响，式（5.3）在 x 为 0.686 时适用。当 x 取其他值时，需要加入修正值 δE，计算如下：

$$\delta E = 0.833 - 1.25x \tag{5.4}$$

修正后的 E_x 计算如下：

$$E_x = E + \delta E \tag{5.5}$$

3）极间距离（弧长）l，计算如下：

$$l = (V_l - 4) / E_x \tag{5.6}$$

4）输出功率 P_a，计算如下：

$$P_a = P_l - 4I \tag{5.7}$$

5）最大光效 η_x，在程序中用 Kx 表示，计算如下：

$$\eta_x = (-1858 + 88.94P_a + 11.02P_a d_i + 13.16 l d_i - 4.58 l d_i^2) \times \frac{[1 - 0.0787(t - 0.508)]}{P_l} - 34(x - 0.686) \tag{5.8}$$

式中，t 为放电管的壁厚。

程序流程图

计算特定条件下的最大光效流程图如图 5-43 所示。

案例主要代码

```
#include "stdio.h"
#include "math.h"
void main()
{
   double PL,VL,d,x,cosQ,I,E,Ex,L,PA,t,Kx;
   double Kmax,dmax,xmax,Lmax,tmax;
   printf("请输入设计电功率:");
   scanf("%lf",&PL);
   printf("请输入设计灯电压:");
   scanf("%lf",&VL);
   Kmax=0;dmax=0;xmax=0;Lmax=0;tmax=0;
   for(d=3.9;d<=7.4;d=d+0.1)
   {
       cosQ=0.839+4.3*pow(10,-4)*PL-4.79*pow(10,-4)*VL
        -1.46*pow(10,-6)*pow(PL,2)-5.83*pow(10,-6)*pow(VL,2)
        +4.51*pow(10,-6)*PL*VL;
       I=PL/(VL*cosQ);
       E=2.805629+0.0572551927*I-0.26572727*d
        +1.7295894/I-0.1765058*d/I;
       for(x=0.62;x<=0.8;x=x+0.01)
       {   Ex=E+0.833-1.25*x;
           L=(VL-4)/Ex;
           PA=PL-4*I;
           for(t=0.5;t<=1;t=t+0.01)
           {
             Kx=(-1858+88.94*PA+11.02*PA*d+13.16*L*d-4.58*L*
             pow(d,2))*(1-0.0787*(t-0.508))/PL-34*(x-0.686);
               if(Kx>Kmax)
               {
                    Kmax=Kx;
                    dmax=d;
                    xmax=x;
                    Lmax=L;
                    tmax=t;
               }
```

```
            }
        }
    }
    printf("当x=%lf,d=%lf,t=%lf,L=%lf时的最大光效是%lf\n",
                xmax,dmax,tmax,Lmax,Kmax);
}
```

案例运行结果

本案例运行结果如图 5-44 所示。

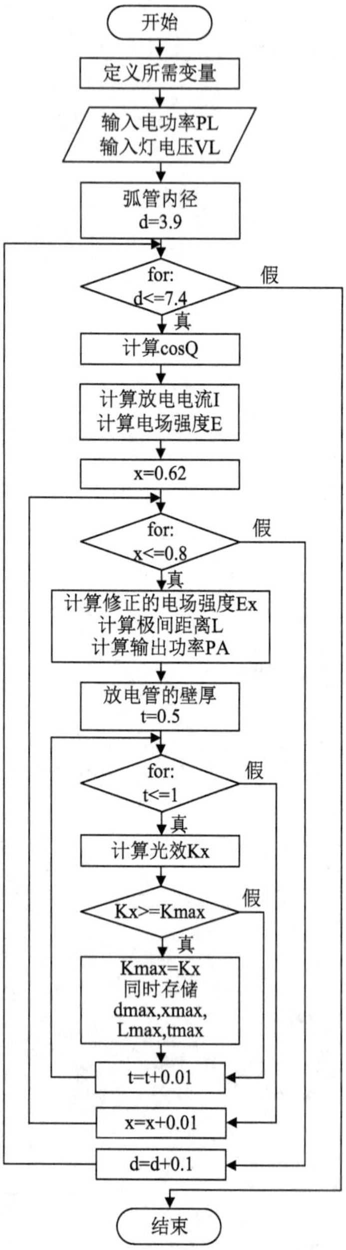

图 5-43　案例 5-17 程序流程图

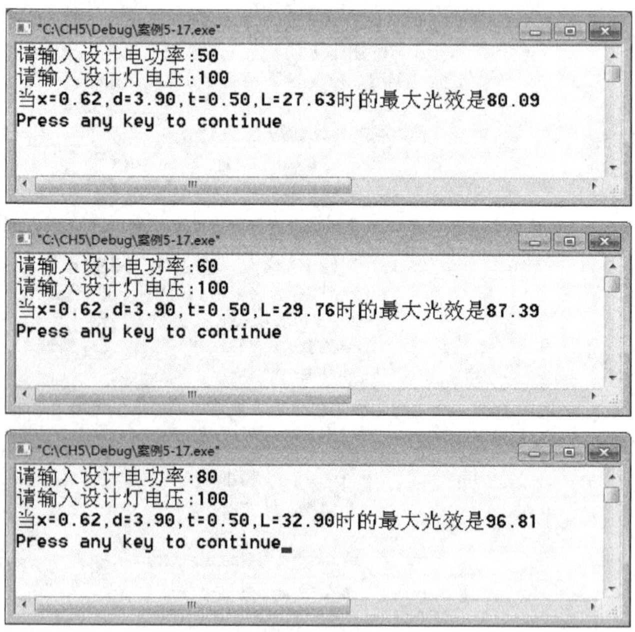

图 5-44　案例 5-17 运行结果

本 章 小 结

本章主要介绍了结构化程序设计中的 3 种程序结构之一：循环结构。循环结构在 C 语言程序设计中是非常重要的一种结构，C 语言中很多问题的求解需要使用循环结构。

循环的本质是重复。

循环的四要素：初值、终值、步长、循环体。

在 C 语言中，循环结构有 3 种标准的控制语句：while 语句、do…while 语句和 for 语句。除此以外，还可以通过 goto 语句和选择结构构成自定义的循环结构。但由于 goto 语句是一种无条件跳转语句，若使用不当，会破坏程序的结构，所以在实际应用中极少使用这种方法构成循环。

在 3 种标准的循环语句中，while 语句也叫作“当型”循环语句，do…while 语句也叫作“直到型”循环语句，for 语句也叫作“计数”循环语句。其中最常用的是 for 语句。

C 语言的循环结构允许嵌套，理论上最多可以嵌套 127 层，但实际应用中一般使用 3 层嵌套，而两层的嵌套是使用最多的，需要重点掌握其运行流程的规则。

在 C 语言的循环结构中，还会用到两个专用的跳转语句：break 语句和 continue 语句。break 语句除了可以应用在循环结构中，还可以用于 switch 语句中。continue 语句只能应用在循环结构中。break 语句和 continue 语句虽然可以用于循环的跳转，但是因为它们改变了结构化程序设计的初衷，所以，除非不使用这两个语句会导致程序难以理解，否则不建议使用它们。一般情况下，可以通过改变循环的条件表达式或改变分支结构来避免这两个语句的使用。

第6章 数　　组

信息化社会中的信息量迅猛递增，大数据时代来临，计算机数据处理量日益增大。程序设计中数据的处理、输入和输出需要借助定义变量。通过前面章节内容的学习，对于变量的本质与特征都有了基本的认识。但是，在处理实际应用问题时，数据类型是复杂的，数据的数量多，计算量大，使用几个简单的变量有时无法完成大量数据存储的处理。例如，一个班级的30名学生的一门课程的成绩，虽然可以使用30个独立的浮点型变量的定义方法来处理，但效率非常低，失去了计算机处理的实际意义。再如，C语言中已有字符常量、字符串常量，在现实问题中遇到学生姓名、课程名称等变化的字符串，又该如何处理呢？前几章中学习了排序算法，但是仅限于较少个数字的排序，如果进行大规模数据的排序，怎么办？

C语言提供了一种解决相同类型大量数据的存储问题的途径——数组。C语言中的数组是相同数据类型按照顺序组成的变量的集合，其本质是变量，遵循变量的所有规则，如先定义后使用等。本章的知识图谱如图6-1所示。

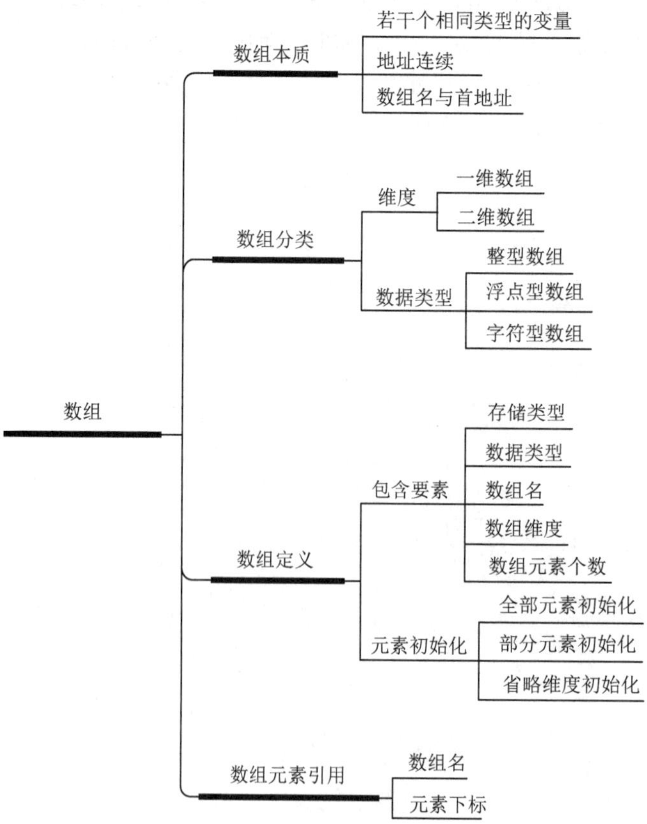

图6-1　“数组”知识图谱

6.1 数组的本质

C 语言中的数组是相同存储类型、数据类型的相关变量的有序集合，各变量（元素）的存储空间是连续分配的，用统一的数组名称和元素下标来唯一确定数组中的各个变量。

例如，有 5 名学生参加了 C 语言课程考试。若定义 5 个整型变量来存储这些考试成绩，就有这样的定义形式“int a,b,c,d,e;”，那么一个班级有 30 名学生时应该如何定义呢？面对同样数据类型的多个变量的存储计算问题，可采用数组来解决。数组的定义与普通变量定义一致。例如，“int s[5];” 表明数组的名称是 s，其中有 5 个变量（元素），分别用 s[0]、s[1]、s[2]、s[3]、s[4]表示。

【案例 6-1】 定义普通变量和数组，对比其定义、赋值、输出的异同。

案例设计目的

1）认识数组定义和引用的基本形式。

2）总结数组的本质。

案例主要代码

```
#include "stdio.h"
void main()
{
    int a,b,c;      //定义整型变量 a,b,c
    int s[3];       //定义整型数组 s，其中有 3 个元素
    printf("普通变量的存储地址：a 地址%x,b 地址%x,
            c 地址%x\n",&a,&b,&c);
    printf("数组元素的存储地址：s[0]地址%x, s[1]地址%x,
            s[2]地址%x\n",&s[0],&s[1],&s[2]);
    a=2; b=a+2; c=a*b;
    printf("普通变量的值的情况：a=%d,b=%d,c=%d\n",a, b,c);
    s[0]=3;s[1]=s[0]+2;s[2]=s[0]*s[1];
    printf("数组元素的值情况：s[0]=%d, s[1]=%d,
           s[2]=%d\n",s[0],s[1],s[2]);
}
```

案例运行结果

本案例运行结果如图 6-2 所示。

图 6-2 案例 6-1 运行结果

案例小结

普通变量和数组在定义和引用方面的对比情况如表 6-1 所示。

表 6-1 普通变量与数组在定义和引用方面的对比情况

数据类型	定义	引用
普通变量	行 4：int a,b,c;	行 8：a=2; b=a+2; c=a*b;
数组	行 5：int s[3];	行 10：s[0]=3;s[1]=s[0]+2;s[2]=s[0]*s[1];

普通变量和数组在形式上基本相同，只是数组需要遵循以下定义和引用规则。

（1）数组定义的一般形式

数组定义的一般形式如下：

[存储类型说明]<数据类型说明>数组名<[数组元素个数]><[数组元素个数]>……

语法规则如下：

①“存储类型说明”可以是 auto 类型（自动）、static 类型（静态）等。若省略，则为 auto 类型。关于变量存储类型，将在第 7 章详细介绍。本章的数组存储类型均为默认表示，即 auto 型。

②“数据类型说明”可以是 int、float、char 等基本类型，也可以是指针类型、构造类型（结构体 struct，共用体 union）。

③“数组名”可以是 C 语言标识符命名规则允许的，尽量见名知义。

④“数组元素个数”即数组的长度，可以是常量或常量表达式，但必须能够得到整数，且“[ ]”不能省略。

⑤“数组元素个数”是根据数组的维度确定的。例如，一维数组有一个数组元素个数，二维数组有两个数组元素个数，分别代表每一维度。

（2）数组元素的引用规则

数组元素的引用规则如下：

数组名<[元素下标]><[元素下标]>……

语法规则如下：

① 元素下标从 0 开始。

② 下标的“[ ]”不可省略。

（3）数组下标从 0 开始

由于 C 语言规定了数组下标从 0 开始，数组中其他元素的下标表明了与首元素的偏移关系。例如，数组元素 s[2]，下标是 2，一种解释是，其相对于首元素 s[0]的偏移量是 2；另一种解释是，s[2]前面还有两个元素。

（4）数组的地址连续

① 普通变量的地址并非按照定义变量时的顺序从小到大的规律分配内存地址，且不一定是连续的地址。

② 数组元素的地址是连续的，而且按照元素下标从小到大的规律分配地址。

C 语言中的变量、数组、函数等实体，在内存中都占用一定长度的存储单元。内存中的每字节都对应一个编号，即地址。例如，案例 6-1 代码第 4 行，系统为整型变量 a、 b、c 分别分配 4 个字节的内存单元。该存储单元中第一个字节对应的编号就是变量 a、b、c 的值在内存中的地址，如图 6-3（a）所示。案例 6-1 代码第 5 行，整型数组 s 的元素 s[0]、s[1]、s[2]的地址空间分布示意如图 6-3（b）所示，系统为每一个数组元素分配 4 字节的内存单元，并按照元素下标从小到大的顺序进行存储。案例中的地址值作为参考，每台计算机的运行地址分配均有不同。

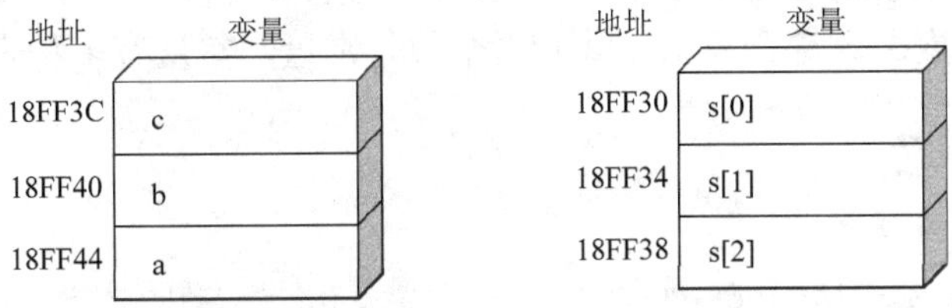

（a）普通变量　　（b）数组

图 6-3　普通变量和数组在内存中存储示意图

（5）数据类型相同的若干个变量

数组的突出优点就是可以同时定义若干类型相同的变量。例如，案例 6-1 代码第 5 行“int s[3];”定义了含有 3 个元素的数组，这 3 个元素都是整型的。数组元素的下标是从 0 开始的，最大下标是数组长度减 1。若需要 300 个相同数据类型的变量，则只需修改数组元素的个数这一个参数，即“int s[300]”。

（6）数组元素是相对独立的变量

数组各元素相对独立，分别有独立的存储空间，互不影响。例如，向 s[0]中存入数据 75，不会影响其他元素的值与使用。利用数组的这一元素下标区分不同数组元素的特性，可以提高计算效率。例如，用“int s[300];”定义，数组 s 中的每一个元素赋值 60，语句为“for(i=0;i<300;i++) s[i]=60;”。

（7）数组占用的内存空间

① 数组占用的内存空间是数组元素个数（数组长度）乘以数据类型占用内存空间的数量。

② 每个数组元素占用的内存空间由数据类型决定。

例如，在案例 6-1 中，整型变量 a 占用 4 字节的内存空间，数组 s 占用 12 字节的内存空间，数组长度是 3，每个元素占用 4 字节，求乘积即可。每个 s 的元素，s[0]、s[1]、s[2]均与 a、b、c 一致，为整型 4 字节。

6.2 一维数组

一维数组是最简单的数组，其下标只有 1 个，实际应用中常表示某种线性关系。

6.2.1 一维数组的定义

【案例 6-2】定义一维整型数组 a、浮点型数组 b、字符型数组 c，使其分别具有 3000、400、50 个元素。

案例设计目的

灵活掌握一维数组的定义形式。

案例分析与思考

本案例明确要求数组名与数组中所含元素的个数，可以有多少种形式表示它们呢？①名称、类型与元素个数符合要求。②元素个数是常量，常量有多种表示形式。

案例主要代码

方法一：直接定义。

```
#include "stdio.h"
void main()
{
  int a[3000];
  float b[400];
  char c[50];
}
```

方法二：通过符号常量定义数组元素个数。

```
#include "stdio.h"
#define M 3000
#define N 400
#define P 50
void main()
{
  int a[M];
  float b[N];
  char c[P];
}
```

方法三：元素个数是由常量表达式决定。

```
#include "stdio.h"
void main()
{ int a[1000+2000];
  float b[200*2];
  char c[50/1];
}
```

案例小结

定义一维数组的通用格式如下：

```
[存储类型说明]<数据类型说明>数组名<[数组元素个数]>;
```

例如：

```
int a[10]; float b[3+5]; char add_stu[200];
```

（1）语法规则

1）数组名遵循标识符命名规则。

2）数组元素个数可以用整型常量、符号常量（宏）或常量表达式来表示，不能是变量。

3）数组元素占用的内存空间与元素个数和数据类型相关。

（2）流程规则

1）定义数组是在程序运行阶段分配内存单元。

2）数组元素个数（数组长度）尽量符合实际需求。

6.2.2　一维数组的引用

【案例 6-3】 定义一维整型数组 a。要求该数组有 10 个元素，将下标为奇数的元素赋值为 3，将下标为偶数的元素赋值为 6。

案例设计目的

熟练掌握数组元素的引用形式。

案例分析与思考

如何使用数组元素？其实数组元素与普通变量的使用是类似的，只不过形式上有其固有规则。如果引用了超过下标的元素，会有什么结果呢？

程序流程图

本案例程序流程图如图 6-4 所示。

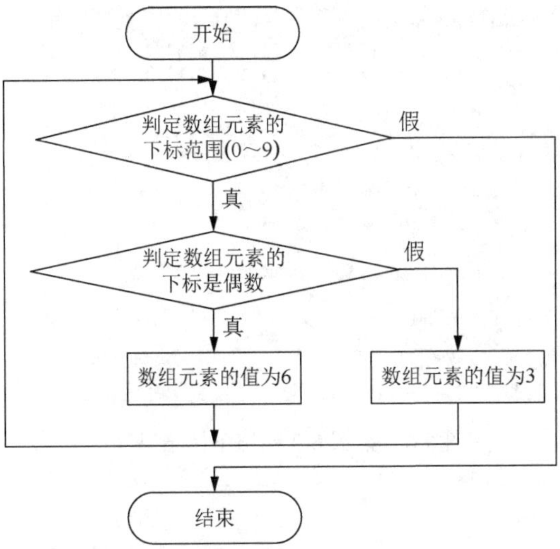

图 6-4　案例 6-3 程序流程图

案例主要代码

```
#include "stdio.h"
void main()
{  int a[10];                  //定义数组 a
   int i=0;                    //定义循环变量 i
```

```
5.      for(i=0;i<=9;i++)        //从数组最小下标引用到最大下标
6.      {  if(i%2==0)             //判断下标是否为偶数
7.            a[i]=6;
8.         else
9.            a[i]=3;
10.        printf("a[%d]=%d\t",i,a[i]);
11.        if((i+1)%5==0) printf("\n"); //每五个元素换一行
12.     }
13.  }
```

案例运行结果

本案例运行结果如图 6-5 所示。

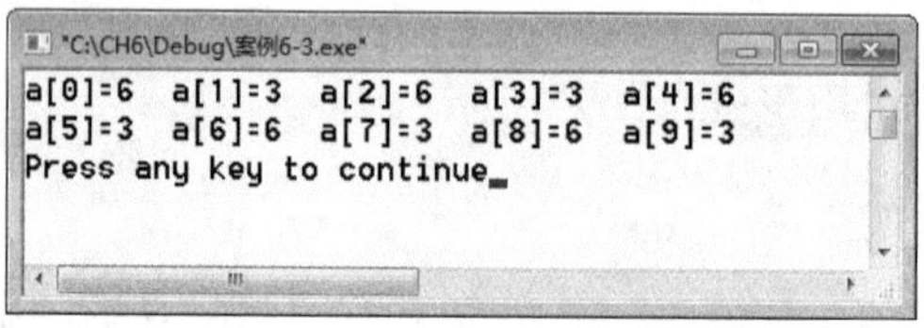

图 6-5　案例 6-3 运行结果

第 5 行代码“for(i=0;i<=9;i++)”中的 i 表示数组元素的下标，取值 0～9，共 10 个元素。若将该代码误写为“for(i=0;i<=10;i++)”，则程序运行过程中会出现错误，导致程序失败，无法结束，如图 6-6 所示。

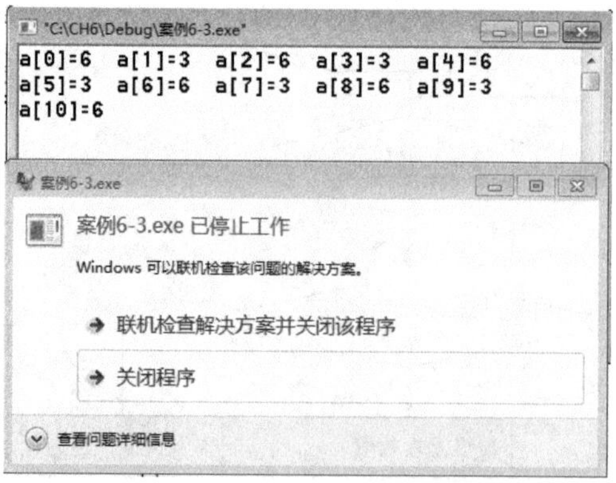

图 6-6　案例 6-3 超出下标结果

案例小结

数组必须先定义后使用，对数组元素的使用又称为引用。一维数组元素的引用形式如下：

数组名[下标]

例如，a[3/2]、b[0]、add_stu[150+2]都是正确的引用形式。

语法规则如下：

1）数组必须先定义后使用。

2）数组下标可以是整型常量或者整型常量表达式。

3）数组的下标从 0 开始，到其长度减 1 结束，引用超过范围的数组元素会导致错误。

6.2.3　一维数组的初始化

数组的初始化就是在定义数组时对数组元素进行赋值。若定义时并未对其值进行指定，存储空间中的值将是不确定的值。初始化的目的是将要处理和计算的数据存储到存储空间。

【案例 6-4】对整型数组 a、b、c、d 进行初始化操作，并输出各数组全部元素的值。

案例设计目的

1）掌握初始化数组元素的各种形式。

2）掌握和探索数组元素的输出方式。

案例分析与思考

仿照普通变量初始化的形式进行数组元素的初始化。

程序流程图

本案例程序流程图如图 6-7 所示。

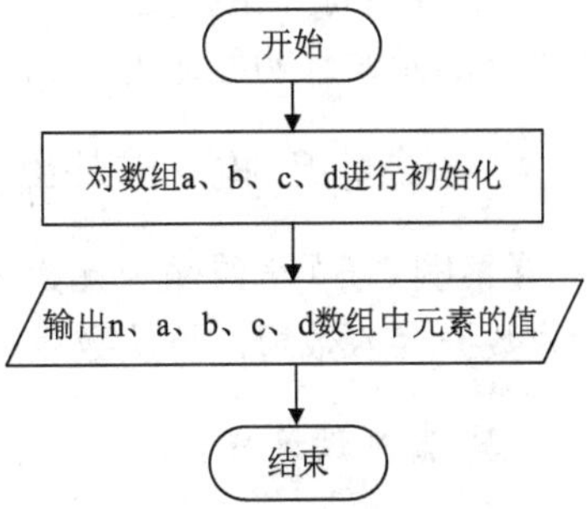

图 6-7　案例 6-4 程序流程图

案例主要代码

```
#include "stdio.h"
void main()
{int n[3];                    //不进行初始化
 int a[5]={1,3,5,7,9};        //对全部元素初始化
 int b[5]={2,4,6};            //对部分元素初始化
 int c[]={2,4,6};             //不指定数组长度，只进行初始化
 int d[3]={1,1,1};            //对所有元素指定为某个值
 //int d[3]={0};  或者 int d[3]={0,0,0};   将所有元素指定为 0
 //以下代码用于输出所有的数组元素
 printf("不进行初始化\tn:%d,%d,%d\n",n[0],n[2],n[3]);
 printf("对全部元素初始化a:%d,%d,%d,%d,%d\n",a[0],a[1],a[2],a[3],a[4]);
 printf("对部分元素初始化b:%d,%d,%d,%d,%d\n",b[0],b[1],b[2],b[3],b[4]);
 printf("不指定数组长度，只进行初始化 c:%d,%d,%d\n",c[0],c[1],c[2]);
 printf("对所有元素指定为某个值 d:%d,%d,%d\n",d[0],d[1],d[2]);
}
```

案例运行结果

本案例运行结果如图 6-8 所示。

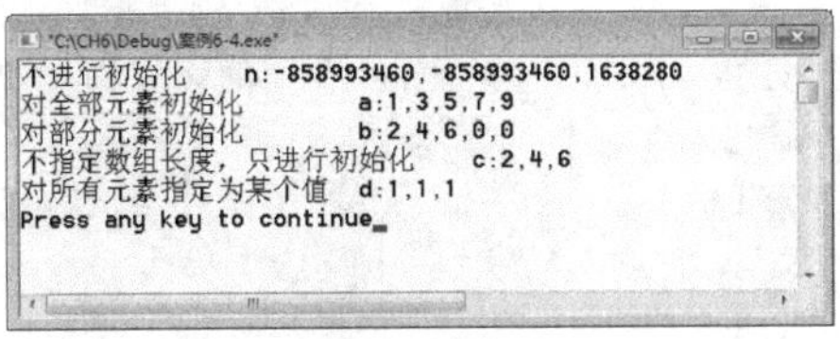

图 6-8　案例 6-4 运行结果

案例小结

1）从案例的运行结果可知，如果不进行初始化，则无法预知数组元素值的情况。

2）数组元素的初始化有 4 种形式：

① 初始化所有元素，如本例中的数组 a；

② 初始化部分元素，如本例中的数组 b，未被初始化的元素自动赋值为 0；

③ 不指定数组长度，直接进行初始化，如本例中的数组 c，其长度由初始化的元素个数决定；

④ 将所有元素指定为某个值，如本例中的数组 d，根据初始化形式②中的描述，若将全部元素都初始化为 0，则可以有“int d[3]={0};”和“int d[3]={0,0,0};”两种写法。

6.2.4 一维数组的输入与输出

【案例 6-5】一维数组元素输入与输出。定义一个整型数组，包含 5 个元素，从键盘接收数据存入数组，再从数组中读出数据，输出在显示器上。

案例设计目的

掌握数组元素输入和输出的方法。

案例分析与思考

案例 6-4 中的第 10～14 行代码给出了数组元素的输出方法。该案例将数组的每一个元素都理解成一个相应类型的变量，然后按照变量输出的方法逐个输出数组元素。

如果数组有大量的元素，如 100 个或 1000 个，是否也要用这种输出方式呢？回答当然是否定的。数组元素的输入和输出可以结合元素的表示形式“数组名[下标]”，用循环来处理。例如，案例 6-4 第 10 行代码可修改成如下形式：

```
for(i=0;i<3;i++) printf("%d,",n[i]);
```

输入一个数组元素与输入一个变量的方法类似，形式如下：

```
scanf("%d",&a);            //从键盘接收一个整数，存入变量 a 中
scanf("%d",&a[0]);         //从键盘接收一个整数，存入数组元素 a[0]中
```

如果接收多个数组元素，则同样可用循环来实现。

案例主要代码

```
#include "stdio.h"
void main()
{
   int a[5];                        //定义一个数组，未做初始化
   int i;
   for(i=0;i<5;i++)                 //利用循环结构从键盘接收 5 个数组元素
     scanf("%d",&a[i]);
   for(i=0;i<5;i++)                 //利用循环结构输出 5 个数组元素
     printf("a[%d]=%d, ",i,a[i]);
   printf("\n");
}
```

案例运行结果

本案例运行结果如图 6-9 所示。

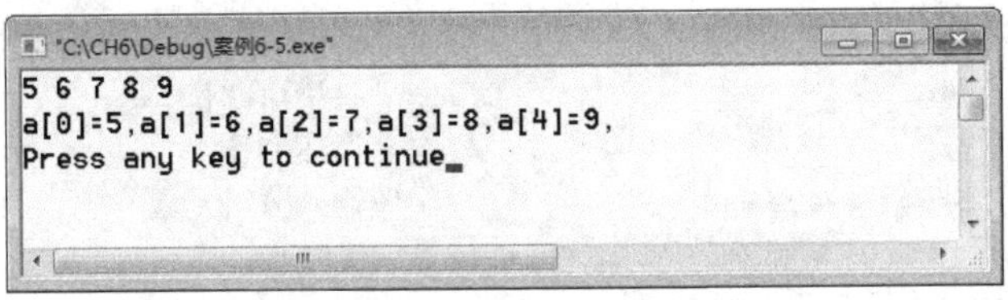

图 6-9　案例 6-5 运行结果

案例小结

1）无论是数组元素的输入，还是数组元素的输出，其实都是将数组元素等同于普通变量来处理的。值得注意的是：

① 数组元素输入时，需要提供数组元素的地址作为 scanf()函数的参数；

② 数组元素输出时，需要提供数组元素的名字作为 printf()函数的参数。

2）无论数组元素的个数是多少，只要遍历数组元素的下标，就可以逐一处理它们。

3）数组元素的输入、输出和计算与循环结构的结合，起到事倍功半的效果。

6.2.5　一维数组的应用

【案例 6-6】5 名学生的成绩统计与计算。已知一个班有 5 名学生参加了 C 语言程序设计课程考试，要求编写程序，输入每名学生的成绩，输出所有学生的成绩和平均成绩。

案例设计目的

1）掌握一维数组的定义、输入、计算、输出的常用方法。

2）掌握基于数组元素的计算方法。

案例分析与思考

（1）分析

如果定义一个简单变量 s 来存储成绩，该变量只能保存一名学生的成绩，如果输入新值，则原来的值被覆盖。如果定义 5 个变量来表示学生成绩，则处理时不是很方便。故采用数组，5 名学生的成绩作为数组元素分别独立存储，输入和输出时又可以用循环结构来提高效率。

（2）思考

本程序将用两个循环分别实现输入和计算并输出，能否将两个循环合并？需要做哪些修改？合并后的好处是什么？

程序流程图

本案例程序流程图如图 6-10 所示。

案例主要代码

```
#include "stdio.h"
void main()
{ int s[5];                         //定义数组 s
  int ave=0;                        //定义平均值变量 ave
  int i;                            //定义循环变量 i
  for(i=0;i<=4;i++)                 //循环输入数组元素
  {  printf("请输入第%d 名学生的成绩",i+1);
     scanf("%d",&s[i]);
  }                                 //循环输入数组元素结束
  for(i=0;i<=4;i++)                 //计算数组元素之和及输出每一个数组元素
    {  ave+=s[i];
       printf("第%d 名学生%d\t",i+1,s[i]);
    }                               //计算及输出结束
  ave=ave/5;                        //利用 ave 变量计算平均值
  printf("\n 平均成绩是%d\n",ave);//打印平均值
}                                   //主函数结束
```

案例运行结果

本案例运行结果如图 6-11 所示。

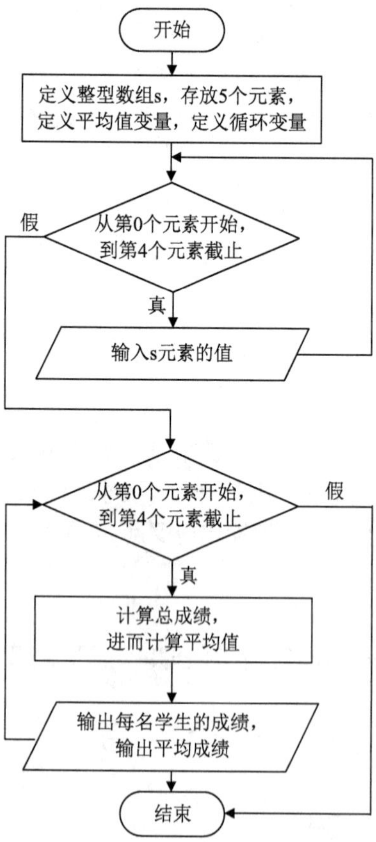

图 6-10　案例 6-6 程序流程图

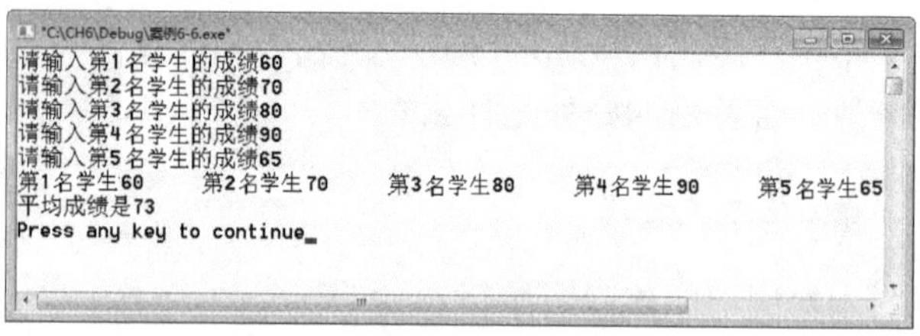

图 6-11　案例 6-6 运行结果

案例小结

1）数组元素的赋值、输入、计算、输出，常用循环结构来实现。

2）输出数组元素的同时完成求和计算，循环结束后，变量 ave 中是全部数组元素值之和。循环结束后，通过 ave=ave/5 计算得到平均值。因此，在 C 语言中，一个变量在不同时刻可以存储不同含义的数据。究竟存储什么，由程序员来决定。

3）数组元素下标循环变量 i 从 0 开始，所以在输入、输出的提示上，最好采用 i+1。例如，行 7、行 12。

拓展训练

在案例 6-6 的基础上，补充 C 语言程序设计课程考试成绩的分析功能，即输出最高分和最低分是第几名同学；输出所有考试成绩不及格的同学及总人数；输出最高分和最低分的差值；输出及格率、优秀率（80 分以上的）。

提示： 数据分析部分需要定义若干个变量完成，还需要定义能够存储哪名学生的变量，即存储数组元素下标的变量。

```
变量赋初值：
max=s[0]; min=s[0];  //最高分及最低分
p=0; q=0;            //最高分及最低分位置
求最值：
for(i=1;i<=4;i++)
 {   if(max<s[i])
        {max=s[i];p=i;}
     if(min>s[i])
        {min=s[i];q=i;}
 }
```

程序运行结果如图 6-12 所示。

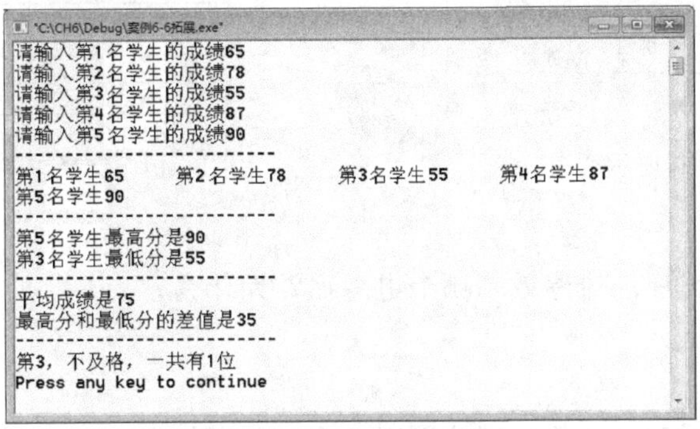

图 6-12　案例 6-6 拓展训练运行结果

【案例 6-7】 对 5 名学生的 C 语言成绩进行排序。

案例设计目的

1）掌握冒泡排序算法和选择排序算法。

2）灵活运用数据排序算法。

案例分析与思考

（1）分析

日常生活中，排序无处不在。例如，书籍位置排序、学生成绩排序、会议发言名单排序等。

在数据的排序算法中，冒泡排序和选择排序是常用的两种。

1）冒泡排序：将被排序的数组元素 a[0…n−1]看作垂直排列，每个元素的值看作气泡的大小。从上向下扫描数组 a：凡是小的气泡，向上“漂浮”（位置靠前，元素下标变小）。如此反复进行，直至任何两个气泡比较，小气泡（元素值小）总是在大气泡（元素值大）的前面，如图 6-13 所示（本算法从小到大排序）。

2）选择排序：在 a[0…n−1]中选择一个最小的放置在 a[0]位置，再从 a[1…n−1]中选择一个最小的放置在 a[1]位置。以此类推，直至全部数据选择完毕，如图 6-14 所示。

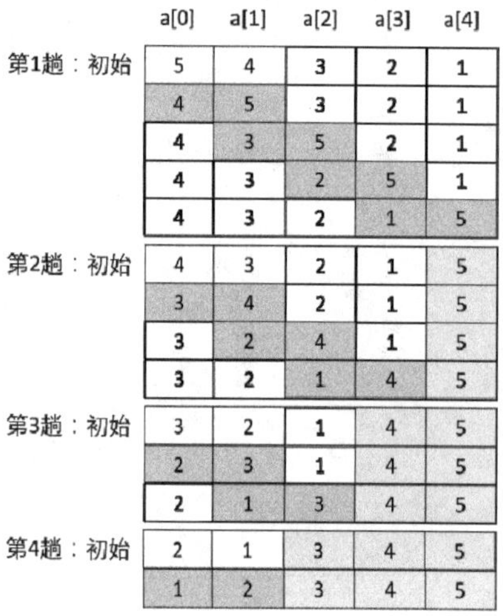

图 6-13　冒泡排序示意图

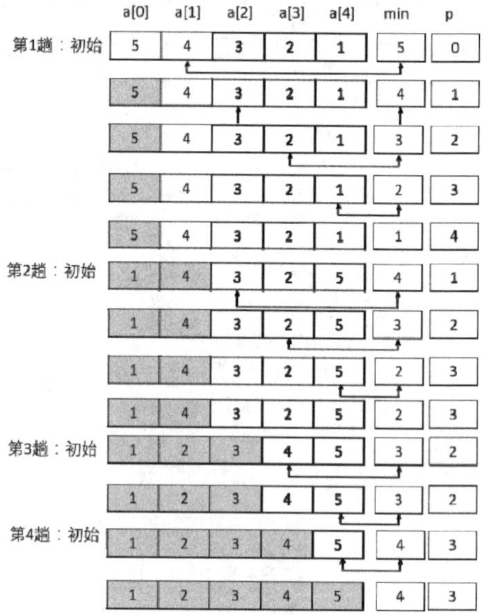

图 6-14　选择排序示意图

（2）思考

冒泡排序和选择排序的排序效率哪个更高呢？为什么？

程序流程图

对数组进行冒泡排序与选择排序的程序流程图分别如图 6-15 和图 6-16 所示。

案例主要代码

```
//冒泡排序
#include "stdio.h"
void main()
{
    int a[5]={90,80,70,60,50}; //学生 C 语言程序设计课程考试成绩
```

```
    int i,j;
    int t,n=5,x;                          //n是元素个数
    printf("排序前:\n");
    for(i=0;i<=n-1;i++)
      printf("%d\t",a[i]);
    printf("\n************************************\n");
    for(i=1;i<n-1;i++)                    //控制趟数
    {  for(j=0;j<n-i;j++)                 //控制每趟的比较次数
       if(a[j]>a[j+1])
       {t=a[j];a[j]=a[j+1];a[j+1]=t;}//交换，使得后面的位置存放大的值
       printf("排序第%d趟:\n",i);
       for(x=0;x<=n-1;x++)                //输出每一趟的排序结果
           printf("%d\t",a[x]);
       printf("\n");}                     //控制趟数结束
   printf("\n************************************\n");
   printf("排序后:\n");
   for(i=0;i<=n-1;i++)
      printf("%d\t",a[i]);
 }
//选择排序
  #include "stdio.h"
  void main()
  {
    int a[5]={90,80,70,60,50};//5名学生的C语言程序设计课程考试成绩
    int i,j;
    int min,n=5,p,t,x;          //n是元素个数
    printf("排序前.\n");
    for(i=0;i<=n-1;i++)
       printf("%d\t",a[i]);
    printf("\n************************************\n");
    for(i=0;i<n-1;i++)
   {
       min=a[i];                //每次都假设a[i]的值最小
       p=i;                     //保存最小值所在的位置
       for(j=i;j<=n-1;j++)      //用最小值与其他值比较
          if(min>a[j])          //如果不是最小，则最小值更新，位置更新
              {min=a[j];p=j;}
       t=a[i];                  //最小值与a[i]交换
       a[i]=a[p];
       a[p]=t;
       printf("排序第%d步:\n",i+1);
       printf("最小值是%d，位置是%d\n",min,p);
       for(x=0;x<=n-1;x++)      //输出每一趟的排序结果
          printf("%d\t",a[x]);
   print("\n");}
   printf("\n************************************\n");
   printf("排序后:\n");
   for(x=0;x<=n-1;x++)
       printf("%d\t",a[x]);
 }
```

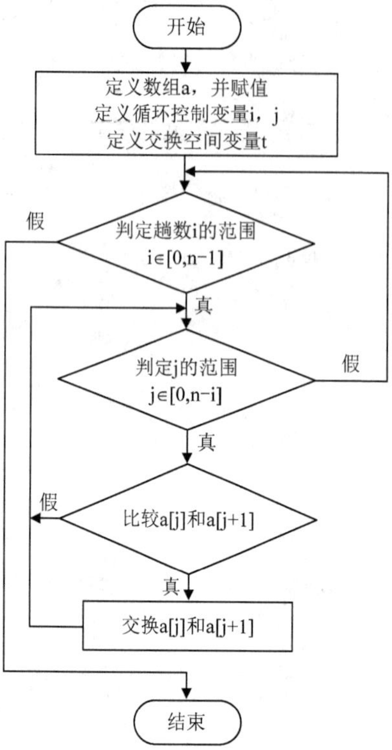

图 6-15　冒泡排序程序流程图

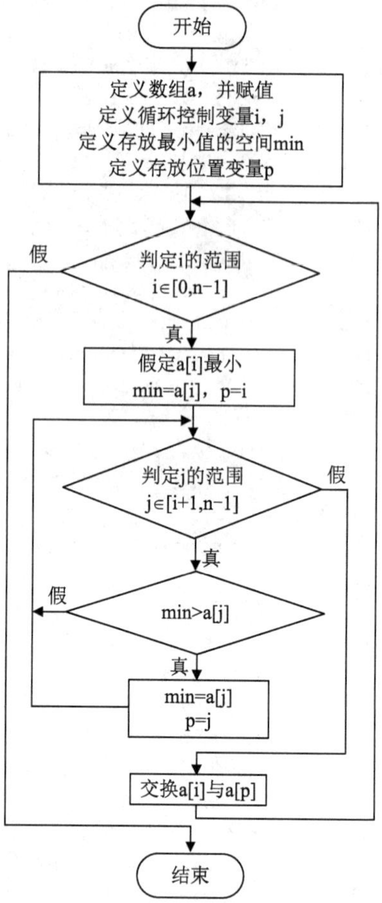

图 6-16　选择排序程序流程图

案例运行结果

采用冒泡排序算法编写的程序运行结果如图 6-17 所示。

采用选择排序算法编写的程序运行结果如图 6-18 所示。

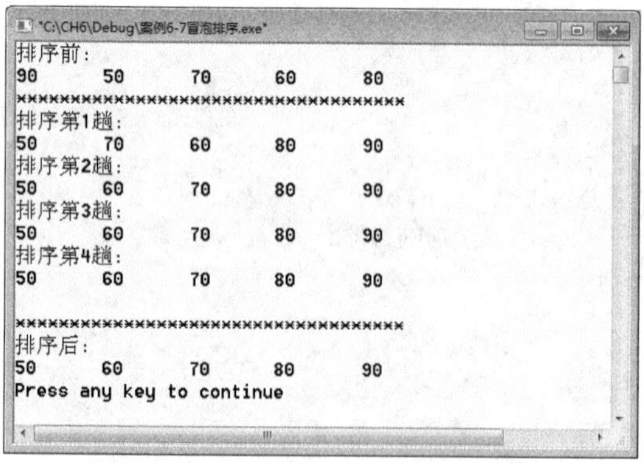

```
"C:\CH6\Debug\案例6-7冒泡排序.exe"
排序前:
90      50      70      60      80
************************************
排序第1趟:
50      70      60      80      90
排序第2趟:
50      60      70      80      90
排序第3趟:
50      60      70      80      90
排序第4趟:
50      60      70      80      90

************************************
排序后:
50      60      70      80      90
Press any key to continue
```

图 6-17　冒泡排序运行结果

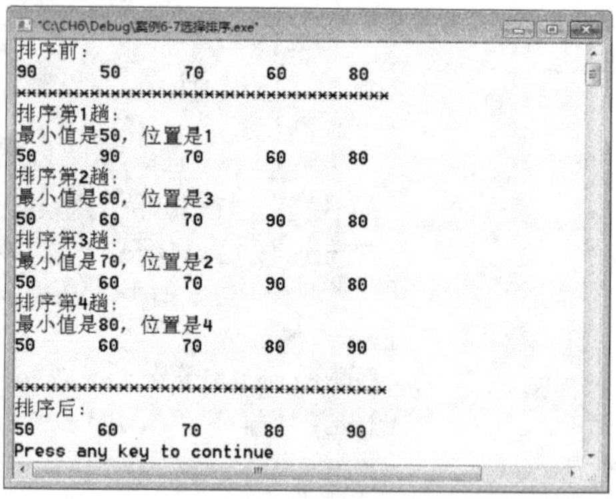

```
"C:\CH6\Debug\案例6-7选择排序.exe"
排序前:
90      50      70      60      80
************************************
排序第1趟:
最小值是50, 位置是1
50      90      70      60      80
排序第2趟:
最小值是60, 位置是3
50      60      70      90      80
排序第3趟:
最小值是70, 位置是2
50      60      70      90      80
排序第4趟:
最小值是80, 位置是4
50      60      70      80      90

************************************
排序后:
50      60      70      80      90
Press any key to continue
```

图 6-18　选择排序运行结果

案例小结

1）冒泡排序和选择排序都是根据要排序的数字个数 n 来确定排序的趟数，循环次数最大值是 n-1。例如，冒泡排序案例的第 11 行和选择排序案例的第 11 行，总趟数都是 n-1。

2）在每趟排序过程中，由于算法的不同，采用的计算过程不同。

拓展训练

在案例 6-6 和案例 6-7 的基础上，实现输入成绩时的判断功能，即判断输入的成绩值是否在合理范围内（0～100）。输入错误时，可以更改，定义输入数字 123 时为修改上一个输入的成绩。按照成绩从小到大的顺序打印成绩单，如图 6-19 所示。

提示：成绩合法性判断，输入特殊值 123 进行更改，这是选择结构的嵌套。需要注意 continue 语句的灵活运用，以及返回修改时的元素下标值。打印成绩单部分，可以选用冒泡排序或者选择排序的任意一种。

```
//判断
for(i=0;i<=4;i++)                    //循环输入数组元素
{
    printf("请输入第%d 名学生的成绩",i+1);
    scanf("%d",&s[i]);
    if(s[i]>100 || s[i]<0)           //判断是否满足成绩区间
    {  if(s[i]==123)                 //判断特殊 123 标志
        {
            printf("修改上一个输入的成绩! \n");
            if(i!=1)                 //在第 1 个元素位置输入 123 时的特殊处理
                i=i-1;               //在进入下一次循环前，减 1 保证仍然输入当前的元素
            else
                i=i-2;
            continue;                //强制进入下一次循环
        }
        printf("成绩不符合规则，请重新输入! \n");
        i--;                         //在进入下一次循环前，减 1 保证仍然输入当前的元素
        continue;                    //强制进入下一次循环
    }
}                                    //循环输入数组元素结束
```

技能提高

试随机产生 100000 个整数，并对其进行排序，按照顺序删除 20%较小的数，删除 20%较大的数，然后计算平均值（用到 rand()库函数，须引用头文件 stdlib.h）。

提示：计算机的运算能力不同，可以先定义 10 个整数的数组，当满足功能以后，再将数组的大小进行扩充，扩充到 100，1000，10000，100000。排序需要一定的时间，如果在 100 个整数数组中可以完成正确排序，则等待程序运行完毕即可。请验证你的计算机的最大运算能力可以达到多少？

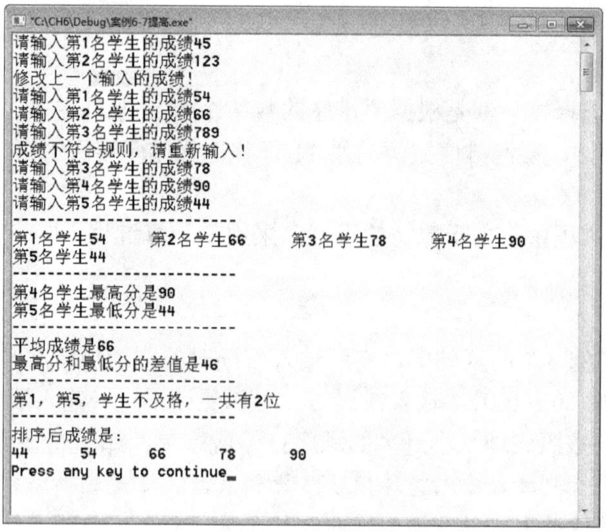

```
"C:\CH6\Debug\案例6-7提高.exe"
请输入第1名学生的成绩45
请输入第2名学生的成绩123
修改上一个输入的成绩！
请输入第1名学生的成绩54
请输入第2名学生的成绩66
请输入第3名学生的成绩789
成绩不符合规则，请重新输入！
请输入第3名学生的成绩78
请输入第4名学生的成绩90
请输入第5名学生的成绩44
------------------------------
第1名学生54      第2名学生66      第3名学生78      第4名学生90
第5名学生44
------------------------------
第4名学生最高分是90
第5名学生最低分是44
------------------------------
平均成绩是66
最高分和最低分的差值是46
------------------------------
第1，第5，学生不及格，一共有2位
------------------------------
排序后成绩是：
44      54      66      78      90
Press any key to continue_
```

图 6-19 案例 6-7 拓展训练运行结果

6.2.6 专业结合案例

【案例 6-8】计算窑体的炉温。

窑体炉温计算器

案例设计目的

1）掌握从现实模型到数学模型再到计算机模型的建模过程。

2）灵活运用数组解决温度存储问题。

案例分析与思考

窑体的炉温是窑体是否能够正常安全工作的重要参数。窑体炉温由窑墙、窑顶的砌筑材料、结构等处的温度组成，由涉及了多层墙壁的稳定性传热。窑体的外表面综合放热系数是解决计算窑体炉温的关键。其精简的计算步骤如下：

1）给定窑体的内表面温度 t_1 及环境温度 t_a，按照如下方程初估各层材料的界面温度（近似外表面温度）：

$$t_n^{(0)} = t_1 - (t_1 - t_a)\frac{n}{N_w + 1} \tag{6.1}$$

式中，$t_n^{(0)}$ 是第 n 层材料的初估界面温度，单位为℃；N_w 是窑体不同砌筑材料层数。

2）试差法循环，按照各层材料界面温度估值 $t_n^{(j)}$ 计算各层材料的平均导热系数 $K_n^{(j)}$，公式如下：

$$K_n^{(j)} = k_{0,n} + b_n \cdot \frac{t_n^{i-1} + t_{n+1}^{i-1}}{2} \tag{6.2}$$

3）计算窑体放热系数，公式如下：

$$a_w = 5.67 \times 10^{-8} \varepsilon_{tc} \frac{(t_w - 273)^4 - (t_a + 273)^4}{t_w - t_a} + A(t_w - t_a)^{0.25} \tag{6.3}$$

式中，a_w 是窑体表面的综合放热系数，是解决本例的关键系数；ε_{tc} 是窑体外面表黑度，一般可取 0.8；t_w 是窑体的外表面温度，由 t_n^j 近似计算；t_a 是环境温度；A 是散热面位置系数，在竖壁换热时取 A=2.56，顶面向上换热时取 A=3.56，底面向下换热取 A=2.1。

4）计算总热阻，公式如下：

$$R_{\Sigma}^{(j)} = \frac{1}{a_w^{(j)}} + \sum_{n=1}^{N_w} \frac{\delta_n}{K_n^{(j)}} \tag{6.4}$$

5）根据 $R_{\Sigma}^{(j)}$ 总温差计算散热热流密度，公式如下：

$$q^{(j)} = \frac{t_1 - t_a}{R_{\Sigma}^{(j)}} \tag{6.5}$$

6）从内向外计算各层材料交界面温度值，公式如下：

$$t_n^{(j)} = t_{n-1}^{(j)} - q^{(j)} \cdot R_n^{(j)} \tag{6.6}$$

式中，$R_n^{(j)}$ 是第 n 层材料热阻估值，$R_n^{(j)} = \dfrac{\delta_n}{K_n^{(j)}}$。

7）比较 $t^{(j)}$ 和 $t^{(j-1)}$，如果 $\max\left|\dfrac{t^{(j)} - t^{(j-1)}}{t^{(j-1)}}\right| \leqslant 0.005$，则退出循环，输出计算结果；否则令 $t^{(j-1)} = t^{(j)}$，重新进入第 2）步的计算。

现实模型→数学模型→计算机模型。其中数学模型的公式已经由上式给出。在转换成计算机模型时，需要注意的是运算符的规则，还需要综合常用数学函数。

在处理流程上，判断温度梯度的数据需要进行存储和计算。若都是相同类型的若干个变量，则采用本节的重点数组解决。

案例主要代码

```
#include<stdio.h>
#include<math.h>
void main()
{
   double t1,ta,nw,aw,max,t,r,k,q,a[5],b[5],c[5]={0,0.2,0.12,
   0.05,0.01},m[5],mm[5];
int n,i,f=0;
scanf("%lf%lf%lf",&t1,&ta,&nw);
a[0]=t1;m[0]=a[0];
for(n=1;n<=nw;n++)   //从内向外计算各层温度，存入数组 a，a[1]温度最高
  {  t=t1-(t1-ta)*(n/(nw+1));  //对应式（6.1）
     a[n]=t;
}
for(i=1;i<=4;i++)printf("%lf\t",a[i]);
aw=5.67*0.00000001*0.8*(pow((a[4]+273),4)-pow((ta+273),4))/(a[4]
  -ta)+2.56*pow((a[4]-ta),0.25); //对应式（6.2）
printf("aw=%lf\n",aw);
for(k=1;1;k++)        //循环计算，遇到 break 结束
  {  b[1]=0.182+0.2*0.001*(a[0]+a[1])/2.0;
     b[2]=0.0185+0.221*0.001*(a[1]+a[2])/2.0;
     b[3]=0.0388+1.16*0.0001*(a[2]+a[3])/2.0;
```

```
        b[4]=0.0427+1.113*0.0001*(a[3]+a[4])/2.0;
        r=1.0/aw+0.2/b[1]+0.12/b[2]+0.05/b[3]+0.01/b[4];
        printf("r=%lf\n",r);
        q=(t1-ta)/r;printf("q=%lf\n",q);
        for(n=1;n<=nw;n++)
        {m[n]=a[n-1]-q*(c[n]/b[n]);
        mm[n]=fabs((m[n]-a[n])/a[n]);}
        max=mm[1];
        for(i=2;i<=4;i++)
            if(max<mm[i])
               max=mm[i];
        printf("max=%lf\n",max);
        if(max<=0.005)
            break;
        else {
           for(i=1;i<=4;i++)
                {a[i]=m[i];printf("%lf\t",a[i]);}
           }
   }
for(n=1;n<=4;n++)
   printf("第%d层的温度为：%lf",n,m[n]);
}
```

案例运行结果

本案例运行结果如图 6-20 所示。

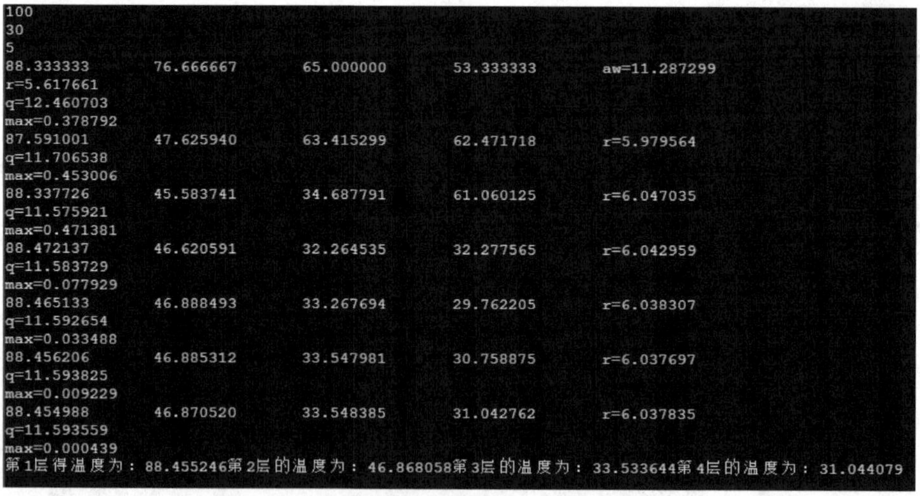

图 6-20 案例 6-8 运行结果

6.3 二 维 数 组

二维数组本质上是以数组作为数组元素的数组，即数组的数组。用一维数组的方式解决的是数据线性关系的问题，用二维数组解决的是二维表格的计算问题，即行列问题。

6.3.1 二维数组的定义

【案例 6-9】有 5 名学生参加了 3 门课程（C 语言、高数、英语）的考试，输入所有学生各科的成绩并输出。

案例设计目的

熟练使用二维数组进行数据的存储。

案例分析与思考

（1）分析

在案例 6-6 的基础上，5 名学生参加了 3 门课程的考试，需要保留的数据量增多，即需要的变量增多。如果仿照案例 6-6 采用 5 个一维数组解决 5 名学生的 3 门课程问题，则较为烦琐，而且当学生数量增多时，会给程序的处理带来很大的麻烦。仔细分析后，发现这 5 名学生的 3 门课程成绩都是同样的数据类型，即数据类型相同的多个变量问题。那么，可以把 5 名学生和 3 门课程看成一张二维表格，如表 6-2 所示。每名学生一行，每门课程一列。每一行数据就是一个一维数组。将此二维表格定义为二维数组，就解决了本例的关键问题。

表 6-2 5 名学生 3 门课程成绩单

学号	C 语言	高数	英语
01	89	75	57
02	74	88	77
03	82	56	83
04	67	67	90
05	58	84	71

（2）思考

在 5 行 3 列的二维数组中，每一行的行号从多少开始？每一列的列号从多少开始？

程序流程图

本案例程序流程图如图 6-21 所示。

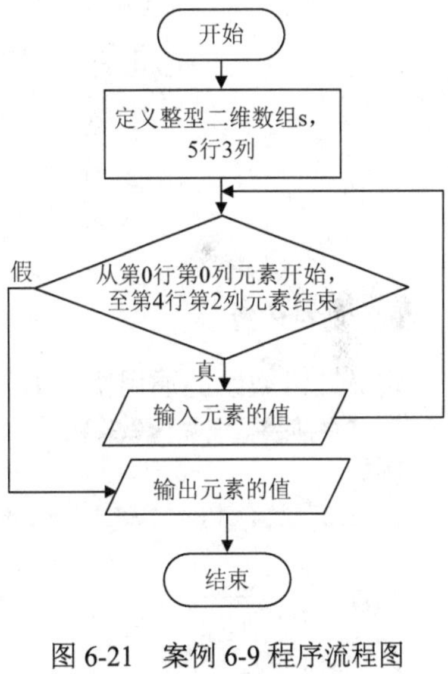

图 6-21 案例 6-9 程序流程图

案例主要代码

```
#include<stdio.h>
void main()
{int i,j;                                    //控制行和列的循环变量
int s[5][3];                                 //存放 5 行 3 列元素的整型数组 s
for(i=0;i<=4;i++)                            //外层循环控制行
   for(j=0;j<=2;j++)                         //内层循环控制列，即每行中的每一列
   {printf("请输入第%d 名学生,
      第%d 门课程成绩",i+1,j+1);
    scanf("%d",&s[i][j]);                    //输入元素的值
```

```
        }
    printf("5 名学生 3 门课程的成绩是：\n");
    for(i=0;i<=4;i++)
      {printf("第%d 名学生\t",i+1);
        for(j=0;j<=2;j++)
            printf("%5d",s[i][j]);      //输出元素的值
       printf("\n");                    //每行输出一个回车换行
      }
 }
```

案例运行结果

本案例运行结果如图 6-22 所示。

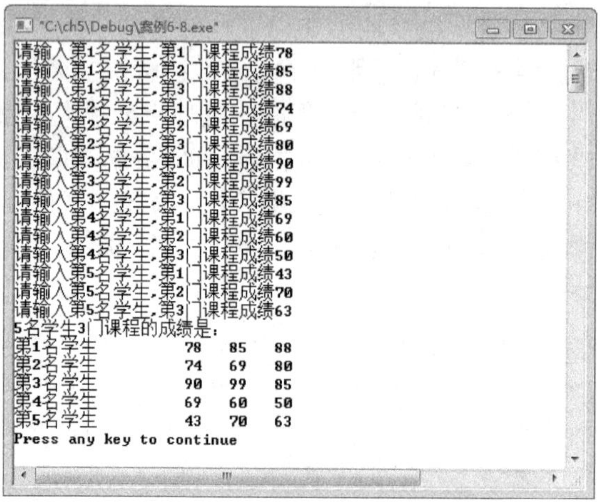

图 6-22　案例 6-9 运行结果

案例小结

定义二维数组的通用格式如下：

```
[存储类型说明]<数据类型说明>数组名<[行元素个数]> <[列元素个数]>;
```

例如：

```
int a[10][10]; float b[5][2]; char add_stu[20][30];
```

（1）语法规则

① 数组名遵循标识符命名规则。

② 二维数组的两个维度，都需要定界符“[ ]”，不能省略。

③ 两个维度的长度要单独书写，不能写在一起。

④ 二维数组的行、列下标均从 0 开始。

⑤ 行、列元素个数定义时可以用整型常量或常量表达式来表示，不能是变量。

⑥ 数组元素的个数是由行列元素个数乘积决定的。

（2）存储规则

二维数组的元素在内存中的存储形式如图 6-23 所示。

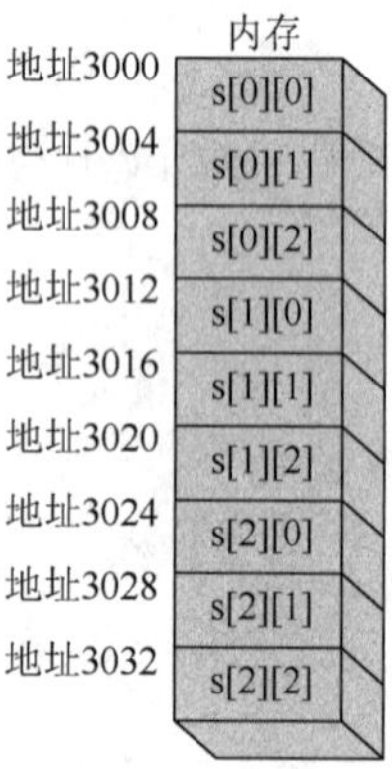

图 6-23　二维数组存储示意图

可以得知，二维数组的连续存储规律是按照行顺序存储，每行中按照列顺序存储。

6.3.2　二维数组的引用和初始化

【案例 6-10】用二维数组存储并输出九九乘法表。

案例设计目的

二维数组的引用与初始化。

案例分析与思考

（1）分析

九九乘法表（图 6-24）本身是一个二维表格，具有行列关系，在实现方法上使用二维数组非常合适。其重点在于找到行和列之间的关系描述，具体如下：

① 定义一个 9×9 的二维数组，用于存储所有的数据。

② 行从 1 开始到 9 结束。

③ 每一行的列数与行数相同。

（2）思考

与行列有关系的表格、图形使用二维数组存储，其数组的行下标和列下标表示位置，数组元素的值表示在这个位置上的值。

程序流程图

本案例程序流程图如图 6-25 所示。

输出九九乘法表

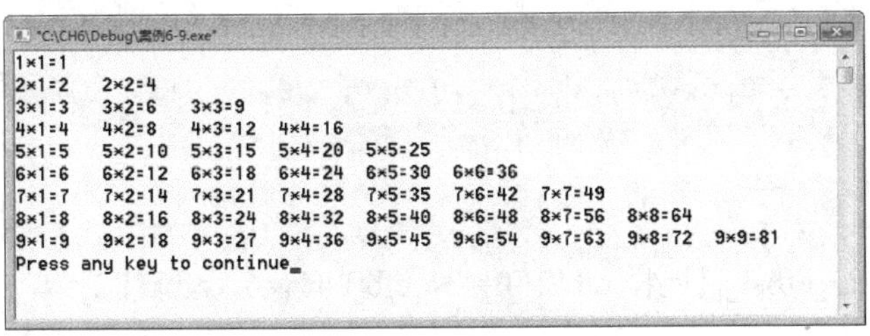

图 6-24　案例 6-10 九九乘法表

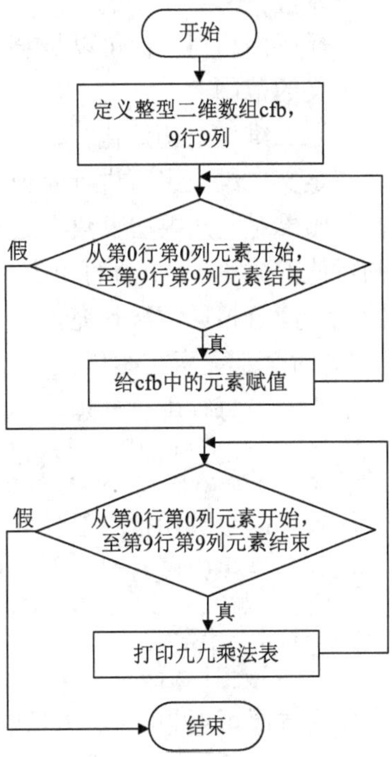

图 6-25　案例 6-10 程序流程图

案例主要代码

```
1.  #include "stdio.h"
2.  void main()
3.  {  int i,j;                      //定义控制行和列的循环变量
4.     int cfb[9][9];                //定义存放 9 行 9 列元素的整型数组 cfb
5.     for(i=1;i<=9;i++)             //外层循环控制行
6.        for(j=1;j<=i;j++)          //内层循环控制列，乘法表每列有 i 个元素有值
7.           cfb[i-1][j-1]=i*j;      //对乘法表的每个元素进行赋值
8.     for(i=0;i<9;i++)
9.        {  for(j=0;j<=i;j++)
10.          printf("%d*%d=%d\t",i+1,j+1,cfb[i][j]); //输出九九乘法表
11.          printf("\n");           //每行输出一个回车符
12.       }
13. }
```

案例运行结果

本案例运行结果如图 6-24 所示。

案例小结

（1）二维数组的引用

二维数组的基本引用形式如下：

```
数组名<[行下标]> <[列下标]>;
```

例如：

```
a[1][2]; b[0][100];
```

其中，行下标和列下标可以是整型常量或者整型常量表达式，并且从 0 开始，不能超过数组定义的范围。

（2）二维数组初始化

在定义二维数组时进行赋值就是初始化。二维数组初始化的形式多样，以案例 6-10 为例，如果对九九乘法表数组进行初始化，程序代码第 4 行可以改写为以下形式，程序中的赋值部分第 5～7 行可以省略。为了简化介绍，以下只初始化前 3 行元素，其余的初始化请读者根据情况补充。

1）对全部元素初始化。

形式一：每行用{}分隔。

```
int cfb[9][9]={{1,0,0,0,0,0,0,0,0},{2,4,0,0,0,0,0,0,0},{3,6,9,0,0,
               0,0,0,0,0}};
```

形式二：全部元素用逗号分隔。

```
int cfb[9][9]={1,0,0,0,0,0,0,0,0,2,4,0,0,0,0,0,0,0,3,6,9,0,0,0,0,0,
              0,0};
```

2）对部分元素初始化。

```
int cfb[9][9]={{1},{2,4},{3,6,9}};
```

这样就使 cfb[0][0]=1，cfb[1][0]=2，cfb[1][1]=4，cfb[2][0]=3，cfb[2][1]=6，cfb[2][2]=9，其余元素自动赋值为 0。

3）不指定一维（行）长度。

```
int cfb[ ][9]={{1},{2,4},{3,6,9}};
int cfb[ ][9]={{1,0,0,0,0,0,0,0,0},{2,4,0,0,0,0,0,0,0},{3,6,9,0,0,0,
                0,0,0,0}};
int cfb[ ][9]={1,0,0,0,0,0,0,0,0, 2,4,0,0,0,0,0,0,0, 3,6,9,0,0,0,0,
               0,0,0};
```

以上 3 种方式使 cfb 数组只有 3 行。

（3）数组元素行下标和列下标均从 0 开始

案例 6-10 第 7 行，赋值采用了“cfb[i-1][j-1]=i*j;”，是因为 i 和 j 都是从 1 开始的。

拓展训练

二维数组实现 12 行的杨辉三角形的存储与输出。杨辉三角形如图 6-26 所示。

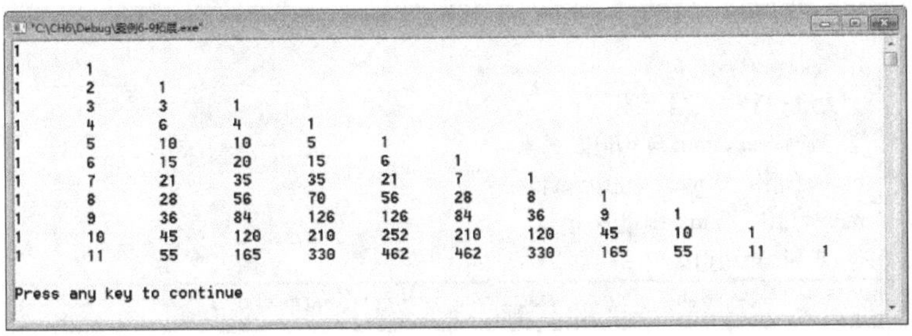

图 6-26　杨辉三角形（12 行）

提示：杨辉三角形的数据行 i、列 j、值 yh[i][j]三者的特征如下：

① 第 1 列元素 yh[i][1]都是 1，对角线元素 yh[i][i]都是 1。

② 从第 3 行数据开始，每一行的数据 yh[i][j]的值都是 yh[i-1][j-1]+yh[i-1][j]的值。

主要特征值赋值运算的代码如下：

```
for(i=0;i<12;i++)   //都是 1 的元素值
  { yh[i][i]=1;
    yh[i][0]=1;}
for(i=2;i<12;i++)  //从第 3 行开始的规律赋值
  for(j=1;j<=i-1;j++)
    {yh[i][j]=yh[i-1][j-1]+yh[i-1][j];}
```

6.3.3　二维数组的应用

【案例 6-11】在案例 6-7 基础上，对 5 名学生的 3 门课程成绩进行数据分析。

数据按照表 6-2 进行输入。要求计算：每名学生的总分、平均分、最高分的科目及得分，最低分的科目及得分。

案例设计目的

熟悉二维数组的定义、引用及基本算法。

5 名学生 3 门课程成绩数据分析

案例分析与思考

本案例分析如表 6-3 所示。计算要求是针对每名学生而言的，因为定义时将每名学生作为二维数组的行来处理，所以在完成计算任务时，二维数组中的行是处理的关键。进行行定位以后，就可以计算总分、平均分和最高分、最低分的科目了。在保存最高分、最低分的科目问题上可以采用普通变量的方式，留存其列的下标，然后通过列值的判断进行输出即可。

表 6-3　案例 6-11 分析

项目	说明
定义	学生成绩数组 s[5][3]，行变量 i，列变量 j p，q，每名学生的最高分和最低分出现的位置 max，min，z，ave，最高分、最低分、总分、平均分
输入/赋值	按照行外层、列内层循环，重复运行 输入每名学生（行）的每科（列）的成绩数据（数组元素的值）
计算	按照行外层 i，重复运行： ① max=min=s[i][0]; 列内层 j 循环，重复运行 ② 判断 max、min 与 s[i][j]的关系： max<s[i][j]，则 max=s[i][j]，p=j; min>s[i][j]，则 min=s[i][j]，q=j; ③ 求和 z+=s[i][j];
输出	总成绩，平均成绩，最高分，最低分，最高分科目，最低分科目

程序流程图

本案例程序流程图如图 6-27 所示。

案例主要代码

```
#include "stdio.h"
void main()
{ int i,j;                  //控制行和列的循环变量
  int s[5][3];              //存放 5 行 3 列元素的整型数组 s
  int p,q;                  //存放每名学生的最高分和最低分出现的位置
  int max,min,z=0,ave=0; //存放每名学生的最高分、最低分、总分、平均分
  for(i=0;i<=4;i++)         //外层循环控制行
      {printf("请输入第%d 名学生的成绩：",i+1);
         for(j=0;j<=2;j++)          //内层循环控制列，即每行中的每列
           scanf("%d",&s[i][j]);} //输入数组元素的值
  for(i=0;i<=4;i++)
      {z=0;ave=0;
      max=s[i][0];min=s[i][0];
      p=0;q=0;
         for(j=0;j<=2;j++)
             z=z+s[i][j];
         if(max<s[i][j] )
             {p=j;max=s[i][j];  }
         if(min>s[i][j])
             {q=j;min=s[i][j];  }
      }
```

```
    ave=z/j;
    printf("\n %d学生的%d科目为最高分=%d，%d科目为最低分%d\n总分%d，
        平均分为%d\n*****\n",i+1,p+1,s[i][p],q+1,s[i][q],z,ave);
  }
}
```

案例运行结果

本案例运行结果如图 6-28 所示。

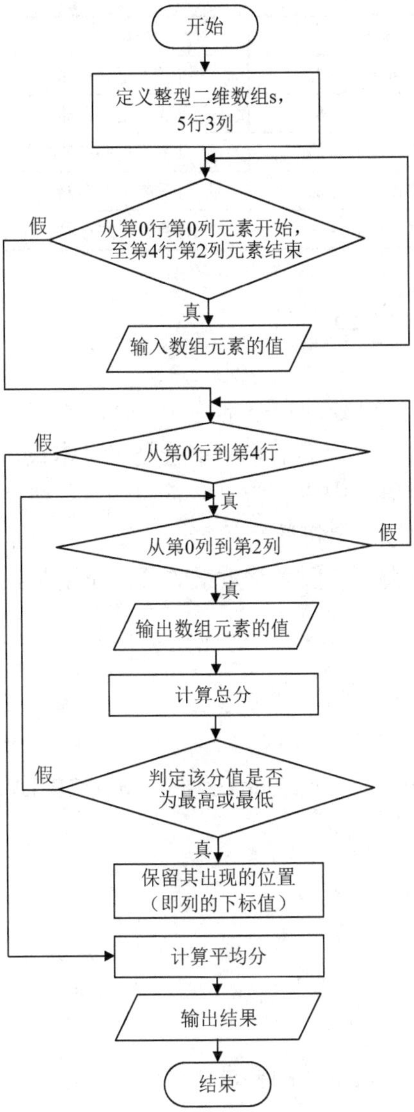

图 6-27　案例 6-11 程序流程图

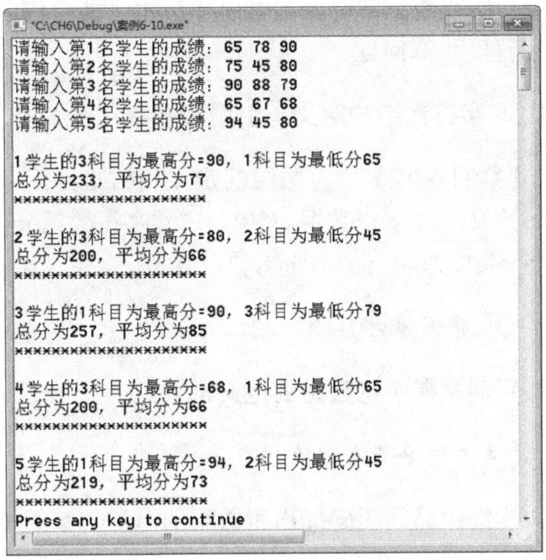

图 6-28　案例 6-11 运行结果

案例小结

1）按行来处理每名学生的成绩，行为外层循环。

2）按列来计算每名学生各科的成绩，列为内层循环。

拓展训练

案例 6-11 定义了一个 5×3 的二维数组，如果在定义数组时即留出两列作为存储总分和平均分的位置，则处理起来更为方便。这样就可以在输入数据的同时，计算得出总分和平均分并将其存储。编写程序实现表 6-4 所示的成绩单成绩输入，并打印成绩单。

表 6-4　5 名学生 3 门课程成绩单

学号	C 语言	高数	英语	总分	平均分
01	89	75	57	计算得出并存储	计算得出并存储
02	74	88	77	计算得出并存储	计算得出并存储
03	82	56	83	计算得出并存储	计算得出并存储
04	67	67	90	计算得出并存储	计算得出并存储
05	58	84	71	计算得出并存储	计算得出并存储

6.4　字符数组和字符串

C 语言中提供了字符数据类型（char）的变量，可以处理一个字符。同时，C 语言定义了字符常量和字符串常量。例如，'a'和"abc"，单引号定界的一个字符是字符常量，双引号定界的若干个字符为字符串常量。但是，在 C 语言中没有定义字符串变量。结合数组的本质，用字符数组解决字符串的存储和计算问题。字符数组的每个元素存放一个字符。字符数组的定义、引用和初始化都与数值数组类似，但字符数组的关键作用是处理字符串计算问题。

6.4.1　字符数组的定义、引用和初始化

【案例 6-12】字符数组的定义和初始化。

定义一维字符数组 c[50]，二维字符数组 m[3][10]，并分别初始化为"I AM A GRIL!"和"apple"、"banana"、"berry"。

案例设计目的

灵活掌握字符数组的定义形式。

案例分析与思考

本案例已经明确提出对数组的名称与数组中所含元素个数的要求，那么可以有多少种形式表示它们呢？

案例主要代码

```
//方法一：字符串常量初始化
#include "stdio.h"
void main()
```

```
{
    char c[50]={"Hello,C!"};
    char m[3][10] ={"apple","banana","berry"};
    printf("%s\n",c);        //输出一维数组存储的每个字符组成的字符串
    printf("%s",m[1]);       //输出二维数组存储的某一行字符串
}
//方法二：字符常量初始化
#include "stdio.h"
void main()
{
    char c[50]={'I',' ','A','M',' ','A',' ','G','I','R','L','!' };
    char m[3][10] ={ {'a','p','p','l','e'},{'b','a','n','a','n',
    'a'},{'b','e','r','r','y'}};
    printf("%s\n",c); //输出一维数组存储的每个字符组成的字符串
    printf("%s",m[1]);       //输出二维数组存储的某一行字符串
}
```

案例运行结果

采用两种方法进行赋值，案例输出的形式如图 6-29 所示。

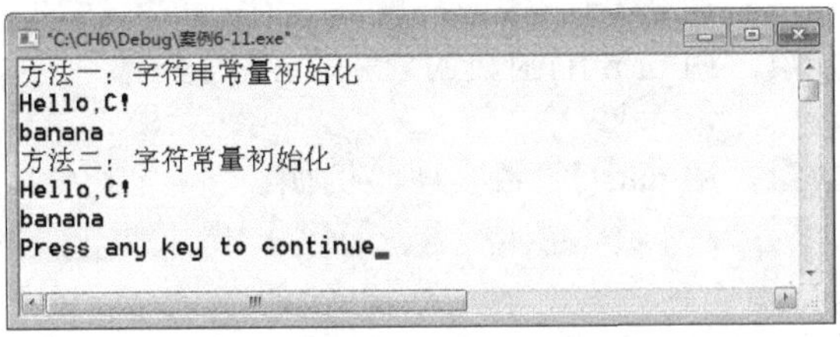

图 6-29　案例 6-12 运行结果

案例小结

（1）字符数组的定义

字符数组中的每个元素只能存放一个 ASCII 值，其一般定义形式如下：

```
[存储类型说明]<char>数组名<[数组元素个数]>;
```

例如：char c[10]; static char b[200];

（2）字符数组的初始化

字符数组的初始化与数值数组类似，在定义时赋值完成初始化。字符数组初始化时，如果只对部分元素赋值，其余元素自动设置为空字符，即'\0'。字符数组的初始化可以有如下多种形式：

1）逐个元素初始化，例如：

```
char c[50]={'I',' ','A','M',' ','A',' ','G','I','R','L','!' };
```

2）字符串常量初始化，用{ }括起来，例如：

```
char c[50]={"I AM A GIRL!"};
```

3）字符串常量初始化，不用{}括起来，例如：

```
char c[50]="I AM A GIRL!";
```

4）错误的初始化形式：不能先定义数组，再将字符串赋值给数组名。例如：

```
char c[50]; c="I AM A GIRL!";          //错误的初始化形式
```

（3）字符数组的输入

字符数组的输入既可以像整型数组或实型数组那样，逐个元素处理，也可以根据字符数组的特点，将其作为一个字符串整体来处理。若有定义“char s[10];”，则下面 4 种格式都可以处理字符数组的输入。

1）通过单个字符处理字符数组元素，用 scanf()函数的“%c”格式实现，例如：

```
for(i=0;i<10;i++) scanf("%c",&s[i]);
```

2）通过单个字符处理字符数组元素，用 getchar()函数实现，例如：

```
for(i=0;i<10;i++) s[i]=getchar();
```

3）整体处理字符数组，用 scanf()函数的“%s”格式实现，例如：

```
scanf("%s",s);
```

4）整体处理字符数组，用 gets()函数实现，例如：

```
gets(s);
```

（4）字符数组的输出

1）通过单个字符处理字符数组元素，用 printf()函数的“%c”格式实现，例如：

```
for(i=0;i<10;i++)printf("%c",s[i]);
```

2）单个字符处理字符数组元素，用 putchar()函数实现，例如：

```
for(i=0;i<10;i++)putchar(s[i]);
```

3）整体处理字符数组，用 printf()函数的“%s”格式实现，例如：

```
printf("%s",s);
```

4）整体处理字符数组，用 puts()函数实现，例如：

```
puts(s);
```

（5）字符串结束的标志

进行字符串处理时，虽然也可以像处理整型数组和实型数组那样，逐个元素输入和输出数组元素，但是实际上这样的形式并不常用，因为在字符串处理时，字符数组中要存储的字符串长度不是固定的。例如，姓名，假设最多 10 个汉字，最少 2 个汉字，那么存储姓名的字符串需要 20 字节的长度，以保证名字最长学生的信息可以被准确存储。

正因为字符串长度不是固定的，在存储和读取字符串时，需要了解字符串到哪里结束。在 C 语言中，用一个字符常量标记字符串的结束，即'\0'。'\0'是一个转义字符，其 ASCII 值为整数 0。在存储字符串时，字符串处理函数会自动在字符串的末尾加上'\0'，用来表示字符串结束。在后续代码读取该字符串时，也会在读取到'\0'时结束操作。因此，字符串输入和输出时，用得较多的是 scanf()函数、printf()函数的“%s”格式或者 gets()函数、puts()函数。

6.4.2 字符串处理函数

C 语言提供了丰富的字符串处理函数，大致可分为字符串的输入、输出、合并、修改、比较、转换、复制、搜索几类。使用这些函数可大幅减轻编程的负担。用于输入/输出的字符串函数，在使用前应包含头文件 stdio.h；使用其他字符串函数，则应包含头文件 string.h。

下面介绍几个常用的字符串处理函数。

【案例 6-13】 puts()函数的使用。

函数原型：

```
int puts(char *str);
```

函数功能：将 str 所指向的字符串输出到标准输出设备，末尾输出换行，输出成功返回换行符，出错返回 EOF。

案例设计目的

熟悉并掌握 puts()函数的使用。

案例分析与思考

puts()函数的使用形式是怎样的？它有几个参数？参数是什么类型？

案例主要代码

```
#include "stdio.h"
main()
{
   char c[]="C\nPython";
   puts(c);
}
```

案例运行结果

本案例运行结果如图 6-30 所示。

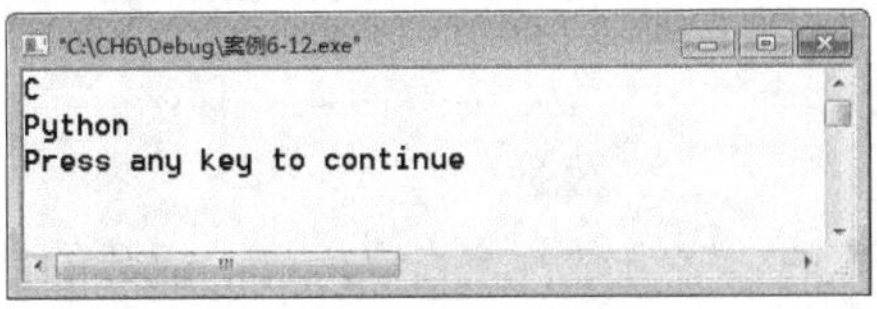

图 6-30　案例 6-13 运行结果

案例小结

1）puts()函数输出字符串时，字符数组名作为 puts()函数的参数，即从数组首地址开始输出字符串。

2）若 puts()函数的参数是字符串中第 n 个字符的地址，则会从第 n 个字符开始输出，遇到'\0'结束。

3）注意：字符串中第 6 个字符是“\n”，因此输出一个换行。

【案例 6-14】 gets()函数的使用。

函数原型：

```
char * gets(char *str);
```

函数功能：从标准输入设备读取字符串并显示，读到回车符结束，成功返回 str 值，失败返回 NULL。

案例设计目的

熟悉并掌握 gets()函数的使用。

案例分析与思考

gets()函数的使用形式是怎样的？它有几个参数？参数是什么类型？

案例主要代码

```
#include "stdio.h"
main()
{
   char st[15];
   printf("input string:\n");
   gets(st);
   puts(st);
}
```

案例运行结果

本案例运行结果如图 6-31 所示。

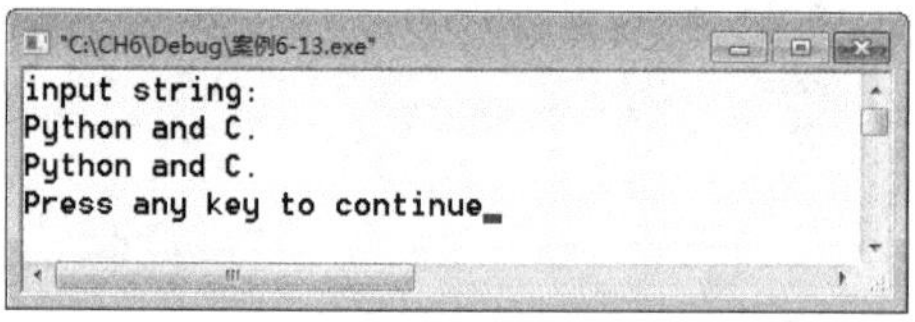

图 6-31　案例 6-14 运行结果

案例小结

1）gets()函数接收字符串时，字符数组名作为 gets()函数的参数，即从数组首地址开始存入字符串。

2）若 gets()函数的参数是字符串中第 n 个字符的地址，则会从第 n 个字符开始存入字符串，并会在字符串末尾加上'\0'作为结束标记。

3）从代码运行结果可以看出，输入的字符串中含有的空格也被输出，说明 gets()函数并不以空格作为字符串输入结束的标志，而只以回车结束输入。这是与 scanf()函数不同的。

【案例 6-15】strcat()函数的使用。

函数原型：

```
char *strcat(char *s1, const char *s2);
```

函数功能：将 s2 所指向的字符串连接到 s1 所指向的字符串末尾，返回地址 s1。

案例设计目的

熟悉并掌握 strcat()函数的使用。

案例分析与思考

strcat()函数的使用形式是怎样的？它有几个参数？参数是什么类型？

案例主要代码

```
#include "stdio.h"
#include "string.h"
void main()
{  char st1[30]="My name is ";
   char st2[10];
   printf("input your name:\n");
   gets(st2);
   strcat(st1,st2);
   puts(st1);
}
```

案例运行结果

本案例运行结果如图 6-32 所示。

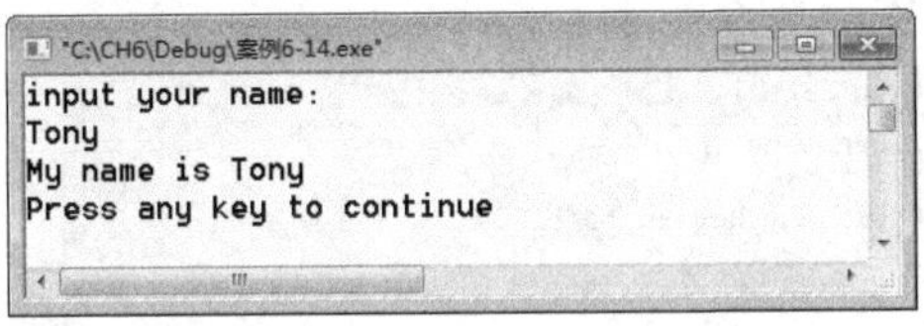

图 6-32　案例 6-15 运行结果

案例小结

1）使用字符串连接 strcat()函数时，要保证参数 1 所代表的字符数组有足够的长度存储连接后的字符串。

2）使用 strcat()函数时，参数 1 必须是地址，参数 2 可以是一个字符串的地址，也可以是一个字符串常量，即将该字符串常量连接到参数 1 为地址的字符串后面。例如：

```
#include "stdio.h"
#include "string.h"
void main()
{
   char st1[30]="My name is ";
   strcat(st1, "Tony");
   puts(st1);
}
```

上述代码运行后，输出如下内容：

```
My name is Tony
```

【案例 6-16】 strcpy()函数的使用。

函数原型：

```
char *strcpy(char *s1, const char *s2);
```

函数功能：将字符串 s2 复制到 s1 指向的字符串中，返回地址 s1。

案例设计目的

熟悉并掌握 strcpy()函数的使用。

案例分析与思考

strcpy()函数的使用形式是怎样的？它有几个参数？参数是什么类型？

案例主要代码

```
#include "stdio.h"
#include "string.h"
void main()
{  char st1[15],st2[]="C Language";
   strcpy(st1,st2);
   puts(st1);printf("\n");
}
```

案例运行结果

本案例运行结果如图 6-33 所示。

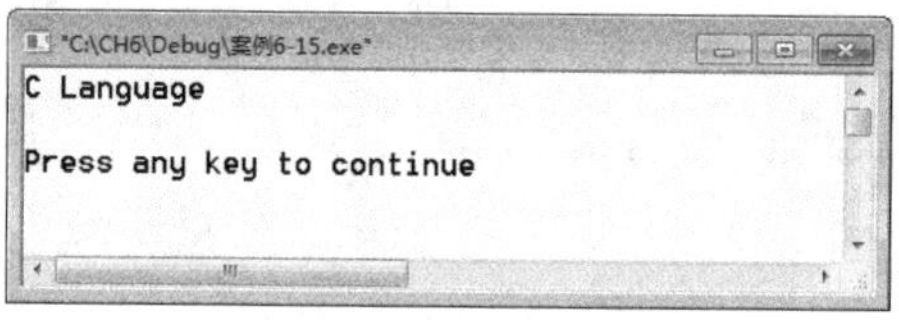

图 6-33　案例 6-16 运行结果

案例小结

1）使用字符串复制 strcpy()函数时，要保证参数 1 所代表的字符数组有足够的长度存储复制的字符串。

2）使用 strcpy()函数时，参数 1 必须是地址，参数 2 可以是一个字符串的地址，也可以是一个字符串常量，即将该字符串常量复制到以参数 1 为地址的字符数组中。例如：

```
#include "stdio.h"
#include "string.h"
void main()
{
   char st1[15];
   strcpy(st1, "C Language");
   puts(st1);
   printf("\n");
}
```

上述代码运行后，输出如下内容：

```
C Language
```

【案例 6-17】 strcmp()函数的使用。

函数原型：

```
int strcmp(char *s1,char *s2);
```

函数功能：比较 s1 和 s2 所指向的字符串，s1<s2 返回负数，s1=s2 返回 0，s1>s2 返回正数。本函数也可用于比较两个字符串常量，或比较数组和字符串常量。

案例设计目的

熟悉并掌握 strcmp()函数的使用。

案例分析与思考

strcmp()函数的使用形式如何？它有几个参数？参数是什么类型？

案例主要代码

```
#include "stdio.h"
#include "string.h"
void main()
{  int k;
   static char st1[15],st2[]="C Language";
   printf ("input a string:\n");
   gets(st1);
   k=strcmp(st1,st2);
   if(k==0)  printf("st1=st2\n");
   if(k>0)  printf("st1>st2\n");
   if(k<0)  printf("st1<st2\n");
}
```

案例运行结果

为了在一个程序中测试所有的情况，在程序设计时可以使用循环结构控制程序运行的次数，这样在一次运行过程中，可以测试 3 种情况。本案例运行结果如图 6-34 所示。

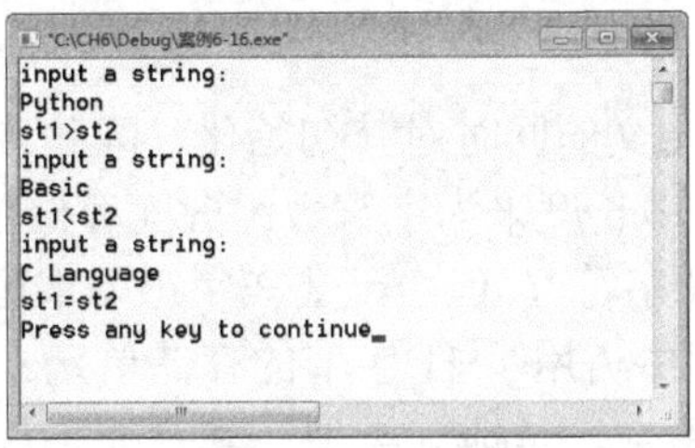

图 6-34　案例 6-17 运行结果

案例小结

1）strcmp()函数的功能是比较两个字符串是否相同。若两个字符串相同，函数返回值为 0。

2）本案例将输入的字符串 st1 与数组 st2 中的字符串比较，比较结果存储到 k 中，根据 k 值输出结果提示串。比较规则是：将两个字符串中的字符依次两两比较，遇到第一个不相同的字符就结束比较。字符串的大小，按照字符的 ASCII 值进行比较。

【案例 6-18】 strlen()函数的使用。

函数原型：

```
int strlen(const char *s);
```

函数功能：返回字符串 s 中字符的个数。

案例设计目的

熟悉并掌握 strlen()函数的使用。

案例分析与思考

strlen()函数的使用形式如何？它有几个参数？参数是什么类型？

案例主要代码

```
#include "string.h"
main()
{  int k;
   char st[]="C language";
   k=strlen(st);
   printf("The lenth of the string is %d\n",k);
}
```

案例运行结果

本案例运行结果如图 6-35 所示。

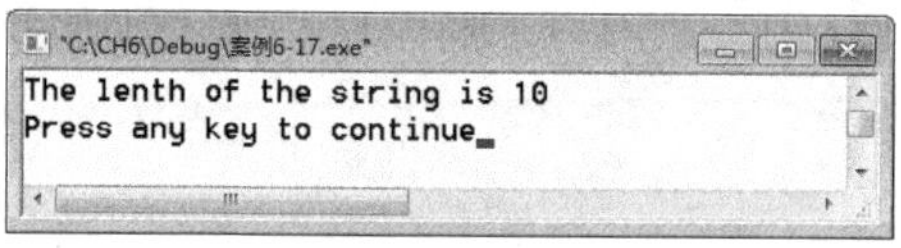

图 6-35　案例 6-18 运行结果

案例小结

1）在对字符数组 st 进行定义的同时对其初始化，因此 st 的长度可以为空，此时计算机会自动根据初始化的字符串长度来为字符数组分配存储单元。本案例中初始化的字符串长度为 10（空格也算一个字符），但由于要在字符串末尾添加一个字符串结束标记'\0'，实际上该字符数组在内存中占用了 11 字节的存储单元。

2）strlen()函数只有一个参数，是地址类型，其功能是从该地址开始，统计字符串的长度，不计'\0'。例如，代码“k=strlen(st+3);”，表示从数组的第 4 个元素开始统计字符串长度，结果为 7。

3）strlen()函数的参数可以是一个字符数组的首地址，也可以是任何元素的地址，还可以是一个字符串常量，例如：

```
k=strlen("hello");
```

6.4.3　字符数组的应用

【案例 6-19】字符串排序。

编写程序，输入 5 名学生的姓名，按人名升序排序，输出排序结果名单。

字符串排序

案例设计目的

熟练运用字符数组的输入、输出及数组元素的排序算法。

案例分析与思考

本案例编程思路如下：一名学生的姓名是一个字符串，也就是一个一维字符数组；多名学生的姓名就是多个字符串，也就是多个一维字符数组，多名学生的姓名构成二维字符数组。

用字符串比较函数 strcmp()比较各字符串、各一维数组的大小，并排序，输出结果部分需要将排好序的内容放置在一个一维数组中。

排序就要做交换，本案例中要实现的是字符串的交换，即将一个字符数组复制给另外一个字符数组，此处使用 strcpy()函数来实现。

程序流程图

本案例程序流程图如图 6-36 所示。

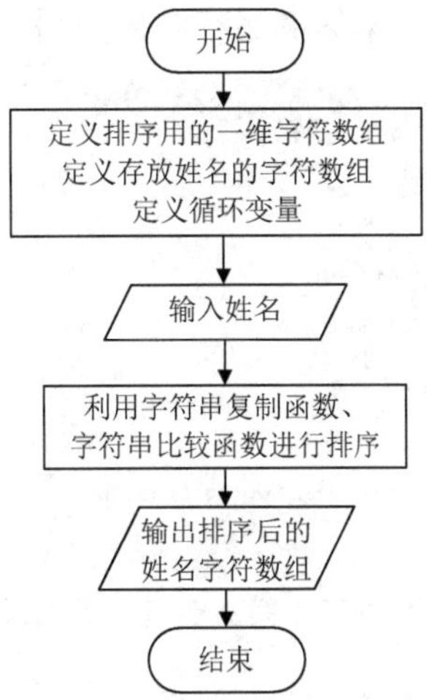

图 6-36　案例 6-19 程序流程图

案例主要代码

```
#include "stdio.h"
#include "string.h"
void main()
{
   char st[20],cs[5][20];
   int i,j,p;
   printf("请输入学生姓名:\n");
   for(i=0;i<5;i++)
     gets(cs[i]);                        //字符串输入函数
   printf("\n");
   for(i=0;i<5;i++)
   {  p=i;
     strcpy(st,cs[i]);                   //字符串复制函数
     for(j=i+1;j<5;j++)
       if(strcmp(cs[j],st)<0)            //字符串比较函数
         {p=j;
         strcpy(st,cs[j]);}              //字符串复制函数
         if(p!=i)
         {
           strcpy(st,cs[i]);             //字符串交换算法
           strcpy(cs[i],cs[p]);
           strcpy(cs[p],st);
         }
    puts(cs[i]);                         //字符串输出函数
   }
 printf("\n");}
 }
```

案例运行结果

本案例运行结果如图 6-37 和图 6-38 所示。

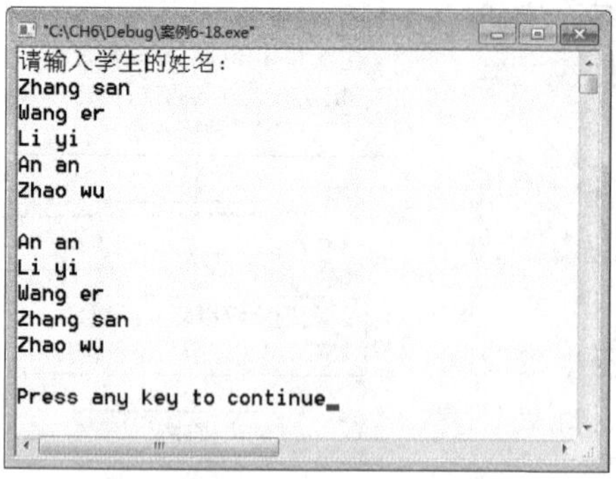

图 6-37　案例 6-19 运行结果（英文输入）

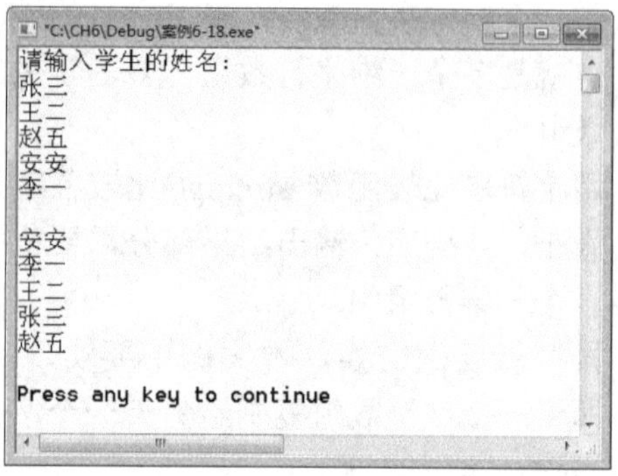

图 6-38　案例 6-19 运行结果（中文输入）

案例小结

1）本案例采用的排序算法为选择排序算法。

2）本案例中大量使用了字符串处理函数，使代码更加简洁清晰。

3）在处理二维字符数组的输出问题时，本案例将二维数组的每一行看作一个一维字符数组，即字符串。这样使用 puts()函数，将每一行的首地址作为 puts()函数的参数，即可输出该字符串。

【案例 6-20】编写程序，完成中英文字典的查找功能。

输入一个英文单词，输出其对应的中文，若查不到，则输出“找不到该单词”。例如，输入“China”，输出“中国”。

案例设计目的

熟悉字符数组和字符串的应用。

中英文字典的查找功能

案例分析与思考

1）定义两个二维字符数组，分别一一对应存储中的英文单词，即字典库；若“China”存放在数组 1 的第 i 行，则“中国”存放在数组 2 的第 i 行。

2）额外定义一个一维字符数组，用来从键盘接收要查找的单词。

3）将接收的一维字符数组与存放英文单词的二维字符数组中的每一行进行比较，遇到相同的字符串时，输出存放中文单词的二维数组中对应位置上的字符串。

程序流程图

本案例的程序流程图如图 6-39 所示。

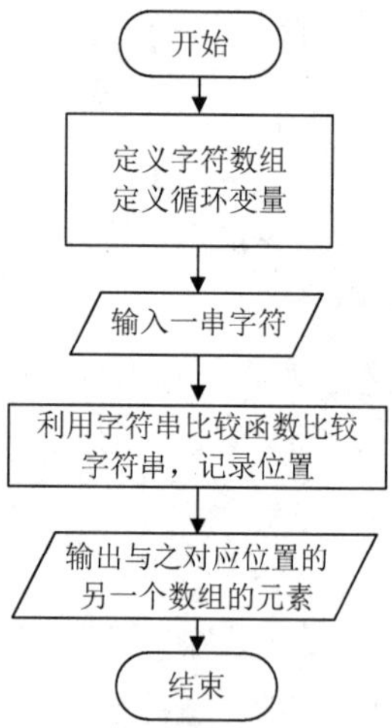

图 6-39　案例 6-20 程序流程图

案例主要代码

```
#include "stdio.h"
#include "string.h"
void main()
{char a[10][20]={{"China"},{"Japan"},{"American"},
                    {"England"},{"Sweden"},{"India"},{"Korea"}};
 char b[10][20]={{"中国"},{"日本"},{"美国"},{"英国"},{"瑞典"},
                    {"印度"},{"韩国"}};
 char c[20];
 int i;
 gets(c);
 for(i=0;i<10;i++)
 if(strcmp(c,a[i])==0)
    {printf("the meaning of word \"%s\" is:\"%s\"!\n",a[i],b[i]);
     break;  }
 if(i>=10)
    printf("找不到这个单词!");
}
```

案例运行结果

本案例运行结果如图 6-40 所示。

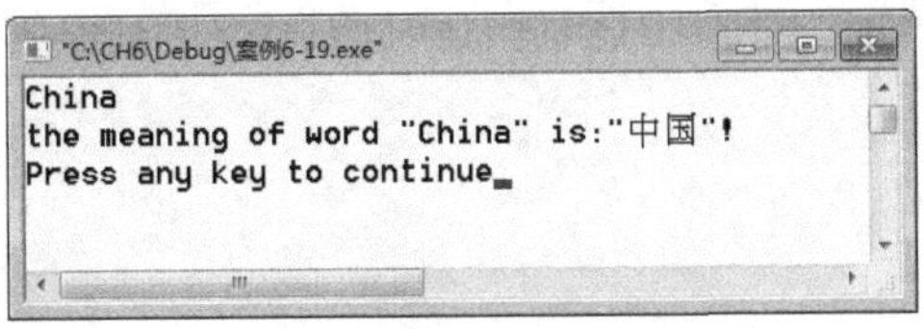

图 6-40 案例 6-20 运行结果

案例小结

1）通过对上述多个案例的学习可知，字符串的灵活处理经常用到二维字符数组和字符串处理函数。

2）字符串比较函数值得注意，当两个字符串相同时，函数返回值为 0。

本 章 小 结

数组是程序设计中常用的数据结构。数组可分为数值数组（整型数组、实型数组）、字符数组，以及后面章节将要介绍的指针数组、结构体数组等。

数组的本质是连续存储的变量。数组元素按照下标从小到大的对应顺序在内存中存储。

从数组维度来看，数组又可以分为一维、二维或多维数组。

数组类型说明由类型说明符、数组名、数组长度（数组元素个数）3 部分组成。数组元素又称为下标变量，其下标从 0 开始。数组的类型是指下标变量可以存储的数据类型。

数组的赋值可以用数组初始化赋值、输入函数动态赋值和赋值语句赋值 3 种方法实现。数值数组不能用赋值语句整体赋值、输入或输出，必须用循环语句逐个对数组元素进行操作。

字符型数组虽然在定义时长度固定，但是在实际存储字符串时，字符串的长度往往不固定。此时要使用字符串结束的标记'\0'来标记字符串的结束。

字符串的处理可以使用 C 语言提供的字符串处理库函数。

第7章　函　　数

第1章曾提到，C语言程序都是由函数构成的。每个C语言程序中至少要有一个函数，有且只能有一个main()函数。程序的运行都是从main()函数开始，并运行到main()函数中的最后一条语句结束。

究竟什么是函数？为什么C语言程序代码由函数组成？函数的作用又是什么？下面用生活中的实例来帮助理解函数的概念。

假设家庭房屋要装修，就有很多工作要做，如打家具、贴瓷砖、刷油漆等。这些工作由谁来完成？是由家庭成员来完成，还是请一个人来完成所有工作，还是请不同的人来完成不同的工作呢？实际情况是：由木匠完成打家具的工作，由瓦匠完成贴瓷砖的工作，由油漆工完成刷油漆的工作，如图7-1所示。房主相当于main()函数，木匠、瓦匠和油漆工相当于C语言程序中的3个具有特定功能的函数。这样做的好处是显而易见的：如果由家庭成员完成所有工作，由于不一定是专业人士，还要去学习装修技术，费时费力且不一定专业；如果所有工作都由一个人来完成，他未必精通每一个工种；如果由不同的人来完成，由于他只专心于某一个工种，可以做到精益求精。显然，这样的分工是合理的、高效的。

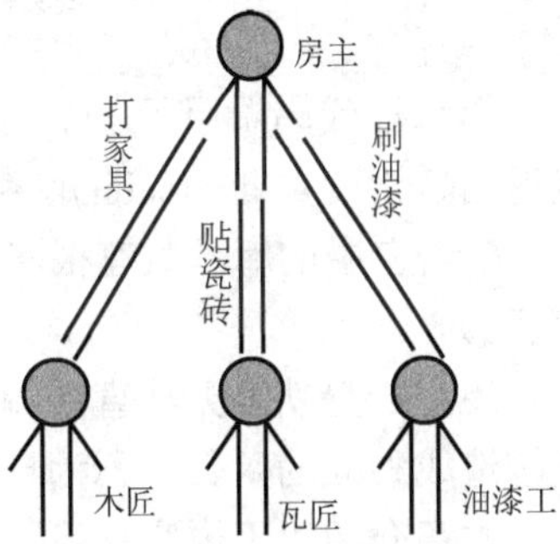

图7-1　家庭装修工作分工

下面再来说编程。假设编写一个学生成绩管理系统的程序，也有很多工作要做，如查找学生信息、删除学生信息、添加学生信息（图7-2）。如果将所有的程序功能写在main()函数中，会导致main()函数繁杂冗长，而且其他程序也要设计这些功能，必须重新、重复编写这些代码。在程序结构上，代码写在一个函数中，程序的可读性、可理解性会大幅降低。通常的解决办法是：将一个大系统功能分解为若干的小系统功能，小系统功能再进一步分解成更小的系统功能，这就是程序的模块化思想。在C语言程序中，将每个功能模块编写成一个函数。C语言程序就是由函数构成的。采用函数的好处是：程序结构清晰，便于理解和阅读；函数调用灵活，只需使用该功能，就可以调用这个函数，减少了代码重复编写工作量。

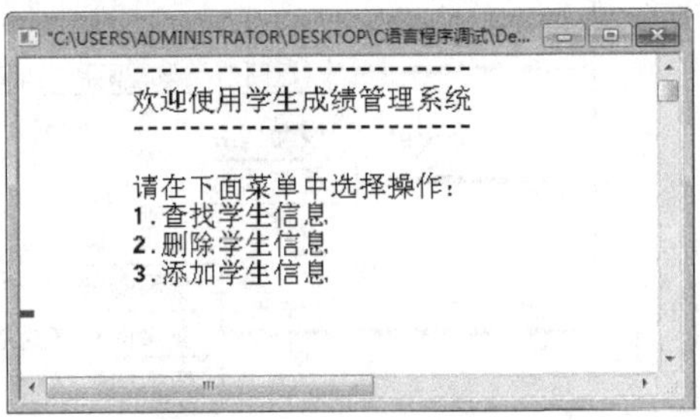

图7-2　学生成绩管理系统

进一步讲，函数是一系列独立的程序代码，将这些程序代码集合，并赋予一个名字，就形成了一个函数。

前面的案例中多次用到一个函数——printf()。printf()函数的作用是输出参数内容。printf()函数不是由用户定义的函数，而是系统预先编写的函数，当需要运行输出操作时，可以直接调用它。由系统提供的已编写好的函数，称为库函数。例如，以下代码：

```
1.   #include<stdio.h>
2.   #include<math.h>
3.   void main()
4.   {  float a,b,c,x1,x2,t,d;
5.      scanf("%f%f%f",&a,&b,&c);
6.      t=b*b-4.0*a*c;
7.      d=sqrt(t);
8.      x1=(-b+d)/(2.0*a);
9.      x2=(-b-d)/(2.0*a);
10.     printf("x1=%f,x2=%f\n",x1,x2);
11.  }
```

第 7 行代码调用了一个函数 sqrt()，该函数的功能是对参数 t 开平方，并将平方根的值返回赋给变量 d。main()函数共调用了 3 个库函数：scanf()、printf()、sqrt()。

C 语言中的库函数有很多，且分类管理，如数学函数 sin（正弦）、sqrt（开方）、cos（余弦）。

还有一些功能无法直接调用现有的库函数来实现求解，这时需要用户将这一程序功能构造成独立的函数，称为自定义函数。

本章介绍以下内容：函数的定义、函数的声明、函数的参数、函数的返回值、函数的调用、局部变量与全局变量、变量的存储类型等。本章知识图谱如图 7-3 所示。

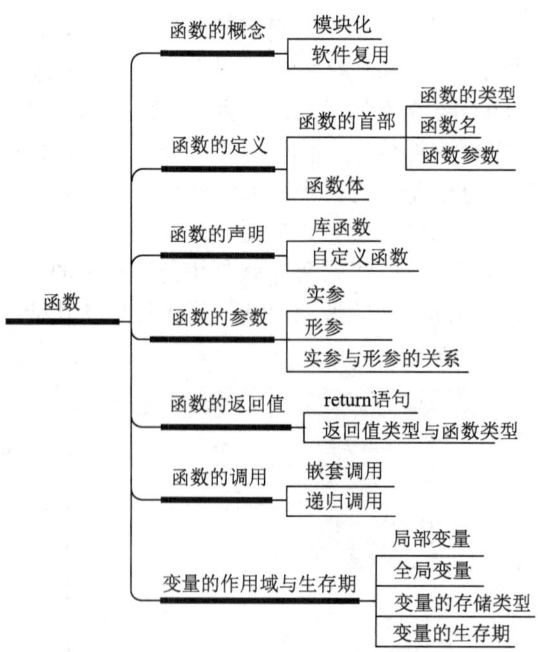

图 7-3 “函数”知识图谱

7.1　函数的定义

所谓函数的定义，就是构造一个函数。正确构造一个函数，首先需要了解函数的基本结构，然后根据函数的基本结构，以及各个部分的含义，结合实际要解决的问题，完成函数的构造。

【案例 7-1】 通过 main()函数认识函数的结构。

案例设计目的

1）认识函数的结构。

2）了解函数每一部分的意义。

案例分析与思考

（1）分析

正确地定义和使用函数，首先需要认识函数的结构，了解函数的基本构成，然后通过检查函数的结构是否完整，帮助验证函数定义的正确性。

（2）思考

函数的结构是怎样的？由几个部分组成？每一部分有什么意义？每一部分如何正确定义？

案例主要代码

```
#include<stdio.h>
void main()
{
   printf("博学精思、笃行致新\n");
}
```

案例运行结果

本案例运行结果如图 7-4 所示。

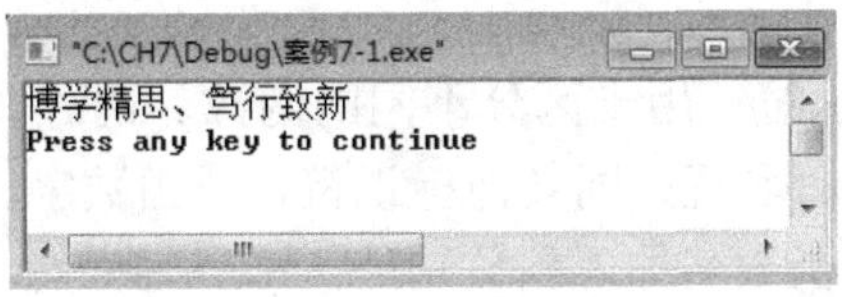

图 7-4　案例 7-1 运行结果

案例小结

1）本案例中只用到主函数 main()。main()函数的结构如下：

```
void main()
{
   …………
}
```

参数说明如下：

① void 为函数类型。

② main 为函数名。

③ main 后面的()中可以放函数的参数，本案例中此处没有参数。

④ {}中省略号表示函数体语句。

2）根据一个函数有没有参数，可以对函数进行分类，如图 7-5 所示。

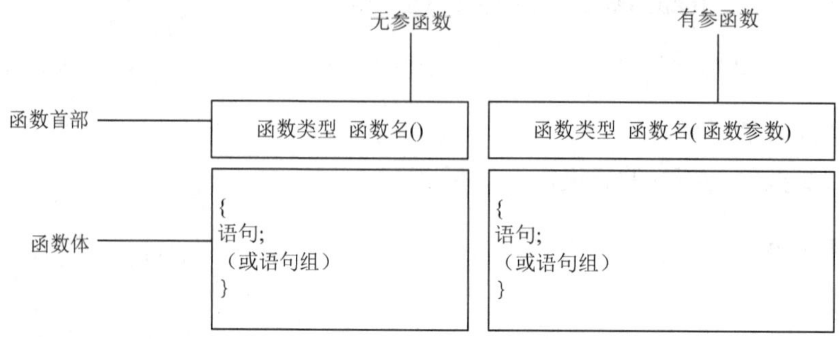

图 7-5 函数的结构与参数

图 7-5 中左右两部分表示的是两种不同类型的函数结构。比较左右两部分：左边函数名后面的括号中无参数，将这样的函数称为无参函数；右边的函数名后面的括号中含有参数，将这样的函数称为有参函数。

3）不管是有参函数还是无参函数，函数的构成都包括函数首部、函数体。

4）函数首部又包括函数的类型、函数名、函数的参数。（注意：函数名后面的一对小括号是函数的标记，不能省略。）

5）函数体是函数为实现其功能而设计的语句，可能是一条语句，也可能是一组语句，即多条语句。

6）总体来说，函数由 4 个部分构成：函数类型、函数名、函数参数、函数体。下面简单解释函数的每一部分的含义。

① 函数类型：表示函数是否带回一个返回值。如果带回返回值，则函数类型应尽量与函数体中设计的返回值变量（或表达式）的类型一致；如果没有带回返回值，则函数类型定义为 void 类型。

② 函数名：是一个标识符，用于区分不同的函数。同时，函数名也是函数的入口地址，即首地址。函数名的命名规则同其他标识符，即由数字、字母、下划线构成，其中数字不能作为开头。建议函数名体现函数功能，即见名知意。

③ 函数参数：函数参数是函数之间传递消息的接口。一个函数可以有参数，这样就要求调用它的函数必须给它的参数传递具体的取值；一个函数也可以没有参数，这样调用它的函数就无须提供任何数值。

④ 函数体：函数体以一对大括号为定界符。大括号中可以有若干条语句。这些语句用于实现函数的特定功能。

7）综上所述，如果需要构造一个函数，只要准确地给出函数类型、函数名、函数参数和函数体，即完成了函数的定义。

8）任何一个函数的定义都要独立于其他函数，如果在一个函数体中定义了另外一个函数，称为嵌套定义。在 C 语言中，不可以在一个函数的函数体内定义另一个函数，即函数不允许嵌套定义。

博学小助理

函数构成四要素：函数类型、函数名、函数参数、函数体。

函数定义：不可以嵌套定义。

函数的标志：()。

函数体的定界符：{}。

拓展训练

自定义一个函数：函数名为 pri，函数类型为 void（为什么函数类型是 void），函数没有参数，函数的功能是输出一行共 10 个“*”号。

技能提高

根据拓展训练，设计一个函数，函数的功能是输出 3 行“*”号，每行 10 个。

【案例 7-2】 定义一个函数，函数的功能是比较两个数的大小，并输出较大的数。

案例设计目的

1）认识函数的结构。

2）强化函数构成四要素概念。

案例分析与思考

（1）分析

在本案例中，为简化程序，函数类型仍然采用 void 类型，函数名为 max，函数没有参数，函数中要计算的数据都在函数体中定义，计算结果在函数中直接输出。

（2）思考

函数的类型是否可以转换成其他类型？什么情况下需要用其他类型？如何确定具体的类型？如果需要计算的数据，由调用它的函数传递给它，该如何实现？

案例主要代码

```
#include<stdio.h>
void max()                    //函数首部
{  int a,b;                   //函数体，函数的功能
   scanf("%d%d",&a,&b);
   if(a>b)  printf("max=%d\n",a);
   else  printf("max=%d\n",b);
}
```

如果将上述代码直接复制到 VC++编译环境下编译，程序将不能被运行。编译连接后会出现错误，如图 7-6 所示。

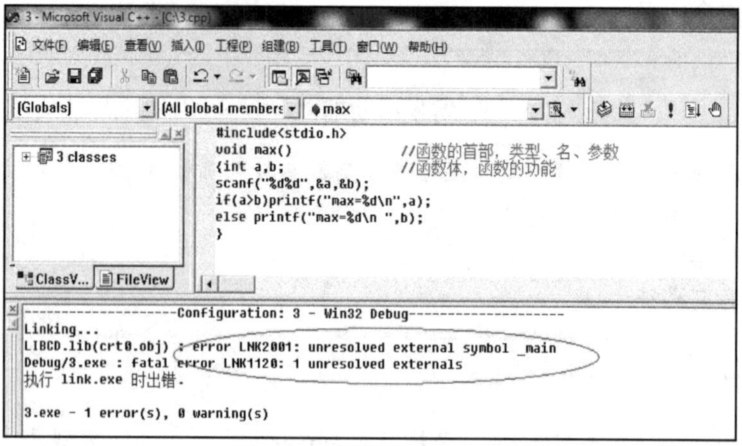

图 7-6　没有 main()函数的程序编译结果

解决上述错误，需要为程序添加一个 main()函数。在 C 语言程序中至少有一个函数，有且只能有一个 main()函数。程序的运行都是从 main()函数开始，并运行到 main()函数中的最后一条语句结束。

添加 main()函数后的代码如下：

```
#include<stdio.h>
void main()      //main()函数，程序运行在main()函数中开始
{
   max();
}
void max()       //max()函数，被main()函数调用后，运行其语句
{  int a,b;
   scanf("%d%d",&a,&b);
   if(a>b)  printf("max=%d",a);
   else  printf("max=%d",b);
}
```

上述代码由两个函数构成，分别是 main()函数和 max()函数。程序的运行从 main()函数开始，在 main()函数中结束。因此，如果未在 main()函数中调用 max()函数，max()函数将不会被运行。在本例中，main()函数中只有一条语句“max();”，该语句的作用是调用 max()函数，运行其功能。max()函数中所有的语句都运行完毕后，程序的流程会返回到 main()函数，结束程序。

将上述代码复制到 VC++编译环境下编译，错误再次出现，如图 7-7 所示。

错误提示信息意为“max 为未声明的标识符”。该错误出现的原因是在程序中，main()函数在前，max()函数在后。这样，在 main()函数中调用 max()函数时，系统不知道 max 是什么，无法正确使用它。要改正上面的错误，最简单的方法是将 max()函数移动到 main()函数的前面，代码如下：

```
#include<stdio.h>
void max()          //max()函数被main()函数调用后，运行其语句
```

```
{  int a,b;
   scanf("%d%d",&a,&b);
   if(a>b)  printf("max=%d",a);
   else  printf("max=%d",b);
}
void main()            //main()函数
{
   max();
}
```

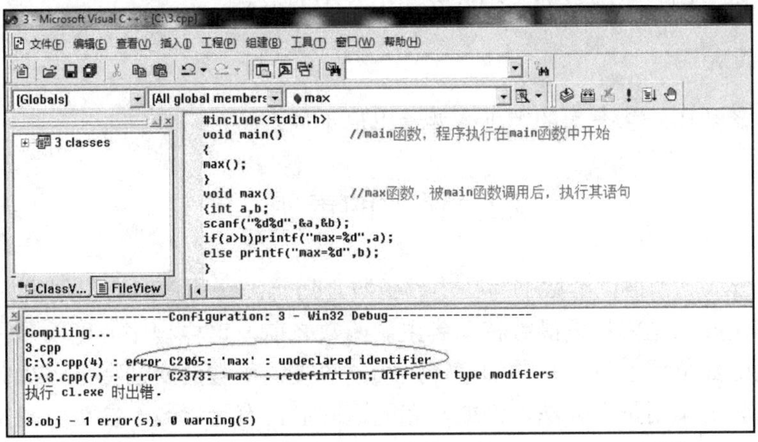

图 7-7　编译错误

案例运行结果

本案例运行结果如图 7-8 所示。

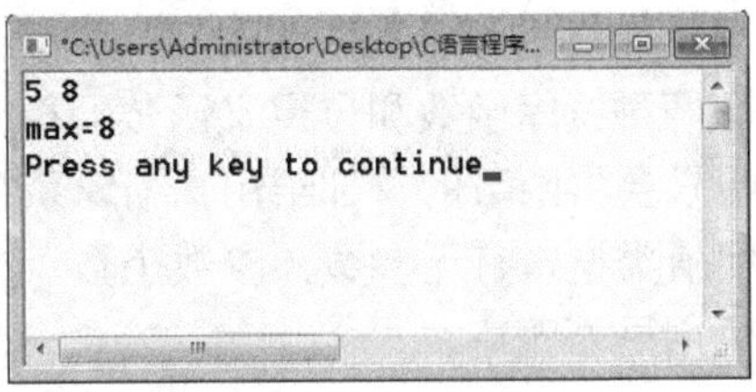

图 7-8　案例 7-2 运行结果

案例小结

1）在 C 语言程序中，有且只能有一个 main()函数。

2）如果 main()函数位于在被调用函数的前面，程序中将会出现被调函数未声明的错误；要避免错误，最简单的解决办法是将被调函数 max()写在 main()函数的前面；实际上，在含有多个函数的程序中，很难依赖调整函数书写的前后关系来保证函数调用的顺利运行。此处引入一个概念，叫函数声明。其具体内容见 7.2 节。

3）一个函数内部有调用其他函数的代码，这个函数称为主调函数；一个函数，被其他函数调用，这个函数称为被调函数。

4）main()函数只能调用其他函数，不能被其他函数调用，因此 main()函数只能是主调函数。

5）除 main()函数外，其他函数既可以是被调函数，也可以是主调函数。

6）函数定义的四要素：函数类型、函数名、函数参数、函数体。在定义一个函数时，只要逐一确定函数的四要素，即可完成函数的定义。

拓展训练

定义一个函数比较两个数的大小，并输出较小的数。

技能提高

定义一个函数比较 3 个数的大小，并输出最小的数。

7.2 函数的声明

如图 7-7 所示，当被调函数书写在主调函数之后，编译程序时会出现被调函数未声明的错误，解决办法是将被调函数移动到主调函数之前，这样程序就可以顺利运行。

调整被调函数位置的目的是通知编译系统了解被调函数的属性特征，以便在主调函数调用它时，验证调用是否合法。例如，有无返回值，有无参数、参数类型及数量等。

如果一个 C 语言程序文件中有多个函数，而函数之间存在很复杂的调用关系，单纯依靠调整函数书写位置来保证所有被调函数都书写在主调函数之前，将是一件很复杂的工作，甚至是无法完成的工作。那么如何解决这个问题，让程序员不必为函数的书写位置而烦恼？这就是本节讨论的问题：函数声明。

如果在程序的开头对程序中定义的所有函数进行声明，那么这些函数的书写位置就不受任何限制，可以任意书写。如何进行函数声明呢？

前面介绍过函数的类型有两种：库函数和自定义函数。相应地，函数的声明也分这两种情况来讨论。函数的声明只要将函数的首部给出，编译系统就可以了解被调函数的一些信息：有无返回值，返回值类型，有无参数，参数个数，参数类型。这样编译器就可以检查主调函数中的函数调用是否正确。

7.2.1 库函数的声明

对于库函数，为了简化程序员的工作，各种 C 语言系统都可根据库函数的功能对其进行分类。例如，开方、三角函数等归类为数学函数；printf()函数和 scanf()函数归类为基本输入和输出函数。然后将同类函数的声明写入一个文件中，如开平方 sqrt()函数的声明就在 math.h 文件中。其中 math 表示数学，h 是 head 的缩写，意为头，将扩展名为“.h”的文件统称为头文件。再如，printf()函数所在的头文件为 stdio.h（标准输入/输出）中。如果在程序中使用了某个库函数，为了能够正确地调用这个函数，需要用“#include”来包含这个函数所在的头文件，以对此函数进行声明。其中头文件要用一对尖括号（<>）或一对双引号（""）括起来。例如：

```
    #include<stdio.h>            //标准输入/输出函数头文件
```

```
#include<math.h>           //数学函数头文件
#include<string.h>         //字符串处理函数头文件
```

注意使用尖括号（< >）与双引号（" "）的区别。在编写 C 语言程序时，存在两个目录：一个是 VC++安装时的系统路径，在软件安装完成后，其安装目录下有一个 include 文件夹，其中存放着系统定义的所有头文件，暂且称为系统路径；另一个是用户设置的路径，在编写程序时，首先要建立工程，并设置程序存储路径，暂且称为用户路径。对于 stdio.h 头文件，有如下两种形式。

#include<stdio.h>形式：到系统路径中查找头文件，通常用于系统定义的头文件的包含。

#include "stdio.h"形式：先到用户路径中查找头文件，若找不到，再到系统路径中查找，通常用于包含用户自己编写的头文件。

7.2.2　自定义函数的声明

对于自定义函数，其声明最有效、最简单的方法是原型声明，即将函数定义的函数首部（头）原封不动地复制下来，粘贴到程序的开头，然后在末尾加一个“;”构成函数声明语句即可。

例如，案例 7-2 中的代码可以修改如下：

```
1.  #include<stdio.h>
2.  void max();
3.  void main()       //main()函数，程序运行在 main()函数中开始
4.  {
5.     max();
6.  }
7.  void max()        //max()函数，被 main()函数调用后，运行其语句
8.  {  int a,b;
9.     scanf("%d%d",&a,&b);
10.    if(a>b)  printf("max=%d",a);
11.    else printf("max=%d",b);
12. }
```

代码第 1 行为 scanf()函数和 printf()函数的声明，包含了它们所在的头文件 stdio.h。

代码第 2 行为 max()函数的声明语句。这样，max()函数（被调函数）就可以书写在 main()函数（主调函数）之后，程序编译和运行时不会出现错误，能够正确运行。

博学小助理

原型声明是指自定义函数的声明方式。具体操作如下：将被声明函数的头部，原封不动复制下来，加上“;”后，放在程序的开头。如果有多个函数需要做原型声明，则重复上述步骤。

函数声明后，从声明位置开始，到程序的结尾，都可以调用该函数。

7.3 函数的参数

在案例 7-2 中，max()函数没有参数，也没有返回值。变量 a 和 b 都是在 max()函数内部定义并获得键盘输入值的。如果 max()函数不定义变量 a 和 b，也不接收变量 a 和 b 的值，而是由 main()函数实现变量 a 和 b 的定义和值的接收，然后由 main()函数将变量的值传递给 max()函数，那么 max()函数就需要定义两个参数，用来接收 main()函数传递过来的值，就称 max()为有参函数。具体代码修改如下：

```
#include<stdio.h>                //库函数的声明
void max(int x,int y);           //max()函数的声明，注意参数
void main()                      //main()函数
{  int a,b;                      //定义变量
   scanf("%d%d",&a,&b);          //接收变量的值
   max(a,b);                //调用max()函数,并将已有值的变量传递给max()
}
void max(int x,int y)       //max()函数的头部，x,y 为 max()函数的参数
{
   if(x>y)  printf("max=%d",x);  //判定参数 x 和 y 的值，输出大的
   else  printf("max=%d",y);
}
```

这样设计函数的好处是，max()函数的参数用来接收 main()函数传递过来的要计算的数据，main()函数传递给它什么数据，它就计算和处理什么数据。这样，max()函数就可以灵活地处理任何传递过来的数据。当然，作为主调函数的也远远不只是 main()函数，其他任何函数都可以调用 max()函数，只要传递给 max()函数需要处理的数据，max()函数可以为更多的函数“服务”。

简言之，函数的参数是函数之间消息（数据）传递的载体。我们可以把它理解成一个容器，用来盛装要加工的原材料。

【案例 7-3】 编写一个函数，实现两个数的交换。

要求两个数在 main()函数中接收，并传递给该函数，直接在该函数中输出交换后的结果。

案例设计目的

1）认识函数的参数。

2）掌握参数的定义形式。

3）掌握参数之间的关系。

案例分析与思考

（1）分析

1）本案例涉及两个函数，即 main()和要构造的函数。

2）完成此程序的编写，需要弄清楚这两个函数的结构和内容设计，具体要考虑的因素有：函数是否有返回值及函数类型、函数名、函数有无参数（main()函数都无参数）、

函数中需要定义的变量及函数的功能。函数功能设计如表 7-1 所示。

表 7-1 函数功能设计

设计要点	main()函数	交换函数（命名为 swap）
函数类型	void	void
函数名	main	swap
函数参数	无	有两个，用来接收 main()函数的变量值
函数中变量	两个，从键盘接收	有一个，用来实现变量值的交换
函数功能	将两个变量传递给 swap	交换，输出
函数值	无	无

（2）思考

1）主调函数中的参数是否可以与被调函数的参数同名？

2）在 swap()函数中输出交换后的结果。如果函数调用结束后，在 main()函数的最后输出 main()函数中两个变量的值，则两个函数的输出结果有什么不同？为什么？

程序流程图

本案例程序流程图如图 7-9 所示。

案例主要代码

```
//main()函数
#include<stdio.h>
void main()
{
   int a,b;
   scanf("%d%d",&a,&b);
   swap(a,b);
}
//swap()函数
void swap(int x,int y)
{
   int t;
   printf("交换前 x 和 y 的值:\n");
   printf("x=%d,y=%d\n",x,y);
   t=x;x=y;y=t;
   printf("交换后 x 和 y 的值::\n");
   printf("x=%d,y=%d\n",x,y);
}
```

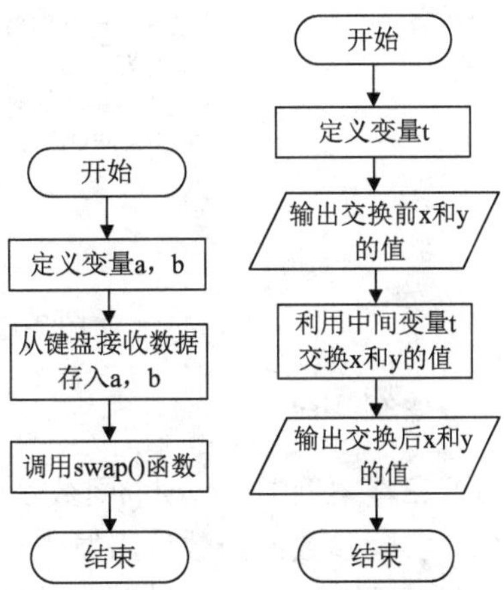

主函数流程图　swap()函数流程图

图 7-9 案例 7-3 程序流程图

注意：代码中缺少 swap()函数声明，在编译器中编译前需要补充。

案例运行结果

本案例运行结果如图 7-10 所示。

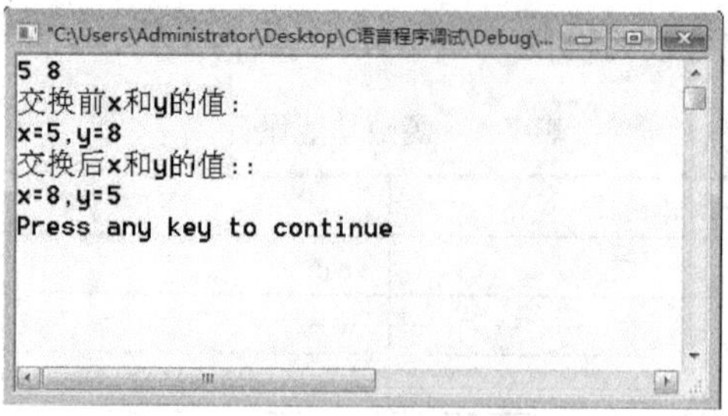

图 7-10 案例 7-3 运行结果

修改代码，在 main()函数中输出 a 和 b 的值：

```
void main()
{
   int a,b;
   scanf("%d%d",&a,&b);
   swap(a,b);
   printf("函数调用返回后\n");
   printf("main 函数中的输出: a=%d,b=%d\n",a,b);
}
```

输出结果如图 7-11 所示。

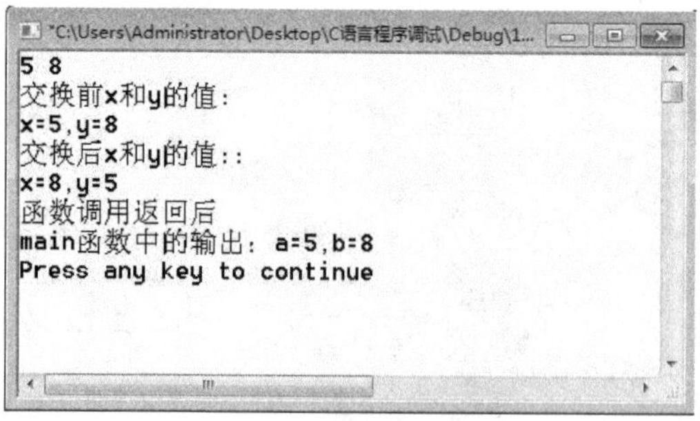

图 7-11 main()函数的输出结果

案例小结

1）在本案例中，swap()函数是一个有参函数。

2）实际参数：函数调用发生时，函数括号中的参数称为实际参数，简称实参。在调用有参函数时，主调函数要在被调函数名后面的括号中给出相应的数值。在本案例中，main()函数调用 swap()函数时，在其括号中给出变量 a 和 b 的值，main()函数中的 a 和 b 就是实际参数。注意，此时 a 和 b 的值已经从键盘接收获得，如果此时 a 和 b 没有确切的值，函数调用就没有意义。

3）形式参数：函数定义时，函数括号中的参数为形式参数，简称形参。在函数 swap()定义中，函数名后面的括号中有参数 x 和 y，x 和 y 称为形式参数。形式参数必须要有类型说明，用于保证两个函数之间消息传递时的类型一致。对于形式参数的类型说明，即使多个参数类型相同，也不可以像定义变量那样，一个类型符号说明多个变量，如“void swap(int x,y)”，这是错误的，必须要对 x 和 y 分别说明，即“void swap(int x,int y)”。

4）在函数定义时，系统并不为形式参数分配内存单元，形式参数也没有确切地取值。只有函数调用发生时，系统才会为形式参数分配临时的内存空间，实际参数的值就是形式参数的取值，这一取值会存入临时内存单元中。一旦被调函数运行完成，形式参数在内存分配得到的存储空间也将被释放，即“交还”给系统。

5）在函数调用发生时，要求实际参数和形式参数有一致性，即个数相等、类型一致，并且要求实际参数必须具备确切有效的值。

6）实参 a 和 b、形参 x 和 y 分别属于不同的函数，它们是完全不同的 4 个变量，在内存中占用 4 个不同的存储空间。函数调用发生时，实参 a 的值传递给形参 x，实参 b 的值传递给形参 y，而在 swap()函数中对 x 和 y 的交换操作就与 a 和 b 无关了。因此，x 和 y 被交换后，main()函数中的变量 a 和 b 并没有改变。我们将实参只将值传递给形参数的这一现象称为参数的单向值传递。

7）本案例中，如果 swap()函数的形参也命名为 a 和 b，是否可以？不妨修改代码试一试，测试的结果是肯定的：可以。不同函数中的变量就像不同人家的孩子，李家的孩子小名可以叫“小二”，张家的孩子小名也可以叫“小二”，不同函数中是可以存在同名变量的，而且虽然同名，但是它们仍然是不同的变量，在内存中占用不同的内存单元。

博学小助理

参数：两个函数之间信息传递的载体。通过参数，主调函数可以将数据传递给被调函数。

实际参数：函数调用发生时，函数括号中的参数。值确定，无须类型说明符。

形式参数：函数定义时，函数括号中的参数。值不确定，需要从实参处继承获得。必须有类型说明符。

实际参数与形式参数的关系：个数要一致，类型要匹配。

8）函数调用的流程示意图如图 7-12 所示，左侧为主调函数，右侧为被调函数。程序从主调函数开始运行，运行完语句 1、语句 2 后，遇到函数调用语句，于是程序的流程从主调函数转向被调函数，在运行完被调函数的全部语句后，程序的流程返回到主调

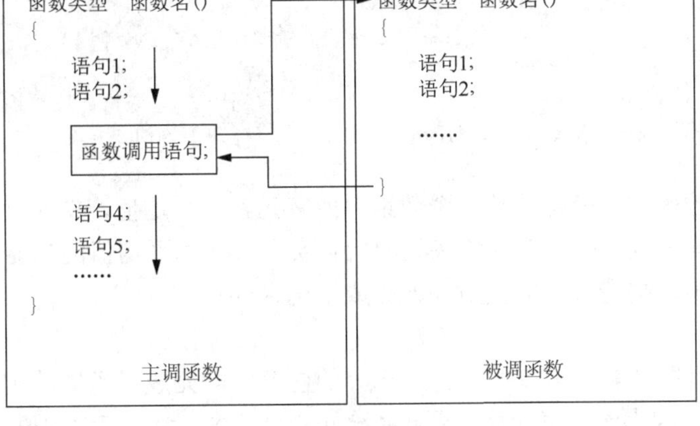

图 7-12　函数调用流程示意图

函数，继续运行函数调用语句后面的其他语句，直到最后一条语句结束。

拓展训练

编写一个函数，实现两个数的求和。两个数从 main()函数接收，并传递给该函数，直接在该函数中输出计算结果。

技能提高

编写一个函数，实现两个数的求和。两个数从 main()函数接收，并传递给该函数，计算后的结果用 return 语句返回给主调函数 main()，并在 main()函数中输出计算结果（注意 main()函数中对被调函数的返回值的处理）。

【案例 7-4】学生成绩管理。

已知一个班有 5 名学生参加了 C 语言程序设计课程考试，输入每名学生的成绩，并编写函数计算所有学生的平均成绩。

案例设计目的

1）巩固函数定义及调用基本概念。

2）掌握数组名作为函数参数的特殊性。

案例分析与思考

（1）分析

本案例源于案例 6-6，代码如下：

```
#include "stdio.h"
void main()
{  int s[5];                          //定义数组 s
   int ave=0;                         //定义平均值变量 ave
   int i;                             //定义循环变量 i
   for(i=0;i<=4;i++)                  //循环输入数组元素
   scanf("%d",&s[i]);                 //计算数组元素之和并输出每一个数组元素
   for(i=0;i<=4;i++)
   {  ave+=s[i];
      printf("第%d 名学生的 C 语言成绩是%d\n",i,s[i]);
   }
   ave=ave/5;                         //利用 ave 变量计算平均值
   printf("平均成绩是%d\n",ave);      //打印平均值
}
```

本案例构造的函数功能是计算一个数组中所有元素的平均值，并将计算结果返回主函数。从上述代码可以看出，有灰色底纹的代码实现了计算平均值的功能。因此，只要将这部分代码取出，构造成独立函数，即完成了题目要求。

（2）思考

函数构造具有四要素，只要确定每一部分的内容，即完成了函数的定义。

1）函数类型：因为函数将计算结果返回给 main()函数，因此有返回值，类型为实型。

2）函数名：见名知意原则，使用 average()。

3）函数参数：函数实现的是对 main()函数中的数组进行计算，因此 main()函数需要提供给 average()函数数组名和计算的元素的个数。因此，参数有两个，分别为数组名、数组中元素的个数。

4）函数体：计算数组元素的平均值。

程序流程图

本案例程序流程图如图 7-13 所示。

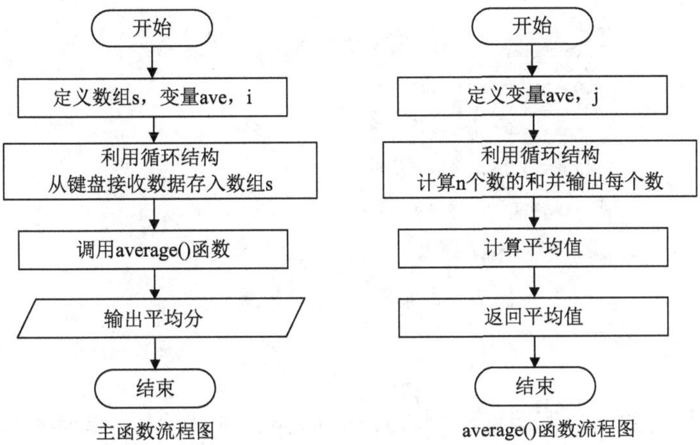

图 7-13　案例 7-4 程序流程图

案例主要代码

```
//main()函数
#include<stdio.h>
void main()
{
   int s[5];
   int ave=0;
   int i;
   for(i=0;i<=4;i++)
      scanf("%d",&s[i]); //原来此处为求平均值代码，现在为函数调用
   ave=average(s,5);
   printf("平均成绩是%d\n",ave);
}
//average()函数
int  average(int a[],int n)
{
   int i ;
   int ave=0;
   for(i=0;i<n;i++)
   {  ave+=a[i];
      printf("第%d 名学生的 C 语言成绩是%d\n",i,a[i]);
   }
   ave=ave/n;
```

```
    return ave;
}
```

average()函数参数中数组 a 用来接收主调函数传递过来的数组地址 s，n 用来接收处理的数据的个数 5。

注意：编译时，请根据提示，补全函数声明代码。

案例运行结果

本案例运行结果如图 7-14 所示。

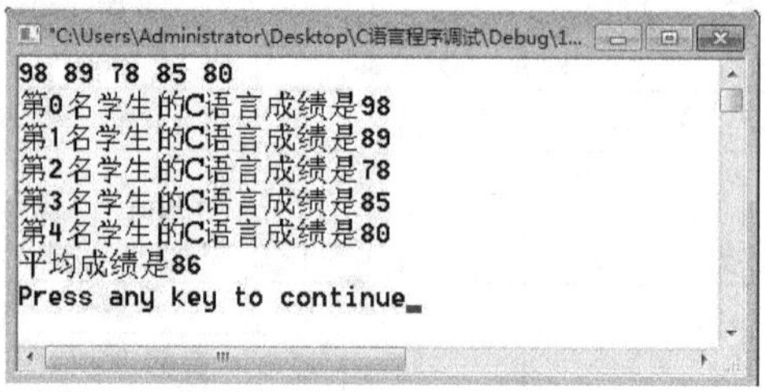

图 7-14　案例 7-4 运行结果

案例小结

1）main()函数中的函数调用语句为“ave=average(s,5);”，其中有两个实参：一个是数组名 s（即数组的首地址），另一个是数组中的元素个数 5。

2）average()函数的首部定义为“int average(int a[],int n);”，这里有两个形参，一个是数组 a，另一个是变量 n。数组 a 用来接收 main()函数传递过来的数组 s 的地址，这样数组 a 就与数组 s 具有相同的地址，实际上它们是同一个数组。average()函数中的数组元素 a[i]和 main()函数中的数组元素 s[i]是同一个元素，因此计算所有 a[i]的平均值，也就是计算所有 s[i]的平均值。

3）数组名作为函数的参数也符合参数的单向值传递特征，只是此时参数的值是地址。

4）数组名作为函数参数时，形参也必须定义成数组的形式。此时数组的长度可以省略不写。

博学小助理

数组名作为函数的参数，本质上传递的是地址类型数据。实参数组名（数组首地址）将地址传递给了被调函数的形参。被调函数的形参也是数组的形式，此处数组长度可以缺省不写。形参得到实参地址后，形参数组与实参数组实际上指向的是内存中同一个数组。

拓展训练

编写一个函数，用数组名作为函数参数，函数功能为连接两个字符串。要求不能使用库函数。

技能提高

编写一个函数，用数组名作为函数参数。函数功能为比较两个字符串是否相等。若相等，则返回整数 0；若前面的字符串大于后面的字符串，则返回 1；若前面的字符串小于后面的字符串，则返回–1。要求不能使用库函数。

7.4　函数的返回值

在案例 7-3 中，max()函数在完成计算后，结果直接在其内部输出，没有带回任何值给 main()函数，因此 max()函数的类型定义为 void。如果需要被调函数将一个值带回给主调函数，该值就称为函数值，也叫函数的返回值。此时，函数的类型最好设计成函数返回值的类型。例如，返回一个整型变量的值，函数的类型可以定义成 int 型。

对于主调函数，如果其调用的函数是一个有返回值的函数，那么，在主调函数中就要考虑被调函数的返回值的接收和处理问题。例如，可以在主调函数中直接用 printf()函数输出函数的返回值“printf("max=%d",max(a,b);”，或者将函数的返回值存入一个变量“m=max(a,b);”，这样 max()函数返回的函数值就存入主调函数中的 m 变量。

在一个函数中，如何将一个值带回给主调函数？C 语言规定了 return 语句用来实现这一功能。return 后面跟要返回的变量、常量或表达式即可。

【案例 7-5】构造一个函数，用来计算一个数的绝对值。要求计算结果返回给主调函数。

案例设计目的

1）了解函数值的含义。

2）掌握 return 语句的使用方法。

3）掌握函数返回值的接收处理方法。

案例分析与思考

（1）分析

函数构造可以分解为 4 部分：函数类型、函数名、函数参数、函数体。

1）函数类型：取决于函数是否有返回值。若无返回值，则使用 void 类型；若有返回值，则函数类型尽量与返回值类型一致。

2）函数名：结合函数功能命名，尽量做到见名知义。

3）函数参数：看主调函数是否有数据传递给被调函数，有几个？什么类型？

4）函数体：完成计算和处理，如有返回值，函数体中需要有 return 语句。

对于本例：函数类型，int；函数返回值，有；函数名，jueduizhi；函数参数，有 1 个，int 型；函数体，判断参数的正负，给出绝对值。

（2）思考

如果有不止一个数据要返回，可否用 return 语句返回多个值给主调函数？

程序流程图

本案例程序流程图如图 7-15 所示。

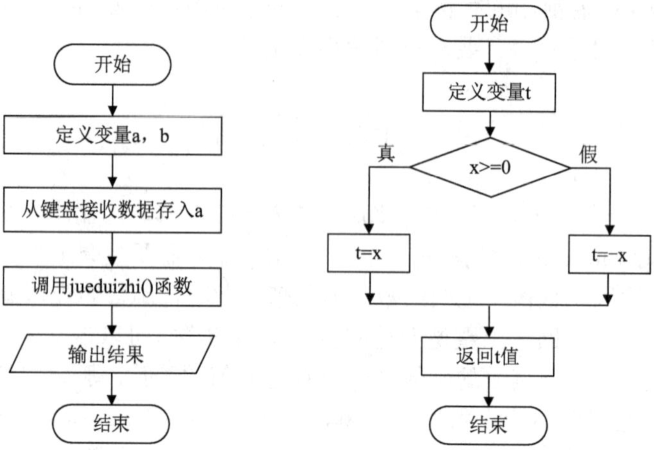

主函数流程图　　jueduizhi()函数流程图

图 7-15　案例 7-5 程序流程图

案例主要代码

```
#include<stdio.h>
int jueduizhi(int x);
void main()
{
  int a,b;                    //计算 a 的绝对值
  scanf("%d",&a);
  b=jueduizhi(a);             //b 接收函数的返回值
  printf("|%d|=%d\n",a,b);
}
int jueduizhi(int x)          //返回值类型 int，有一个参数 x
{
  int t;                      //临时变量 t
  if(x>=0)  t=x;              //t 用来存储 x 的绝对值
  else  t=-x;
  return t;                //将 t 值返回
}
```

案例运行结果

本案例运行结果如图 7-16 所示。

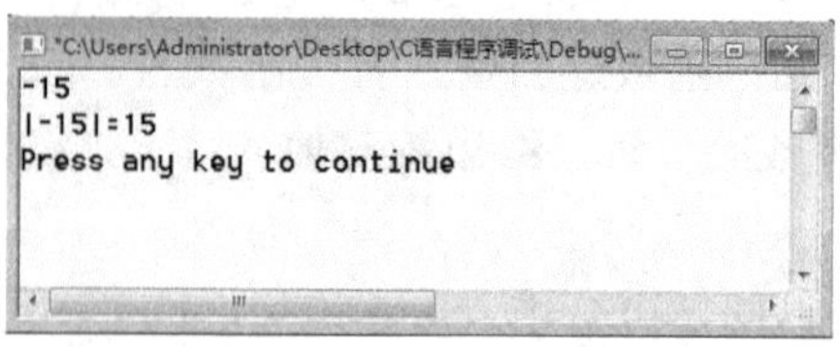

图 7-16　案例 7-5 运行结果

案例小结

1）构造正确的函数，首先需要清楚主调函数和被调函数之间有无数据传递。它们之间的数据传递通常有两个方向：①主调函数传递给被调函数，是参数。应明确有无参数？有几个？什么类型？②被调函数传递给主调函数，是返回值。应明确有无返回值？什么类型？如何返回？

2）主调函数对被调函数返回值的处理：对于没有返回值的函数，主调函数的处理很简单，只要用函数名+实参，构成一条简单的函数调用语句即可，如“max(a,b);”。对于有返回值的函数，主调函数应处理好函数的返回值，分两种情况：①直接将返回值输出或参加计算，如“printf("%d",max(a));”（直接输出函数值）或“if(max(a))”（用函数值来判断真假）或“max(a)+3”（用函数值来参加运算）等；②将函数返回值存入变量，如“b=jueduizhi(a);”，这样 jueduizhi()函数返回的函数值就存入主调函数中的变量 b。

博学小助理

函数返回值的处理办法如表 7-2 所示。

表 7-2　函数返回值的处理办法

有无返回值	处理方式	代码举例
无返回值	函数名（实参）;	max(a,b);
有返回值	直接将返回值输出	printf("%d",max(a));
	用函数值来参加运算	max(a)+3
	用函数值来判断真假	if(max(a))……
	将函数返回值存入变量	b=jueduizhi(a);

3）return 语句：被调函数的返回值需要使用 return 语句返回给主调函数。一条 return 语句可以返回一个值。在函数体设计时，会根据不同的情况来返回不同的值给主调函数，这就可能有不止一条 return 语句，但是不管有几条 return 语句，能够运行的 return 语句只有一条，在程序流程中，遇到第一条 return 语句时，程序流程就将从被调函数返回到主调函数。换言之，一个函数依靠 return 语句，只能返回一个值给主调函数。

4）返回值类型（return 后面表达式的值）与函数类型（函数首部定义的类型）不一致时，强制将返回值类型转换成函数类型返回给主调函数。

5）return 后面可以跟变量、常量或者表达式。例如，return x、return 1、return x+5。

拓展训练

构建一个函数，其功能是判断一个数是否为素数，是则返回 1，不是则返回 0。

问题分析：这是一个函数调用的问题，主调函数为 main()函数，被调函数为自定义函数，其功能是判断一个数是否为素数。回顾前面章节中素数问题的算法，函数体的代码可以引用前面设计的判断素数的代码。只要明确 main()函数及素数函数的功能，就能完成这个程序的编写。

（1）main()函数的功能

1）定义变量。

2）接收变量的值。

3）将变量值传递给被调函数。

4）接收被调函数的返回值，根据返回值输出相应的结论。

（2）素数函数的功能（函数名 prime）：

1）用一个形参接收 main()函数传递过来的需要计算的数据。

2）判断这个数是否为素数。

3）如果是素数，返回 1；否则返回 0。

提示：此处函数返回值的处理，可以采用上述第三种形式，即 “if(prime(x))printf("%d是素数\n",x);”（函数值如果为 1，输出是素数）。

技能提高

编写函数实现字符串长度的测量（要求不使用库函数 strlen()）。

7.5 函数的调用关系

在前面的案例中，程序都由两个函数构成：一个是 main()函数，另一个是自定义函数。这里 main()函数调用自定义函数，称 main()函数为主调函数，自定义函数为被调函数。实际上，在 C 语言编写的程序中，除 main()函数外，其他函数都可以设计成主调函数或被调函数。换言之，一个函数既可以调用其他函数（主调函数），也可以被其他函数调用（被调函数）。

根据函数之间的调用关系，可以把函数调用关系分成如下两种情况。

1）嵌套调用：一个函数在被调用的时候，调用了另外一个函数，称为函数的嵌套调用。

2）递归调用：一个函数调用了自己，称为函数的递归调用。

下面分别通过案例理解嵌套调用和递归调用。

【案例 7-6】计算 $1^2+2^2+3^2+4^2+5^2+\cdots+n^2$。

案例设计目的

1）巩固函数的定义方法。

2）掌握函数的嵌套调用关系。

函数的嵌套调用

案例分析与思考

（1）分析

1）将问题分解为 3 部分：main()函数、求和函数 sum()、求平方函数 pf()。

2）main()函数：从键盘接收 n，将 n 传递给 sum()函数，返回 1～n 的平方和。

3）sum()函数：将 1～n 中的某个值传递给 pf()函数，返回该值的平方，然后将这些返回值求和。这里要用到循环，多次调用 pf()函数。

4）pf()函数：接收一个整数，计算这个整数的平方，并返回计算结果。

（2）思考

1）main()函数：有几个变量？存储什么数据？调用了哪个函数？实参是什么？返回值如何接收？输出什么？

2）sum()函数：有无返回值？有无参数？函数主要功能是什么？

3）pf()函数：有无返回值？有无参数？函数主要功能是什么？

程序流程图

本案例程序流程图如图 7-17 所示。

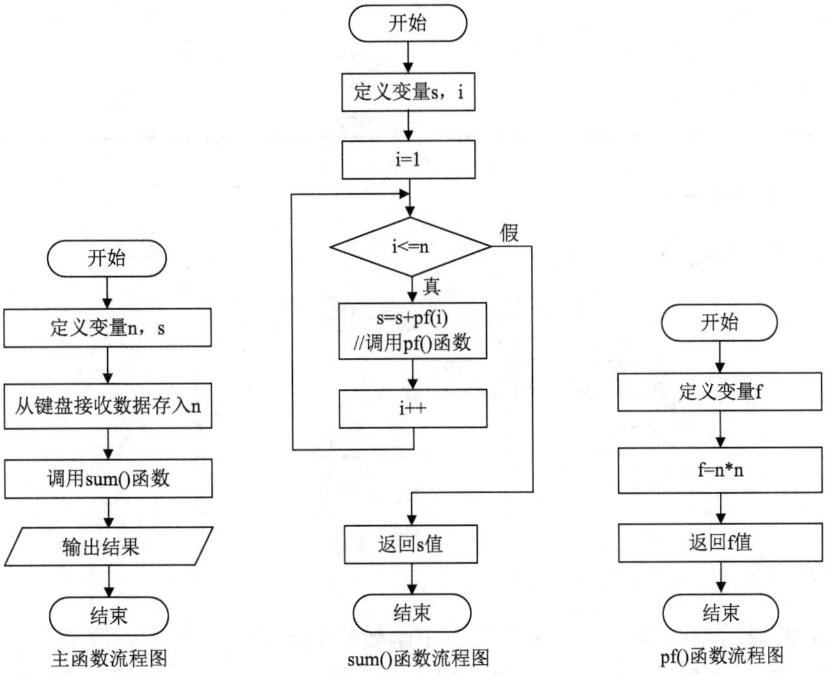

图 7-17　案例 7-6 程序流程图

案例主要代码

本案例算法描述及主要代码如表 7-3 所示。

表 7-3　本案例算法描述及主要代码

函数	算法描述	算法转换成代码

main()	定义两个整型变量，一个是 n，另一个是最终结果 s；
	从键盘接收 n 的值；
	调用函数 sum()，n 是实参，返回值给 s；
	输出 s 的值
		#include <stdio.h>
		int sum(int n);
		int pf(int n);
		void main()
		{　int n,s;
		　printf("请输入一个整数 n：");
		　scanf("%d",&n);
		　s=sum(n);
		　printf("1-%d 的平方和是：%d\n",n,s);}

续表

函数	算法描述	算法转换成代码

sum()	定义变量 s，用来保存累加和；
	定义变量 i，用来控制循环运行的次数；
	i 从 1 取到 n，对每一个 i 的值求平方，此处调用 pf()函数，并将结果累加到变量 s 中；
	循环结束返回 s
		int sum(int n)
		{
		int s=0;
		int i;
		for(i=1;i<=n;i++)
		s=s+pf(i);
		return s;}

pf()	定义一个变量 f；
	计算 f，即形参 n 的平方；
	返回计算结果 f 的值
		int pf(int n)
		{
		int f;
		f=n*n;
		return f;}

案例运行结果

本案例运行结果如图 7-18 所示。

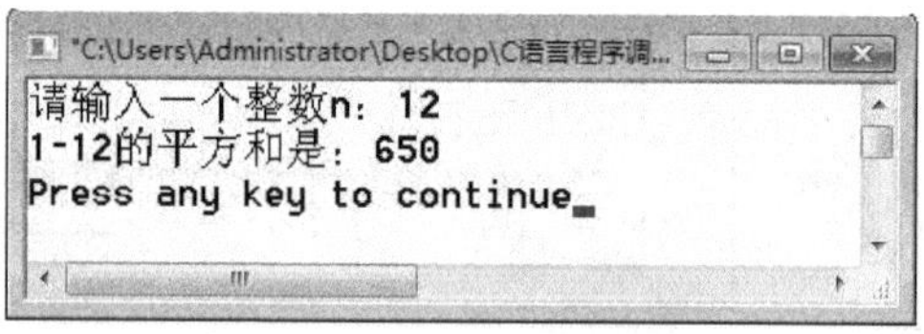

图 7-18　案例 7-6 运行结果

案例小结

1）函数的嵌套调用是指一个函数在多个函数相互调用的关系中，既充当了被调函数，又充当了主调函数，即 main()函数调用 sum()函数，sum()函数调用 pf()函数。

2）设计函数嵌套调用程序的过程实际上是将问题分解细化的过程。例如，计算一元二次方程的根需要 3 个函数：①main()函数，只负责接收方程的系数，然后调用求根函数来求根；②求根函数：只需要定义方程根的求解公式，公式中开方的计算，直接调用开方函数来实现；③开方函数：只对主调函数传递过来的实参做开方计算，然后将计算结果返回给主调函数。

博学小助理

函数调用是指一个函数（主调函数）暂时中断运行，转去运行另一个函数（被调函数）的过程。

在被调函数运行完成后，会返回到主调函数中断处继续运行。

函数的一次调用必定伴随着一个返回过程。

在函数的调用和返回过程中，函数之间发生信息交换。调用时的信息交换是实参向形参的单向值传递，返回时的信息交换是被调函数将返回值带回。

拓展训练

编写程序，计算方程 $ax^2+bx+c=0$ 的根（分 3 种情况讨论：有两个不相等的根，有两个相等的根，无实根）。请使用 3 个函数完成程序编写。

1）main()函数，只负责接收方程的系数，然后调用求根函数来求根。

2）求根函数：只需定义方程根的求解公式，公式中开方的计算直接调用开方函数来实现。

3）开方函数：只对主调函数传递过来的实参做开方计算，然后将计算结果返回给主调函数。

技能提高

编写程序，计算 1!+2!+3!+4!⋯+n!（要求：仿照案例 7-6，使用 3 个函数编写程序）。

【案例 7-7】 函数的递归调用：计算 n!。

案例设计目的

1）认识递归调用。

2）掌握递归调用函数设计的条件及技巧。

3）掌握和理解递归调用程序的运行流程。

函数的递归调用

案例分析与思考

（1）分析

由 5!=5×4×3×2×1，可得下列关系：

$$5!=5\times4!$$
$$4!=4\times3!$$
$$3!=3\times2!$$
$$2!=2\times1!$$
$$1!=1$$

如果用 f(n)来表示 n 的阶乘函数，那么 f(n−1)就表示 n−1 的阶乘，因此 f(n)=n*f(n−1)。f()函数调用了 f()函数，这就是递归调用。

（2）思考

递归调用应有一个结束递归调用的条件，否则递归调用一直运行下去，会出现死循环，即程序无法结束。在本例中，递归结束的条件是当 n=1 时，阶乘是 1，不再运行递归调用，程序流程开始返回。

这样在函数的逻辑结构上，要做一个条件判定：如果 n=1，则 f(n)=1；否则，f(n)=n*f(n−1)。如果用 y 来表示 f(n)的函数值，就可以写成：if(n==1)　y=1; else y=n*f(n−1)。

案例主要代码

```
#include<stdio.h>            //库函数声明
```

```
int fac(int n);           //自定义函数声明
void main()
{
   int n,s;//定义两个变量，一个用来存储要计算的数据，一个用来存储计算结果
   n=5;
   s=fac(n);              //调用阶乘函数，变量 s 接收函数返回值
   printf("%d!=%d",n,s); //输出计算结果
}
int fac(int n)            //函数定义的首部
{  int y;                 //定义变量，用来存储结果
   if(n==1)y=1;           //如果 n=1，阶乘为 1
   else y=n*fac(n-1);     //否则，递归调用
   return y;              //返回函数值
}
```

案例运行结果

案例运行结果如图 7-19 所示。

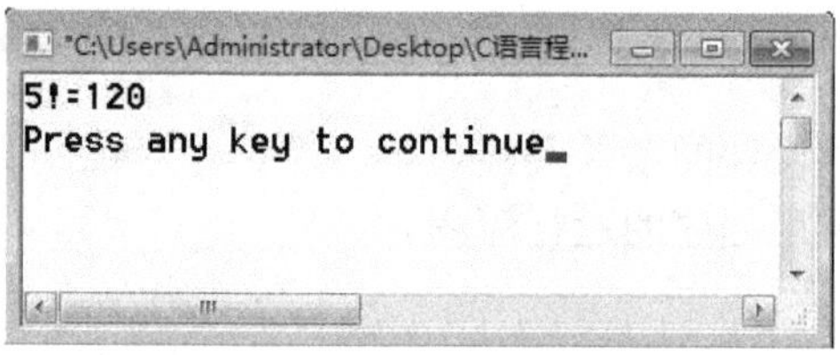

图 7-19　案例 7-7 运行结果

案例小结

1）递归是函数直接或间接调用自身的编程技巧。

2）递归调用的关键是设计好“归”点。例如，本例中的归点是当 n=1 时，阶乘值为 1。在这一点上结束递归调用，程序的运行流程开始返回，如图 7-20 所示。

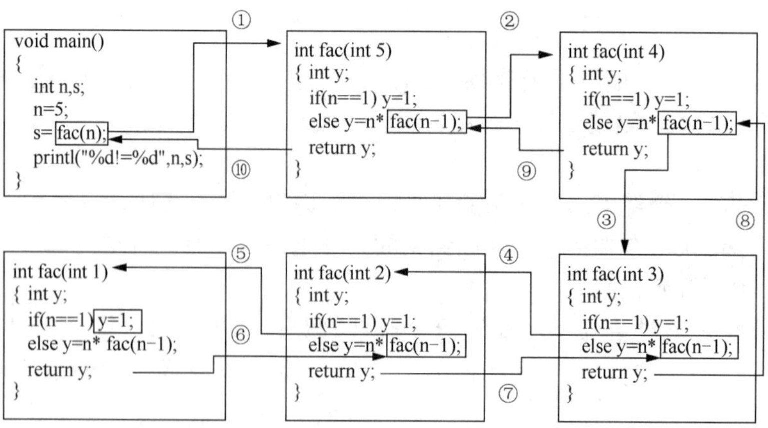

图 7-20　函数递归调用运行流程图

3）递归调用函数设计的关键问题有两个：①找到递归关系，如 f(n)=n*f(n-1)；②找到归点：当 n=1 时，阶乘值为 1。

拓展训练

编写程序，使用函数的递归调用，实现计算斐波那契序列的第20项。

递归关系：斐波那契序列的第n项的值是前面两项的和，即f(n)=f(n−1)+f(n−2)。递归结束的条件：当n=1或n=2时，f(1)=1，f(2)=1。

7.6 局部变量与全局变量

在C语言中，根据变量定义的位置不同，可以将变量分为局部变量和全局变量。局部变量和全局变量又有不同的作用域和生存期。

局部变量是指在函数内部定义的变量，全局变量是指在函数外部定义的变量。本章定义函数时，函数的形参也属于局部变量。

7.6.1 局部变量

在前面介绍的程序中，变量的定义都是在函数内部实现的。一个函数内部定义的变量，只能在本函数内部使用。在C语言中，将这种在函数内部定义的变量称为内部变量，也叫作局部变量。例如：

```
1.   #include<stdio.h>
2.   void main()
3.   {
4.      int a=3,b=12;
5.      int c;
6.      c=f1(a);
7.      printf("a=%d,b=%d,c=%d\n",a,b,c);
8.   }
9.    int f1(int x)
10.  {
11.      int a,b=9;
12.      a=x>b?x:b;
13.      return a;
14.  }
```

上述代码中有两个函数，分别是main()函数和f1()函数。

其中第2～8行为main()函数，第9～14行为f1()函数。main()函数中定义了3个变量，分别是a、b和c；f1()函数中也定义了3个变量，分别是a、b和x。上述6个变量都在函数内部定义，都是局部变量。

在main()函数中，a=3，b=12，c等于f1的返回值。因此在f1()函数中，形参x的值来源于main()函数中的实参a，即3。f1()函数中的变量a和b虽然与main()函数中的变量a和b同名，但是因为它们分别属于不同的函数，在内存中占用不同的存储空间，是完全不同的4个变量。在f1()中b=9，运行“a=x>b?x:b;”语句后，a的值为x和b中较大的数，即9。然后，a的值9被作为函数值带回给主调函数main()。因此，main()函数中的变量c的值为9。程序的输出结果为a=3,b=12,c=9。

通过上述分析，总结如下：

1）函数内部定义的变量，称为局部变量。

2）不同的函数中可以有同名的变量，它们是完全不同的变量，分别属于不同的函数，均只在本函数内部有效。

7.6.2 全局变量

在 C 语言中，除了在函数的内部定义变量外，还可以将变量定义在函数的外部，这样就可以实现多个函数共同使用同一个或几个变量。在 C 语言中，将在函数外部定义的变量称为外部变量，也叫作全局变量。例如：

```
1.  #include<stdio.h>
2.  int f1(int x);
3.  int b=2;
4.  void main()
5.  {
6.     int a=3;
7.     int c;
8.     c=f1(a);
9.     printf("a=%d,b=%d,c=%d\n",a,b,c);
10. }
11. int f1(int x)
12. {
13.    x=b++;
14.    return x;
15. }
```

上述代码中有两个函数，分别是 main()函数和 f1()函数。

其中第 4～10 行为 main()函数，第 11～15 行为 f1()函数。main()函数中定义了两个变量，分别是 a 和 c；f1()函数中也定义了两个变量，分别是 a 和 x。上述 4 个变量都在函数内部定义，都是局部变量。

在 main()函数中，代码第 9 行的输出语句中使用了变量 b；在 f1()函数中，代码第 13 行的赋值语句中也使用了变量 b。按照前面章节的知识，“变量要先定义再使用”，“如果未定义变量就直接使用，程序会出错”。但是在这个程序中没有错误，因为程序第 3 行有“int b=2;”变量定义语句。变量 b 既不属于 main()函数，也不属于 f1()函数，它是函数外部定义的变量，即全局变量。

对于全局变量 b，其有效作用范围为从定义它的位置开始，到程序的结束。在本例中，变量 b 的定义在 main()函数和 f1()函数前面，其有效作用范围覆盖了 main()函数和 f1()函数，因此 main()函数和 f1()函数均可以使用变量 b。

在 main()函数中定义了变量 a 和 c，调用函数 f1()时，a 作为实参传递给 f1()的形参 x。然后，在 f1()中运行语句“x=b++;”后，x 被重新赋值。其中，b 是全局变量，初值为 2。由于“++”在后，先将 b 的值赋给 x，x 的值为 2，然后 b 的值加 1，变为 3。x 的值被返回 main()函数，输出结果为“a=3,b=3,c=2”。

博学小助理

函数外部定义的变量称为全局变量。

全局变量的作用范围为从定义开始，到程序结束。

在一个函数中修改了全局变量的值，其后的其他函数可以访问修改后的结果。因此，全局变量可以实现在函数之间传递数据。

【案例 7-8】利用函数调用找出一个数组中的最大值和最小值。

案例设计目的

1）巩固函数的参数与函数的值。
2）函数共享全局变量。
3）全局变量的应用。

案例分析与思考

（1）分析

首先，利用函数调用找出一个数组中的最大值（只找最大值，即一个计算结果）。可以使用如下代码：

```
#include<stdio.h>
int max(int b[])
{  int i,m1;
   m1=b[0];
   for(i=1;i<10;i++)
     if(m1<b[i])  m1=b[i];
   return m1;
}
void main()
{
   int a[10];
   int i,m;
   for(i=0;i<10;i++)
      scanf("%d",&a[i]);
   m=max(a);
   printf("数组中最大的数是%d\n",m);
}
```

上述代码没有使用全局变量，而是使用了局部变量。计算结果作为函数的返回值返回给 main()函数。

然后，利用函数调用找出一个数组中的最小值（只找最小值，即一个计算结果）。可以使用如下代码：

```
#include<stdio.h>
int min(int b[ ])
{  int i,m1;
```

```
    m1=b[0];
    for(i=1;i<10;i++)
       if(m1>b[i])  m1=b[i];
    return m1;
}
void main()
{
    int a[10];
    int i,m;
    for(i=0;i<10;i++)
       scanf("%d",&a[i]);
    m=min(a);
    printf("数组中最小的数是%d\n",m);
}
```

上述代码也没有使用全局变量，使用的是局部变量。计算结果作为函数的返回值返回给 main()函数。

（2）思考

1）如果一个函数要同时计算最大值和最小值，那么如何实现两个数据的返回呢？

2）按照上述代码的方法，一个函数是否可以返回两个数值呢？前面介绍过，一个函数的返回值需要使用 return 语句返回给主调函数。但程序中只有一条 return 语句能够得到运行，换言之，一个函数依靠 return 语句只能返回一个值给主调函数。

3）既然想用一个函数返回两个值给主调函数是不可能实现的，那么本案例如何实现问题的求解呢？这里就需要使用两个全局变量，一个用来存储最大值 max，另一个用来存储最小值 min。在 mm()函数中将找到的最大值和最小值存入全局变量 max 和 min，这样在函数调用结束后，max 和 min 中已经存储了数组中的最大值和最小值。main()函数中最后一条输出语句访问 max 和 min 是在函数调用结束后，也就是 mm()函数已经将最大值和最小值存入 max()和 min()之后，这样就可以输出我们期待的结果。

案例主要代码

```
#include<stdio.h>
void mm(int b[ ]);
int max=0,min=0;                  //定义全局变量 max 和 min
void main()
{  int a[10]; int i;              //定义数组，共含 10 个元素
   for(i=0;i<10;i++)              //利用循环接收数组的 10 个元素的值
      scanf("%d",&a[i]);
   mm(a);                         //调用函数 mm()，数组名作为参数
   printf("max=%d,min=%d\n",max,min);//输出全局变量 max、min 的值
}
void mm(int b[ ])                 //函数 mm()的首部，形参是数组
{  int i;
   max=min=b[0];              //将数组第一个元素给全局变量 max、min
   for(i=1;i<10;i++)          //利用循环，依次将数组后面 9 个元素与 max 比较
      if(max<b[i]) max=b[i]; //遇到更大的重新赋给 max
   else if(min>b[i]) min=b[i];//否则与 min 比较，遇到更小的重新赋给 min
}
```

案例运行结果

本案例运行结果如图 7-21 所示。

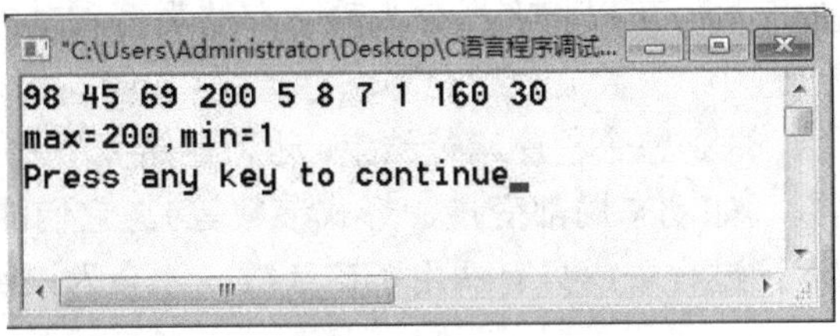

图 7-21　案例 7-8 运行结果

案例小结

1）全局变量不属于任何一个函数，它属于一个源程序文件。其作用域是整个源程序。在一个函数之前定义的全局变量，在该函数内可直接使用，而不必加以说明。

2）全局变量的作用域是从定义它的位置开始，到程序文件的末尾结束。

3）全局变量一经定义，在其作用域范围内的所有函数都可以对全局变量的值进行读和写，那么就可以实现在一个函数中对全局变量进行写（存入数据）操作，在另一个函数中对全局变量进行读（获得数据）操作。

4）本案例中，mm()函数负责对 max 和 min 进行写操作，main()函数负责对 max 和 min 进行读操作，从而解决了用函数返回值无法带回两个值的问题。

> **博学小助理**
>
> 使用全局变量可以实现更多值的传递（使用更多的全局变量）。
>
> 当全局变量与函数内的局部变量同名时，在该函数内，局部变量有效。
>
> 若一个全局变量在某源文件外部定义或在一个函数之后定义，那么在该函数内不可以直接使用，必须要加以说明才能使用。

拓展训练

利用函数调用计算一个数组所有元素之和、平均值。要求和与平均值用全局变量表示。

7.6.3　变量的存储类型与生存期

变量先定义再使用。前面几章介绍的变量定义格式如下：

```
[数据类型]  [变量名];
```

实际上，变量的定义前面还应该有存储类型。默认的变量存储类型是 auto。完整的变量定义格式如下：

```
[存储类型]  [数据类型]  [变量名];
```

例如，“auto int x;”，变量 x 的存储类型为 auto，数据类型为 int。什么是变量的存储类型呢？

在C语言中，程序在操作系统为其分配的连续内存中运行，这段连续的内存被划分为若干区域，起不同作用。从低地址到高地址依次是代码区、静态存储区和动态存储区。

根据变量存储位置的不同，可以将变量分为静态存储类型和动态存储类型。静态存储类型是指在程序运行过程中，变量被分配在静态存储区（如静态局部变量、全局变量），它们的生存期从定义开始，直到整个程序运行结束；动态存储类型是指在程序运行期间，变量被分配在动态存储区（如动态局部变量、形式参数等），它们的生存期与其所在函数的生存期一致。程序运行过程中，只有调用了该函数，才会为该函数内的局部变量、形式参数分配存储空间。

根据变量的存储位置不同，变量的存储类型分为动态存储类型、静态存储类型、寄存器存储类型和外部存储类型。下面分别介绍这四种数据存储类型的特点及应用。

1. 动态存储类型

动态存储类型的变量在定义时可在数据类型前面加上保留字auto。auto也可以省略，因为系统默认的变量存储类型为auto型。

auto型的变量会被存储在动态存储区，它们的生存期与其所在函数的生存期一致。程序运行过程中，只有调用了该函数，才会为该函数内的局部变量、形参分配存储空间。

【案例7-9】动态存储类型。

案例设计目的

1）理解不同存储类型变量的生存期概念。

2）掌握auto类别变量的使用特点。

案例主要代码

```
#include<stdio.h>
int f(int a);                  //函数f()的声明
void main()
{  int a=2,i;
   for (i=1;i<=3;i++)          //循环运行3次
   printf("第%d次调用结果: %8d\n",i,f(a));//调用f()函数，输出函数返回值
}
int f(int a)                   //f()函数
{
   auto  int b=0;              //局部变量b，存储类型为auto型
   int c=3;                    //局部变量c，存储类型为auto型
   b++;  c++;                  //b和c的值均自增1
   return a+b+c;               //返回a,b,c之和
}
```

案例运行结果

本案例运行结果如图7-22所示。

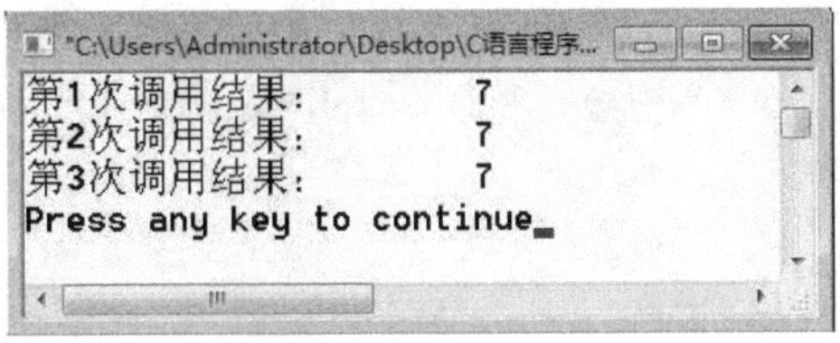

图 7-22　案例 7-9 运行结果

案例小结

1）从运行结果来看，3 次函数调用的返回值是相同的，都是 7。

2）每次函数调用的结果都相同，是因为在 f()函数中定义的变量 b 和 c，虽然在定义形式上看有所不同（b 的前面有 auto，c 的前面没有），但是实质上这两个变量的存储类型是相同的，都是 auto 类型。

3）函数 f()中的变量 b 和 c 都是动态存储类型，都存储在内存的动态存储区，只有在 f()函数被调用时，才会为它们分配内存空间，完成计算。f()函数调用结束后，b 和 c 的存储空间将被释放。变量中原来存储的计算结果也将“丢失”。当下一次 f()函数被调用时，b 和 c 会被重新分配地址并初始化。

4）可以得出结论：只要传递给形参 a 的值不变，那么 f()函数无论被调用了多少次，每一次的函数返回值都没有变化。

2. 静态存储类型

静态存储类型的变量在定义时应在数据类型前面加上关键字 static，不可以省略。static 型的变量会被存储在内存的静态存储区，它们的生存期在程序运行过程中始终有效。下面通过实际案例来了解 static 类型变量的使用特点。

【案例 7-10】静态存储类型。

静态存储类型

案例设计目的

1）理解不同存储类型变量的生存期概念。

2）掌握 static 类型变量的使用特点。

案例主要代码

```
#include<stdio.h>
int f(int a);               //函数 f()的声明
void main()
{  int a=2,i;
   for (i=1;i<=3;i++)       //循环运行 3 次
     printf("第%d 次调用结果: %8d\n",i,f(a));//调用 f()函数，输出函数返回值
}
int f(int a)                //f()函数
{
   static  int b=0;         //局部变量 b，存储类型为 static 型
   int c=3;                 //局部变量 c，存储类型为 auto 型
   b++;  c++;               //b 和 c 的值均自增 1
```

```
13.     return a+b+c;          //返回a,b,c之和
14. }
```

案例运行结果

本案例运行结果如图 7-23 所示。

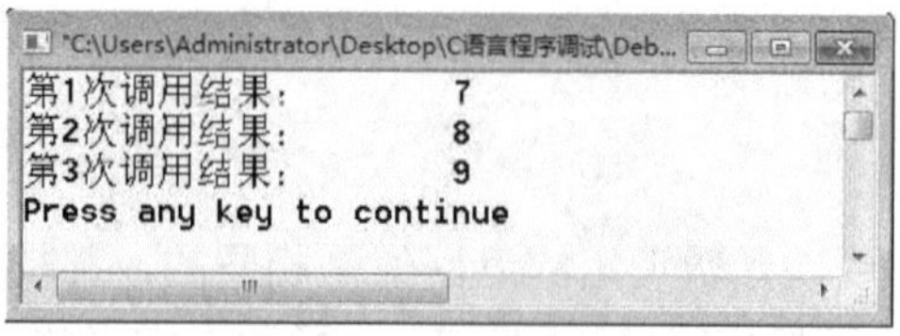

图 7-23　案例 7-10 运行结果

案例小结

1）从运行结果来看，3 次函数调用的函数返回值是不相同的，分别是 7、8、9。

2）本案例代码与案例 7-9 相比，只有第 10 行代码不同，即“static int b;”，static 类型的变量会被存储在静态存储区。其生存期从第一次函数调用开始，到整个程序运行结束。因此，第一次函数调用结束后，b 变量的地址仍然保留，其中的值也会保留下来。第二次函数调用时，会在第一次函数调用结束后 b 值的基础上加 1。第三次函数调用时，会在第二次函数调用结束后 b 值的基础上加 1。3 次输出结果分别为 7、8、9。

3. 寄存器存储类型

寄存器存储类型的变量在定义时应在数据类型前面加上关键字 register。register 不可以缺略。register 型的变量会被存储在计算机的寄存器中。通常将少量读写频率较高的动态变量（如用于循环计数的变量）定义为寄存器变量，可缩短程序的运行时间，提高程序的运行效率。

由于计算机中寄存器数量是有限的，若声明的寄存器变量的个数超过计算机可供使用的寄存器数量，则 C 编译程序会自动将超过的部分作为 auto 型变量处理，存放到内存中，因此，一个寄存器变量未必一定位于寄存器中。由于寄存器长度有限，不能将 long double 型的浮点数及后面要介绍的结构体变量等定义为 register 型。另外，因为 C 语言允许用取地址运算符“&”取得内存变量的地址，而寄存器无地址可言，所以不能对寄存器变量运行取地址操作。这意味着不能使用 scanf()函数从外部读入数据并存储到寄存器变量中。

4. 外部存储类型

外部存储类型是针对外部变量而言的。外部变量即全局变量，它的作用域是从定义的位置开始到文件结束。如果要在定义外部变量之前引用该变量，就需要使用 extern 关键字对其进行说明，这样既可以扩展它的作用域，也使得编译器不必再为其分配内存。

【案例 7-11】外部存储类型的使用。

案例设计目的

1）了解外部变量的使用。

2）了解 extern 关键字的使用。

案例分析与思考

设有如下代码，分析该代码运行时会出现的问题及原因。

```
1.  #include<stdio.h>
2.  void num()                        //num()函数
3.  {
4.     int a=18,b=10;                 //num()函数中的局部变量 a 和 b
5.     x=a-b;                         //计算 x，x 既不是局部变量，也不是全局变量
6.     y=a+b;                         //计算 y，y 既不是局部变量，也不是全局变量
7.  }
8.  int  x,y;                         //定义全局变量 x 和 y
9.  void main()                       //main()函数
10. {  int a=7,b=8;                   //main()函数中的局部变量 a 和 b
11.    x=a+b;                         //计算 x，全局变量
12.    y=a-b;                         //计算 y，全局变量
13.    num();                         //调用 num()函数
14.    printf("%d,%d\n",x,y);         //输出全局变量 x 和 y 的值
15. }
```

将上述代码在编译器中编辑、编译并运行，出现图 7-24 所示的出错提示。

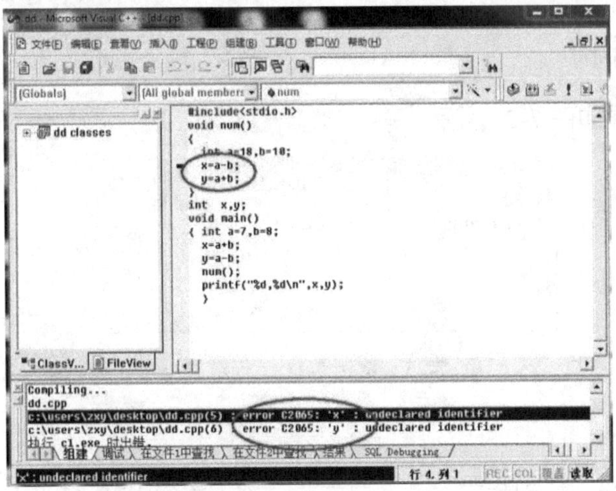

图 7-24　案例 7-11 运行出错提示

图 7-24 中提示，程序第 5、6 行存在错误“error C2065: 'x' : undeclared identifier”和“error C2065: 'y' : undeclared identifier”，对 x 和 y 没有定义和声明。

在一个函数中，未经定义的变量，不可以直接使用。在 num()函数中，没有定义变量 x 和 y，因此不能使用变量 x 和 y。

但是，在 main()函数中同样没有定义变量 x 和 y，却使用了 x 和 y，并且编译器未给出错误提示。这是为什么呢？因为在代码第 8 行定义了全局变量 x 和 y，x 和 y 的作

用范围从定义它们的位置开始，直到文件末尾。main()函数书写在其下方，处于它们的作用域范围之内，因此，main()函数可以使用 x 和 y。num()函数位于第 8 行之前，不属于 x 和 y 的作用域范围，因此不能使用 x 和 y。

如果要让 num()函数也可以使用 x 和 y，就要对 x 和 y 的作用域进行扩展声明，这时就要用到关键字 extern。

案例主要代码

```
1.   #include<stdio.h>
2.   void num()                    //num()函数
3.   {
4.   extern int x,y;               //对 x 和 y 的作用域进行扩展声明，从该位置向下，
                                   //都可以使用全局变量 x 和 y
5.     int a=18,b=10;              //num()函数中的局部变量 a 和 b
6.     x=a-b;                      //计算 x
7.     y=a+b;                      //计算 y
8.   }
9.   int  x,y;                     //定义全局变量 x 和 y
10.  void main()                   //main()函数
11.  { int a=7,b=8;                //main()函数中的局部变量 a 和 b
12.    x=a+b;                      //计算 x，全局变量
13.    y=a-b;                      //计算 y，全局变量
14.    num();                      //调用 num()函数
15.    printf("%d,%d\n",x,y);//输出全局变量 x 和 y 的值
16.  }
```

案例运行结果

本案例运行结果如图 7-25 所示。

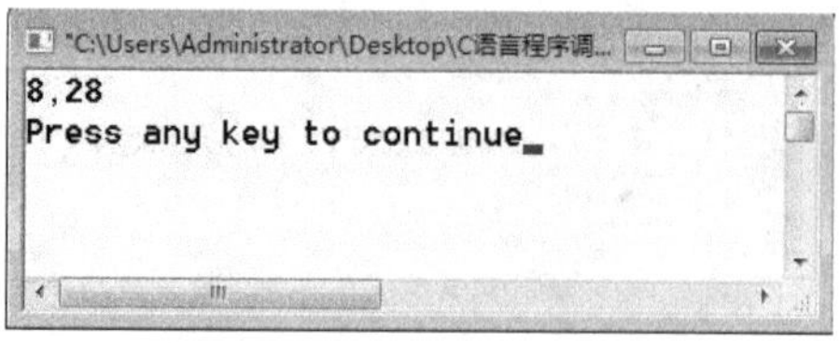

图 7-25　案例 7-11 运行结果

案例小结

1）上述代码的运行过程如下：首先运行 main()函数，计算 x 和 y，分别为 15 和-1；然后调用函数 num()，再次计算 x 和 y，分别为 8 和 28，这是因为 main()函数和 num()函数中计算的 x 和 y 是相同的全局变量，main()函数的计算结果 15 和-1 被 num()函数中新的计算结果覆盖；最后返回 main()函数，输出 x 和 y，结果为“8, 28”。

2）全部变量的作用范围默认为从定义的位置开始，到文件末尾结束。如果要扩展全局变量的作用域，就要使用 extern 关键字对全局变量进行说明，其作用域将从原来的“从定义位置开始”扩展到“从扩展声明的位置开始”。例如，本案例中，x 和 y 的作用域从第 9 行扩展到第 4 行开始。

7.7　函数综合应用

【案例 7-12】 编写函数 fun()，求 sum=d+dd+ddd+…+dd…d（n 个 d）。

其中 d 为 1～9 的数字。例如，3+33+333+3333+33333（此时 d=3，n=5），d 和 n 在主函数中输入。

案例设计目的

1）掌握循环问题的求解方法。

2）掌握函数的定义。

3）掌握函数之间的参数传递关系。

计算数列的和

案例分析与思考

下面的代码为问题求解的部分代码，完善 fun()函数，实现题目计算要求。

```
//fun()函数
#include "stdio.h"
long int fun(int d,int n)
{
}

//main()函数
void main()
{  int d,n;
   long sum;
   printf("d="); scanf("%d",&d);
   printf("n="); scanf("%d",&n);
   sum=fun(d,n);
   printf("sum=%ld\n",sum);
}
```

首先观察 main()函数中的函数调用语句“sum=fun(d,n);”，由函数调用形式可知，fun()函数有返回值；main()函数有两个参数：d 决定数值大小，n 决定数列中数的个数。

再看 fun()函数，函数类型是 long，则函数体中存放计算结果的变量应该定义成 long。两个形式参数 d 和 n 分别接收从 main()函数传递过来的两个实参的值。

函数体中，要完成的计算是（以 d=3，n=5 为例）3+33+333+3333+33333。设置一个变量 t，表示求和公式中的每一项，则有：

第一项：t=3；

第二项：t=33=3*10+3；

第三项：t=333=33*10+3；

第四项：t=3333=333*10+3；

第五项：t=33333=3333*10+3。

由上述推导可以看出：t=t*10+d，只要将每一个 t 累加，即可得到计算结果。设存放计算结果的变量为 s，类型为 long。

案例主要代码

```
//long()
#include "stdio.h"
long int fun(int d,int n)
{  long s=0,t=0;
   int i;
   for(i=1;i<=n;i++)
   {  t=t*10+d;
      s=s+t;  }
   return s;
}
//main()
void main()
{  int d,n;
   long sum;
   printf("d=");  scanf("%d",&d);
   printf("n=");  scanf("%d",&n);
   sum=fun(d,n);
   printf("sum=%ld\n",sum);
}
```

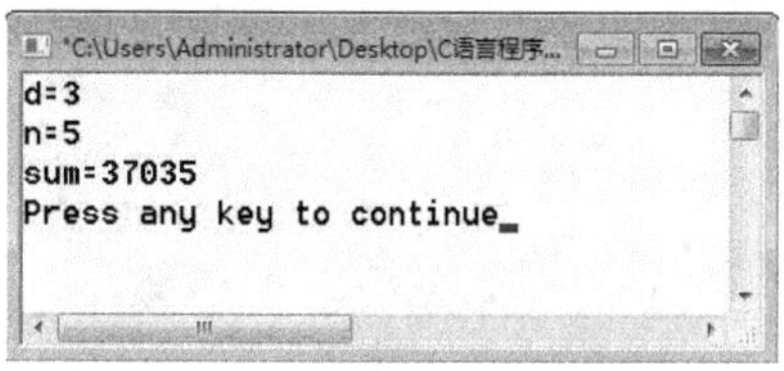

图 7-26　案例 7-12 运行结果

案例运行结果

本案例运行结果如图 7-26 所示。

【案例 7-13】编写函数，实现统计一个长度为 2 的字符串在另一个字符串中出现的次数。

假定输入的字符串为 asdasasdfgasdaszx67asdmklo，字符串为 as，则应输出 6。

案例设计目的

1）掌握字符串处理的特征，字符串结束的标记。

2）字符数组名作为函数的参数。

3）掌握函数调用的方法。

案例分析与思考

下面的代码为问题求解的部分代码，在此基础上完善 fun()函数，实现题目计算要求。

```
#include<string.h>
#include<conio.h>
int fun(char str[],char substr[])
{



}
void main()
{
   char str[81],substr[3];
```

```
    int n;
    printf("输入主字符串： ");
    gets(str);
    printf("输入子字符串： ");
    gets(substr);
    puts(str);
    puts(substr);
    n=fun(str,substr);
    printf("n=%d\n",n);
}
```

首先观察 main()函数中的函数调用语句“n=fun(str,substr);”，由函数调用形式可知，fun()函数有返回值；main()函数有两个参数：str 是数组名，是长字符串的首地址；substr 是数组名，是短字符串的首地址。

再看 fun()函数，函数类型是 int，则函数体中存放计算结果的变量应该定义成 int 型。两个形参均为字符型数组，分别接收从 main()函数传递过来的两个数组的首地址。

求解问题需要使用两层循环，外层循环控制主字符串的起始字符，内层循环从起始字符开始依次取每一个字符与子字符串中的每一个字符两两比较，如果直到子字符串结束（\0），每个字符都相同，则表示找到一个。再取主字符串的下一个字符，重复比较操作。如果遇到某个字符不相同，则结束内层循环，再取主字符串的下一个字符，重复比较操作。

案例主要代码

```
#include<string.h>
#include<conio.h>
int fun(char str[],char substr[])
{
    int i,j,k,n=0;
    for(i=0;str[i]!=0;i++)
    {
        k=i;
        for(j=0;substr[j]!=0;j++,k++)
            if(substr[j]!=str[k])  break;
        if(substr[j]==0)  n++;
    }
    return n;}
void main()
{
    char str[81],substr[3];
    int n;
    printf("输入主字符串： ");
    gets(str);
    printf("输入子字符串： ");
    gets(substr);
    puts(str);
    puts(substr);
    n=fun(str,substr);
```

```
    printf("n=%d\n",n);
}
```

案例运行结果

本案例运行结果如图 7-27 所示。

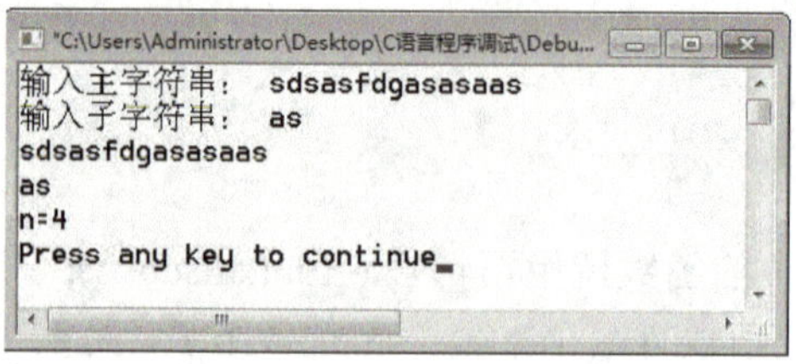

图 7-27　案例 7-13 运行结果

本 章 小 结

本章介绍了函数的概念、函数的定义、函数的声明、函数的参数、函数的返回值、函数的调用、全局变量、局部变量、变量的存储类型等内容。

函数是一系列独立的程序步骤，将这些程序步骤集合在一起，并赋予一个名字，就形成了函数。

函数的结构由 4 部分构成：函数类型、函数名、函数参数、函数体。在定义函数时，根据实际情况确定每一部分的内容，即完成函数的定义。

在有多个函数的 C 语言程序中，函数之间必然存在一定的调用关系，为保证函数调用顺利进行，需要对函数进行声明。库函数的声明，用#include 包含该函数所在头文件即可；自定义函数的声明，建议使用原型声明，即将函数定义的头部复制加“;”构成函数声明语句，放在程序的开头即可。

函数的参数是函数之间数据传递的载体。函数调用时函数括号中的参数称为实际参数；函数定义时函数括号中的参数称为形式参数；实际参数与形式参数属于不同函数的不同变量，实际参数将值传递给形式参数，在被调函数中对形式参数的修改不会作用到实际参数，将实际参数向形式参数的这种数据传递称为单向值传递。当数组名作为函数参数时，实际参数传递给形式参数的是数组的地址，这样形式参数数组就与实际参数数组拥有了相同的地址，其本质上就是一个数组，因此形式参数数组的改变会在实际参数数组中得到体现。

函数被调用后，根据实际情况可以将计算结果返回给主调函数，称为函数返回值。函数返回值的返回需要使用 return 语句。在一个函数中，不管定义了几个 return 语句，在运行的过程中只能有一个 return 语句被运行。

根据函数之间的调用关系，可以将函数调用分为嵌套调用和递归调用。函数的嵌套调用是指函数 a 调用函数 b、函数 b 调用函数 c 这样的调用方式；递归调用是指一个函数调用了自身。递归调用的过程中必须有一个递归结束的条件来结束函数调用。

变量根据其定义的位置可以分为局部变量和全局变量。局部变量是指在函数内部定义的变量，其作用域和生存期都是本函数内部有效；全局变量是指在函数外部定义的变量，其作用域为从定义位置开始，到程序结束。

一个变量的定义有两个属性需要说明，一个是变量的存储类型，另一个是变量的数据类型。存储类型规定了变量在内存中的存储位置和变量的生存期，数据类型决定了变量在内存中占用的字节数量、变量可以参加的运算等。在定义变量时，存储类型可以省略，此时系统默认为 auto 型，数据类型不可以省略。

第8章 指　针

C 语言是计算机高级语言的一种，但人们常将它称为“中级语言”，这是因为 C 语言最初是为编写 UNIX 操作系统而设计的，它能像低级语言一样方便地与系统底层的硬件接口进行交互，而且能够快速、方便地访问内存。这两种操作的实现都依赖于指针。功能强大且使用灵活的指针是 C 语言的一个重要特色，也是 C 语言中最有特色的数据类型。

在 C 语言中，利用指针可以实现很多之前无法实现的操作。例如，C 语言规定，在使用数组时，必须在定义时指定数组的元素个数。如果不能确定数组的长度，就尽可能大地定义数组长度，这就容易造成内存空间的浪费，利用指针则可以解决这个问题。再如，一个函数只能有一个返回值，如果需要带回多个返回结果呢？在函数一章中的解决办法是利用全局变量，而该章的总结部分又不建议使用全局变量，如何解决这个问题呢？指针就是解决这个问题的一个非常安全、快速、有效的办法。同理，如果函数的参数占据的内存空间较大，用指针做函数形参可以大幅节省内存空间的使用，提高程序运行效率。

当然，C 语言中指针还有更强大的功能。利用指针变量可以表示各种数据结构，能够方便地访问数组和字符串，可以实现函数之间的双向数据通信，可以实现内存的动态存储分配，可以提高程序的编译效率和运行速度。指针极大地丰富了C语言的功能。学习指针是C语言课程中最重要的一环，能否正确理解和使用指针是掌握C语言的一个标志。

虽然指针具有很强的操作功能，而且使用起来也很方便，但是对于初学者来说，指针是一个非常危险的对象，使用不当会产生一些意想不到甚至致命的错误。例如，使用未初始化的指针可能导致系统崩溃。

因此，在学习本章内容时必须充分理解基本概念、练习编程并上机调试，便于正确地理解和使用指针，全面地掌握指针部分的有关内容。本章的知识图谱如图 8-1 所示。

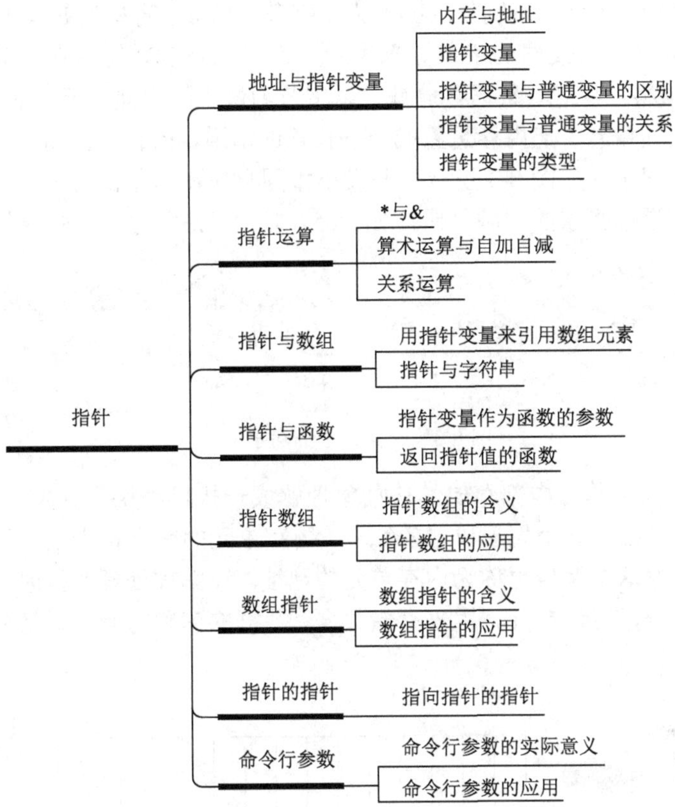

图 8-1　“指针”知识图谱

8.1　地址与指针变量

8.1.1　内存与地址

众所周知，冯·诺依曼计算机体系结构由五个部分组成，包括运算器、控制器、存储器、输入设备和输出设备。存储器又分为外部存储器和内部存储器。外部存储器是指以计算机中的硬盘为主的外部存储介质，包括移动硬盘、光盘、U 盘等。内部存储器，又称为内存，主要是指随机存取存储器（random asccess memory，RAM）。内存是选购计算机时仅次于 CPU 的重要硬件，内存的大小决定了计算机运行速度的快慢。内存外观如图 8-2 所示。

图 8-2　内存外观

在计算机中规定，8 个二进制位（bit）为 1 字节（byte，简写为 B）。因此，内存的大小用该内存中可以存储数据的字节数来表示。例如，16GB 的内存，其容量大小为（16×1024×1024×1024）字节。数据存储都是以字节为最小的存储单元。

为了理解地址的概念，把内存想象成一条长长的街道，内存中的每一个字节，就像街道上的每一座小房子，如图 8-3 所示。假设小张同学住在这条街道上，要想成功找到小张同学，必须知道小张家的门牌号码，如 No5，把“No5”称为小张家的“地址”。

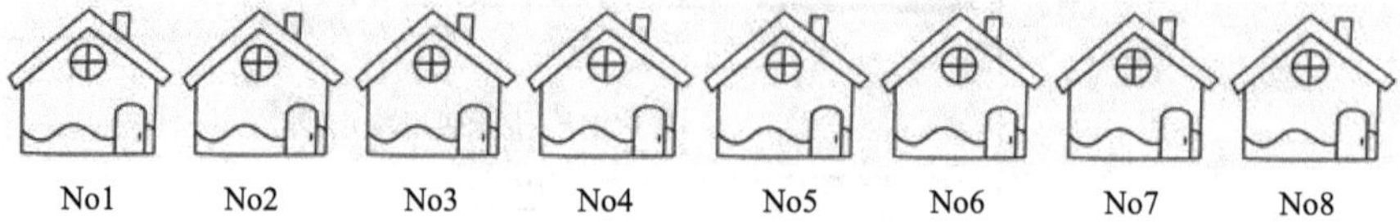

图 8-3　一条街上的房子

同样，可以把内存单元内部存储结构抽象理解成一排排小格子（字节），如图 8-4 所示。每一个小格子都有一个属于自己的编号。内存单元的编号相当于小张同学家的门牌号，把内存单元的这个编号也称为内存单元的地址。在编程处理数据时，变量或者数组等会在内存中被分配存储单元，用来存储数据。数据的读和写操作，是通过地址来完成的。

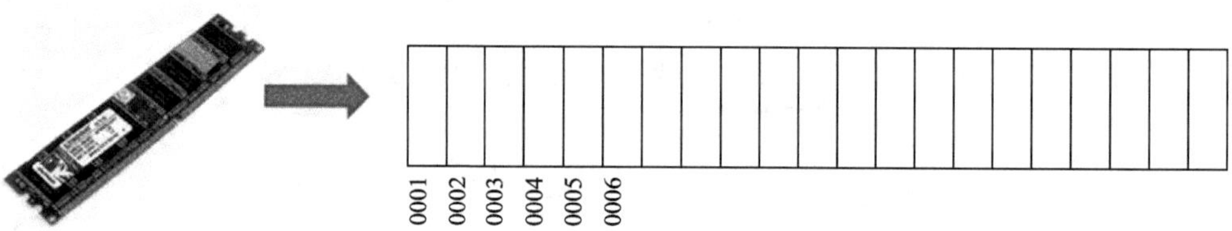

图 8-4　内存单元的地址编号

内存单元的地址，又可以称为指针。

在前面章节中，已经使用过地址的概念。下面通过两段简单的代码，回顾前面学过的相关知识。

1. 变量的地址

例如，有以下代码：

```
1.  #include<stdio.h>
2.  void main()
3.  {
4.     int x,y;
5.     scanf("%d",&x);
6.     y=x*x;
7.     printf("%d的平方为：%d\n",x,y);
8.  }
```

上面代码第 5 行中，scanf 语句的作用是从键盘接收一个整数，存入变量 x 中。其中“&”读作“取地址”运算。&x 表示变量 x 的地址。&x 是地址类型的常量。

2. 数组的地址

例如，有以下代码：

```
1.   #include<stdio.h>
2.   void main()
3.   {
4.     int  a[10],i;
5.     for(i=0;i<10;i++)
6.       scanf("%d",&a[i]);
7.     for(i=0;i<10;i++)
8.       printf("%d",a[i]);
9.     char b[100];
10.    gets(b);
11.    puts(b);
12.  }
```

上面代码第 6 行中，scanf()函数的作用是从键盘接收一个整数，存入数组元素 a[i]中。&a[i]表示数组元素 a[i]的地址。&a[i]是地址类型的常量。

上面代码第 10 行中，gets()函数的作用是从键盘接收一个字符串，存入字符数组 b 中。其后参数“b”是数组名，也是数组的首地址，也就是数组中第一个元素的地址。“b”是地址类型的常量。

8.1.2　指针变量

C 语言中各种数据类型的变量和常量如表 8-1 所示。

表 8-1　各种数据类型变量与常量

数据类型与关键字	变量	常量	变量、常量关系
整型，int	int x;	100	x=100;
单精度实型，float	float y;	3.14	y=3.14
双精度实型，double	double m;	123.456789	m=123.456789;
字符型，char	char c1;	'a'	c1='a';

通过上述表格可见：在 C 语言中，任何一种数据类型，有该类型的常量，就有对应类型的变量，用来对该类型数据进行存储、表示和计算。

本章介绍的地址类型，“&x”和“数组名 a”这样的数据都是地址类型的常量。那么是否存在一种变量，可以用来存储、表示和计算地址类型的数据呢？

答案是肯定的。用来存储和计算地址类型数据的变量，称为地址变量，也称为指针变量。下面介绍指针变量的定义。

1. 指针变量定义

指针变量定义的形式及举例如下：

一般形式	[存储类型说明符]	<数据类型说明符>	*变量名;
举例	auto	int	*p;

指针变量定义说明如下：

1）存储类型说明符：auto 表示指针变量为动态存储类型。auto 也可以缺省不写，如“int *p;”。

2）数据类型说明符：int 表示指针变量 p 的基类型为整型。

3）“*”：在变量名前加“*”，表示这是一个指针变量。

再如：

```
float   *p2;        //p2 是基类型为 float 的指针变量
double  *p3;        //p3 是基类型为 double 的指针变量
char    *p4;        //p4 是基类型为 char 的指针变量
```

博学小助理

- ✧ 指针变量定义中“*”的作用：用来区分定义的是普通变量还是指针变量。

```
int p;     //定义了一个普通变量，整型，能存储一个整型数据
int *p;    //定义了一个指针变量，整型，能存储一个整型变量的地址
```

- ✧ 基类型：如代码“int x=100;”“int *p;”“p=&x;”，是指指针变量存储的地址中的数据类型。
- ✧ 指针变量也需要存储空间。指针变量是用来存储地址类型的数据，指针变量也需要在内存中获得自己的存储空间。因为指针变量只是用于保存其他变量的地址。在 16 位系统中指针变量占 2 字节的存储空间，在 32 位系统中占 4 字节，即与整型变量所占字节数相同。注意，这里所说的系统不是指操作系统环境，而是指 C 语言的编译环境。

2. 指针变量的基类型与指向

例如，有如下代码：

```
int x=100;
int *p;
p=&x;
```

指针变量 p 存储了整型变量 x 的地址，称为“指针变量 p 指向了变量 x”。

再如，有如下代码：

```
#include<stdio.h>
void main()
{
   int a=25;
   float b=3.14;
   char c='k';
   int *p1,*p2,*p3;
   p1=&a;
   p2=&b;
   p3=&c;
   printf("p1=%x\n",p1);
   printf("p2=%x\n",p2);
   printf("p3=%x\n",p3);
}
```

将上面代码输入编译器，编译后，有错误提示，具体如图 8-5 所示。

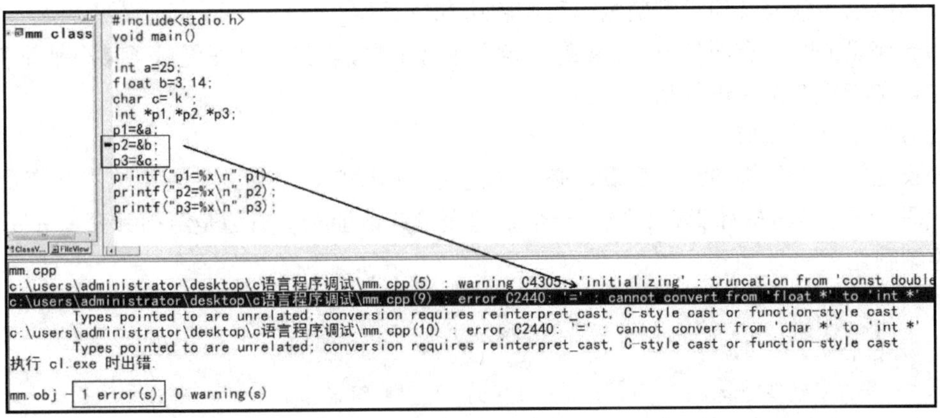

图 8-5　运行结果

错误提示有两处，即第 9 行和第 10 行，分别是“cannot convert from 'float *' to 'int *' ”（无法转换 float 型指针到 int 型）和“cannot convert from 'char *' to 'int *' ”（无法转换 char 型指针到 int 型）。“p2=&b;”中，&b 是 float 型变量的地址，p2 是 int 型指针变量，左右两边类型不符合；“p3=&c;”中，&c 是 char 型变量的地址，p3 是 int 型指针变量，左右两边类型不符合。

修改上述代码，正确代码如下：

```
1.  #include<stdio.h>
2.  void main()
3.  {
4.     int a=25;
5.     float b=3.14;
6.     char c='k';
7.     int *p1;
8.     float *p2;
9.     char *p3;
10.    p1=&a;
11.    p2=&b;
12.    p3=&c;
13.    printf("p1=%x\n",p1);
14.    printf("p2=%x\n",p2);
15.    printf("p3=%x\n",p3);
16. }
```

在第 10、11、12 行中，赋值运算左右两边的地址类型的数据类型一致，赋值正确。

例如，语句“int *p;”，指针变量 p 只能存储数据类型为 int 型的变量的地址，将“int *p;”中的“int”称为指针变量的“基类型”，也就是它所能指向的变量的类型。

3. 指针变量值的获得

指针变量中存储的是地址类型数据，指针变量可以通过存储的地址访问该内存单元。指针变量与普通变量一样，使用之前不仅要定义，还必须赋予具体的地址值。未经赋值的指针变量不能使用，否则将造成系统混乱甚至死机。指针变量的赋值只能赋予地址值，不能赋予任何其他类型数据，否则将引起错误。

指针变量的赋值有两种方法：一是先定义指针变量，再给指针变量赋予某个地址值；二是在定义指针变量时进行初始化。

（1）先定义再赋值

如果让指针变量指向某个变量，必须先定义，再赋值，之后才能使用该指针变量。如下代码，左边是给指针变量 p 赋值一个整型变量的地址&x，右边是给指针变量 p 赋值一个整型数组的地址 a：

```
int x;
int *p;
p=&x;
p 指向了整型变量 x
```

```
int a[10];
int *p;
p=a;
p 指向了整型数组 a
```

注意：为指针变量赋值时要注意数据类型的匹配，即指针变量的基类型要与其指向变量的类型一致。

（2）指针变量的初始化

在定义指针变量的同时给它赋值，称为指针变量的初始化。指针变量初始化的一般格式如下：

```
[存储类型说明] <类型说明符> *指针变量名=初始地址值;
```

例如：

```
int a;
int *p=&a;        //等价于“int  *p;”“p=&a;”这两条语句
```

当然，上面的语句也可以写为

```
int a, *p=&a;     //变量 a 的定义必须在指针变量 p 之前
```

（3）指针变量赋值注意事项

1）注意定义顺序。当把一个变量 a 的地址作为初始值赋给一个指针变量 p 时，变量 a 必须在指针变量 p 初始化之前已经定义。

2）指针变量之间可以赋值。可以将一个指针变量的值赋给另一个指针变量。例如，语句“int m, *p=&m;”“int *q=p;”，定义指针变量 q 时，指针变量 p 在前面已经定义，并且已经存入变量 m 的地址。

3）指针变量不能赋值为整数。在初始化时，不允许将一个整数直接赋值给指针变量，因此如下赋值是错误的：“int *p;”“p=1000;”，在 TC 中编译时会出现警告，在 VC 中编译时将会出现错误。这样做可能会引起致命错误，因为我们根本无从知道地址为 1000 的内存单元是否已被系统使用，也不知道该内存单元中存放的是什么数据，更不要说对它进行哪些操作才是合法的。这种盲目的地址读写操作非常危险，可能会造成非常严重的后果。

4）初始化空指针。可以将一个指针变量初始化为一个空指针。例如：

```
int  *p=0;        //或“int  *P=NULL;”
```

在 C 语言中，赋值为 0 的指针变量不指向任何对象，是一个空指针。除了判断其是否为空指针外，在指向其他变量前，不能进行其他任何操作。通常在一个指针变量没有指向任何其他有效变量之前，将 0 赋值给该指针变量，在使用之前再判断该指针是否有效。这样可以避免使用没有经过初始化或没有赋值的指针变量而造成的严重后果。

博学小助理

使用指针变量的时候，需要考虑清楚以下几个问题：

- ✧ 指针变量的基类型是什么？
- ✧ 指针变量有指向吗？
- ✧ 指针变量指向了谁？

4. 指针变量的简单应用

如图 8-6 所示代码，其中右侧文本框是对代码的解释说明。

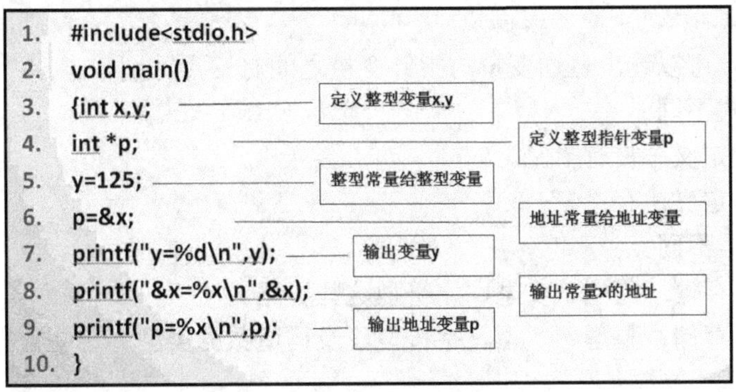

图 8-6　指针应用代码及解释

在上述代码中，y 可以存储整型数据：125，称 y 为整型变量；p 可以存储地址型数据：&x，18ff44，称 p 为地址变量，也叫指针变量。

如果指针变量 p 指向了整型变量 x，那么&x 与 p 的值完全相同。代码输出结果如图 8-7 所示。

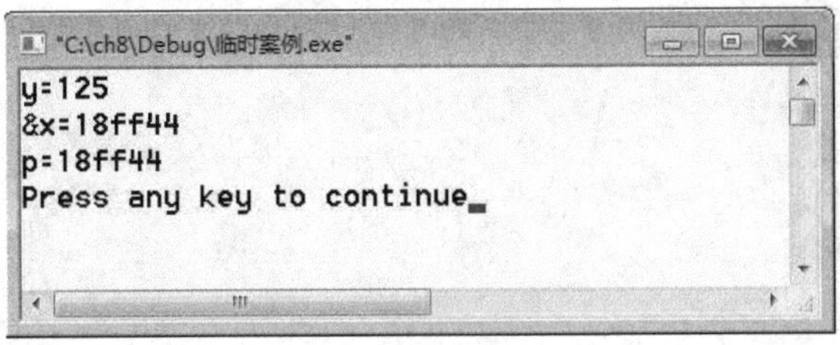

图 8-7　程序运行结果

博学小助理

18ff44 是变量 x 的地址，写作“&x”。地址数据用十六进制数输出显示。本案例中，地址类型数据的输出使用的格式为“%x”。在 C 语言中，地址类型数据的输出还可以使用格式“%p”。

5. 指针变量与普通变量的区别

请仔细阅读以下代码：

```
#include<stdio.h>            //包含头文件
void main()                  //main()函数的头
{
  int x;                     //定义一个整型变量 x
  int *p;                    //定义一个整型指针变量 p
  x=300;                     //将整型常量 300，存入整型变量 x
  p=&x;                      //将地址常量&x，存入指针变量 p
  printf("x=%d\n",x);        //输出整型变量 x，%d
  printf("p=%x\n",p);        //输出指针变量 p，%x
}
```

上述代码中，可以看出普通变量与指针变量之间有三点区别。

（1）定义格式不同

1）普通变量定义：没有“*”。

2）指针变量定义：有“*”。

（2）存储数据不同

1）普通变量存储：整型、实型、字符型这些数据。

2）指针变量存储：整型、实型、字符型（及构造数据类型）这些数据的地址。

（3）输出格式不同

1）普通变量输出：%d、%c、%f、%lf、%o、%x 等。

2）指针变量输出：%x 和%p。

6. 指针变量与普通变量的关系

仔细阅读以下代码，并分析其运行结果（图 8-8）。

```
#include<stdio.h>
void main()
{
  int x;
  x=300;
  int *p;
  p=&x;
  printf("x=%d\n",x);
  printf("p=%x\n",p);
}
```

指针变量 p 与普通变量 x 的关系如图 8-9 所示。

1）x 是一个普通的整型变量，x 的值（里面存储的数据）是 300。

2）p 是一个指针变量，p 的值（里面存储的数据）是 18ff44，是 x 的地址。

3）如果一个指针变量 p，里面存储了另外一个变量 x 的地址，称为指针变量 p 指向 x。

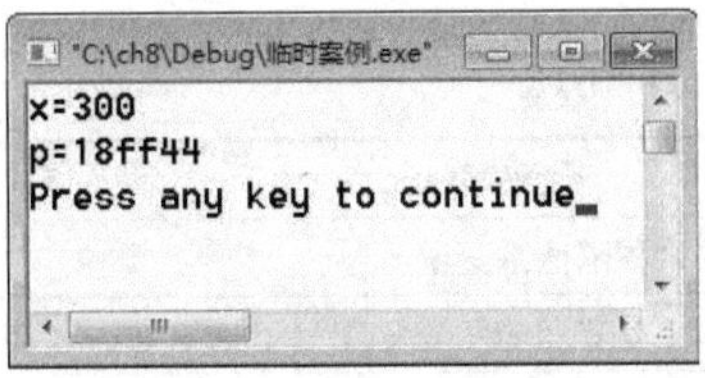

图 8-8 指针变量与普通变量关系运行结果

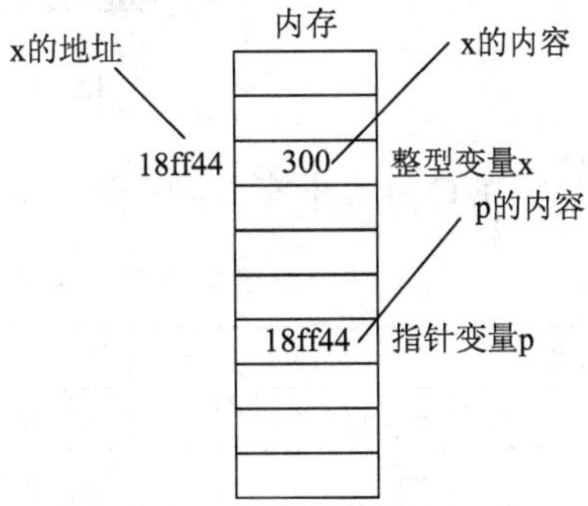

图 8-9 指针变量与普通变量的关系

8.1.3 指针运算符

通过指针变量访问它所指向的变量，是变量的一种间接访问形式。为了表示指针变量和它所指向的变量之间的关系，在程序中用指针运算符“*”表示“指向”，它与地址运算符“&”是一对互逆运算符。

1. “*” 与 “&” 运算符

仔细阅读以下代码，并分析其运行结果（图 8-10）。

```
#include<stdio.h>
void main()
{
   int x=25;                    //定义一个变量 x，其值为 25
   int *p;                      //定义一个指针变量 p
   p=&x;                        //指针变量 p 指向了 x
   printf("x=%d\n",x);          //输出变量 x
   printf("*p=%d\n",*p);        //输出*p
}
```

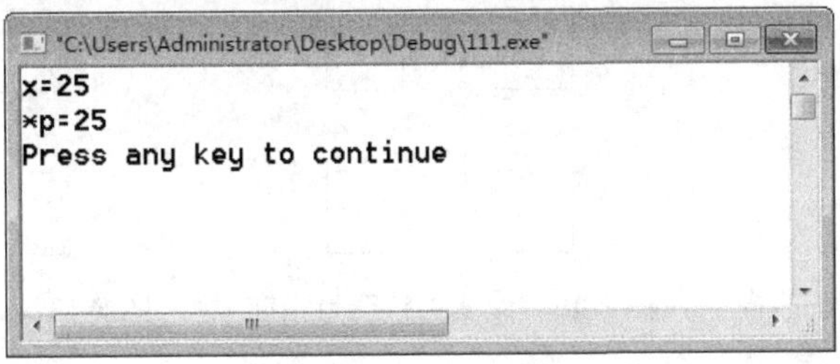

图 8-10 运行结果

由运行结果可见，如果指针变量 p 指向了整型变量 x，那么*p 的值与变量 x 的值相等，即*p 就代表 x。指针运算符“*”是单目运算符，其结合性为自右至左，用来表示指针变量所指向的变量。

注意：指针运算符“*”只能用于指针变量。

博学小助理

✧ “*”在C语言中有三种用途，在使用时需要注意区分，具体见表8-2。

表8-2 “*”在C语言中的三种用途

运算种类	代码举例	代码解释
乘法	x=a*b;	将变量a和变量b的乘积赋值给变量x
类型说明符	int *;	表示p是指针变量，不是普通的整型变量

指针运算符	int x=100;
	int *p=&x;
	*p=200;
		定义一个整型变量x，x的值为100；
		定义一个指针变量p，并将x的地址给p；
		将x的值改为200

✧ *与&是互逆的运算符

若有p=&x，则有*p等价于*&x；又已知，*p即是x，因此*&x即是x。*与&相互抵消，即为互逆的运算符。

2. *和&的常见应用辨析

1）指针变量指向普通变量。例如，有代码“char i=97, j=98, *p1, *p2; p1=&i; p2=&j;”这时，指针变量p1指向整型变量i，指针变量p2指向整型变量j，*p1的值是'a'，*p2的值'b'。其关系如图8-11所示。

2）指针变量相互赋值。例如，有语句“p2=p1;”，就使p2指向p1所指向的地址，即p1、p2指向同一变量i，此时*p2等价于i，而不是j。其关系如图8-12所示。

3）指针变量所指向的变量赋值。例如，有运行语句“*p2=*p1;”，表示把p1指向变量的值赋给p2所指向的变量，即j的值变成了97，但是p1和p2的指向没有发生改变。其关系如图8-13所示。

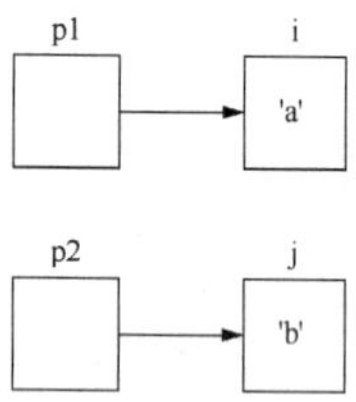

图8-11 指针变量初始化指向

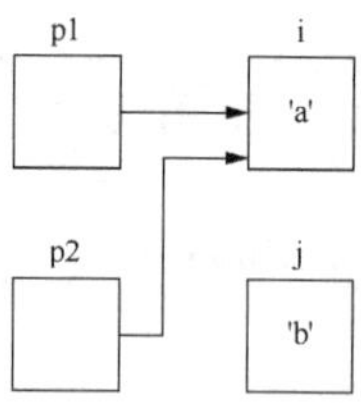

图8-12 改变指针变量指向

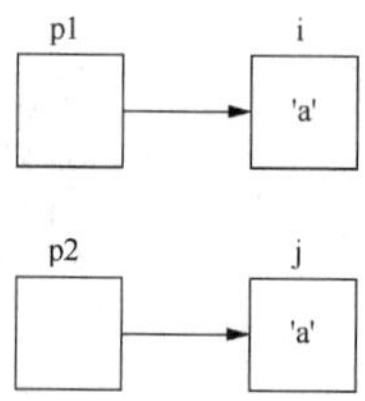

图8-13 改变指向变量的值

博学小助理

有代码“int a=100,*p=&a;”，注意区分p、*p、&p的不同。

✧ p是指针变量，其值是所指向变量的地址，也就是a的地址。

✧ *p表示指针变量p所指向的变量，其内容是所指向变量的值，也就是100。

✧ &p是指针变量p的地址，由系统进行分配。

【案例 8-1】输入 a 和 b 两个整数，利用指针变量实现 a 和 b 的值的交换。

案例设计目的

1）回顾交换算法。

2）掌握指针变量间接访问变量的方法。

案例分析与思考

（1）分析

第 3 章顺序结构的典型案例中已经介绍了普通变量的交换算法，只要增加一个中间变量，即可实现两个变量的交换。

（2）思考

如何用指针变量实现两个变量的值的交换，仍可以采用普通变量交换的思路，其实问题的本质还是要交换变量的值，那么就归结为一个问题：是否可以用指针变量表示一个变量？当然可以，如果指针变量 p=&a，则*p 就可以表示变量 a。

案例主要代码

（1）普通变量的交换算法

例如，有以下代码：

```
#include<stdio.h>
void main()
{
    int a,b,t;
    scanf("%d%d",&a,&b);
    printf("交换前：\n");
    printf("a=%d,b=%d\n",a,b);
    t=a;
    a=b;
    b=t;
    printf("交换后：\n");
    printf("a=%d,b=%d\n",a,b);
}
```

普通变量交换的代码运行结果如图 8-14 所示。

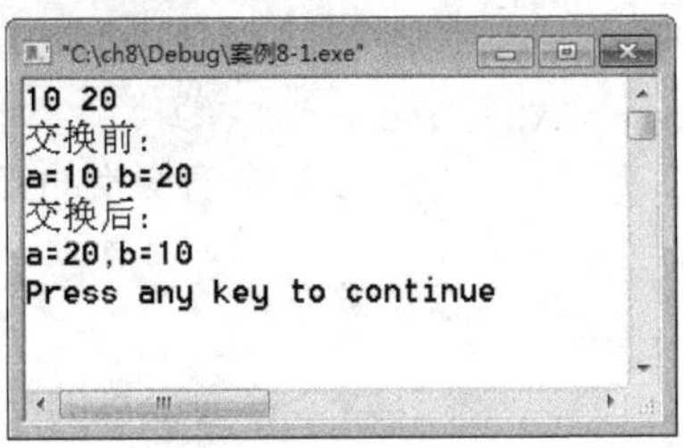

图 8-14　普通变量交换运行结果

（2）指针变量实现普通变量交换算法

例如，有以下代码：

```
#include<stdio.h>
void main()
{
   int a,b,t;
   int *pa=&a,*pb=&b;
   scanf("%d%d",&a,&b);
   printf("交换前：\n");
   printf("a=%d,b=%d\n",a,b);
   t=*pa;
   *pa=*pb;
   *pb=t;
   printf("交换后：\n");
   printf("a=%d,b=%d\n",a,b);
}
```

通过指针变量实现普通变量交换的代码运行结果如图 8-15 所示。

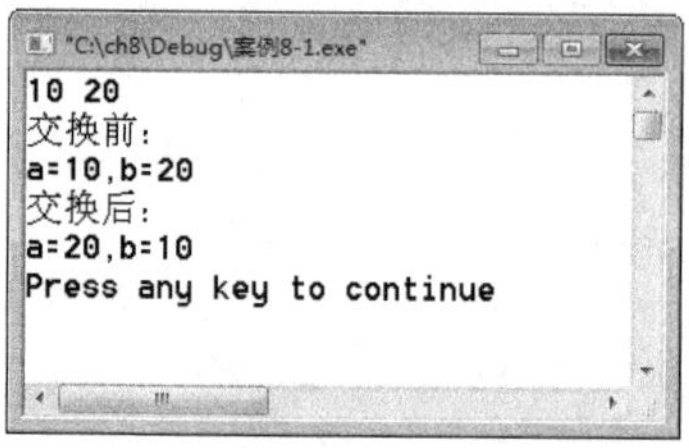

图 8-15　使用指针变量交换运行结果

（3）指针变量的值的交换

例如，有以下代码：

```
#include<stdio.h>
void main()
{ int a,b,t;
  int *pa=&a,*pb=&b,*p;
  scanf("%d%d",&a,&b);
  printf("交换前：\n");
  printf("a=%d,b=%d\n",a,b);
  p=pa;
  pa=pb;
  pb=p;
  printf("交换后：\n");
  printf("a=%d,b=%d\n",a,b);}
```

指针变量自身交换的代码运行结果如图 8-16 所示。

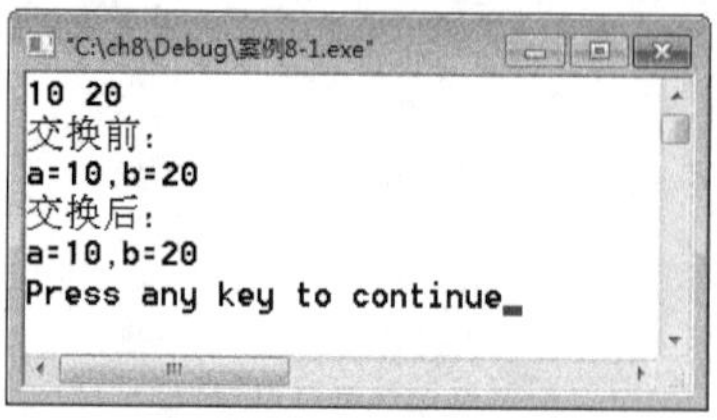

图 8-16　指针变量的值交换运行结果

案例小结

1）两个普通变量的交换，需要借助第三个中间变量来实现，见代码（1）中第 8～10 行。输出结果实现了变量 a 和变量 b 的交换。

2）通过指针变量对其指向的变量进行交换，需要借助第三个中间变量来实现，见代码（2）中第 9～11 行。注意：此处中间变量 t 是普通的整型变量，不是指针变量。输出结果实现了变量 a 和变量 b 的交换。

3）直接交换指针变量的值，见代码（3）中第 8～10 行，借助的中间变量也是指针变量（p）。此时，完成的是 pa 和 pb 中存储的地址信息的交换，也就是交换了 pa 和 pb 的指向。此时变量 a 和 b 的值并没有交换。

技能提高

使用指针变量实现 3 个整数的排序，并按照从小到大的顺序输出。

8.2　指针的运算

在 C 语言中，指针变量作为变量的一种，当然也可以参加运算。由于指针变量存储的是地址类型的数据，其运算具有一定的特殊性，只能进行赋值运算、算术运算、自增自减运算、关系运算。下面对这 4 种运算分别做介绍。

8.2.1　指针的赋值运算

赋值运算是 C 语言中最基本也是最常用的运算符。指针变量可以通过赋值获得初始值。可以赋值给指针变量的地址类型包括变量的地址、数组的地址等。同时，也可以让指针变量指向其他更为复杂的结构，如数组、函数及后面将要学习的结构体、文件等类型。

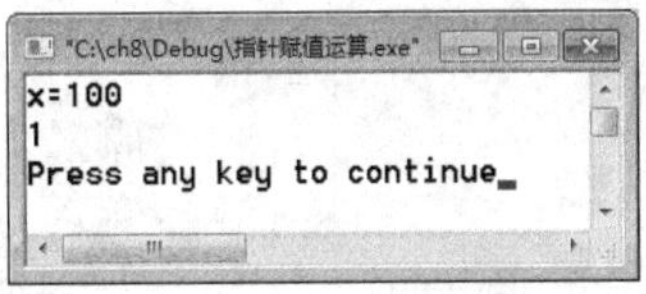

图 8-17　指针赋值运算运行结果

例如，有以下代码，代码运行结果如图 8-17 所示。

```
#include<stdio.h>
void main()
{
   int x=100;
   int a[10]={1,2,3,4,5,6};
   int *p1,*p2;
   p1=&x;
   p2=a;
   printf("x=%d\n",*p1);
   printf("%d",*p2);
}
```

代码解释如下：

1）p1 和 p2 都是指针变量。

2）p1 被赋值为变量 x 的地址。

3）p2 被赋值为数组 a 的地址。

4）输出*p1，即输出变量 x。

5）输出*p2，即输出数组中第一个元素 a[0]，其值为 1。

8.2.2　指针的算术运算

在 C 语言中，指针变量的算术运算只涉及加法和减法，主要分为两种情况：指针变量与整型常量的运算、指针变量与指针变量的运算。其中，指针变量与整型常量既可以做加法，也可以做减法，但是指针变量与指针变量只能做减法。具体规则要求见表 8-3。

表 8-3　指针的算术运算规则

运算对象	算术运算	可否运行
指针变量与整型常量	加法	可以
	减法	可以
指针变量与指针变量	加法	不可以
	减法	可以

下面分别介绍三种情况的运算及程序运行结果。

1. 指针变量加整型常量

（1）指针变量加整型常量代码举例

```
1.  #include<stdio.h>
2.  void main()
3.  {
4.     int a;
5.     a=120;
6.     int *p;
7.     p=&a;
8.     printf("p=%x,p+1=%x\n",p,p+1);
9.     printf("p+5=%x\n",p+5);
10. }
```

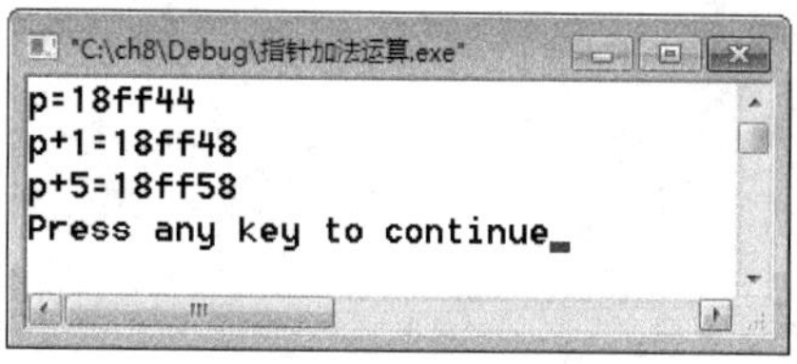

图 8-18　指针变量加整型常量运行结果

上述代码运行结果如图 8-18 所示。

（2）代码解释说明

1）根据代码第 7 行，p 指向了变量 a，即 p 里面存储了 a 的地址。

2）输出 p 的值（18ff44），是 a 的地址。

3）输出 p+1 的值（12ff48），是 a 的地址+4（字节）。

4）p+1 比 p 增加 4 字节，取决于 p 的基类型（int）。若 p 的基类型为 double，则增加 8 字节。若 p 的基类型为 char，则增加 1 字节。

5）输出 p+5 的值（18ff58），是 a 的地址+20（字节）[18ff58−18ff44=14（十六进制）]。

2. 指针变量减整型常量

（1）指针变量减整型常量代码举例

```
#include<stdio.h>
void main()
{
   int a;
   a=120;
   int *p;
```

```
7.     p=&a;
8.     printf("p=%x\np-1=%x\n",p,p-1);
9.     printf("p-5=%x\n",p-5);
10. }
```

上述代码运行结果如图 8-19 所示。

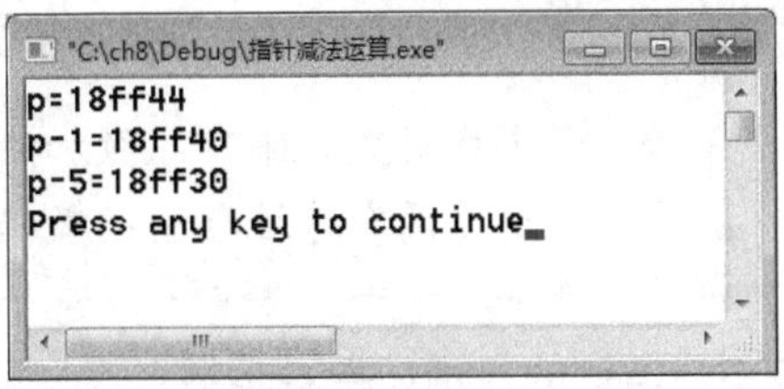

图 8-19　指针变量减整型常量运行结果

（2）代码解释说明

1）根据代码第 7 行，p 指向了变量 a，即 p 里面存储了 a 的地址。

2）输出 p 的值（18ff44），是 a 的地址。

3）输出 p-1 的值（12ff40），是 a 的地址-4（字节）。

4）p-1 的值比 p 的值减少 4 字节，取决于 p 的基类型（int）。若 p 的基类型为 double，则减少 8 字节。若 p 的基类型为 char，则减少 1 字节。

5）输出 p-5 的值（18ff30），是 a 的地址-20（字节）（此处：18ff44-18ff30=14，十六进制）。

3. 指针变量减指针变量

（1）指针变量减指针变量代码举例

```
1.  #include<stdio.h>
2.  void main()
3.  {
4.     int a,b;
5.     int *p1,*p2;
6.     p1=&a;
7.     p2=&b;
8.     printf("%x-%x=%x\n",p1,p2,p1-p2);
9.  }
```

上述代码运行结果如图 8-20 所示。

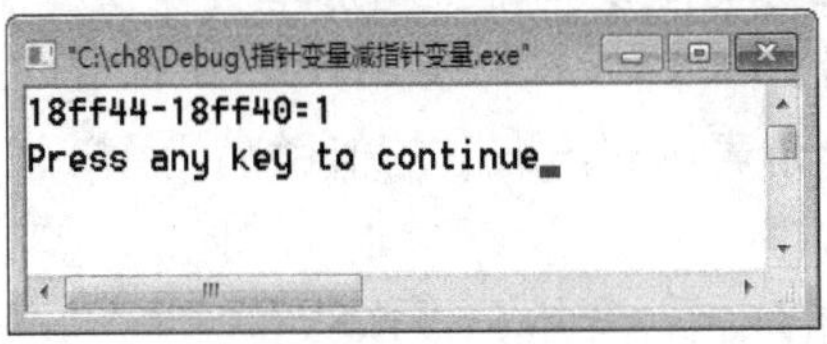

图 8-20　指针变量减指针变量运行结果

（2）代码解释说明

1）根据代码第 6 行，p1 指向变量 a，即 p1 里面存储 a 的地址。

2）根据代码第 7 行，p2 指向变量 b，即 p2 里面存储 b 的地址。

3）p1-p2 是用 a 的地址减 b 的地址，实际上其结果表示的是两个地址之间的“距离”，如图 8-21 所示。

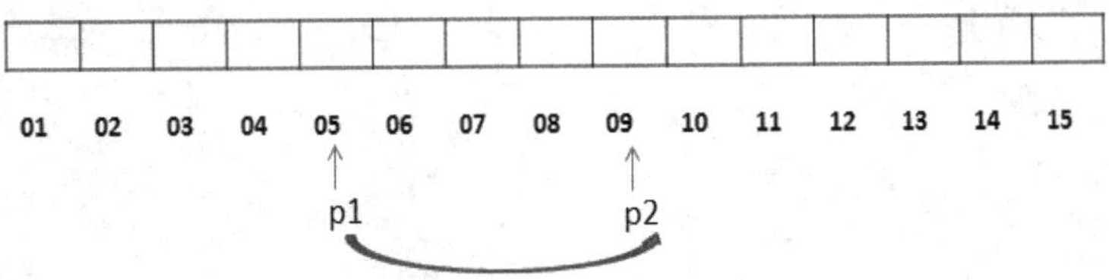

图 8-21　指针变量做减法

4）此处运行结果为 1，这里的 1 表示的不是 1 字节，而是以数据类型为基础的“1 个存储单位或者 1 个数据”。（整型，4 字节存储的是一个数据。）

博学小助理

- ✧ 两个指针变量不可以做加法运算。
- ✧ 理由：两个地址类型的数据相加，没有任何实际意义。

8.2.3 指针的自增、自减运算

1. 指针变量自增运算

（1）指针变量自增代码举例

```
#include<stdio.h>
void main()
{
   int a;
   a=120;
   int *p;
   p=&a;
   printf("p=%x\n",p);
   printf("++p=%x\n",++p);
}
```

上述代码运行结果如图 8-22 所示。

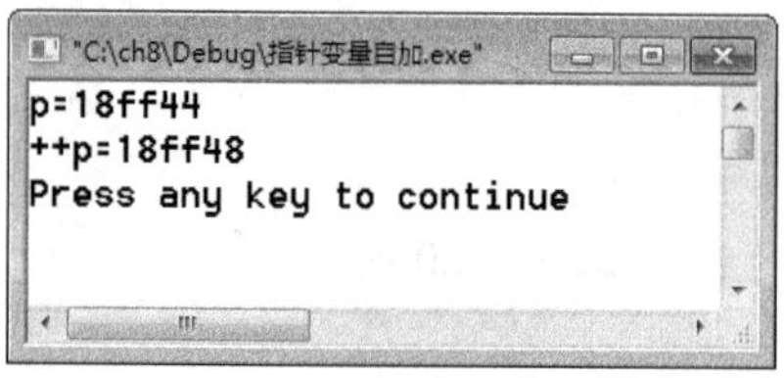

图 8-22　指针变量自增运行结果

（2）代码解释说明

1）++p 等价于 p=p+1。

2）p 指针在原有地址基础上增加基类型长度（此处为 int，4 字节）。

3）p+1 是一个表达式，取 p 的值做+1 运算，p 原来的值不变。

4）++p 等价于 p=p+1，p 的值发生改变，可以理解成指针变量在“移动”。

2. 指针变量自减运算

（1）指针变量自减代码举例

```
#include<stdio.h>
void main()
{
   int a;
   a=120;
   int *p;
   p=&a;
   printf("p=%x\n",p);
```

```
    printf("--p=%x\n",--p);
}
```

上述代码运行结果如图 8-23 所示。

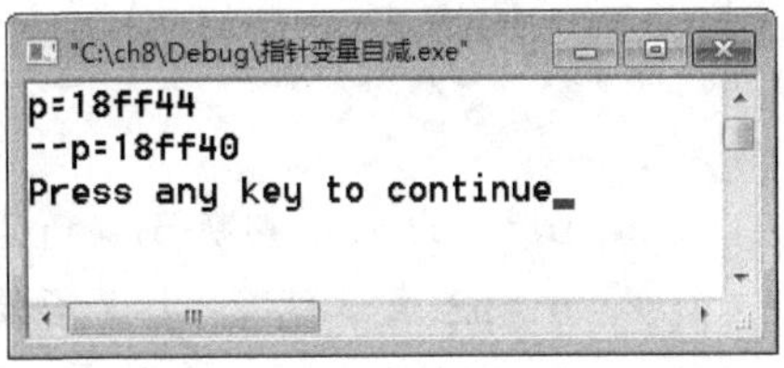

图 8-23 指针变量自减运行结果

（2）代码解释说明

1）--p 等价于 p=p-1。

2）p 指针在原有地址基础上减少基类型长度（此处为 int，4 字节）。

3）p-1 是一个表达式，取 p 的值做-1 运算，p 原来的值不变。

4）--p 等价于 p=p-1，p 的值改变。

8.2.4 指针的关系运算

地址类型的数据也可以进行关系运算。但是，需要注意的是只有指向同一类型的两个指针变量之间才可以进行关系运算，表示它们所指地址之间的位置关系。

（1）指针关系运算代码举例

```
1.  #include<stdio.h>
2.  void main()
3.  {  int a[10];
4.     int i;
5.     int *p;
6.     for(i=0;i<10;i++)
7.     scanf("%d",&a[i]);
8.     for(p=a;p<a+10;p++)
9.     printf("%4d",*p);
10. }
```

上述代码的运行结果如图 8-24 所示。

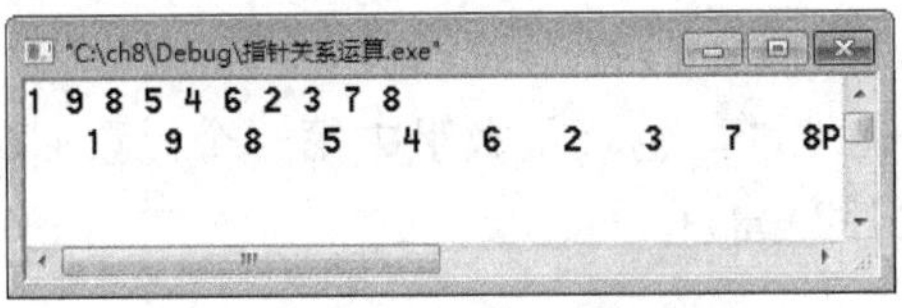

图 8-24 指针变量关系运算结果

（2）代码解释说明

1）代码第 8 行，for 语句中，表达式 1 为“p=a”，p 指向数组首地址；表达式 2 为“p<a+10”，判断 p 是否为数组最后一个元素的地址。

2）代码第 9 行，输出“*p”，即输出数组元素，第一次输出 a[0]。

3）代码第 8 行，for 语句中，表达式 3 为“p++”，p 指针的值+1，p 指向数组中的下一个元素。

4）第 8 行与第 9 行构成的循环结构，其功能是输出数组中的所有元素。虽然每次输出的都是“*p”，但是由于 p 指针不停地“移动（p++）”，因此每一次输出的都是不同的数组元素。

> **博学小助理**
>
> 除“<”运算外，指针变量还可以进行其他关系运算，包括<=、>、>=、==、!=。例如：
>
> ✧ p1== p2 表示判断 p1 和 p2 是否指向同一地址空间。
>
> ✧ p1>p2 表示判断 p1 是否处于高地址位置，即 p1 所指数据地址是否在 p2 所指数据地址的后面。
>
> ✧ p1<p2 表示判断 p2 是否处于低地址位置，即 p1 所指数据地址是否在 p2 所指数据地址的前面。
>
> ✧ 指针变量还可以与 0 比较，以表示它是否为空指针。设 p 为指针变量，则 p==0 表示 p 为空指针；p!=0 表示 p 不是空指针。

8.3 指针与数组

数组是一组在地址上连续的，具有相同数据类型的数据的集合。通过使用数组可以方便地定义、计算、处理多个类型相同的数据。同时，数组名就是该数组的首地址，可以通过“数组名+下标”的形式来访问任意一个数组元素。本节讨论用指针变量来处理数组元素。

8.3.1 指针与一维数组

1. 指针变量指向一维数组

（1）一维数组的地址回顾

若有代码“int a[10];”，则有：

1）数组名 a 是数组的首地址，也就是数组中第一个元素 a[0]的地址，即&a[0]。

2）a+1 是 a[1]的地址，即&a[1]。

……

3）a+i 是 a[i]的地址，即&a[i]。

（2）指针变量指向一维数组

8.2.1 小节中曾经介绍，指针变量可以指向同类型的普通变量，也可以指向同类型的数组。

1）指针指向一维数组的代码如下，其运行结果如图 8-25 所示。

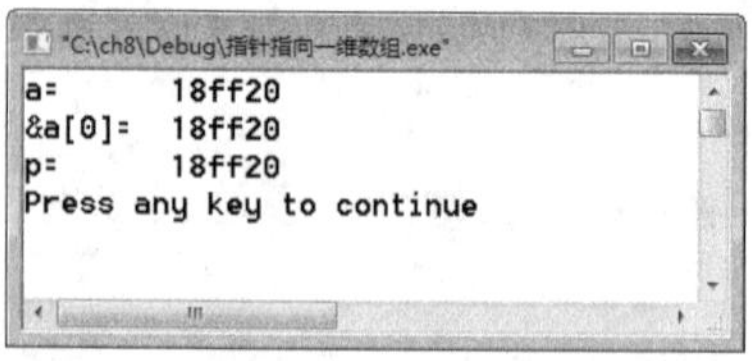

图 8-25 指针指向一维数组运行结果

```
#include<stdio.h>
void main()
{
  int a[10];
```

```
    int *p;
    p=a;
    printf("a=\t%x\n",a);
    printf("&a[0]=\t%x\n",&a[0]);
    printf("p=\t%x\n",p);
}
```

2）代码解释说明如下。

① 数组名 a 是数组的首地址，也就是数组中第一个元素 a[0]的地址，即&a[0]。

② 若有“p=a”，则 p 指针指向了数组 a，p 里面存储的也是数组中第一个元素 a[0]的地址，即&a[0]，如图 8-26 所示。

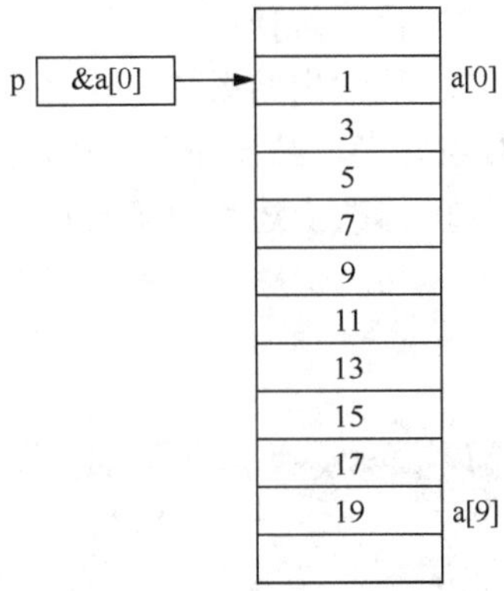

图 8-26　指针变量指向一维数组

博学小助理

假设有代码：int a[10], *p;

- ✧ 若 p=a，则 p 指针指向数组 a，p 里面存储的是数组中第一个元素 a[0]的地址，即&a[0]。
- ✧ 若 p=a+3，则 p 指针指向数组元素 a[3]，p 里面存储的是数元素 a[3]的地址，即&a[3]。
- ✧ 若 p=a+i，则 p 指针指向数组元素 a[i]，p 里面存储的是数元素 a[i]的地址，即&a[i]。

2. 指针变量表示数组元素

若有指针变量指向某数组，则可以通过指针变量来引用数组的各个元素。指针变量引用数组元素有两种方法：下标法和间接引用法。

（1）下标法引用数组元素

1）指针变量下标法引用数组元素代码如下，其运行结果如图 8-27 所示。

```
#include<stdio.h>
void main()
{
    int a[10]={1,2,3,4,5,6,7,8,9,10};
    int *p,i; p=a;
    puts("用数组名引用数组元素：");
    for(i=0;i<10;i++)
    printf("%4d",a[i]);
    putchar('\n');
    puts("用指针变量引用数组元素：");
    for(i=0;i<10;i++)
    printf("%4d",p[i]);
    putchar('\n');
}
```

2）代码解释说明。

① 从输出结果看，若有代码“p=a”，则用数组名引用数组元素和用指针变量 p 引用数组元素，结果完全一致，即 a[i]等价于 p[i]。

② 修改上述代码第 5 行，令“p=a+4”，再次输出，其运行结果如图 8-28 所示。

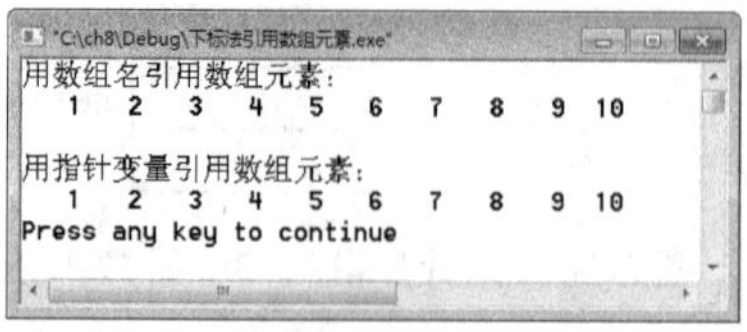

图 8-27 指针变量下标法引用数组元素

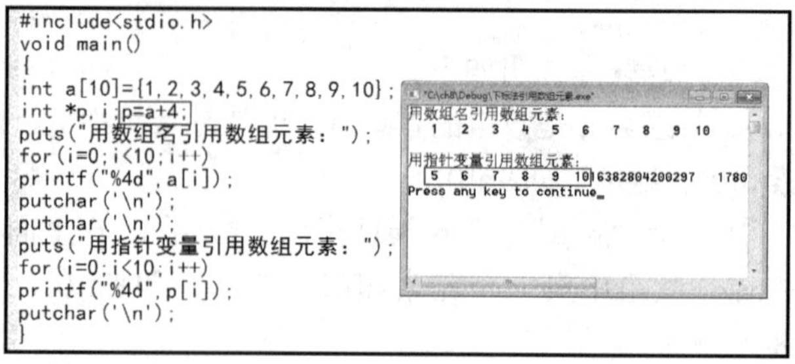

图 8-28 指针引用数组元素运行结果

③ 由图 8-28 可见，“p=a+4”，p 里面存储的是 a[4]的地址。

④ 又由图 8-28 输出结果可见，p[0]-p[5]为原数组中的 a[4]-a[9]，p[6]-p[9]为不确定的值。

结论：用指针变量 p 以下标法引用数组元素时，p[0]不一定就是 a[0]，p 所指向的第一地址值对应的元素，即是 p[0]，如上述代码中的 a+4，对应的元素是 a[4]。

（2）指针间接访问法引用数组元素

1）指针变量的值保持不变，引用数组元素。

① 指针间接访问法引用数组元素，指针变量 p 始终指向数组首地址，代码如下，其运行结果如图 8-29 所示。

```
#include<stdio.h>
void main()
{
   int a[5]={10,20,30,40,50};
   int i;
   int *p;
   p=a;
   for(i=0;i<5;i++)
   printf("a[%d]=%4d\n",i,*(p+i));
   putchar('\n');
}
```

② 代码解释说明。

- ✧ 从输出结果看，若有代码“p=a”，则用指针间接访问法*(p+i)可以输出数组元素，即*(p+i)等价于 a[i]。
- ✧ 在上述代码中，p 的值一直都是 a，没有发生改变。但是随着 i 的变化，(p+i)的值在改变，对应不同元素的地址。

2）通过指针变量值的改变，引用数组元素。

① 指针间接访问法引用数组元素，通过指针变量 p 值的移动，令 p 指向不同的元素，代码如下，其运行结果如图 8-30 所示。

```
#include<stdio.h>
```

```
2.  void main()
3.  {
4.      int a[5];
5.      int i;
6.      int *p;
7.      p=a;
8.      for(i=0;i<5;i++,p++)
9.      scanf("%d",p);
10.     for(i=0;i<5;i++,p++)
11.     printf("a[%d]=%4d\n",i,*p);
12. }
```

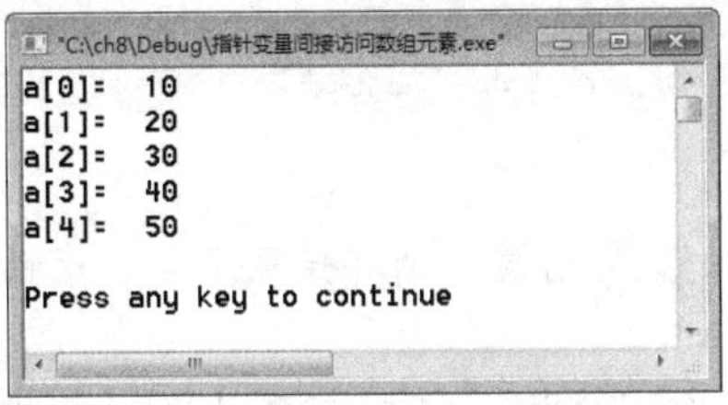

图 8-29　指针间接访问运行结果

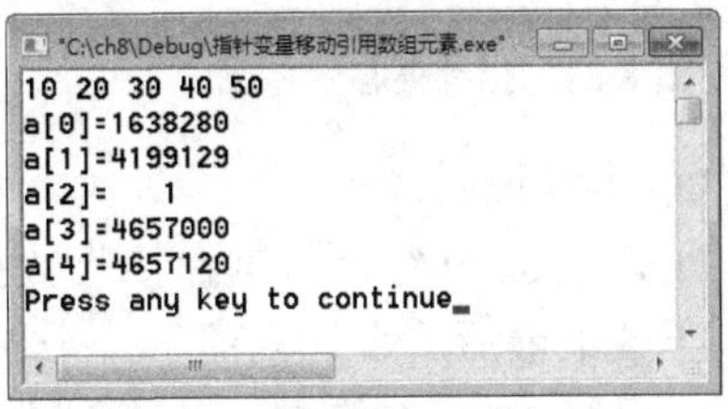

图 8-30　指针变量改变运行结果

② 代码解释说明。

✧ 由图 8-30 可见，输出结果并不是数组元素从键盘接收的值。代码第 8、9 行，接收 5 个整数，存入数组中，此处 scanf 中地址数据使用的是 p。每接收一个数据后，表达式 3 运行“p++”，即 p 的指向移动到下一个内存单元，也就是下一个数组元素。循环结束后，p 指向了数组最后一个元素的下一个单元，如图 8-31 所示。

✧ 再运行代码 10、11 行，输出“*p”，则输出“1638280”及其后的四个数据（这五个数据是编程者无法确定的数据）。

3）指针变量灵活移动，保证输出结果。

① 指针移动后调整指针变量指向数组首地址代码，运行结果如图 8-32 所示。

```
#include<stdio.h>
void main()
{
    int a[5];
    int *p;
    int i;
    p=a;
    for(i=0;i<5;i++,p++)
    scanf("%d",p);
    p=a;
    for(i=0;i<5;i++,p++)
    printf("a[%d]=%4d\n",i,*p);
}
```

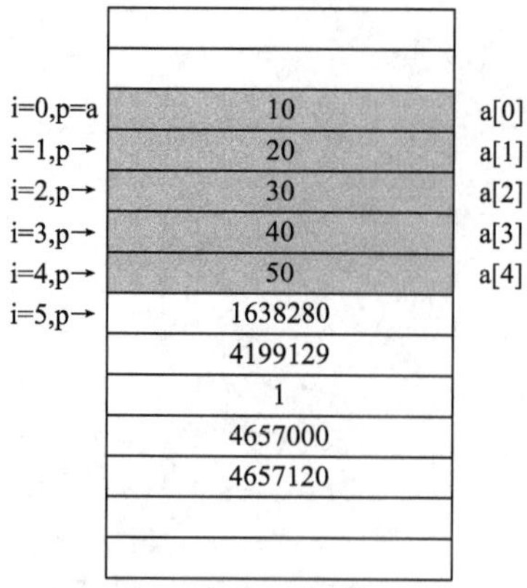

图 8-31　指针偏移示意图

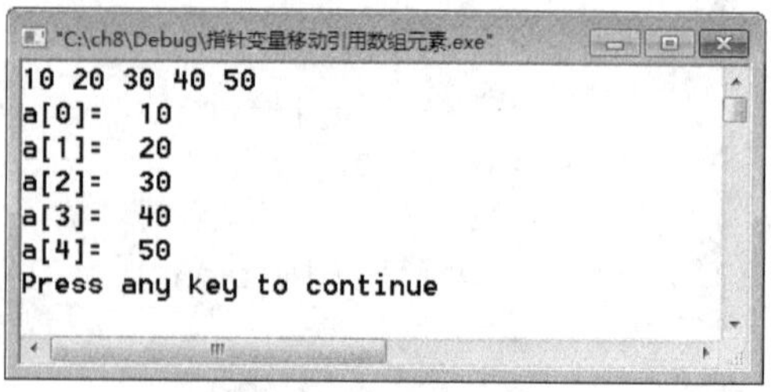

图 8-32　运行结果

② 代码解释说明。

✧ 代码第 8、9 行，从键盘接收数据，存入数组元素。循环结束后，p 指针移动至数组最后一个元素的下一个单元。

✧ 代码第 10 行，增加一条语句“p=a;”，作用是将 p 指针变量从数组的末尾重新移动至数组的开头，即数组的首地址。

✧ 代码第 11、12 行，从数组的首地址开始输出数组元素，共输出 5 个，此时输出结果正确，如图 8-32 所示。

博学小助理

若有以下代码:

int a[10], i, *p=a;　（i=0,1,2,3,…,9），

则有:

✧ 数组中下标为 i 的元素可以表示为 a[i]、p[i]、*(a+i)、*(p+i)。

✧ 数组中下标为 i 的元素的地址可以表示为&a[i]、&p[i]、a+i、p+i。

【案例 8-2】 编写程序处理五名学生的 C 语言成绩，要求利用指针变量实现成绩的输入、输出，并对成绩进行从大到小排序。

案例设计目的

1）复习数组元素的输入与输出。
2）复习冒泡排序算法。
3）掌握用指针变量表示数组元素的方法。

案例分析与思考

（1）分析

数组元素的输入和输出，重点是采用循环结构来实现。用指针变量实现数组元素的输入和输出，也要使用循环。使用指针变量引用数组元素的方法有下标法和指针法两种

方式。本案例采用下标法。

（2）思考

下标法引用数组元素，如果准确引用每一个元素，则指针变量的初值应该是什么？冒泡排序算法从大到小如何表达？

案例主要代码

```
#include<stdio.h>
void main()
{
   int stu[5],i,j,t;
   int *p=stu;
   for(i=0; i<=4; i++)                    //输入学生成绩（无序）
     {
     printf("请输入第%d名学生的成绩：\n",i+1);
     scanf("%d", &p[i]);
     }
   for(i=1;i<=4;i++)                      //对学生成绩进行排序
     for(j=0;j<5-i;j++)
       if(p[j]<p[j+1])
         {t=p[j];p[j]=p[j+1];p[j+1]=t;}
   printf("排序后的学生成绩为：\n");
   for(i=0; i<=4; i++)                    //输出排序后的成绩
     printf("第%d名学生的成绩为%d\n",i+1,p[i]);
}
```

案例运行结果

案例8-2运行结果如图8-33所示。

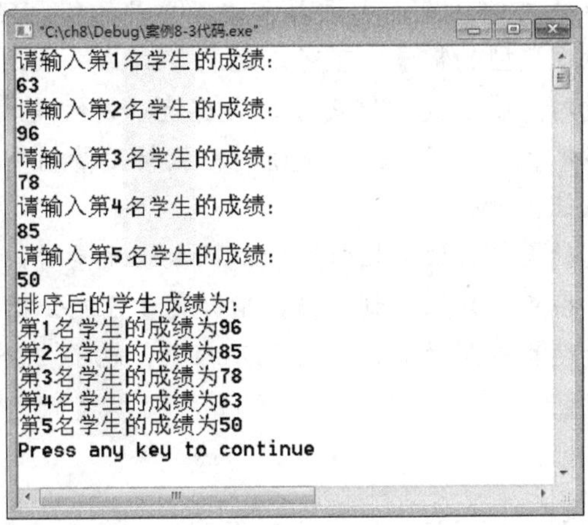

图8-33 案例8-2运行结果

案例小结

1）由图8-33运行结果可见，输入无序的学生成绩，通过排序之后，成绩数据变成从大到小排序，采用的排序算法为冒泡排序。

2）将上述代码第 9～17 行中，所有指针变量“p”都替换为数组名“stu”，程序运行结果不变。

3）数组名代表数组的首地址，是一个地址类型的常量，其值不可改变。指针变量是一个变量，其值可以改变。修改上述代码，通过指针变量的移动引用数组元素。具体代码如下：

```
1.  #include<stdio.h>
2.  void main()
3.  {
4.  int stu[5],i,j,t;
5.  int *p;
6.  for(p=stu,i=0; p<stu+5; p++,i++)          //输入学生成绩（无序）
7.  {
8.     printf("请输入第%d 名学生的成绩：\n",i+1);
9.     scanf("%d", p);
10. }
11. for(i=1;i<=4;i++)                         //对学生成绩进行排序
12.    for(p=stu;p<stu+4-i;p++)
13.      if(*p<*(p+1))
14.        {t=*p;*p=*(p+1);*(p+1)=t;}
15. printf("排序后的学生成绩为：\n");
16. for(p=stu,i=0; p<stu+5; p++,i++)          //输出排序后的成绩
17.    printf("第%d 名学生的成绩为%d\n",i+1,*p);
18. }
```

4）此处需要熟练掌握*p 和*(p+1)的使用形式，理解其对应的数组元素。

博学小助理

- ✧ 指针变量可以通过++（或--）运算来改变自身的值，实现“指向”移动；数组名 s 是地址类型的常量，不可以运行++（或--）运算。
- ✧ 使用指针变量时，要注意指针变量的当前值，如代码第 7 行、第 12 行、第 16 行中都有“p=stu;”，目的是通过对指针变量的重新赋值，让指针变量重新指向数组的开头。
- ✧ 需要特别注意的是，在使用指针变量访问数组元素时，系统不对指针变量所指位置进行检查，如果控制不当，指针变量可能会指向数组以外的其他位置，也就是越界引用数组，这样既不准确，也不安全。

拓展训练

编写程序，用指针变量引用数组元素，实现在一个一维数组中找最大值。

技能提高

修改案例 8-2 代码，使用选择排序算法、用指针变量引用数组元素，对数组进行排序。

8.3.2 指针与字符数组

在 C 语言中，字符串的处理是比较特殊的数据处理方式。字符串的存储和处理，没有相应的变量可以操作，只能使用字符型数组来处理。本小节介绍字符串处理的另外一种方法：用字符型指针变量处理一个字符串。

用字符型指针变量指向一个字符串，通常有两种形式：一是指针变量指向一个字符数组；二是指针变量直接指向一个字符串常量。

1. 字符型指针变量指向字符数组

1）指针变量定义的同时初始化为字符数组的首地址。

代码：char a[100]="hello";　char *p=a;。

解释：字符型指针变量 p 指向字符型数组 a。

2）指针变量先定义，再赋值为字符数组的首地址。

代码：char a[100]="hello";　char *p;　p=a;。

解释：字符型指针变量 p 指向字符型数组 a。

2. 字符型指针变量指向字符串常量

1）指针变量定义的同时初始化为字符串常量。

代码：char *pstr="China";。

解释：将字符串常量（China）的首地址赋值给指针变量 pstr，使 pstr 指向字符串中的第一个字符'C'，并将字符串中的字符依次存放在一块连续的存储单元中，系统在最后一个字符'a'的后面自动加入字符串结束标志'\0'。

2）指针变量先定义，再赋值为字符串常量。

代码：char *pstr; pstr="China";。

解释：将字符串常量（China）的首地址赋值给指针变量 pstr，使 pstr 指向字符串中的第一个字符'C'，并将字符串中的字符依次存放在一块连续的存储单元中，系统在最后一个字符'a'的后面自动加入字符串结束标志'\0'。

虽然字符型指针变量既可以指向字符型数组，也可以指向字符串常量，但是在实际使用中，更多的是使用字符型指针变量指向字符型数组，较少使用字符型指针变量指向字符串常量。

因为字符型数组用数组名作为数组首地址，当指针变量在操作过程中发生地址偏移后，还可以通过赋值给其数组名，来让指针变量重新指向数组的首地址或者数组中任意元素的地址；但是字符串常量的首地址，是隐含使用的，即在将字符串赋值给指针变量时，指针变量可以得到该字符串常量的首地址，但是一旦指针变量在处理过程中出现“移动”或者“偏移”，将无法再回到字符串的首地址或者其中某个字符的地址。

【案例 8-3】利用字符型指针变量，求一个字符串的长度。

案例设计目的

1）熟练掌握字符数组的特征。

2）掌握使用字符型指针变量访问字符数组。

案例分析与思考

（1）分析

字符数组的最重要的特征就是字符串结束的标记'\0'。统计一个字符串的长度，即统计'\0'之前的字符的个数。利用指针变量测量一个字符串的长度，只要将字符串的第一个字符的地址赋值给指针变量，就可以使用指针变量间接引用每一个数组元素，直到遇到'\0'结束。

（2）思考

如何用指针变量表示字符串中的每一个字符？

案例主要代码

```
1.  #include<stdio.h>
2.  void main()
3.  {
4.     char str[20]="C Program";
5.     char *p=str;
6.     int len=0;
7.     for(  ;*p!='\0';p++)
8.     len++;
9.     printf("字符串%s 中共有%d 个字符\n", str, len);
10. }
```

案例运行结果

本案例运行结果如图 8-34 所示。

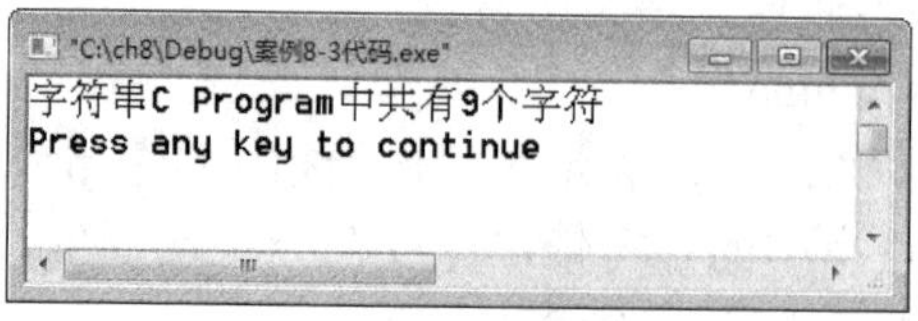

图 8-34　案例 8-3 运行结果

案例小结

1）代码第 5 行，指针变量 p 指向字符数组的首地址。
2）代码第 7 行，for 循环中，表达式 1 为空。
3）代码第 7 行，表达式 2，*p 不等于‘\0’，长度 len 增加 1。
4）代码第 7 行，表达式 3，p++用来实现指针变量 p 指向下一个字符。

拓展训练

利用字符型指针变量，实现两个字符串的复制。（提示：由于要对两个字符串进行操作，因此需要定义两个字符型的指针变量。）

【案例 8-4】利用字符型指针变量，实现两个字符串的连接。

案例设计目的

1）熟练掌握字符数组的特征。
2）理解字符串连接的概念。
3）熟练使用指针变量访问字符数组。

使用字符指针变量连接两个字符串

案例分析与思考

（1）分析

案例实现两个字符串的连接，因此需要两个指针变量。要将字符串 2 连接到字符串 1 的后面，需要先找到字符串 1 的末尾，然后将字符串 2 复制到字符串 1 的末尾。

（2）思考

如果让一个指针变量指向一个字符串的末尾？如何将一个字符串复制到另外一个字符串末尾开始的位置？复制结束后，是否需要给字符串 1 加上字符串结束的标记'\0'？

案例主要代码

```
1.   #include<stdio.h>
2.   void main()
3.   {
4.      char str1[40]="Your name is ";
5.      char name[20];
6.      char *p1=str1, *p2=name;
7.      printf("请输入你的名字：\n");
8.      gets(name);
9.      for( ; *p1!='\0'; p1++) ;
10.     for( ; *p2!='\0'; p2++,p1++)
11.     *p1=*p2;
12.     *p1=0;
13.     puts(str1);
14.  }
```

案例运行结果

本案例运行结果如图 8-35 所示。

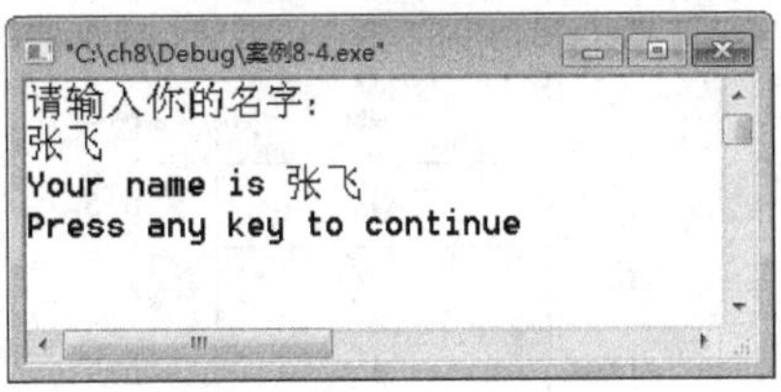

图 8-35　案例 8-4 运行结果

案例小结

1）代码第 9 行，p1 指针如果指向的元素不是'\0'，则 p1 指向下一个字符，直到遇到'\0'为止。

2）代码第 9 行，循环体是';'，为空语句。循环结束后，p1 指向第一个字符串中的'\0'。

3）代码第 10、11 行，取 p2 指向的字符串中的字符，给 p1 指向的地址，然后令 p2 指针和 p1 指针都向下一个字符移动，实现 p2 连接给 p1。

4）代码第 12 行，在结束上面循环后，将 p1 指向的位置赋值为'\0'，即给连接后的字符串 1 加上结束标志。

5）代码第 13 行，输出连接后的字符串 1。

拓展训练

使用指针变量访问字符数组，实现字符串的比较运算。

博学小助理

字符数组和字符型指针变量都可以实现字符串的处理和运算，但是在具体使用时两者又有所区别。若有代码：char a[100]; char *p;，

- ✧ 则代码：p="hello"；可以。系统会在内存中开辟 6 个字节的内存单元用来存放 hello 及其后的'\0'，指针变量 p 中将存储这 6 个字节中的首地址。
- ✧ 则代码：a="hello"；不可以。因为 a 是数组名，也是数组的首地址，为地址类型的常量。对于赋值运算，等号的左边只能是变量，不可以是常量。
- ✧ 若有代码：char a[100]="hello"； char *p=a； p="123456"； puts(a); puts(p);。在 p 指向 a 之后，如果运行 “p="123456";” 则 p 里面将不再存储数组 a 的地址，而变成字符串 “123456” 的地址，与数组 a 地址无关。因此上述代码中，a 数组中存储的字符串还是 “hello”，而 p 指向的字符串为 “123456”。

8.3.3 指针与二维数组

一维数组的元素存储在从数组首地址开始的一块连续的存储单元中，若有代码 “int a[10]; int *p=a;”，则 p 与数组元素的地址关系如图 8-36 所示。

数组元素	int a[10]; int *p=a;	元素地址
a[0]	10	p
a[1]	20	p+1
a[2]	82	p+2
a[3]	56	p+3
a[4]	96	p+4
a[5]	58	p+5
a[6]	74	p+6
a[7]	45	p+7
a[8]	23	p+8
a[9]	12	p+9

图 8-36 指针变量与一维数组元素的地址关系

int a[5][3];

a[0][0]	a[0][1]	a[0][2]
a[1][0]	a[1][1]	a[1][2]
a[2][0]	a[2][1]	a[2][2]
a[3][0]	a[3][1]	a[3][2]
a[4][0]	a[4][1]	a[4][2]

图 8-37 二维数组的数组元素

二维数组中的所有元素存储在从数组首地址开始的一块连续的存储单元中，并且按照先行后列的顺序依次存放。假设数组定义为 a[5][3]，则二维数组的数组元素如图 8-37 所示。

二维数组的数组元素是按行存储的，即 a[1][0]（第二行的第一个）存在 a[0][2]（第一行的最后一个）的后面。若有代码“int a[5][3]; int *p=&a[0][0];”，则 p 与二维数组的元素地址关系如图 8-38 所示。

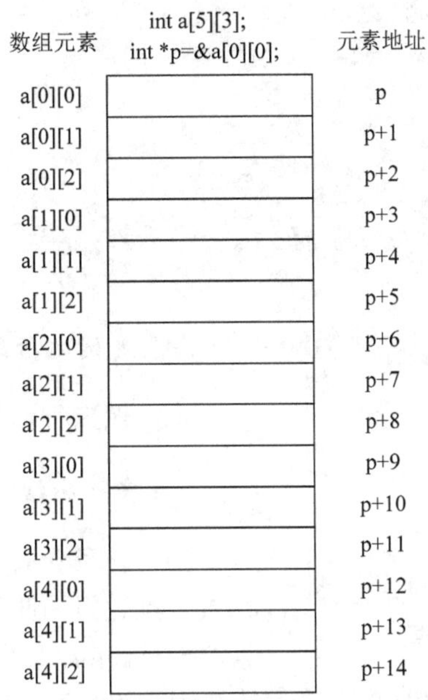

图 8-38　指针变量与二维数组元素地址关系

5 行 3 列的二维数组，其存储形式可以理解成一个含有 15 个元素的一维数组。当指针变量 p 指向元素 a[0][0]后，*p 等价于 a[0][0]，p+2 指向元素 a[0][2]，p+5 指向元素 a[1][2]。

【案例 8-5】使用指针变量处理二维数组。找到一个 5 行 3 列的二维数组的最大值。

案例设计目的

1）理解二维数组的行列概念。

2）理解二维数组在存储地址上连续的概念。

3）练习使用指针变量指向二维数组的数组元素。

案例分析与思考

（1）分析

首先需要一个 5 行 3 列的二维数组，然后需要用一个指针变量指向数组的首地址。利用指针变量指向数组元素来完成计算。

（2）思考

对于指针变量 p，它的初值是多少？它的终值是多少？p 如何变化？

案例主要代码

```
#include<stdio.h>
```

```
2.   void main()
3.   {
4.      int a[5][3];
5.      int *p,max;
6.      for(p=&a[0][0];p<&a[0][0]+15;p++)
7.      scanf("%d",p);
8.      p=&a[0][0];
9.      max=*p;
10.     for(p++;p<&a[0][0]+15;p++)
11.     if(max<*p)max=*p;
12.     printf("数组中最大值为：%d\n",max);
13.  }
```

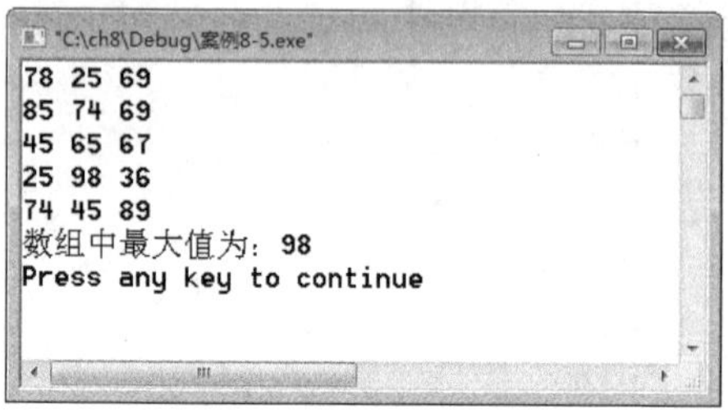

图 8-39 案例 8-5 运行结果

案例运行结果

本案例运行结果如图 8-39 所示。

案例小结

1）代码第 6、7 行，从键盘接收数据，存入二维数组。此处，用 p 表示二维数组元素的地址。for 循环中，表达式 1 为 p 的初值，是数组中第一个元素的地址&a[0][0];，表达式 2 为 p 的终值，是数组中最后一个元素的地址，即&a[0][0]+14;，表达式 3 为 p++，p 不断指向下一个元素。注意：循环结束后，p 指向数组最后一个元素的下一个存储单元。

2）代码第 8 行，令 p 重新指向数组中的第一个元素。

3）代码第 9 行，令 max 等于数组中的第一个元素的值。

4）代码第 10、11 行，表达式 1 运行一次，令 p 指向数组中第二个元素；表达式 2 为 p 的终值，是数组中最后一个元素的地址，即&a[0][0]+14;，表达式 3 为 p++，p 不断指向下一个元素。循环体是用 max 与当前的*p 做比较，遇到更大的给 max。

拓展训练

使用指针变量访问案例 8-5 中的二维数组，找出每一列的最大值并输出。

8.4 指针与函数

使用指针变量可以间接访问普通变量，也可以间接访问数组元素。本节介绍使用指针变量处理函数，包括指针变量作为函数参数，函数的返回值为指针类型数据，使用指针变量来指向一个函数共三部分。

8.4.1 指针变量作为函数参数

案例 7-3 介绍了普通变量作为函数参数。形参的改变（交换）不会反作用到实参（主函数中变量没有交换），把参数的这样一种单向值的传递与作用，称为单向值传递。

案例 7-4 介绍了使用数组名作为函数的参数。当数组名作为函数的参数时，函数之间传递的是数组的地址。此时，形参数组与实参数组拥有相同的地址，本质上是同一个数组，此时，形参数组的计算和改变直接影响实参数组。

既然数组名可以作为函数的参数，那么指针变量同样可以作为函数的参数。此时函数之间传递的是地址类型的数据。使用指针变量作为函数的参数的优点如下：由于传递的是地址，可以实现形参的改变，反作用到实际参数，如案例 8-6；可以解决函数之间多个返回值的问题，如案例 8-7。

【案例 8-6】编程实现 main()函数中两个整数的交换。要求：利用函数调用，变量的交换在被调函数中实现。

案例设计目的

1）学习使用指针变量作为函数参数。

2）回顾普通变量作为函数参数的特点。

3）掌握指针变量作为函数参数的特点。

案例分析与思考

（1）分析

1）调用函数实现两个变量的交换，需要向被调函数传递变量的地址。

2）使用指针变量接收变量的地址后，若实现时间变量的值的交换，则此处需要使用“指针变量间接访问变量”的方法，即对指针变量做“*”运算。

（2）思考

使用指针变量接收实参的变量地址后，若直接交换指针变量的值，此时，能否实现实参变量的值的交换？此处需要注意区分“指针变量的值”和“指针变量所指向的变量的值”。

案例主要代码

```
#include<stdio.h>
//用指针变量 p1 和 p2 作为形参，接收 a 和 b 的地址
void swap(int *p1, int *p2)
{
  int t;                          //t 用来作为交换的中间变量
  t=*p1;                          //交换算法
  *p1=*p2;
  *p2=t;
}
void main()
{
  int a, b;
  scanf("%d%d",&a,&b);            //输入 5 和 9
  swap(&a,&b);                    //用变量 a 和 b 的地址作为实参
  printf("\na=%d, b=%d\n", a, b);
}
```

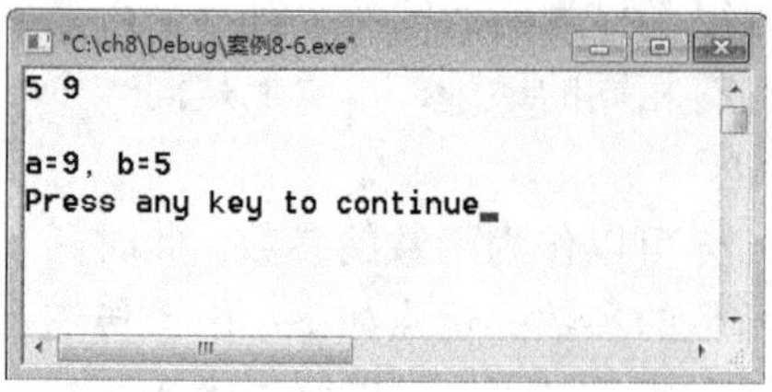

图 8-40 案例 8-6 运行结果

案例运行结果

本案例运行结果如图 8-40 所示。

案例小结

1）swap()函数是用户自定义的函数，其作用是交换两个变量的值。swap()函数的形参 p1、p2 是指针变量。

2）程序运行时，先运行 main()函数中代码第 11、12 行，输入 a 和 b 的值。

3）代码第 13 行，调用 swap()函数。函数调用时，实参&a 和&b 是变量 a 和 b 的地址。此处将 a 和 b 的地址作为地址类型的常量传递给形参变量 p1 和 p2。因此，形参 p1 的值为&a，p2 的值为&b。这时 p1 指向变量 a，p2 指向变量 b。

4）运行 swap()函数的函数体，对*p1 和*p2 的值做交换，也就是对 main()函数中的 a 和 b 的值做交换。

5）函数调用结束后，main()函数中的变量 a 和 b 已被交换。

6）在 main()函数中输出的 a 和 b 的值是已经交换过的值。

拓展训练

分析下列程序段是否能实现主调函数中变量值的交换。

1）
```
void  swap(int *p1, int *p2)
{  int *temp;
   *temp=*p1;
   *p1=*p2;
   *p2=*temp;
}
```

2）
```
void  swap(int *p1, int *p2)
{  int *p;
   p=p1;
   p1=p2;
   p2=p;
}
```

3）
```
void  swap(int x, int y)
{  int temp;
   temp=x;
   x=y;
   y=temp;
}
```

4）swap()函数的定义不变，主函数中的函数调用语句改为 swap(a, b)，是否可以实现交换变量 a、b 值的目的？

技能提高

自定义 swap()函数实现 3 个整数从小到大的排序，并在 main()函数中输出结果。

【案例 8-7】 设有 10 个人参加了本课程的考试，找出考试成绩的最高分和最低分。

要求：使用指针变量作为函数参数，函数无须 return 语句返回计算结果。

案例设计目的

1）复习巩固数组名作为函数的参数。

2）掌握利用指针变量实现函数之间多个数据的传递。

案例分析与思考

（1）分析

1）10 个人的分数可以使用有 10 个元素的一维数组来存储。

2）本案例需要通过函数调用计算 10 个成绩中的最高分、最低分。案例 7-8 中使用全局变量求解过此问题。

（2）思考

若不使用全局变量，如何实现在两个函数之间“返回”两个数据？参考案例 8-6，可以使用指针变量实现两个数据、甚至更多数据的传递。

案例主要代码

```
#include<stdio.h>
void find(int x[],int n,int *pmax,int *pmin);
void main()
{
   int a[10]={73, 87, 99, 61, 70, 65, 57, 35, 64, 72};
   int max,min;                  //分别保存最高分、最低分
   find(a,10,&max,&min);         //函数调用，变量max、min的地址作为实参
   printf("最高分：%d，最低分：%d\n", max, min);
}
void find(int x[],int n,int *pmax,int *pmin)    /*pmax和pmin为指针变量*/
{
   int i;
   *pmax=*pmin=*x;               //将x[0]给max和min
   for(i=1,x++;i<n;i++,x++)
   {if(*pmax<*x)*pmax=*x;        //找最大值
   if(*pmin>*x)*pmin=*x;}        //找最小值
}
```

案例运行结果

本案例运行结果如图 8-41 所示。

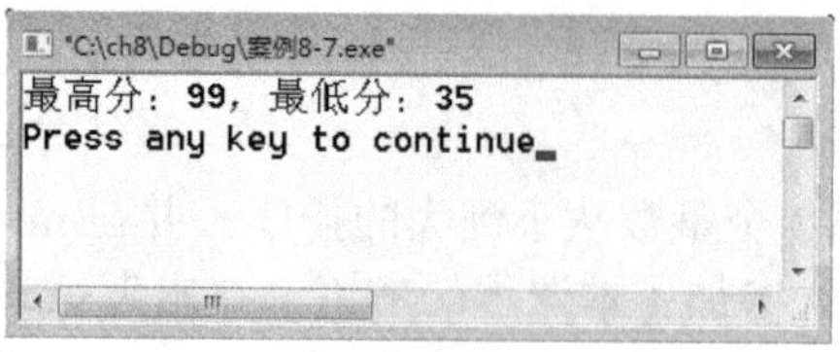

图 8-41 案例 8-7 运行结果

案例小结

被调函数“void find(int x[],int n,int *pmax,int *pmin);”中有四个参数。

1）参数 1“int x[]”：用来接收实际参数中的数组名 a。x 数组与 a 数组将具有相同的地址空间，即为同一个数组。

2）参数 2“int n”：用来接收实际参数中的元素的个数 10。用来规定数组中需要处理的数据的个数。

3）参数 3“int *pmax”：用来接收实际参数中的变量 max 的地址。在函数体中，*pmax 代表 main()函数中的 max 变量，用来存储数组中的最大值。

4）参数 4“int *pmin”：用来接收实际参数中的变量 min 的地址。在函数体中，*pmin 代表 main()函数中的 min 变量，用来存储数组中的最小值。

8.4.2 指针变量与数组名作为函数参数

案例 7-4 中介绍了用数组名作为函数的参数。数组名作为一种地址类型的常量，也可以作为函数的参数。当数组名作为函数的参数时，传递的是地址类型的数据。通常情况下，实参是数组名，对应的形参应该也是数组的形式。

数组名作为函数参数时，是将数组的首地址传给形参，这样实参数组与形参数组具有相同的地址，相当于是同一个数组。因此，对形参数组所做的任何操作，实参数组中都有体现。

由于指针变量可以存储数组的地址，因此作为函数的参数，指针变量可以与数组名任意搭配使用。在主调函数中实参可以是数组名，也可以是指针变量；在被调函数中，形参可以是数组名，也可以是指针变量。具体关系见表 8-4。

表 8-4 数组名与指针变量的使用关系

实参	形参
数组名	数组名
数组名	指针变量
指针变量	数组名
指针变量	指针变量

从本质上来看，这 4 种使用形式没有任何区别，都是用地址类型数据作为函数参数。

【案例 8-8】使用指针变量作为函数参数，实现用选择法对 10 个整数进行降序排序。

案例设计目的

1）了解选择排序算法。
2）掌握指针变量表示数组元素的形式。
3）掌握指针变量作为函数的参数。

案例分析与思考

（1）分析
1）分析什么是选择排序算法，参见案例6-7。
2）给出指针变量表示数组元素的表达式。
（2）思考
如果将数组的输出做成一个函数，应该如何实现？

案例主要代码

```
#include<stdio.h>
void sort(int *x, int n);          //排序函数
void output(int x[], int n);       //输出函数
void main()
{
   int *p, a[10] = {3, 7, 9, 11, 0, 6, 7, 5, 4, 12};
   printf("排序前的数组: \n");
   output(a, 10);
   p=a;
   sort(p,10);
   printf("排序后的数组. \n");
   output(a,10);
}
void sort(int *x,int n)
{
   int i,j,k,t;
   for(i=0; i<n-1;i++)
   {
      k=i;
      for(j=i+1;j<n;j++)
      if(*(x+j)>*(x+k))k=j;
      if(k!=i){t=x[i];x[i]=x[k];x[k]=t;}
   }
}
void output(int x[],int n)
{
   int i;
   for(i=0;i<n;i++)
   printf("%6d",x[i]);
   printf("\n");
}
```

案例运行结果

本案例运行结果如图 8-42 所示。

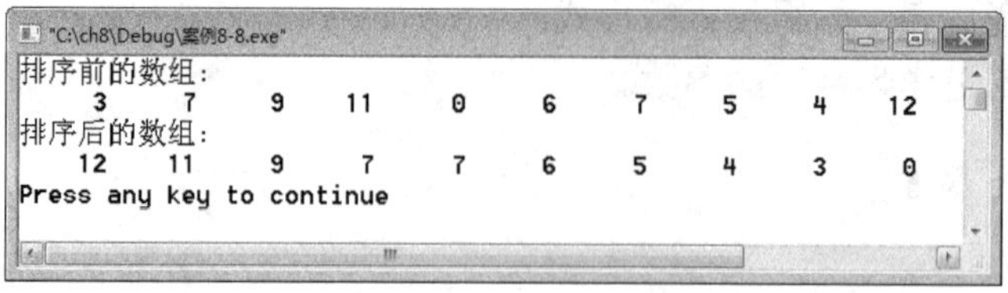

图 8-42 案例 8-8 运行结果

案例小结

1）“void sort(int *x, int n);”是排序函数。其中形参 x 是指针变量，实际含义是对从 x 地址开始的 n 个数进行排序。

2）“void output(int x[], int n);”是输出函数。其中形参 x[]是数组，实际含义是对从 x 地址开始的 n 个数进行输出。

3）代码第 20、21 行，用来找到每一趟中的最大值，记住其下标，存入变量 k。数组元素的引用形式为“*(x+j)”。

4）代码第 22 行，如果 k 不等于初值 i，则说明 i 位置元素不是最大的，进行交换。数组元素的引用形式为“x[k]”。

拓展训练

参照本案例，完成利用指针变量实现冒泡排序算法。

技能提高

编写函数，实现字符串的连接函数。要求：不能使用字符串连接的库函数，用指针变量自己完成函数的定义。

8.4.3 返回指针值的函数

在 C 语言中，函数的返回值是指函数需要返回给主调函数的处理结果。这个返回值可以是整型、实型、字符型中的任何数据类型，也可以是结构体、共用体、枚举类型的构造数组类型。同时，一个函数的返回值也可以是一个地址类型的常量或者变量。

定义指针型函数的一般形式如下：

```
<类型说明符> *函数名(形参表)  {  函数体  }
```

其中，函数名之前加了“*”，表明这是一个指针型函数，即返回值是一个指针，类型说明符表示返回的指针值所指向的数据类型。例如：

```
int *pf(int x,int y)  { 函数体 }
```

表示 pf()是一个返回指针值的指针型函数，返回的指针基类型为整型。

【案例 8-9】编写函数，从第三个单词开始输出字符串。

要求：使用空格作为单词之间的分隔符号。

案例设计目的

1）复习字符串的输入与输出。

2）复习数组名作为函数参数。

3）掌握指针变量作为函数的返回值。

案例分析与思考

（1）分析

字符串的输入和输出，可以使用 gets()函数和 puts()函数。数组名可以作为函数的参数传递给构造的函数。由构造的函数在得到的地址开始的字符串中寻找第三个单词，然后将第三个单词的首地址返回给 main()函数。

（2）思考

字符型数组作为函数的参数传递给被调函数时，是否需要像案例 8-8 中那样同时传递数组中元素的个数？

案例主要代码

```
#include<stdio.h>
char *fun(char *p1);     //函数声明
void main()
{
   char a[100];
   char *ps;
   gets(a);
   ps=fun(a);                  //函数调用，参数为数组名，返回值存入指针变量 ps
   puts(ps);                   //输出 ps 指向的字符串
}
char *fun(char *p1)          //函数 fun，参数为指针变量，返回值为指针类型
{
   char *p2;
   int n=0;
   for(;*p1!='\0';p1++)  //遍历取 p1 指针变量指向的字符串，遇到'\0'结束
     {if(*p1==' ')n++;  //统计遇到空格个数
     if(*p1==' '&&n==2){p2=p1+1;break;}
}
return p2;
}
```

案例运行结果

本案例运行结果如图 8-43 所示。

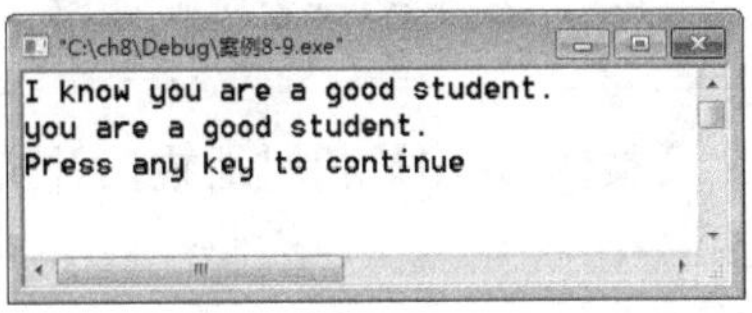

图 8-43　案例 8-9 运行结果

案例小结

1）ToUpper()函数返回的地址就是形参 s 的值，也就是实参数组名 str，那么为什么要返回这个地址呢？为了方便。例如，在 ToUpper()函数返回指针时，主函数中的输出语句可以简写为“puts(ToUpper(str);”，如果没有返回

指针，就只能写成“ToUpper(str); puts(str);”。

2）关于返回指针值的函数，更实用的案例可以参考字符串处理函数 strcpy()函数和 strcat()函数。

8.4.4 指向函数的指针

函数一经定义，也会具有内存地址。不带括号和参数列表的函数名，可以表示函数的地址，就像不带下标的数组名可以表示数组的首地址一样。一个函数的函数名就是它的首地址，它指向函数的代码，是该函数的入口，是地址类型的常量。因此，在 C 语言中可以将一个函数的入口地址赋值给一个指针变量。函数的调用可以通过函数名，也可以通过指向函数的指针变量来实现。同时，通过使用函数指针变量还可以将某个函数作为参数传递给其他函数。

函数指针变量的定义形式如下：

```
<类型说明符>(*指针变量名) ( [形参列表] );
```

其中，类型说明符表示被指函数的返回值的类型。(*指针变量名)表示“*”后面的变量是定义的指针变量。括号表示指针变量所指向的是一个函数，形参列表表示指针变量所指向的函数有几个参数及其类型。此处可省略参数名字，只保留参数类型。例如：

```
int (*p)(int a,int b);
```

p 是一个指针变量，它可以指向一个函数，该函数有两个整型参数，返回值类型为 int。p 首先与*结合，表明 p 是一个指针。然后再与()结合，表明它指向的是一个函数。指向函数的指针也称为函数指针。

上面代码还可以改写成如下形式：

```
int (*p)(int,int ); //去掉参数名字 a 和 b，只保留数据类型 int
```

博学小助理

注意区分“返回指针值的函数”与“函数指针”。

- ✧ int *p1(int a,int b); 表示 p1 是函数名，有两个整型的参数，函数返回值是指针类型（*p1 外面没有括号，这是返回指针值的函数）。
- ✧ int p2(int a,int b); 表示 p2 是函数名，有两个整型的参数，函数返回值是整型。
- ✧ int (*p3)(int a,int b); 表示 p3 是函数指针，可以指向有两个整型的参数，函数返回值是整型的函数。（*p3 外面有括号，这是函数指针。）
- ✧ 若有 p3=p1;，则不可以。
- ✧ 若有 p3=p2;，则可以。

【案例 8-10】利用函数指针实现函数调用。分别求两个数的“和”及两个数的“平方和”。

案例设计目的

1）巩固函数指针的定义。

2）掌握函数指针指向函数的操作。

3）掌握函数指针作为函数的参数。

案例分析与思考

（1）分析

1）需要定义一个函数，用来实现求两个整数的和。

2）需要定义一个函数，用来实现求两个整数的平方和。

（2）思考

1）需要几个指针变量？可否用一个函数指针变量指向两个函数？

2）函数指针一经定义，它所能够指向的函数的哪些特征必须是固定的？

案例主要代码

```
#include<stdio.h>
int sum1(int x,int y);
int sum2(int x,int y);
void main()
{
   int (*p)(int,int);
   int a,b;
   scanf("%d%d",&a,&b);
   p=sum1;
   printf("和=%d\n",p(a,b));
   p=sum2;
   printf("平方和=%d\n",p(a,b));
}
int sum1(int x,int y)
{
   int s;
   s=x+y;
   return s;
}
int sum2(int x,int y)
{
   int s;
   s=x*x+y*y;
   return s;
}
```

案例运行结果

本案例运行结果如图 8-44 所示。

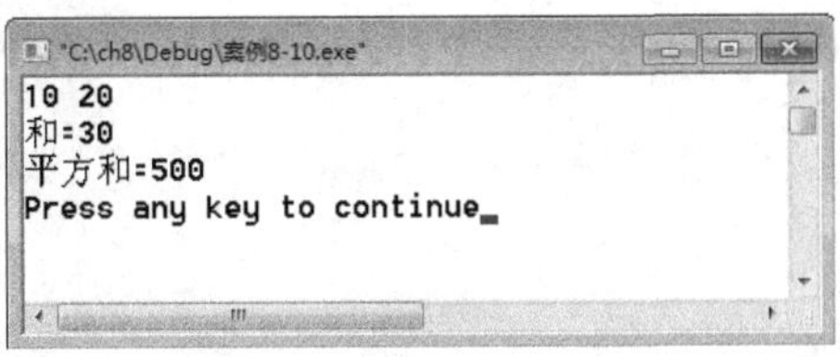

图 8-44 案例 8-10 运行结果

案例小结

1）代码第 2 行，sum1()函数的声明，sum1 具备有两个整型参数，返回值为整型的特征。

2）代码第 3 行，sum2()函数的声明，sum2 具备有两个整型参数，返回值为整型的特征。

3）代码第 6 行，定义了一个函数指针 p，可以指向有两个整型参数，返回值为整型的函数。

4）代码第 9 行，p 指针指向函数 sum1()，代码第 10 行，用指针变量 p 代替函数名（sum1），实现函数调用，求两个数的和。

5）代码第 11 行，p 指针指向函数 sum2()，代码第 12 行，用指针变量 p 代替函数名（sum2），实现函数调用，求两个数的和。

6）由于 sum1()函数和 sum2()函数具有相同的特征（有两个整型参数，返回值为整型），因此可以用同一个指针指向这两个函数。但是代码第 12 行的指向会覆盖代码第 10 行的指向。这与运行变量的赋值“x=10;x=20”后，x 的值为 20，道理是一样的。

7）函数指针一旦定义，它所能指向的函数特征就已经固定了，主要包括函数的参数个数及其类型，函数的返回值类型。

在处理实际问题时，有时会遇到被处理函数不能事先确定的情况，或者希望能够对不同形式的函数进行类似的统一操作，而不希望对每一种情况都进行处理。例如，需要求函数 f(x)在区间[a, b]上的定积分。但是，函数 f(x)并不确定，它可能是 $\sin x + 8\ln(x + 3)$，也可能是 $3\cos x+ 5x + 2$。这就要求定义的函数能够处理可变的 f(x)，即需要以函数为形参。解决这个问题的基本方法就是使用指向函数的指针。

在 C 语言中，一个函数总是占用一段连续的内存区，而函数名就是该函数所占内存区的首地址。可以将函数的首地址（或称入口地址）赋予一个指针变量，使该指针变量指向该函数，然后通过指针变量找到并调用这个函数。将这种指向函数的指针变量称为函数指针变量。

函数指针变量定义的一般形式如下：

```
[存储类型说明]<数据类型说明>(*指针变量名) ( [形参列表] );
```

其中，类型说明符表示被指函数的返回值的类型。(*指针变量名)表示“*”后面的变量是定义的指针变量。最后的括号表示指针变量所指向的是一个函数，在实际使用时，形参列表常常省略。例如：

```
double (*pf)( );
```

表示 pf 是一个指向函数入口的指针变量，该函数的返回值（函数值）是 double 型。

【案例 8-11】 利用函数指针作为函数的参数。实现对不同函数求其在区间[2, 5]上的定积分。此处以函数 sin(x)+8*ln(x+3)和函数 3*cos(x)+5*x+2 为例。

案例设计目的

1）了解定积分的概念。

2）熟悉函数指针的定义。

3）掌握函数指针作为函数的参数。

案例分析与思考

（1）分析

1）定积分：在高等数学中函数的定积分，就是将函数在每一个小区间上的函数值与区间长度相乘后进行累加。

2）本案例中分别求两个函数的定积分，可以编写一个求定积分的函数，使用函数指针来指向不同函数，以实现对不同函数求定积分。

3）若一个函数指针可以指向上面所描述的两个函数，前提是两个函数的设计在结构上具有相同的函数特征：参数个数和类型，函数返回值类型都要一致。

（2）思考

sin、ln、cos 这三个计算如何实现？

程序流程图

本案例程序流程图如图 8-45 所示。

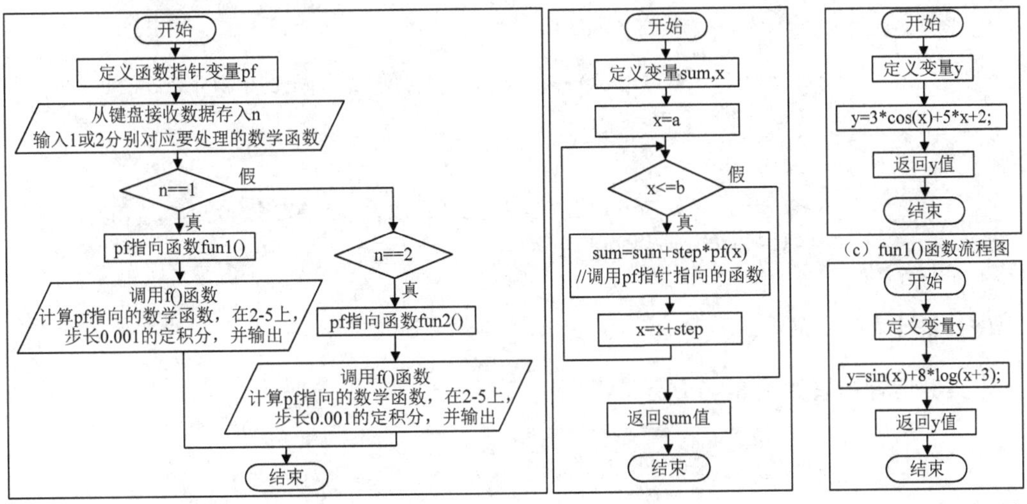

（a）主函数流程图　（b）f()函数流程图　（d）fun2()函数流程图

图 8-45　案例 8-11 程序流程图

案例主要代码

```
#include "stdio.h"
#include "math.h"
double fun1(double x)
{
   double y;
   y=sin(x)+8*log(x+3);
   return y;
}
double fun2(double x)
```

```
10. {
11.    double y;
12.    y=3*cos(x)+5*x+2;
13.    return y;
14. }
15. double f(double (*pf)(double),double a,double b,double step)
16. {
17.    double sum=0,x;
18.    for(x=a; x<=b; x=x+step)
19.    sum=sum+step*pf(x);
20.    return sum;
21. }
22. void main()
23. {
24.    double (*pf)(double);
25.    int n;
26.    printf("求一个函数在区间[2, 5]上的定积分：\n");
27.    printf("若所求函数为：sin(x) + 8ln(x + 3)请按"1"；\n");
28.    printf("若所求函数为：3cos(x) + 5x + 2 请按"2"：\n");
29.    scanf("%d",&n);
30.    if(n==1)
31.       {pf=fun1;
32.       printf("函数 sin(x)+8ln(x+3)在区间[2,5]上的定积分是：%lf\n",
           f(pf,2, 5,0.001));}
33.    else if(n==2)
34.       {pf=fun2;
35.       printf("函数 3cos(x)+5x+2 在区间[2,5]上的定积分是：%lf\n",
           f(pf,2,5,0.001));}
36. }
```

案例运行结果

本案例运行结果如图 8-46 所示。

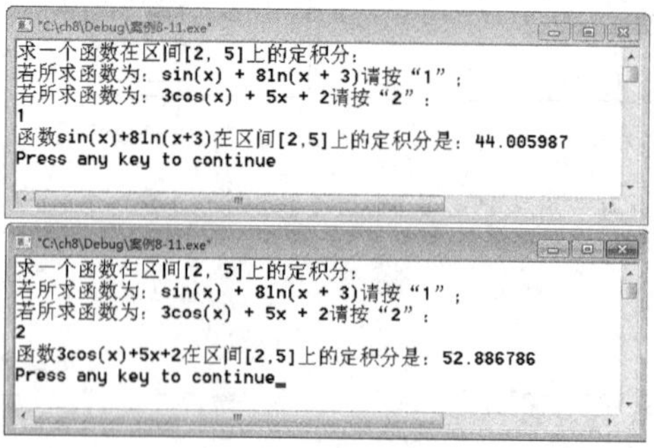

图 8-46　案例 8-11 运行结果

案例小结

1）代码第 3～8 行，为函数 sin(x)+8*ln(x+3)的计算。

2）代码第 9～14 行，为函数 3*cos(x)+5*x+2 的计算。

3）代码第 15～21 行，为在区间[2,5]上，以步长“0.001”求解任意函数的定积分近似值。其中参数 1 为函数指针，可以指向不同的函数。

4）代码第 24 行，定义了一个函数指针 pf。pf 可以指向任何“一个参数，类型为 double，返回值为 double”的函数。

5）代码第 30～35 行，根据输入的 n 的值，选择让 pf 指向不同的函数，然后调用 f()函数，实现 pf 所指向的函数在区间[2,5]上，以步长“0.001”的定积分近似值。

博学小助理

- ✧ 若函数指针变量指向某一函数，只要将函数名赋值给指针变量即可，如代码第 31、34 行。
- ✧ 指向数组的指针变量可以进行加法、减法及自增自减运算。数组指针变量加减一个整数可使指针指向后面或前面的数组元素。但是，函数指针的移动没有实际意义，函数指针变量不能进行算术运算。

8.5 指 针 数 组

数组用来解决一组数据类型相同的变量的定义、存储和引用问题。指针变量存储的是某个变量的地址，如果有一组地址类型的变量需要定义、存储和处理，可以使用指针数组来实现。

比较以下代码，可以理解指针数组的概念。数组元素全为指针变量的数组称为指针数组，指针数组中的元素必须具有相同的存储类型、指向相同数据类型的指针变量。指针数组比较适合用来指向若干个字符串，使字符串处理更加方便、灵活。

```
#include<stdio.h>
void main()
{
   int a;                    //定义一个整型变量 a
   int b[10];                /*定义一个整型数组 b，有 10 个元素，每一个元素
                             都相当于一个整型变量*/
}
```

```
#include<stdio.h>
void main()
{
   int *a;                   //定义一个整型指针变量 a
   int *b[10];               /*定义一个整型指针数组 b，有 10 个元素，每一个
                             元素都相当于一个整型指针变量*/
}
```

一维指针数组的定义形式如下：

```
<数据类型说明> *数组名<[数组元素个数]>;
```

其中，<数据类型说明>表示各指针变量的基类型。“*”表示该数组为指针数组。数组名，用于区分不同的数组，同时它还是数组的首地址。

例如，“int *p[10];”表示 p 是一个指针数组，有 10 个数组元素，每个元素值都是一

个指针变量，可以指向整型数据。

【案例 8-12】编写程序，实现选班长程序设计。

要求：首先建立班长候选人“数据库”，给出 3 名候选人信息，如表 8-5 所示。从键盘接收用户输入的“投票”信息，对输入情况进行分析和判断，并统计每位候选人的得票数。

表 8-5　3 名候选人

候选人信息	投票
张三	
李四	
王五	

案例设计目的

1）复习字符型二维数组的定义与使用。

2）掌握定义指针数组的同时初始化。

3）掌握使用指针数组元素指向字符串。

案例分析与思考

指针数组的实质是指针变量的集合，所以每个元素相当于指针变量。如果有定义 char *p[3]，那么 p[0]就相当于一个普通指针变量，可以指向一个字符串，可以当作一维数组名使用。这样，p 就等价于二维数组名。

案例主要代码

```
#include<stdio.h>
#include<string.h>
void main()
{
   char *p[3]={"张三","李四","王五"};
   char s[10][20]; int b[3]={0,0,0};
   int i,n=0,j;
   printf("请输入 10 张选票信息：\n");
   for(i=0;i<10;i++)gets(s[i]);
   for(i=0;i<10;i++)
      {for(j=0;j<3;j++)
         if(strcmp(s[i],p[j])==0){b[j]++;break;}
      }
   int max=b[0];j=0;
   for(i=1;i<3;i++)if(max<b[i]){max=b[i];j=i;}
   printf("通过大家投票，得票最高的同学为：%s，票数为：%d\n",p[j],b[j]);
}
```

案例运行结果

本案例运行结果如图 8-47 所示。

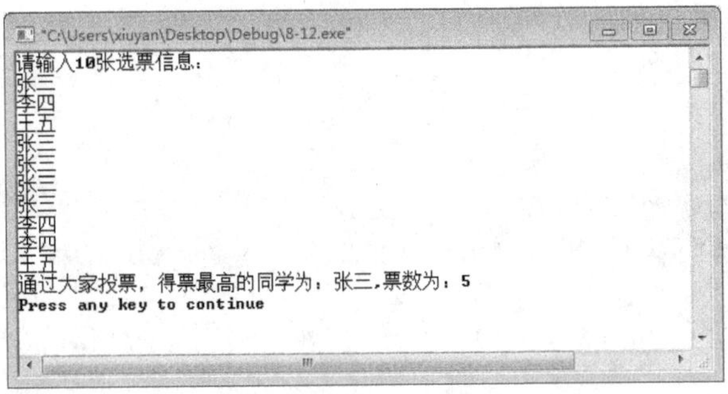

图 8-47 案例 8-12 运行结果

案例小结

1）代码第 5 行，定义了一个指针数组 p，并对 p 数组进行初始化，赋值 3 个字符串，用来存储候选人信息。

2）代码第 6 行，定义了一个二维字符型数组 s，10 行 20 列。可以存储 10 个字符串，每个字符串最大可以有 19 个字符。用来存储选票信息。同时定义一个具有三个元素的整型数组 b，用来对应存放三名候选人的票数。

3）代码第 9 行，利用 for 循环，从键盘接收 110 个字符串（选票），存入数组 s 中。

4）代码第 10～12 行，利用嵌套的循环，实现输入的 10 个字符串（选票），依次与指针数组 p 所指向的 3 个字符串（候选人）做比较，遇到相同的，b 数组（统计票数）中对应元素+1。

5）代码第 14～15 行，利用一维数组找最大值算法，找到得票最多的候选人票数及位置。

6）代码第 16 行，根据最大值位置信息（j），输出当选候选人及其票数。

【案例 8-13】 编写函数，输入一个 1～7 之间的整数，输出对应的星期名。要求利用指针数组实现。

案例设计目的

1）复习指针函数。

2）复习程序运行过程中静态变量的生存期。

3）学习使用指针数组处理字符串。

案例分析与思考

本案例只要求输出一个星期中各天的名字，并利用指针数组实现，所以可以使用一个二维数组存储各天的名字，本案例采用指针数组存储。同时，为简化主函数，构造一个返回星期名的函数。

案例主要代码

```
#include<stdio.h>
char *day_name(int n);
```

```
3.  void main()
4.  {
5.     int i;
6.     printf("Input Day No: ");
7.     scanf("%d",&i);
8.     printf("Day No:%2d-->%s\n",i,day_name(i));
9.  }
10. char *day_name(int n)
11. {
12.    char *name[]={"Wrong day","Monday","Tuesday","Wednesday",\
13.    "Thursday","Friday","Saturday","Sunday"};
14.    if(n>=1&&n<=7) return name[n];
15.    else return name[0];
16. }
```

案例运行结果

本案例运行结果如图 8-48 所示。

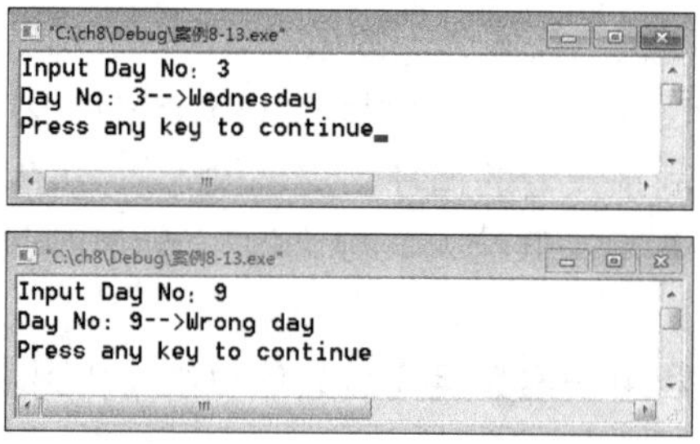

图 8-48　案例 8-13 运行结果

案例小结

1）在主函数中，代码第 8 行，printf()函数输出语句中调用 day_name()函数，并将 i 值传递给形参 n。

2）本案例中定义了一个指针型函数 day_name()，其返回值是一个指向字符串的指针。

3）day_name()中代码第 12、13 行，定义了一个字符型指针数组 name。将 name 数组初始化赋值为 8 个字符串，分别表示一个星期中各天的英文名字及出错提示，形参 n 表示与星期名称所对应的整数。

> **博学小助理**
>
> 由于数组 name 初始化字符串太长，因此将其分别写在两行上。第 12 行末尾的“\”，是 C 语言中将一条语句分写在多行上的标记，也叫“续行符”，它表示第 12 行和第 13 行为一条语句。

4）完成指针数组的定义与初始化之后，指针数组的每一个元素都指向一个字符串

（星期名字）。具体指向关系如图 8-49 所示。

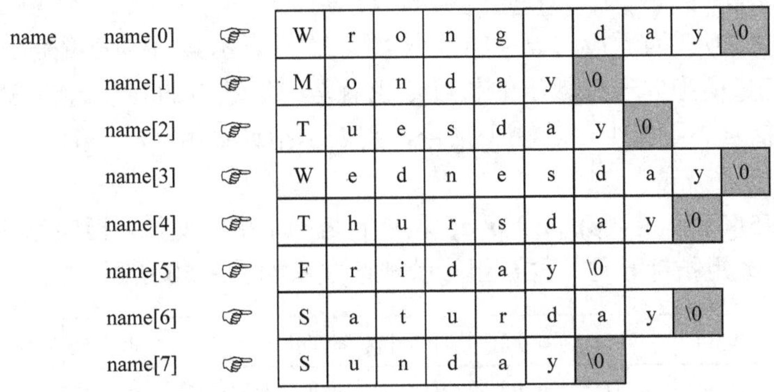

图 8-49 指针数组指向字符串

5）由图可见，指针数组 name 的元素 name[n]，指向“星期 n”的字符串。例如，n=2，name[2]指向“星期 2”的字符串。若 n<1 或者 n>7，则都运行 name[0]所指向的字符串。

6）day_name()函数中代码第 14、15 行，n 值若大于等于 1 并且小于等于 7，则返回给主函数对应的星期名的地址，即 name[n]；否则，将返回 name[0]。

拓展训练

参照本案例，输入一个 1～12 之间的整数，输出对应的月份名。

8.6 数 组 指 针

指针变量可以指向整型、实型、字符型的变量，也可以指向整型、实型、字符型的数组元素，还可以指向函数。本节介绍指针变量指向一个“一维数组”（不是一维数组的元素），此时一维数组被当成一个整体对象，指针变量+1，即移动到下一个一维数组。指向一个一维数组的指针变量称为数组指针。通常情况下，数组指针被用来处理一个二维数组。指针变量可以指向的对象详见表 8-6。

表 8-6 指针变量可以指向的对象

指向的数据类型	代码举例	p+1 增加字节数
整型变量	int x;int *p=&x;	4 字节
实型变量	double x; double *p=&x;	8
字符型变量	char x; char *p=&x;	1
整型数组元素	int a[10];int *p=a;	4
实型数组元素	double a[10];double *p=a;	8
字符型数组元素	char a[10];char *p=a;	1
函数	double (*p)(double);	无意义
数组	int a[5][7]; int (*p)[7];	28

表 8-6 最后一行为数组指针举例。数组指针变量定义的一般形式如下：

<数据类型说明> (*指针变量名) [长度]

其中，“数据类型说明”为所指向数组的数据类型。“*”表示其后的变量是指针类型。“长度”表示指针变量所指向一维数组的长度，也就是二维数组的列数。注意：“(*指针变量名)”两边的括号必不可少，若缺少括号，则表示指针数组（8.5 节已介绍），意义就完全不同了。

例如，int a[5][7]; int (*p)[7]; p=a; 表示 p 是一个指针变量，指向包含 7 个元素的整型一维数组。数组指针 p 与二维数组 a 的地址关系如图 8-50 所示。

a	a[0]	a[0][0]	a[0][1]	a[0][2]	a[0][3]	a[0][4]	a[0][5]	a[0][6]	p	p=a
	a[1]	a[1][0]	a[1][1]	a[1][2]	a[1][3]	a[1][4]	a[1][5]	a[1][6]	p+1	
	a[2]	a[2][0]	a[2][1]	a[2][2]	a[2][3]	a[2][4]	a[2][5]	a[2][6]	p+2	
	a[3]	a[3][0]	a[3][1]	a[3][2]	a[3][3]	a[3][4]	a[3][5]	a[3][6]	p+3	
	a[4]	a[4][0]	a[4][1]	a[4][2]	a[4][3]	a[4][4]	a[4][5]	a[4][6]	p+4	

图 8-50 数组指针与二维数组地址关系

1. 二维数组地址回顾

一个二维数组 a[5][7]，由 5 行 7 列构成。整个二维数组可以看作由 5 个元素（每个元素就是一行）构成的一维数组。每个元素（每一行）又是一个一维数组，有 7 个元素。

1）a 是首地址，等价于&a[0]。

2）a+i 是第 i 行的首地址，等价于&a[i]。

3）a[0]是第 0 行（下标为 0 的行）的首地址，等价于&a[0][0]。

4）a[i]+j 是第 i 行，第 j 列的地址。例如，a[2]+3 是 a[2][3]的地址。

2. 数组指针与二维数组的地址关系

1）p=a，p 是数组首地址，等价于&a[0]。

2）p+i 是第 i 行的首地址，等价于&a[i]。

3）*(p+i)等价于 a[i]，即第 i 行的首地址，就是&a[i][0]。

4）*(p+i)+j 是第 i 行、第 j 列的地址。例如，*(p+2)+3 是 a[2][3]的地址。

5）*(*(p+i)+j)，是第 i 行、第 j 列元素的值。

【案例 8-14】编写程序实现，选择性地输出二维数组中的字符串（输出结果为“做事认真是个人成功最宝贵的品质之一。”）。要求：使用数组指针实现操作。

案例设计目的

1）巩固数组指针与二维数组的地址关系。

2）掌握数组指针的定义。

3）掌握数组指针的应用。

案例分析与思考

输出的字符串是由多个子串构成，且这些子串在字符数组中的存储并不连续。因此，找到这些子串的地址特征，输出即可。

案例主要代码

```
1.  #include<stdio.h>
2.  void main()
3.  {
4.     char a[9][16]={"做事认真","***","是","***","个人成功",\
5.     "***","最宝贵","***","的品质之一。"};
6.     char (*p)[16];
7.     p=a;
8.     int i;
9.     for(i=0;i<9;i=i+2)
10.    printf("%s",*(p+i));
11.    puts("\n");
12. }
```

案例运行结果

本案例运行结果如图 8-51 所示。

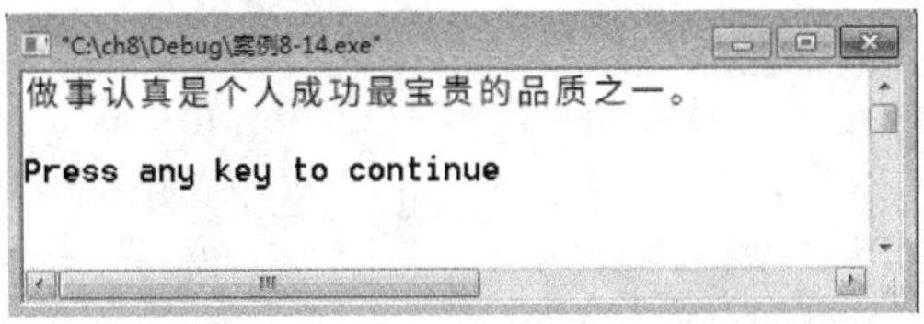

图 8-51　案例 8-14 运行结果

案例小结

1）代码第 4、5 行，定义了一个二维的字符数组。初始化了 9 个字符串。其中，行号为偶数的字符串为汉字，也是要输出的内容；行号为奇数的字符串中存储了 3 个星号，不输出。

2）代码第 6、7 行，定义了一个数组指针 p，并令 p 指向数组 a。

3）代码第 9、10 行，输出需要的字符串。其中，“*(p+i)”为第 i 行字符串的首地址，对应用 printf 的%s 格式来输出。

拓展训练

使用数组指针将案例 8-14 中汉字字符串连接成一个新的字符串，并输出。

8.7　指向指针的指针

如果一个指针变量中存放的不是普通变量的地址，而是另一个指针变量的地址，则称这个指针变量为指向指针的指针变量。

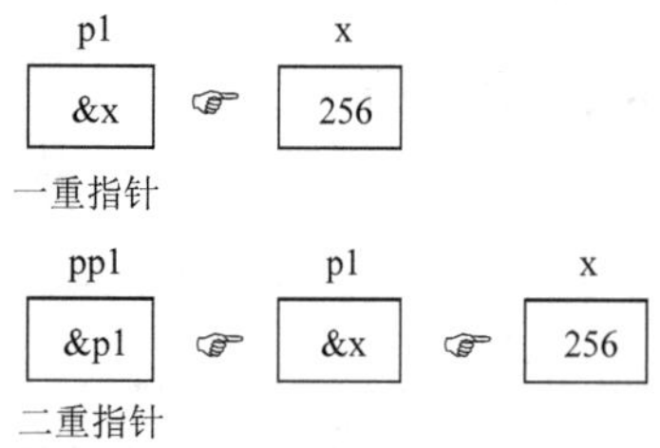

图 8-52 一重指针与二重指针示意图

前面已经介绍过，通过指针访问变量称为间接访问。若指针变量直接指向普通变量，则称为单级间址或一重指针。如果通过指向指针的指针变量来访问变量，则构成二级间址或二重指针。两者的示意图如图 8-52 所示。

指向指针的指针变量定义的一般形式如下：

```
<数据类型说明>  **指针变量名;
```

其中，“数据类型说明”是规定指向指针的指针变量的基类型。“**”表示二重指针。

例如，int **pp1; 表示定义一个指针的指针变量 pp1，它所指向的指针变量基类型为整型。

【案例 8-15】使用指针的指针访问变量。

案例设计目的

1）掌握指针的定义。
2）掌握二重指针的引用方式。

案例主要代码

```
#include<stdio.h>
void main()
{
   int x=256;
   int *p1;
   p1=&x;
   int **pp1;
   pp1=&p1;
   printf("使用变量名直接引用 x: \tx=%d\n",x);
   printf("使用一重指针引用 x: \t*p1=%d\n",*p1);
   printf("使用二重指针引用 x: \t**pp1=%d\n",**pp1);
}
```

案例运行结果

本案例运行结果如图 8-53 所示。

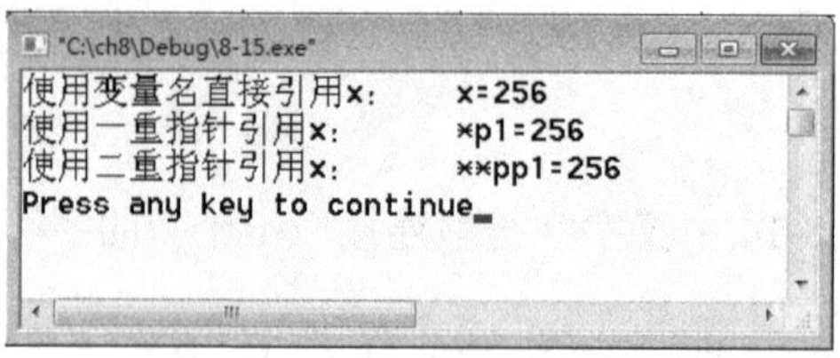

图 8-53 案例 8-15 运行结果

案例小结

1）代码第 4 行，定义了一个整型变量 x，并初始化为 256。

2）代码第 5、6 行，定义了一个指针变量 p1，p1 指向 x，此时*p1 代表变量 x。

3）代码第 7、8 行，定义了一个二重指针变量 pp1，pp1 指向 p1，此时*pp1 代表变量 p1。

4）若使用二重指针变量 pp1 代表变量 x，则需要运行两次“*”运算，即**pp1 代表 x。

本 章 小 结

本章介绍了指针的数据类型、运算，指针的相关等价形式，指针变量指向数组首地址后的自增运算，利用指针变量指向字符串时的常见赋值方式等内容。

指针的数据类型如表 8-7 所示。

表 8-7 指针的数据类型

定义格式	含义
int *p	p 为指向整型数据的指针变量
int *p[n];	定义指针数组 p，它由 n 个指向整型数据的指针元素组成
int (*p)[n];	p 为指向含 n 个元素的一维数组的指针变量
int *p();	p 为带回一个指针的函数，该指针指向整型数据
int (*p)();	p 为指向函数的指针，该函数返回一个整型值
int **p	p 为指向指针的指针变量，应该给它赋一个指针的地址

指针的运算具体如下。

1）指针变量加（减）一个整数，如 p++、p--、p+i、p-i、p+=i、p-=i。

一个指针变量加（减）一个整数，是将该指针变量所代表的地址和它指向的变量所占用的内存单元字节数加（减）。

2）指针变量赋值：将一个变量的地址赋给一个指针变量。设 a 是普通变量，array 是一维数组，p 是与 a、array 同类型的指针变量。

```
p=&a;                  //将变量 a 的地址赋给 p
p=array;               //将数组 array 的首地址赋给 p
p=&array[i];           //将数组 array 第 i 个元素的地址赋给 p
p1=p2;                 //p1 和 p2 都是指针变量，将 p2 的值赋给 p1
```

注意：不能直接将地址赋给指针变量，如 p=1000;。

3）指针变量可以有空值，即该指针变量不指向任何变量，如 p=NULL;。

4）两个指针变量可以相减：如果两个指针变量指向同一个数组的元素，则两个指针变量值之差是两个指针之间的元素个数。

5）两个指针变量比较：如果两个指针变量指向同一个数组的元素，则两个指针变量可以进行比较。指向前面元素的指针变量小于指向后面元素的指针变量。

第 9 章　结　构　体

在使用 C 语言设计程序时，需要对数据进行描述，如声明变量的数据类型。对于单个数据，使用基本数据类型，整型、浮点型或字符型对变量进行声明。对于类型相同的一组数据，使用数组来描述数据。但是，在处理实际应用问题时，数据往往以组的形式存在，并且一组数据中需要描述的数据类型是不相同的。例如，描述一名学生一门课程的成绩，学生的学号和姓名需要使用字符串，成绩需要使用整型或浮点型。为了解决此问题，C 语言提供了用户自定义的数据类型，即结构体。

通过定义结构体类型，用户可以根据实际情况，选择基本数据类型、数组和指针中的一种或几种类型来描述一组数据。如图 9-1 所示的成绩报告单中，10 名学生对应了 10 组数据，每一组数据都是由“全学号-姓名-平时成绩-期末成绩-总成绩”构成，因此可以定义一种结构体类型来描述这组数据。这样一来，就可以使用一个结构体变量存储一组数据，10 组数据对应 10 个结构体类型的变量。当需要对这 10 组数据应用更复杂的操作，如按照总成绩从高到低排序时，本质上就是对 10 个结构体变量进行冒泡或者选择排序。

课程名称：计算机程序设计

全学号	姓名	平时成绩	期末成绩	总成绩
1505050101	刘荫	68	57	61
1505050102	周洲	60	50	54
1505050103	明华	96	86	90
1505050104	王强	94	87	90
1505050105	贾淳	75	91	85
1505050106	刘若琳	100	90	94
1505050107	马泽平	93	63	75
1505050108	石妙娜	75	91	85
1505050109	张岩	81	27	49
1505050110	于甜甜	94	86	89

图 9-1　课程考核成绩报告单

结构体的本质是用户自定义的数据类型，结构体与系统的基本数据类型具有相同的地位和作用。当用户根据实际需求定义了一种结构体类型后，就可以通过声明该结构体类型的变量存储一组数据，变量可以是单个结构体变量，也可以是结构体数组或者结构体指针。

本章介绍结构体相关知识。本章的知识图谱如图 9-2 所示。

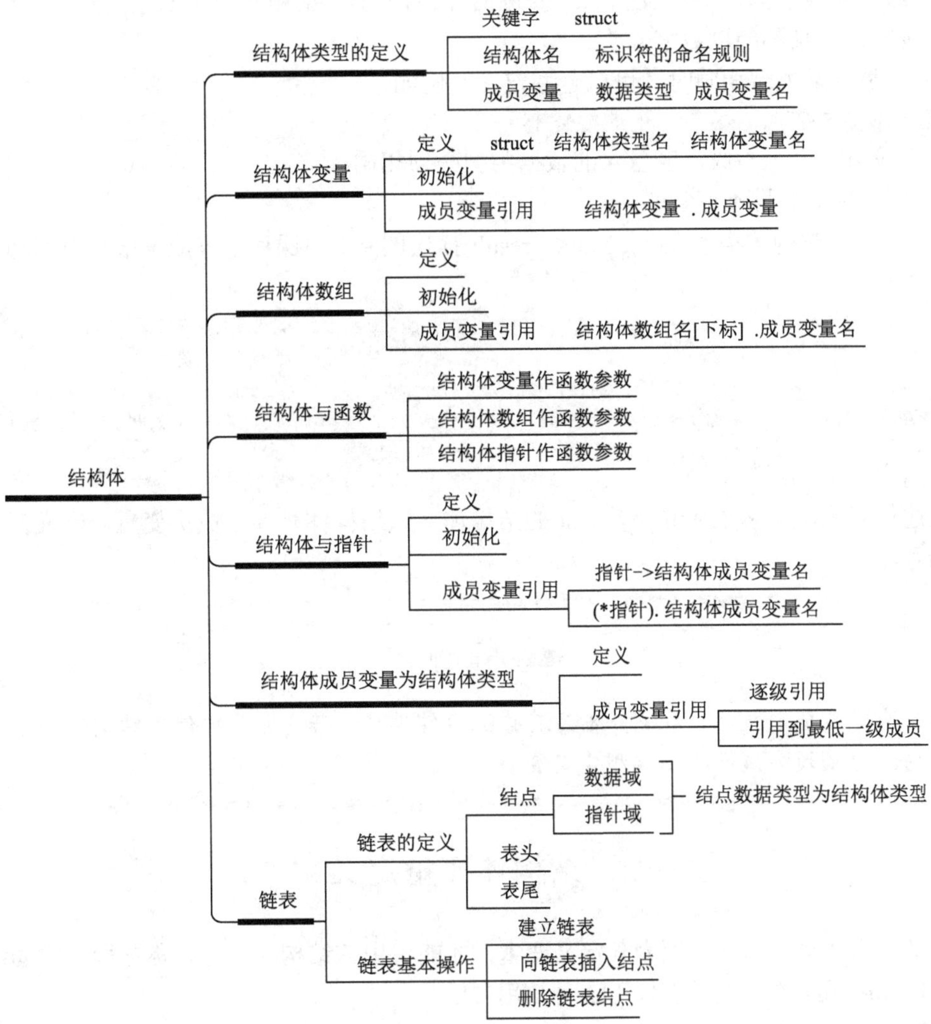

图 9-2　“结构体”知识图谱

9.1　结构体类型的定义

按照实际需求定义不同的结构体类型，必须遵循结构体类型的定义规则，其定义格式如下：

```
struct  结构体名
{
   类型说明符  成员变量 1;
   类型说明符  成员变量 2;
   ……
};
```

【说明】

1）struct 为关键字且不能缺少，表示该数据类型是结构体。

2）结构体类型名、成员变量名需要遵循标识符的命名规则，即只能由数字、字母和下划线组成，且不能以数字开头。

3）成员变量类型相同时，可以合并定义。例如：

```
类型说明符 成员变量 3，成员变量 4;
```

这里成员变量 3 与成员变量 4 的数据类型必须相同。

4）“}”后的分号不可省略。

例如，定义结构体类型 struct course_result 描述图 9-1 中课程考核成绩报告单的相关信息，代码如下：

```
struct course_result            //course_result 为结构体名
{                               //大括号内定义结构体的成员变量
  char number[11],name[11];     //number 为学号,name 为姓名
  float daily,final,total;      /*daily 为平时成绩，final 为期末成绩，total
                                  为总成绩*/
};                              //此处分号不可省略
```

上述代码定义了名为 course_result 的结构体，该结构体有 5 个成员变量，定义在一对大括号内。

> **博学小助理**
>
> 结构体类型定义后，系统并不为其分配存储单元。若在程序中使用结构体类型的数据，就必须为该结构体类型定义变量。

9.2 结构体变量定义

定义结构体类型后，必须为其定义变量，才能使用该结构体类型，称这种变量为结构体变量。声明结构体变量有以下 3 种常用方法。

方法一：先定义结构体类型，后声明结构体变量。

```
1.  struct course_result
2.  {
3.     char number[11],name[11];
4.     float daily,final,total;
5.  };
6.  struct course_result stu1,stu2,stu3;
```

代码第 1～5 行定义了结构体类型 struct course_result，代码第 6 行声明了 3 个结构体变量：stu1，stu2，stu3。

方法二：定义结构体类型的同时声明结构体变量。

```
1.  struct course_result
2.  {
3.     char number[11],name[11];
4.     float daily,final,total;
5.  }stu1,stu2,stu3;
```

定义结构体类型 struct course_result 后，在代码第 5 行的“}”后紧跟着声明了 3 个

结构体变量：stu1，stu2，stu3。

方法三：省略定义结构体名，直接定义结构体变量。

```
1.  struct
2.  {
3.     char number[11],name[11];
4.     float daily,final,total;
5.  }stu1,stu2,stu3;
```

方法三中的代码第 1 行的关键字 struct 后面省略了结构体名。因为没有定义结构体名，除了在代码第 5 行定义结构体变量外，程序的其他位置不能再定义结构体变量，在使用这种方法定义结构体变量时需要注意这一点。

声明结构体变量后，系统为变量分配存储空间用来存储数据，并通过引用结构体变量的成员实现数据的处理。

【案例 9-1】结构体变量初始化与成员变量的引用。

要求：为结构体类型 struct course_result 声明两个结构体变量 stu1 和 stu2，分别使用两种不同的方式对 stu1 和 stu2 进行初始化。stu1 采用在声明的同时初始化的方式，stu2 采用先声明后使用 scanf()函数初始化的方式，最后使用 printf()函数输出：学号、姓名、平时成绩和期末成绩。

案例设计目的

1）掌握结构体变量定义的方法。

2）掌握结构体变量整体初始化的方法。

3）掌握“.”运算符引用结构体成员变量的方法。

4）掌握使用 scanf()函数初始化结构体变量的方法。

案例分析与思考

（1）分析

使用结构体变量前，必须遵照“先定义，后使用”的原则。即先定义结构体类型，然后定义结构体变量。

在使用 scanf()函数和 printf()函数对结构体变量进行输入和输出时，函数操作对象不是结构体变量而是结构体变量的成员变量。

（2）思考

如何引用结构体变量的成员变量？成员变量在内存中如何存储？结构体变量在什么情况下可以整体引用，在什么情况下只能引用其成员变量？

案例主要代码

```
#include "stdio.h"
#define N 11                            //符号常量，定义数组长度
void main()
{
   struct  course_result                //结构体类型定义放在主函数内
   {
```

```
7.        char number[N],name[N];
8.        float daily,final,total;
9.      };                                   //先定义结构体类型后声明结构体变量
10.     struct course_result stu1={"1505050101","刘荫",68,57},stu2;
11.     printf("输入学生学号 姓名 平时成绩 期末成绩(使用空格间隔输入数据)\n");
12.     scanf("%s%s%f%f",stu2.number,stu2.name,&stu2.daily,
         &stu2.final);
13.     printf("\n 输出结果：\n\n");
14.     printf("   学号     姓名   平时成绩  期末成绩\n");
15.     printf("%-12s%-10s%-10.0f%-10.0f\n",stu1.number,stu1.name,
         stu1.daily,stu1.final);
16.     printf("%-12s%-10s%-10.0f%-10.0f\n",stu2.number,stu2.name,
         stu2.daily,stu2.final);
17. }
```

案例运行结果

本案例运行结果如图 9-3 所示。

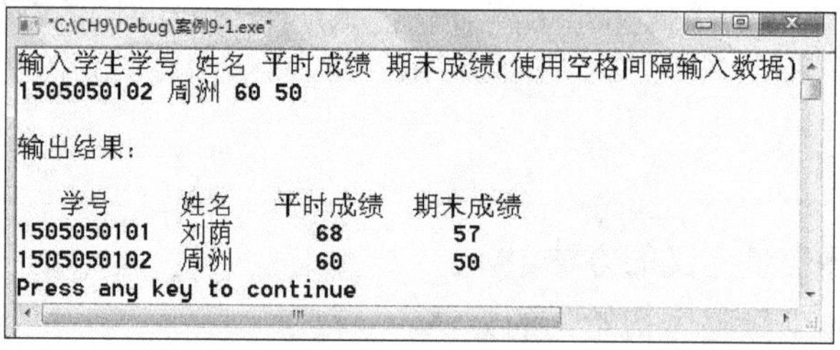

图 9-3　案例 9-1 运行结果

案例小结

（1）引用成员变量的方法

引用成员变量的格式如下：

```
结构体变量名.成员名
```

例如，结构体变量 stu2 的各个成员为 stu2.number、stu2.name、stu2.daily、stu2.final。

（2）声明的结构体变量的同时初始化结构体变量的方法

声明的结构体变量的同时初始化结构体变量的方法，只有在定义结构体变量的同时才能对其成员进行整体初始化，如代码第 10 行中：struct course_result stu1= {"1505050101", "刘荫",68,57}。需要注意以下几点：

① 所有成员变量的初始值必须写在大括号内。

② 必须按照结构体类型定义时成员变量的顺序初始化。

③ 各成员变量的初始值之间使用逗号分隔。

④ 按照成员变量数据类型的特点进行初始化，如表示学号和姓名的成员变量为字符数组，因此初始化值必须写在双引号内。

（3）声明结构体变量后初始化结构体变量的方法

声明结构体变量后，再初始化结构体变量时，就不可以使用整体初始化而必须对成员变量逐个初始化。可以采用赋值运算或 scanf()函数对成员变量逐个初始化。当采用

scanf()函数对成员变量进行初始化时，需要注意以下两点：

① 根据成员变量的数据类型选择格式说明符，如成员变量 number 和 name 是字符数组，则采用%s 格式（见代码第 12 行）。

② 输入项地址表中的成员 math、pc 和 english 是浮点型数据，在其前面加上“&”符号，写成&stu2. daily，&stu2. final（见代码第 12 行）。

（4）关于结构体变量整体引用的两点说明

① 调用 scanf()函数和 printf()函数对结构体变量进行输入或输出时，不可以整体引用，必须对成员单独引用，见代码第 12 行和第 15、16 行。

② 相同类型的结构体变量在赋值时可以整体引用，例如：

```
struct course_result stu1={"1505050101","刘荫",68,57},stu;
stu=stu1;
```

运行代码后，结构体变量 stu1 和 stu 的成员变量具有相同的值。

（5）关于结构体变量的存储空间大小

程序运行时，系统为每个结构体变量分配一块独立的内存空间，各个成员变量按照定义的顺序连续存储。在代码第 16 行后增加如下代码，可获得结构体变量 stu1 各成员在内存中的存储情况，其中 sizeof 用于获取变量在内存中占用的字节数。

```
printf("\n 存储单元地址\t 成员变量的值\t 所占空间字节数\n");
printf("%p\t%s\t%d\n",&stu1.number,stu1.number,sizeof(stu1.number));
printf("%p\t%-10s\t%d\n",&stu1.name,stu1.name,sizeof(stu1.name));
printf("%p\t%-10.0f\t%d\n",&stu1.daily,stu1.daily,sizeof(stu1.daily));
printf("%p\t%-10.0f\t%d\n",&stu1.final,stu1.final,sizeof(stu1.final));
printf("%p\t%-10.0f\t%d\n",&stu1.total,stu1.total,sizeof(stu1.total));
printf("\n 结构体变量 stu1 的长度为：%d 字节\n",sizeof(stu1));
```

结构体变量 stu1 所占存储空间为各成员所占空间之和（注意：系统为每个成员变量按照 4 的整数倍字节分配存储空间）。所以，在 VC++编译环境下，结构体类型 course_result 的长度为 36（12+12+4+4+4）字节，如图 9-4 所示。这里，学号和姓名实际长度是 11 字节，但是要按照 4 的整数倍字节分配存储空间，所以实际分配了 12 字节的存储空间。

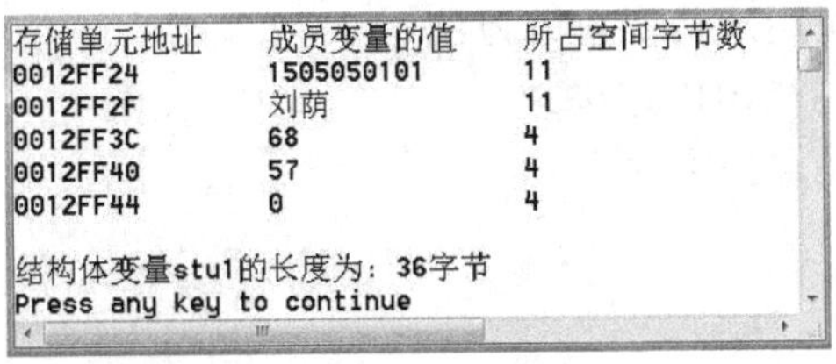

图 9-4 结构体变量 stu1 各成员变量在内存中的存储情况

博学小助理

在输出结构体变量时，可以采用 printf()函数的特殊格式控制使数据对齐输出，见代码第 15 行，其中“%-12s%-10s%-10.0f%-10.0f”控制数据输出宽度和对齐方式，根据要输出的数据的实际情况设置。

拓展训练

在案例 9-1 的基础上，利用结构体变量的整体引用，交换结构体变量 stu1 和 stu2 的值，并将交换后的数据输出。

提示：交换两个结构体变量的值，必须定义一个相同结构体类型的变量作为交换的中间变量。

技能提高

在拓展训练的基础上，按照图 9-1 定义并初始化第三个结构体变量 stu3。根据公式：总成绩=平时成绩*40%+期末成绩*60%，对三名学生的数据信息按照总成绩从高到低的顺序进行排序，并输出排序结果。

9.3 结构体数组

当需要使用数据类型相同的若干个变量存储数据时，可以使用 C 语言中的构造数据类型——数组来实现。同样，在处理多个类型相同的结构体变量时，也可以使用结构体数组实现。结构体数组中的每个元素都相当于一个结构体变量，各个元素按照下标的顺序存储，数组元素内部又按照结构体成员的顺序存储。

结构体数组具有数组的一般特性：由数组元素组成，每个数组元素都有下标，且下标从 0 开始，通过下标可以逐个引用数组中的元素。

【案例 9-2】结构体数组的定义及初始化。

要求：定义一个 struct course_result 类型的结构体数组，数组有三个元素，同时按照图 9-1 中的数据对数组初始化。利用公式：总成绩=平时成绩*40%+期末成绩*60%，计算每名学生的总成绩，最后输出数组元素的所有信息。

案例设计目的

1）掌握结构体数组引用成员变量的方法。
2）掌握结构体数组的初始化方法。
3）掌握结构体数组的输出方法。

案例分析与思考

（1）分析

对结构体数组进行操作时，整体控制遵循数组的操作规则，涉及成员变量的引用时，按照成员变量数据类型的特点进行操作。

（2）思考

结构体数组元素在内存中的存储形式是怎样的？

案例主要代码

```
#include "stdio.h"
```

```
2.   #define P 3                    //符号常量P定义数组长度
3.   #define N 11
4.   void main()
5.   {
6.      struct  course_result       //结构体类型定义放在主函数内
7.      {
8.         char number[N],name[N];
9.         float daily,final,total;
10.     };
11.    int  i;
       //声明一个结构体数组stu[]，同时使用赋值语句对其进行初始化
12.     struct course_result stu[ ]={{ "1505050101","刘荫",68,57,0},
          {"1505050102","周洲",60,50,0},{"1505050103","明华",96,86,0}};
13.     printf("  学号     姓名   平时成绩  期末成绩   总成绩\n");
14.     for(i=0;i<P;i++)              //输出stu[P]数组元素的成员变量的值
15.        {stu[i].total=stu[i].daily*0.4+stu[i].final*0.6;
16:      printf("%-12s%-10s%-10.0f%-10.0f%-10.0f\n",stu[i].number,
            stu[i].name,stu[i].daily,stu[i].final,stu[i].total); }
17:    }
```

案例运行结果

本案例运行结果如图9-5所示。

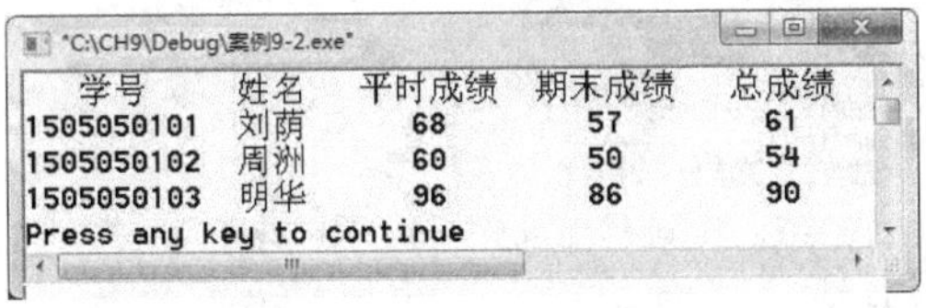

图9-5 案例9-2运行结果

案例小结

1）结构体数组的初始化形式如下：

```
结构体类型 数组名[数组长度]={{……},{……},{……}};
```

外层大括号将数组中所有元素的初始值括起来，内层每一对大括号使用“,”分隔，每一对大括号中是一个结构体数组元素的初始值（相当于一个结构体变量）。此外，在定义数组的同时初始化，可以省略数组长度，见本案例代码第12行。

2）结构体数组引用成员的格式如下：

```
结构体数组名[下标].成员名
```

例如，stu[i]是下标为i的结构体数组元素，引用其name成员的格式为：stu[i].name。再利用循环控制下标i值的变化，便可以引用数组中所有元素的name成员。

3）关于结构体数组变量的存储空间大小。

在本案例代码第16行增加如下代码，输出每个结构体数组元素的成员变量的存储单元首地址、值及所占空间字节数。

```
for(i=0;i<P;i++)
{printf("存储单元地址\t成员变量的值\t所占空间字节数\n");
```

```
printf("%p\t%s\t%d\n",&stu[i].number,stu[i].number,sizeof
  (stu[i].number));
printf("%p\t%-10s\t%d\n",&stu[i].name,stu[i].name,sizeof
  (stu[i].name));
printf("%p\t%-10.0f\t%d\n",&stu[i].daily,stu[i].daily,sizeof
  (stu[i].daily));
printf("%p\t%-10.0f\t%d\n",&stu[i].final,stu[i].final,sizeof
  (stu[i].final));
printf("%p\t%-10.0f\t%d\n",&stu[i].total,stu[i].total,sizeof
  (stu[i].total));
printf("该数组元素长度为: %d 字节\n\n",sizeof(stu[i]));}
```

程序的运行结果如图 9-6 所示。可见，结构体数组元素在内存中按照元素的下标顺序存储，每个数组元素又按照结构体类型定义时成员变量的定义顺序存储各个成员变量，每个结构体数组元素的长度是 4 的整数倍。

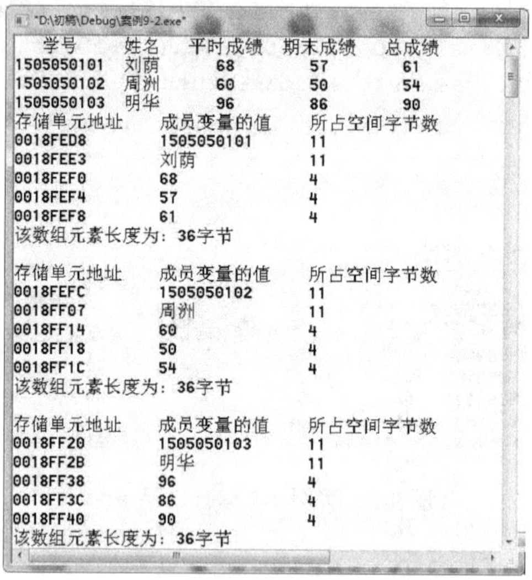

图 9-6 结构体数组变量各个元素内存中的存储情况

拓展训练

定义并初始化 5 个数组元素，使用冒泡排序算法，按照总成绩从高到低对 5 个数组元素进行排序并输出。

9.4 结构体与函数

函数的参数可以是数值（一个单独的变量值或一个数组元素值），也可以是地址（一个单独变量的地址或一个数组的首地址）。在学习结构体变量和结构体数组后，同样可以把结构体变量的值或地址作为函数的参数进行传递，要求实参与形参必须具有相同的结构体类型。

【案例 9-3】 结构体变量和结构体数组作为函数的参数。

要求：定义结构体数组的同时初始化学号和姓名；设计自定义函数 input_data()实现

根据学号输入平时成绩和期末成绩，再计算出总成绩；设计自定义函数 output_data()实现输出一名学生的成绩信息，主函数的循环结构中调用函数 output_data()实现输出所有学生的成绩信息。

案例设计目的

1）复习函数的定义、声明与调用。

2）掌握结构体变量作为参数的函数调用。

3）掌握函数参数的值传递。

案例分析与思考

（1）分析

本案例设计两个自定义函数，即 input_data()和 output_data()，函数的参数、返回值、功能，见表 9-1。其中，input_data()函数的参数是结构体数组（即数组首地址），output_data()函数的参数是一个结构体数组元素（即一般的结构体变量）。

表 9-1 自定义函数 input_data()和 output_data()的参数、返回值及功能

函数名	函数参数	函数返回值	功能
input_data()	结构体数组首地址	无返回值	键盘接收每名学生平时成绩和期末成绩 利用公式计算总成绩
output_data()	结构体数组元素	无返回值	向屏幕输出一名学生的成绩信息

（2）思考

在函数调用时，要求函数的形参和实参具有相同的数据类型。与系统的基本数据类型不同，结构体是用户自定义类型。在每个 C 语言程序中，用户需要根据实际问题定义对应的结构体类型。那么，在函数参数为结构体类型数据时，程序中结构体类型的定义位置不同（主函数体内，或自定义函数体内，或所有函数的前面），对程序的运行是否会有影响？

案例主要代码

```
#define P 3          //定义数组长度
#define N 11
#include "stdio.h"
struct  course_result //在主函数外定义结构体类型，主函数和自定义函数都可以使用
{ char number[N],name[N];
  float daily,final,total; };                //注意这个分号不能缺失
void input_data(course_result stu[])         //自定义函数，实现数据输入
{  int i;
   for(i=0;i<P;i++)
     {
     printf("输入%s 号学生的成绩：\n",stu[i].number);
     printf("平时成绩：");
     scanf("%f",&stu[i].daily);
     printf("期末成绩：");
     scanf("%f",&stu[i].final);
     stu[i].total=stu[i].daily*0.4+stu[i].final*0.6;
```

```
17.        printf("总成绩: %.0f\n",stu[i].total);}
18.   }
19.  void output_data(course_result s)//自定义函数，实现数据输出
20.  {
21.   printf("%-12s%-10s%-10.0f%-10.0f%-10.0f\n",s.number,
        s.name,s.daily,s.final,s.total);
22.   }
23.  void main()
24.  { int i;
25.    struct  course_result stu[P]={{"1505050101","刘荫",0,0,0},
        {"1505050102","周洲",0,0,0},{"1505050103","明华",0,0,0},};
26.    input_data(stu); //函数调用语句，实现数据输入
27.    printf("  学号     姓名    平时成绩  期末成绩    总成绩\n");
28.    for(i=0;i<P;i++)
29.        output_data(stu[i]);  //函数调用语句，实现数据输出
30.  }
```

案例运行结果

本案例运行结果如图 9-7 所示。

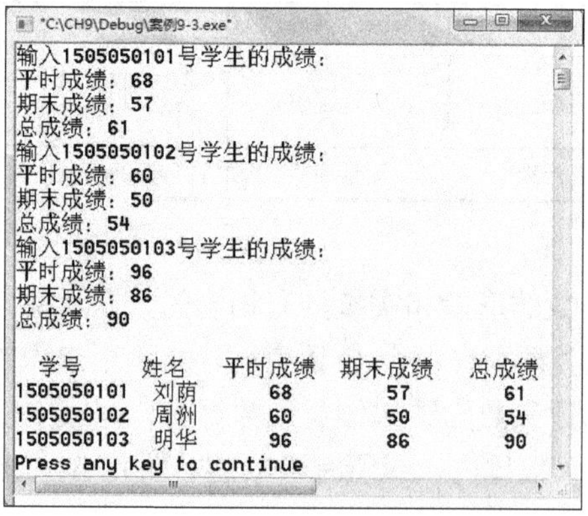

图 9-7　案例 9-3 运行结果

案例小结

当函数的参数是结构体类型数据时，结构体类型的定义位置要先于主调函数和被调函数的定义位置，且在函数外部。其原理类似于全局变量，这样不论是主调函数还是被调函数，都可以使用该结构体类型。

在本案例中，除了主函数外，两个自定义函数 input_data()和 output_data()也使用了结构体类型 struct course_result，因此将结构体类型 struct course_result 的定义放在所有函数体的外面，使程序中所有函数都可以使用结构体类型 struct course_result，其定义见代码第 4～6 行。

拓展训练

设计一个自定义函数筛选出“期末成绩”不及格，但是由于“平时成绩”的“帮忙”，

最后“总成绩”及格的记录。

9.5 结构体与指针

指针变量是一种特殊的变量，用来存储其他变量的地址，且指针变量和它指向的变量的数据类型必须相同。当定义一个结构体类型的指针变量后，该指针变量只能指向相同结构体类型的变量，并可以通过结构体指针变量访问它所指向的结构体变量及其成员。

9.5.1 结构体变量与结构体指针

指向单个结构体变量的指针与一般指针的定义相同，结构体指针的数据类型必须与其指向的结构体变量的类型一致。与一般指针不同的是，结构体指针需要引用成员变量实现数据的处理。

【案例 9-4】结构体变量的指针与引用。指向单个结构体变量的指针的定义及引用成员变量进行数据处理。

要求：定义一个 struct course_result 类型的变量 stu1 和指针变量 pstu1，使 pstu1 指向 stu1，分别使用结构体变量和结构体指针变量引用成员变量进行初始化。

案例设计目的

1）掌握指向单个结构体变量的指针变量声明方法。

2）掌握利用结构体指针变量访问成员的方法。

案例分析与思考

（1）分析

结构体变量指针指向结构体变量的方法就是使用结构体变量的地址初始化结构体指针变量。

（2）思考

结构体指针引用成员变量使用什么运算符？有几种形式？

案例主要代码

```
#include "stdio.h"
#include "string.h"
#define N 11
void main()
{
  struct course_result          //结构体类型定义放在主函数内
  { char number[N],name[N];
    float daily,final,total;
  }stu1,*pstu1;                 //定义一个结构体指针变量*pstu1
  pstu1=&stu1;                  //结构体指针变量指向结构体变量 stu1
  strcpy(stu1.number,"1505050104");
```

```
                                         /*利用结构体变量引用成员 stu1.number*/
12.     strcpy(pstu1->name,"王强");
                                /*利用结构体指针变量引用成员方法 1：pstu1->name*/
13.     (*pstu1).daily=94;//利用结构体指针变量引用成员方法 2：(*pstu1).daily
14.     pstu1->final=87; //方法 1：结构体指针->成员变量
15.    (*pstu1).total=(*pstu1).daily*0.4+(*pstu1).final*0.6;
                                             /*方法 2：(*结构体指针).成员变量*/
16.     printf("  学号      姓名    平时成绩  期末成绩    总成绩\n");
17.     printf("%-12s%-10s%-10.0f%-10.0f%-10.0f\n", stu1.number,
            pstu1->name, (*pstu1).daily,pstu1->final, pstu1->total);
18. }
```

案例运行结果

本案例运行结果如图 9-8 所示。

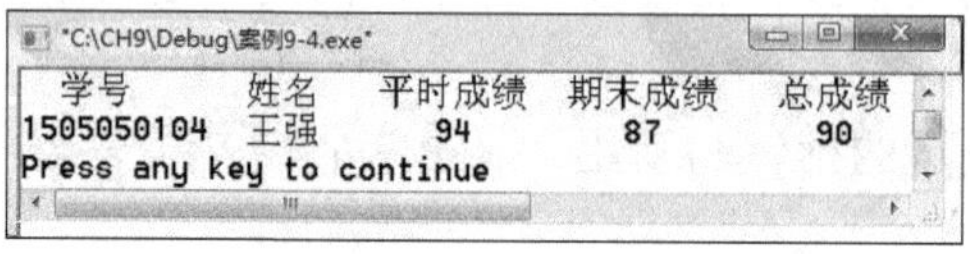

图 9-8　案例 9-4 运行结果

案例小结

1）指向单个结构体变量的指针变量的声明格式如下：

```
结构体类型 *指针变量;
```

例如，本案例代码第 9 行定义了一个结构体类型的指针。

2）使用指针变量访问成员的方法有两种：结构体指针->成员变量；(*结构体指针).成员变量。

代码第 12～15 行分别使用了结构体指针引用成员的两种不同方法。

博学小助理

运算符“.”与运算符“->”。

相同点：双目运算符，优先级为 1 级，左结合。

不同点：当引用结构体变量时，运算符“->”用于结构体指针变量访问成员，点运算符“.”用于结构体变量或者结果为结构体变量的表达式。

例如，“(*pstu1).daily”，在这个表达式里，运算符“*”的优先级为 2 级，通过小括号改变了计算顺序，(*pstu1)就是结果为结构体变量的表达式，即(*pstu1)相当于 stu1。

9.5.2　结构体数组与结构体指针

结构体数组的每个数组元素都有下标，通过对下标的控制可以逐个引用数组的元素。当定义了指向结构体数组的指针时，就可以通过指针引用数组元素。

【案例 9-5】结构体指针变量访问结构体数组。

要求：在案例 9-2 的基础上，定义一个 struct course_result 类型的结构体指针 pstu2，使 pstu2 指向数组 stu。通过键盘输入参加补考的学生的学号和其补考成绩，根据输入的学号在数组中找到对应的元素并修改其期末成绩和总成绩，最后输出数组的所有元素的信息。

案例设计目的

1）掌握指向结构体数组指针变量声明的方法。

2）掌握结构体数组指针变量访问成员的方法。

结构体指针变量访问结构体数组

案例分析与思考

（1）分析

在循环结构中，利用指针遍历结构体数组元素的语句与遍历普通数组元素的语句相同。遍历结构体数组元素的同时调用 strcmp()函数，比较键盘输入的学号与指针当前指向的数组元素的 number 成员，若两者相同，strcmp()函数返回值为 0，则说明找到对应的数组元素。利用指针引用数组元素成员，修改其期末成绩和总成绩。

（2）思考

对于指向结构体数组的指针，可以进行“->”或“++”运算，当两种运算符同时出现在一个表达式时，注意其优先级和结合方式。

案例主要代码

```
#include "string.h"
……见案例 9-2 代码第 1～12 行
struct course_result *pstu2; //定义指向结构体数组的指针
char  s[N];                  //字符数组 s 接收键盘输入的补考学生的学号
float  score;                //score 接收键盘输入的补考成绩
……见案例 9-2 代码第 13～16 行
printf("输入补考学生的考号：");
scanf("%s",s);
printf("输入补考学生的成绩：");
scanf("%f",&score);
for(pstu2=stu;pstu2<stu+P;pstu2++)
   if(strcmp(pstu2->number,s)==0)
      {pstu2->final=score;
       pstu2->total=pstu2->daily*0.4+pstu2->final*0.6;
      }
printf("  学号    姓名   平时成绩  期末成绩   总成绩\n");
for(pstu2=stu;pstu2<stu+P;pstu2++)
  printf("%-12s%-10s%-10.0f%-10.0f%-10.0f\n",pstu2->number,
        pstu2->name,pstu2->daily,pstu2->final,pstu2->total);
}
```

案例运行结果

本案例运行结果如图 9-9 所示。

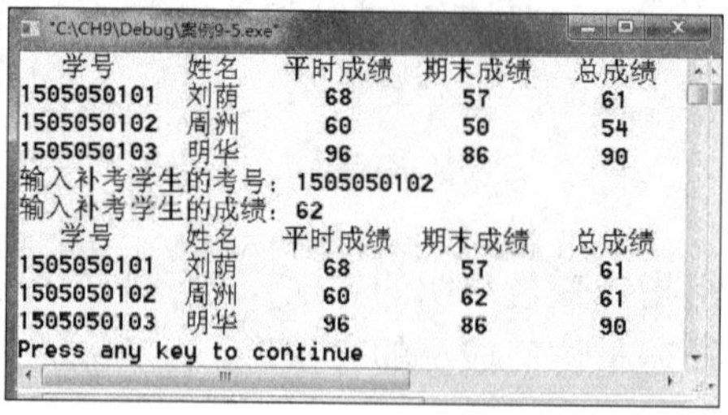

图 9-9 案例 9-5 运行结果

案例小结

1）指向结构体数组的指针，每运行一次自增运算（++），就指向下一个结构体数组元素的首地址。在案例 9-5 代码第 32 行后，增加如下代码，可以更好地理解和掌握结构体指针的使用。

```
for(pstu2=stu;pstu2<stu+P;pstu2++)
{printf("\n指针pstu2的值%p",pstu2);
printf("\n存储单元地址\t成员变量的值\n");
printf("%p\t\t%s\n",&(pstu2->number),pstu2->number);
printf("%p\t\t%s\n",&(pstu2->name),pstu2->name);
printf("%p\t\t%.2f\n",&(pstu2->daily),pstu2->daily);
printf("%p\t\t%.2f\n",&(pstu2->final),pstu2->final);
printf("%p\t\t%.2f\n",&(pstu2->total),pstu2->total);}
```

上述代码的运行结果如图 9-10 所示，指针 pstu2 的初始值为数组第一个元素的起始地址，每次循环运行 pstu2++，pstu2 就指向下一个数组元素的起始地址。

2）运算符“->”与“++”。

在了解指向结构体数组指针的“++”运算后，下面讨论当运算符“->”与“++”出现在同一表达式时的运行顺序。在案例 9-5 代码第 32 行后，增加如下代码：

```
pstu2=stu;
printf("\n++pstu2->total的结果：%.2f\n",++pstu2->total);
printf("(++pstu2)->total的结果：%.2f\n",(++pstu2)->total);
```

代码的输出结果如图 9-11 所示，其运行过程分析如下：

① 运算符“->”的优先级为 1 级，运算符“++”的优先级为 2 级。

② 表达式“++pstu2->total”，先运行“pstu2->total”，此时 pstu2 指向数组的第一个元素（图 9-10），pstu2-> total 的值为 61.40，再运行“++”运算，pstu2-> total 的值变为 62.40。

③ 表达式“(++pstu2)->total”，先运行“++pstu2”使指针指向下一个数组元素，即指针 pstu2 指向数组的第二个元素（图 9-10），然后运行“->”运算引用其成员变量 total，即 61.20。

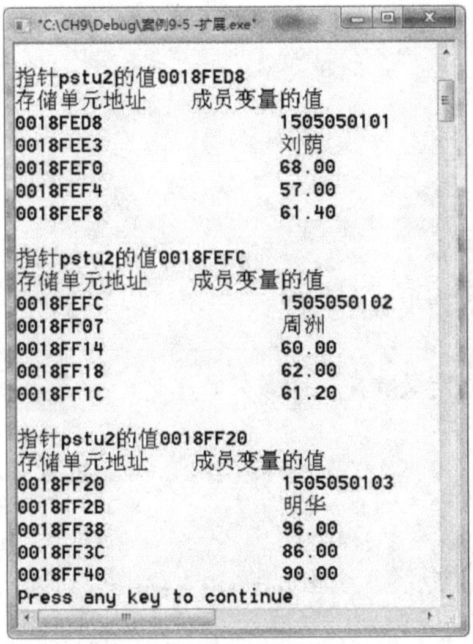

图 9-10　指针 pstu2 每次循环时存储的数组元素的地址

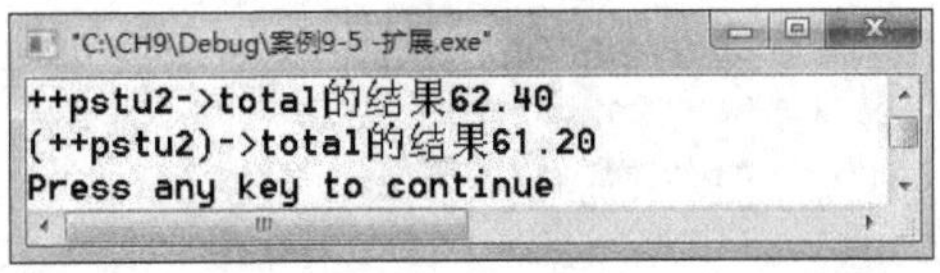

图 9-11　"++pstu2->total" 与 "(++pstu2)->total" 的运行结果

9.5.3　结构体指针变量作为函数参数

结构体指针变量作为函数参数的作用是将结构体变量的地址或者结构体数组元素的地址传递到被调函数中，在被调函数中，再通过 "." 或 "->" 运算引用结构体成员变量完成对数据的各种处理。

【案例 9-6】结构体指针变量作为函数参数。

要求：在案例 9-5 的基础上，设计两个自定义函数：modify_score()函数实现修改指定学号学生的期末成绩，print_info()函数实现输出指定数组所有元素信息。

案例设计目的

1）理解结构体指针变量作为形参可更改主调函数中结构体变量的成员变量的值。

2）掌握结构体指针变量作为参数的函数调用。

案例分析与思考

（1）分析

本案例设计两个自定义函数，即 modify_score()和 print_info()，函数的参数、返回值及功能见表 9-2。

表 9-2　自定义函数 modify_score()和 print_info()的参数、返回值及功能

函数名	函数参数	函数返回值	功能
modify_score()	参数 1 指向结构体数组指针 参数 2 补考学生学号 参数 3 补考分数	无返回值	在参数 1 指向的数组中，根据参数 2 的值查找指定数组元素的成员变量； 找到指定数组元素后，根据参数 3 修改其期末成绩和总成绩两个成员变量的值
print_info()	指向结构体数组指针	无返回值	输出指针变量指向的数组的所有元素值

（2）思考

在本案例中，作为形参的结构体指针变量的作用。

案例主要代码

```
#include "string.h"
#include "stdio.h"
#define P 3                      //符号常量 P 定义数组长度
#define N 11
struct  course_result            //结构体类型定义放在主函数外
{  char number[N],name[N];
   float daily,final,total;};
void printf_info(struct  course_result *ps)
{  struct  course_result *p;
   printf("    学号      姓名    平时成绩   期末成绩     总成绩\n");
   for(p=ps;p<ps+P;p++)
     printf("%-12s%-10s%-10.0f%-10.0f%-10.0f\n",p->number,
           p->name,p->daily,p->final,p->total);
}
void modify_score(struct  course_result *ps,char *s,float score)
{  struct  course_result *p;
   for(p=ps;p<ps+P;p++)
      if(strcmp(p->number,s)==0)
        {p->final=score;
         p->total=p->daily*0.4+p->final*0.6;}
 }
void main()
{  int  i;
   struct course_result stu[ ]={{ "1505050101","刘荫",68,57,61},
       {"1505050102","周洲",60,50,54},{"1505050103","明华",96,86,90}};
   char  s[N];                    //字符数组 s 接收键盘输入的补考学生的学号
   float  score;                  //score 接收键盘输入的补考成绩
   printf_info(stu);              //调用自定义函数完成数组元素的输出
   printf("输入补考学生的考号：");
   scanf("%s",s);
   printf("输入补考学生的成绩：");
   scanf("%f",&score);
   modify_score(stu,s,score); //调用自定义函数完成指定数据修改
   printf_info(stu);              //调用自定义函数完成数组元素的输出
}
```

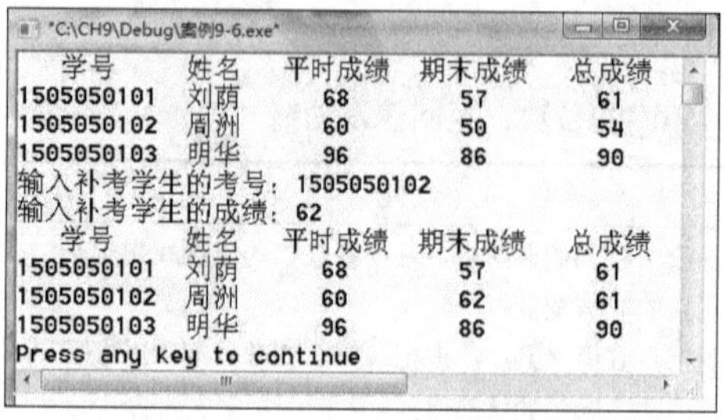

图 9-12　案例 9-6 运行结果

案例运行结果

本案例运行结果如图 9-12 所示。

案例小结

在自定义函数 modify_score()和 print_info()中，形参 ps 接收实参传递的值后，始终指向结构体数组的首地址，因此在自定义函数内

部又定义了一个 struct course_result 类型的结构体指针 p，用于遍历数组元素。

9.6 结构体成员变量为结构体类型

根据实际需要，在定义一个结构体类型时，某个成员的数据类型可以是其他类型的结构体，也可以是与本身相同的结构体类型。当成员变量是结构体类型时，引用成员变量要使用多个成员运算符“.”，逐级地引用到最低的一级成员，且只能对最低一级的成员进行数据操作。

9.6.1 结构体成员变量为其他结构体类型

C 语言没有提供专门描述日期的数据类型，但是在实际处理时，常常需要存储日期信息。例如，定义一个结构体描述学号、姓名、成绩和考试日期，需要一种数据类型描述日期，这里，就可以再定义一个描述日期的结构体类型，代码如下：

```
struct date                  //定义结构体 date 描述出版日期
{
   int year;                 //表示参加考试的年份的成员变量
   int month;                //表示参加考试的月份的成员变量
   int day;                  //表示参加考试的日子的成员变量
}
struct course_result2
{
   char number[11],name[11];
    float daily,final,total;
   struct date test_day; //表示考试日期的成员是 struct date 类型
};
```

这里因为 struct course_result2 中使用了 struct date 类型，所以关于 struct date 的定义应先于 struct date 类型的定义。此外，date 结构体类型的定义也可以嵌套在 course_result2 结构体类型的定义中，代码如下：

```
struct struct course_result2
{
  char number[11],name[11];
   float daily,final,total;
   struct date
   {
      int year;              //表示年份的成员变量
      int month;             //表示月份的成员变量
      int day;               //表示参加考试的日子的成员变量
   } test_day;               //表示考试日期的成员是 struct date 类型
};
```

【案例 9-7】成员变量为其他结构体类型时的引用。

要求：使用本节开头定义两个结构体类型 course_result2 和 date，定义一个 course_result2 类型的结构体变量 stu，其成员 test_day 的类型为结构体类型 date，在定义 stu 的同时对其初始化，并输出结构体变量的每个成员变量的值。

案例设计目的

掌握使用多个成员运算符逐级引用成员变量的方法。

案例分析与思考

定义结构体变量的同时对其进行整体初始化，若该结构体变量某成员变量是结构体类型时，结构体类型成员变量的初始值与其他成员变量的初始值同等对待，该结构体变量的所有成员变量按照定义顺序放在一个大括号内。

案例主要代码

```
1. #include "stdio.h"
2. struct course_result2
3. { char number[11],name[11];
4.   float daily,final,total;
5.   struct date
6.    {int year;                //表示年份的成员变量
7.     int month;               //表示月份的成员变量
8.     int day;                 //表示参加考试的日子的成员变量
9.    } test_day;               //表示考试日期的成员是 struct date 类型
10. };
11. void main()
12. {                           //先定义结构体类型后声明结构体变量
13.   struct course_result2 stu={"1505050101","刘萌",68,57,61,2016,7,5};
14.   printf("  学号    姓名   平时成绩  期末成绩 总成绩    考试日期\n");
15.   printf("%-12s%-10s%-10.0f%-8.0f%-8.0f%d年%d月%d日\n",
          stu.number,stu.name,stu.daily,stu.final,stu.total,stu.test_
          day.year,stu.test_day.month,stu.test_day.day);
16.}
```

案例运行结果

本案例运行结果如图 9-13 所示。

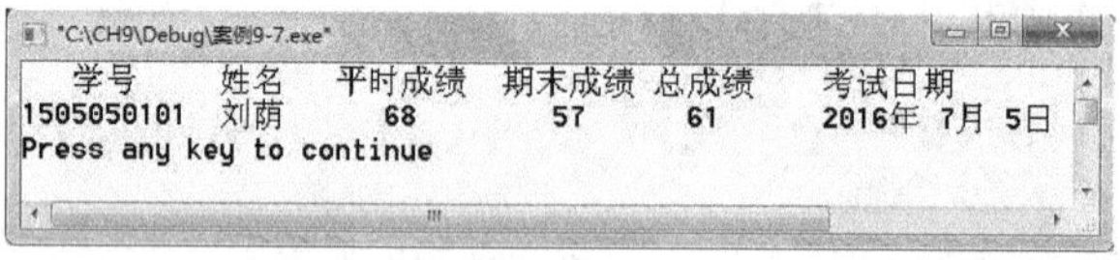

图 9-13　案例 9-7 运行结果

案例小结

调用 scanf()函数或 printf()函数对结构体变量进行输入或输出时，对结构体类型的成员变量需要逐级使用“.”运算，直至引用到最低一级的成员才能进行数据操作。见代码第 15 行中的 stu.test_day.year，通过第一个“.”运算引用结构体变量 stu 中 struct date 类型的成员 test_day，再通过第二个“.”运算引用 test_day 中成员变量 year，成员变量 year 数据类型不再是结构体类型，可以进行数据操作，将其变量中存储的年份输出。

9.6.2 结构体成员变量为与本身相同的结构体类型

结构体成员变量的类型是其他结构体类型的定义和使用方法。本节讨论另一种情况，结构体成员变量为结构体类型，而且与本身的结构体类型相同。结构体类型定义代码示例如下：

```
1.struct course_result3
2.{
3.   char number[11],name[11];
4.   float daily,final,total;
5.   struct course_result3 *next;
6.};
```

这里，注意代码第 5 行，成员变量 next，其数据类型为指向 struct course_result3 的指针。通过这种定义方式，每一个 struct course_result3 类型的变量利用其 next 成员存储另一个 struct course_result3 类型变量的地址，将内存中分散存储的多个 struct course_result3 类型的变量通过 next 成员建立一种“拉手”关系。这种“拉手”关系有别于数组，数组是通过每个数组元素的序号建立地址上的连续存储关系，而这种通过存储下一个变量地址的方式建立的关系，其各个变量在存储地址上是不连续的。这样做的好处，将在 9.7 节链表中做更详细的论述。

【案例 9-8】通过成员变量中存储的结构体变量的地址，将多个相同结构体类型的变量建立联系的应用。

要求：为 struct course_result3 声明 3 个结构体变量 stu1、stu2、stu3 并初始化。初始化时，stu1.next 存储 stu2 的地址，stu2.next 存储 stu3 的地址，stu3 是最后一个结构体变量，stu3.next 不存储任何变量的地址。最后，输出 3 个结构体变量的所有信息。

案例设计目的

了解通过存储结构类型相同的另一个结构体变量地址的方法，使多个类型相同的结构体变量建立联系的应用。

案例分析与思考

在 3 个变量的连接关系中，stu3 是最后一个变量，不需要存储其他变量的地址，那么其 next 成员的值应该怎么处理？

结构体变量“牵手”设计

案例主要代码

```
#include "stdio.h"
struct course_result3
{ char number[11],name[11];
  float daily,final,total;
  struct course_result3 *next;
};
void main()
{  struct course_result3 stu1={"1505050101","刘荫",68,57,61};
   struct course_result3 stu2={"1505050102","周洲",60,50,54};
   struct course_result3 stu3={"1505050103","明华",96,86,90};
```

```
stu1.next=&stu2;
stu2.next=&stu3;
stu3.next=0;
printf("  学号     姓名   平时成绩  期末成绩 总成绩   下一个结点的存储地址\n");
printf("%-12s%-10s%-10.0f%-8.0f%-8.0f%p\n",stu1.number,stu1.name,
       stu1.daily,stu1.final,stu1.total,stu1.next);
printf("%-12s%-10s%-10.0f%-8.0f%-8.0f%p\n",stu1.number,stu2.name,
       stu2.daily,stu2.final,stu2.total,stu2.next);
printf("%-12s%-10s%-10.0f%-8.0f%-8.0f%p\n",stu1.number,stu3.name,
       stu3.daily,stu3.final,stu3.total,stu3.next);
}
```

案例运行结果

本案例运行结果如图 9-14 所示。

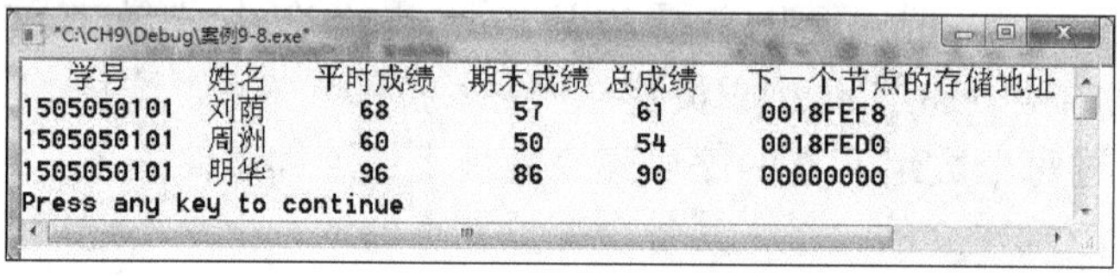

图 9-14　案例 9-8 运行结果

案例小结

1）stu3 是最后一个变量，不需要存储其他变量的地址，其 next 成员的值设置为 0。

2）stu1、stu2 和 stu3 这 3 个结构体变量的存储地址不连续，通过在 stu1.next 中存储 stu2 的地址，就可以使用 stu1.next 指向 stu2，以此类推，使 3 个结构体变量建立如图 9-15 所示关系。这种关系是一种数据结构类型——链表。

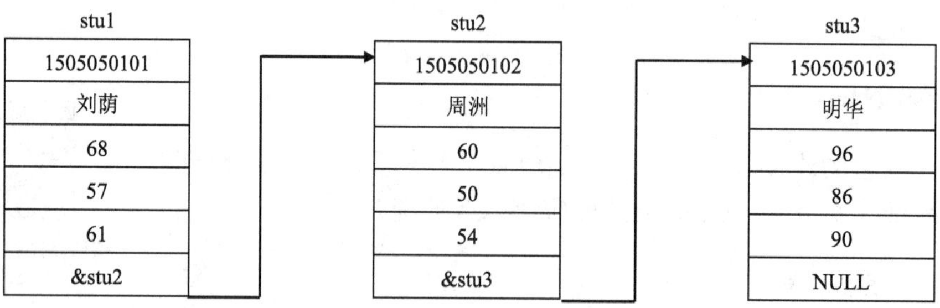

图 9-15　stu1、stu2 和 stu3 3 个结构体变量的关系

9.7　链　　表

在编写程序前，首先需要根据实际问题确定数据的类型，对于单一类型的少量数据，采用基本数据类型；对于类型相同的一组数据，采用数组；对于类型不相同的一组有关联的数据，采用结构体。将结构体与数组相结合，形成的结构体数组既具备结构体可以处

理不同类型数据的特点，又具备数组将数据连续存储在一起并通过下标进行访问的优势。

任何数据类型都有其优势和劣势，需要程序设计者根据实际问题进行选择。对于数组而言，它的劣势如下：

① 数组的长度必须在数组定义时确定，更改数组长度只能修改数组定义部分的代码。

② 对数组元素进行插入新元素或者删除元素时，需要移动插入点或删除点之后的所有元素，算法的时间复杂度高。

为了解决上述问题，将结构体与指针相结合，形成一种新的数据结构——链表。链表可以实现在程序运行过程中改变长度，还可以快速地进行插入或者删除操作。与数组相比，链表也有其不足，如数组可以通过下标快速实现随机访问，而链表需要花时间进行遍历；数组可以直接定义，而链表需要用户根据实际情况自己定义结构体类型。

9.7.1 结点相关的概念

链表由多个存储地址不连续的数据元素组成，每个元素称为链表的一个结点。

1. 结点的概念

链表中，每个结点由两部分组成：数据域和指针域。如图 9-16 所示，结点数据域存储用于操作的实际数据；结点指针域存储与该结点相连的下一个结点的地址，负责将各个结点连接起来。

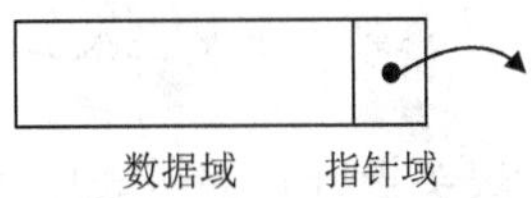

图 9-16 结点结构示意图

2. 结点的数据类型

在 C 语言中，链表的结点使用结构体类型来描述。用户根据实际需要，定义结构体类型名、结构体成员变量的个数及每个成员的数据类型，其中，结点的指针域必须是同结点结构体类型相同的指针。

例如，定义结构体类型 list，描述链表结点，结点数据域包含学生学号和总成绩。代码如下：

```
struct list
{ char number[11];              //结点数据域，用于存储学生学号
  float total;                  //结点数据域，用于存储学生总成绩
  struct list *next;            //结点指针域，用于存储下一个结点的地址
};
```

3. 结点的生成

与数组相比，链表的优势在于其长度在程序运行中是可变的。也就是说，用户可以根据需要随时生成结点或者删除结点。以下讨论如何为结点分配存储空间，给结点的数据域初始化。删除结点的操作将在 9.7.4 小节进一步讨论。

（1）为结点分配存储空间——动态内存分配函数 malloc()

在程序中调用 malloc()函数，可以随时为结点分配存储空间，其函数说明如下。

函数原型：void *malloc(unsigned int size)。

参数：指定分配内存的大小，一般使用 sizeof 运算的结果作为该参数的数值。

返回值：分配的内存区域地址。

功能：申请一块连续的有参数指定大小的内存区域。

在定义描述结点的结构体类型后，可以通过 sizeof 运算获取结构体类型的大小，即一个结点所占内存的大小。在确定存储一个结点的字节数后，调用 malloc()函数为结点分配相应大小的存储空间。

例如，为上面定义的 struct list 类型的结点分配存储空间，代码如下：

```
newnode=(struct list *)malloc(sizeof(struct list));
```

在成功调用 malloc()函数为结点分配存储空间后，通过强制类型转换将 malloc()函数返回值，即该结点的地址，转换成与结点相同的结构体指针。这里，将结点地址强制转换为 struct list *类型。

博学小助理

当使用 malloc()函数时，必须在程序开头包含头文件 stdlib.h。

（2）结点初始化

当结点分配到存储空间后，根据结点数据域的成员变量的数据类型特点，调用 scanf()函数或者赋值语句等为结点数据域的成员变量初始化。

4. 指向链表第一个结点的指针——表头

表头指针存储链表中第一个结点的地址，链表的读取必须从表头指针开始，所以记录第一个结点的存储地址是非常重要的。例如，在遍历链表结点时，通过表头指针找到第 1 个结点，再通过第 1 个结点的指针域找到第 2 个结点……直至最后一个结点，从而实现链表结点的输出或者查找指定结点。

5. 表尾

链表的最后一个结点，其数据域存储要处理的数据，但是因为没有后继结点，指针域为空。定义一个符号常量 NULL，其宏值为 0。如图 9-17 所示，最后一个结点的指针域值为 0，表示链表到此结束。在遍历链表的循环结构中，表尾的空指针域通常作为循环结束的判断条件。

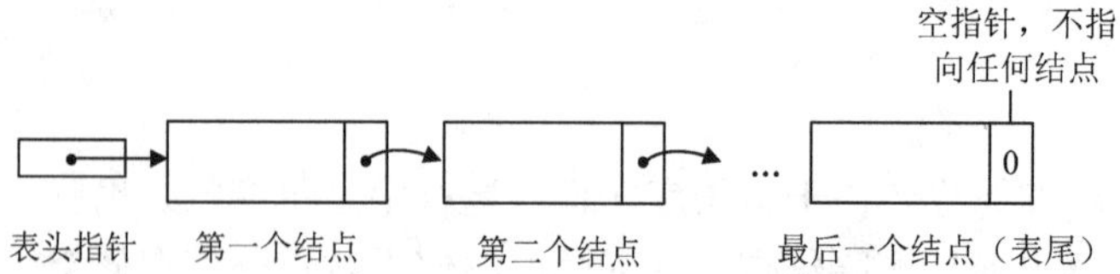

图 9-17 表头与表尾示意图

9.7.2 创建链表的操作

创建链表的方法有多种，可以按照用户输入数据的顺序建立链表，也可以根据某个成员变量数值大小按序建立链表。本节选择第一种，按照用户输入数据的顺序建立链表。

创建链表的大致过程如下：分配结点存储空间、初始化结点数据域、初始化结点指针域（将独立的结点与链表建立联系）。具体过程见表 9-3，示意图中各指针变量的含义如下：

① 指针变量 newnode 指向当前结点，即每次调用 malloc()函数新生成的结点。

② 指针变量 head 为表头指针，指向链表第一个结点。

③ 指针变量 p 指向表尾结点，即在链表创建过程中的最后一个结点，链表创建完成后，该结点的指针域被初始化为“空”。

表 9-3　创建链表过程及示意图

步骤	过程描述	示意图
1	第一个结点分配存储空间并初始化结点数据域，使用第一个结点的地址初始化头指针	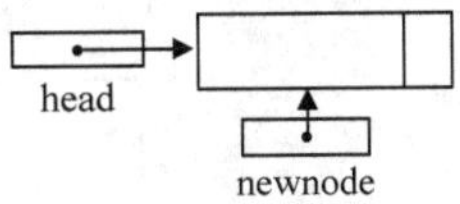
2	为下一个结点分配存储空间并初始化结点数据域	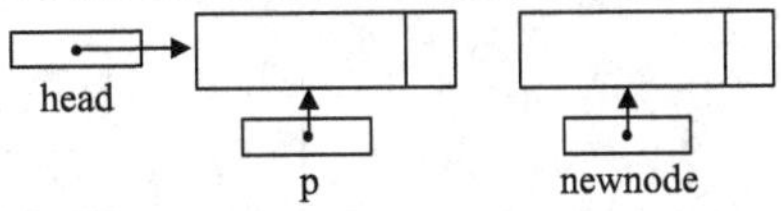
3	利用新结点的地址初始化链表最后一个结点的指针域（在第一次循环时，链表中只有一个结点，这个结点既是第一个结点，也是最后一个结点）	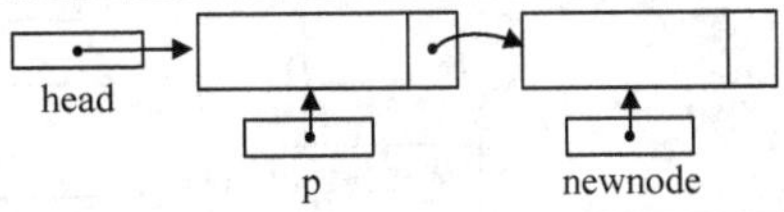
4	重复步骤 2、3，直至用户输入指定符号，结束链表的创建，将表尾结点指针域置为空	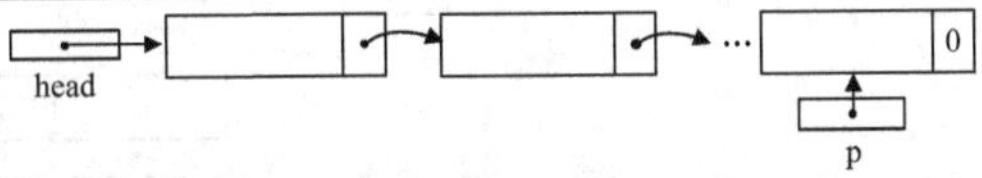

【案例 9-9】建立链表。根据用户输入数据的顺序建立链表并输出所有结点数据。

要求：定义结构体类型 list，描述链表结点，其中数据域包含学生学号和总成绩。设计自定义函数 create()，实现用户从键盘输入结点数据，直到用户输入一个“#”，表示所有结点数据输入结束。最后，在主函数中将链表所有结点数据输出。

案例设计目的

1）掌握动态创建链表的流程。

2）掌握链表的输出方法。

建立链表

案例分析与思考

（1）分析

当链表创建成功后，就可以对链表进行修改结点数据域、删除结点或者插入新结点的操作。全部功能都在主函数中完成，既不利于代码的阅读，也不利于代码的修改。因此，需要进行模块化设计，将每种功能模块设计成一个函数来实现。本案例中，设计自定义函数 create()，实现链表的创建。

（2）思考

1）create()函数的参数和返回值如何设计。

2）create()函数中，当用户输入“#”后，如何结束链表的建立。

程序流程图

案例 9-9 创建链表流程图如图 9-18 所示。

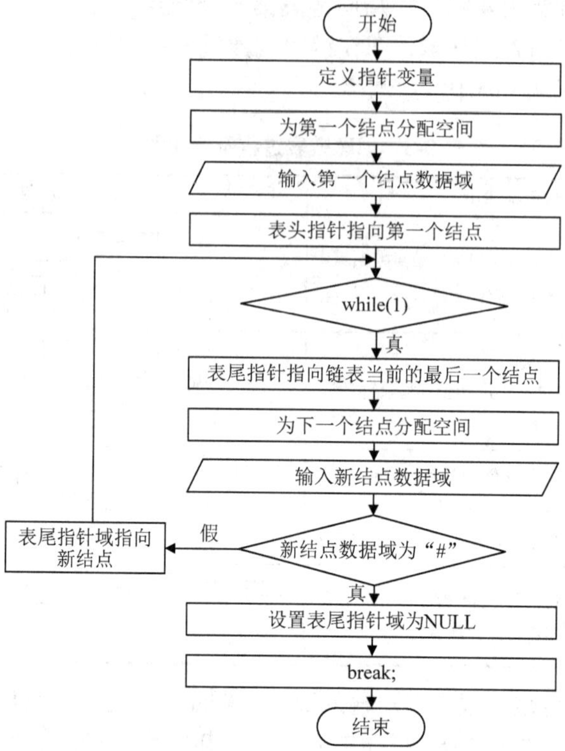

图 9-18　案例 9-9 创建链表流程图

案例主要代码

```
#define NULL 0
#include "string.h"
#include "stdio.h"
#include "stdlib.h"
struct list
{ char number[11];
  float total;
  struct list *next;
};
struct list * creat()
{
   struct list *head=NULL,*newnode,*p;//各指针指向见表 11-3 前的约定
   newnode=(struct list *)malloc(sizeof(struct list));
   printf("输入学号:");
   scanf("%s",newnode->number);       //初始化结点数据域
   printf("输入成绩:");
   scanf("%f",&newnode->total);       //初始化结点数据域
   head=newnode;
   while(1)
```

```
{
  p=newnode;
  newnode=(struct list *)malloc(sizeof(struct list));
  printf("输入学号:");
     scanf("%s",newnode->number); //初始化结点数据域
     if(strcmp(newnode->number,"#")==0){  p->next=NULL;break;}
     printf("输入成绩:");  //若用户未输入"#",继续初始化新结点数据域
  scanf("%f",&newnode->total);     //初始化结点数据域
  p->next=newnode;                 //初始化结点指针域
  }
 return head;
}
void main()
{ struct list *head,*t;
  head=creat();                        //调用自定义函数实现创建链表
  printf("  学号       总成绩\n");
  for(t=head;t!=NULL;t=t->next)    //利用指针 t 遍历链表
     printf("%s%10.0f\n",t->number,t->total);
}
```

案例运行结果

本案例运行结果如图 9-19 所示。

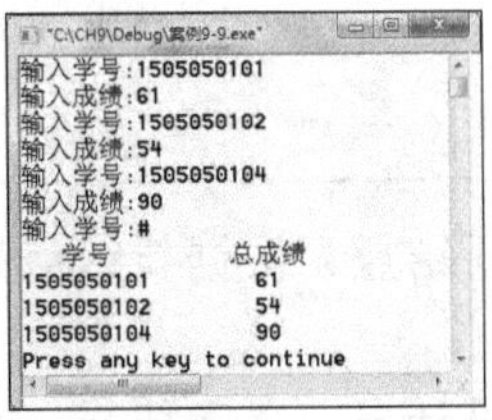

图 9-19　案例 9-9 运行结果

案例小结

1）自定义函数完成链表创建后，向主调函数返回链表的表头，因此 create()函数定义部分函数的类型为指向 struct list 的指针。

2）在 create()函数中，通过判定新结点数据域输入值是否是约定好的结束符“#”，决定何时终止链表的建立。当用户输入已约定的结束符“#”时，通过 break 语句终止循环。

3）主函数中，控制输出的循环中，t=t->next 的含义和作用如下：t 为指针当前指向的结点，t->next 为当前结点的指针域（存储下一个结点地址）。t=t->next 的含义为将下一个结点的地址赋值给指针 t，即指针 t 指向下一个结点。在循环结构中使用 t=t->next，就可以通过指针 t 遍历链表中的每一个结点。

9.7.3　向链表插入结点的操作

根据实际需要，按照新结点某个数据域的值，在链表中寻找合适的位置，将新结点插入链表。插入新结点的位置，可以是当前表头的后面，可以是两个结点的中间，也可

以是当前表尾的后面。插入新结点的位置不同，处理过程也不同。本节案例 9-10 讨论将新结点插入两个结点中间的情况，其他两种情况在拓展训练和技能提高中做深入讨论。

在两个结点中间插入新结点的过程如下：确定插入新结点的位置，使用新结点的地址初始化插入点前结点的指针域，使用插入点后结点的地址初始化新结点的指针域，从而将新结点插入链表。具体过程见表 9-4，示意图中各指针变量的含义如下：

① 定义指针变量 front 指向插入点前的结点。

② 定义指针变量 back 指向插入点后的结点。

表 9-4 两结点间插入新结点过程及示意图

步骤	过程描述	示意图
1	确定插入位置	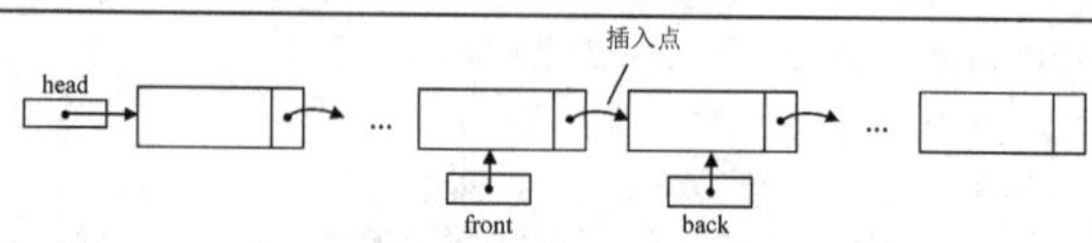
2	插入点前面的结点的指针域指向新结点	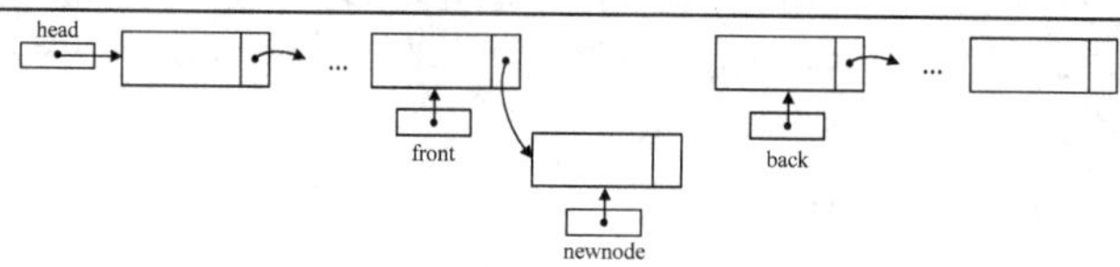
3	新结点的指针域指向插入点后面的结点	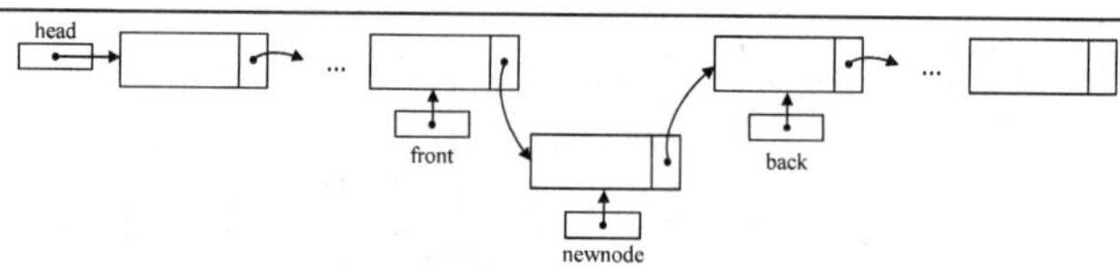

【案例 9-10】已有链表，插入新结点。根据新结点某个数据域的值，将新结点插入链表两个结点的中间。

要求：在案例 9-9 的基础上，设计自定义函数 insert()，将数据域为“1505050103”的结点插入数据域为“1505050102”和“1505050104”的两个结点中间。

案例设计目的

1）掌握在链表中定位结点的流程。

2）掌握插入结点的流程。

案例分析与思考

向链表插入结点的第一步需要确定插入位置，本案例中链表的结点是按照学号从低到高的顺序建立的。因此，确定插入位置的方法如下：利用循环遍历链表，同时将链表中每个结点的“学号”值与新结点的“学号”值进行比较，如果链表中某个结点的“学号”值大于新结点的“学号”值，那么插入点就在该结点的前面。此时，终止遍历链表，进行插入新结点的操作。

程序流程图

案例 9-10 插入结点流程图如图 9-20 所示。说明：由于本案例只讨论在有序链表的两个结点中间插入新结点，insert()函数的设计只默认插入点为两个结点之间的情况，忽略插入在头结点和尾结点的两种情况（这两种情况在拓展训练和技能提高中分别介绍），因此，图中第二个条件判断没有给出“假”的分支。

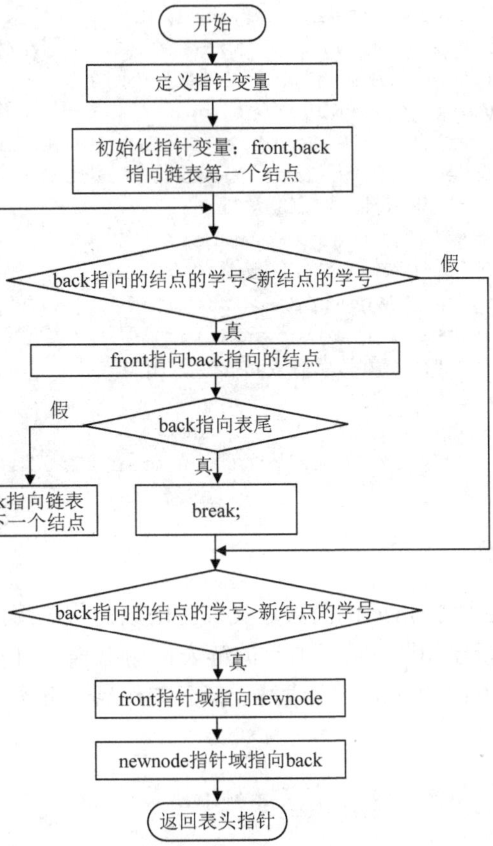

图 9-20　案例 9-10 插入结点流程图

案例主要代码

```
1-31 行：同案例 9-9 代码第 1～31 行
32.   struct list * insert(struct list *head,struct list *newnode)
33.   {
34.     struct list *front,*back;
35.     front=back=head;
36.     while(strcmp(back->number,newnode->number)<0)//确定插入点
37.     {
38.       front=back;
39.       if(back->next!=NULL)  back=back->next;
40.       else break;
41.     }
42.     if(strcmp(back->number,newnode->number)>0)//将新结点插入链表指定位置
43.     {  front->next=newnode;
44.        newnode->next=back;
45.     }
46.     return head;
```

```
}
void main()
{
  struct list *head,*newnode,*t;
  head=creat();                              //创建链表
  printf("   学号          总成绩\n");
  for(t=head;t!=NULL;t=t->next)              //输出链表各结点数据域
    printf("%s%10.0f\n",t->number,t->total);
  newnode=(struct list *)malloc(sizeof(struct list));//新结点
  printf("输入插入结点的学号:");
  scanf("%s",newnode->number);
  printf("输入插入结点的成绩:");
  scanf("%f",&newnode->total);
  head=insert(head,newnode);            //实现将新结点插入链表的操作
  printf("插入新结点后链表数据：\n");
  printf("   学号          总成绩\n");
  for(t=head;t!=NULL;t=t->next)
    printf("%s%10.0f\n",t->number,t->total);
}
```

案例运行结果

在案例 9-9 的基础增加 insert()函数定义及主函数的代码形成了本案例的代码。因此运行本案例时，需要新建如图 9-19 所示的链表，输出链表内容后，用户再输入插入结点数据域（“1505050103”和 90），完成结点插入工作后，再次输出链表内容。本案例运行结果如图 9-21 所示。

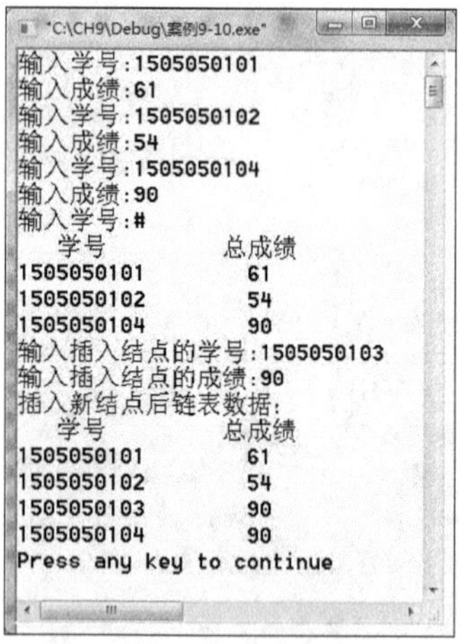

图 9-21　案例 9-10 运行结果

案例小结

1）根据新结点数据域指定值，在链表中通过循环寻找新结点插入位置，该循环终止分为 3 种情况，分别对应 3 种不同的插入位置：

① 当循环体一次都不运行时，说明插入点在第一个结点前。

② 当循环体由 break 终止时，说明插入点在最后一个结点后。

③ 当循环体因循环条件不满足而终止时，说明插入点在两个结点中间。

2）本案例中使用的链表是有序链表，即链表中的结点按照某个数据域的值的大小顺序建立。如果向一个空链表中按照结点某个数据域的值的大小插入结点，其实就是创建有序链表的过程。

拓展训练

在案例 9-10 的基础上，完善向链表表尾插入结点情况的处理。要求：按照学号从小到大的顺序插入学号为“1505050105”、成绩为“85”的结点。

（1）算法提示

由案例9-10的案例小结讨论可知，当寻找插入位置的循环由break终止时，说明指针back遍历了整个链表，最后指向表尾，但是在遍历链表过程中，链表所有结点数据域中的学号值都小于新结点数据域的学号值，因此插入点在最后一个结点后（即表尾后）。当将新结点插入最后一个结点的后面时，新插入的结点成为链表的表尾，因此新结点插入链表后，其指针域需要置为“空”。

（2）代码提示

修改insert()函数的代码为“if(strcmp(back->number,newnode->number)>0)”，增加else分支。在else分支中完成处理表尾后插入结点的操作，代码如下：

```
if(strcmp(back->number,newnode->number)>0)
   {front->next=newnode;newnode->next=back;}
else//遍历整个链表没有找到比插入结点数据域的学号值大的结点从而确定表尾插入新结点
   {back->next=newnode;newnode->next=NULL; }
```

技能提高

在拓展训练的基础上，完善向链表第一个结点前插入结点情况的处理。要求：按照学号从小到大的顺序插入学号为“1405050129”、成绩为“89”的结点。

（1）算法提示

由案例9-10的案例小结讨论可知，当寻找插入位置的循环一次都未运行时，说明循环条件“strcmp(back->number,newnode->number)<0”不成立，即链表第一个结点数据域的学号值大于新结点，因此插入点在链表第一个结点前。此时，“if(strcmp(back->number, newnode->number)>0)”中表达式结果为真，在此情况下不但要处理在两个结点中间插入结点，还要处理在第一个结点前插入结点的情况。

（2）代码提示

修改insert()函数的代码，当“if(strcmp(back->number,newnode->number)>0)”中表达式结果为真时，首先判断此时back指针是否仍然指向第一个结点，如果仍然指向第一个结点，说明上面的while循环一次都未运行，则执行在第一个结点前插入新结点的操作；如果back指针移动，不指向第一个结点，则执行在两个结点间插入新结点的操作。代码如下：

```
if(strcmp(back->number,newnode->number)>0)
 {   if(back==head)                       //第一个结点前插入新结点
        {newnode->next=head;head=newnode;}
     else                                 //两个结点中间插入新结点
        {front->next=newnode;newnode->next=back;}
  }
else                                      //在最后一个结点后插入新结点
    {back->next=newnode;newnode->next=NULL;}
```

9.7.4 删除链表结点的操作

删除链表结点，可以按照链表结点顺序依次删除结点，也可以根据实际需求删除指定结点。这里，讨论后者，根据结点数据域的值在链表中定位被删除的结点。被删除结点的位置可能是链表的第一个结点，也可能是链表的最后一个结点，或者是链表任意两个结点的中间。被删除结点在链表中的位置不同，删除结点的操作也不同。本节案例 9-11 讨论被删除结点位于两个结点中间的情况，其他两种情况在拓展训练和技能提高中做深入讨论。

被删除结点位于两个结点中间，删除结点的大致过程如下：定位即将被删除的结点，更改删除结点前面结点的指针域，使其直接指向删除结点后面的结点，最后释放删除结点的存储空间。具体过程见表 9-5，示意图中各指针变量的含义如下：

① 定义指针变量 d 指向即将被删除的结点。

② 定义指针变量 front 指向被删除结点前面的结点。

表 9-5 被删除结点位于两个结点中间的删除过程及示意图

<table>
<tr><th>步骤</th><th>过程说明</th><th>示意图</th></tr>
<tr><td>1</td><td>定位即将被删除的结点</td><td>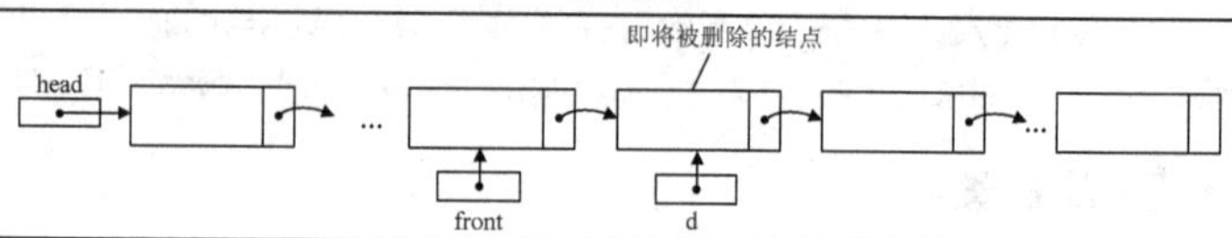
</td></tr>
<tr><td>2</td><td>断开被删除结点与前面结点的连接</td><td>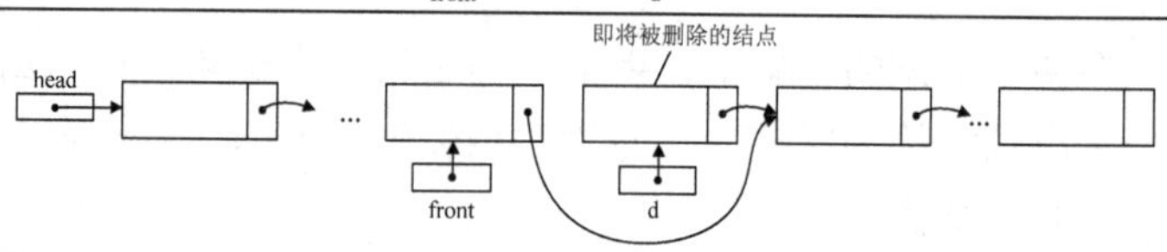
</td></tr>
<tr><td>3</td><td>释放结点存储空间</td><td>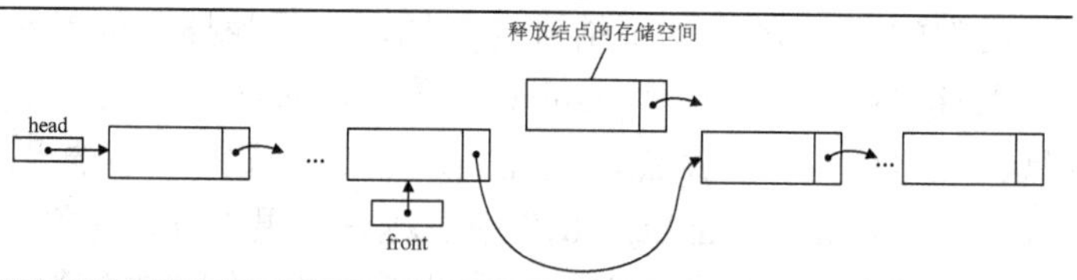
</td></tr>
</table>

【案例 9-11】已有链表，删除结点。根据结点数据域的数值，删除指定结点。

要求：在案例 9-9 的基础上，设计自定义函数 del()，删除链表中数据域为“1505050102”的结点。

案例设计目的

1）掌握删除结点的方法。

2）理解删除结点的含义。

3）掌握释放存储空间函数 free()的使用。

案例分析与思考

删除链表中某个结点，除了断开该结点与链表其他结点的连接外，必须释放该结点所占用的存储空间。使用 free()函数释放结点的存储空间，该函数的原型为“void free (void *p)”。

在删除结点时，当链表中未找到符合条件的结点时，函数 del()需要返回 0（即空指针）。当主调函数判断到返回值为 0 时，屏幕提示用户：未找到符合删除条件的结点。

程序流程图

案例 9-11 程序流程图如图 9-22 所示。

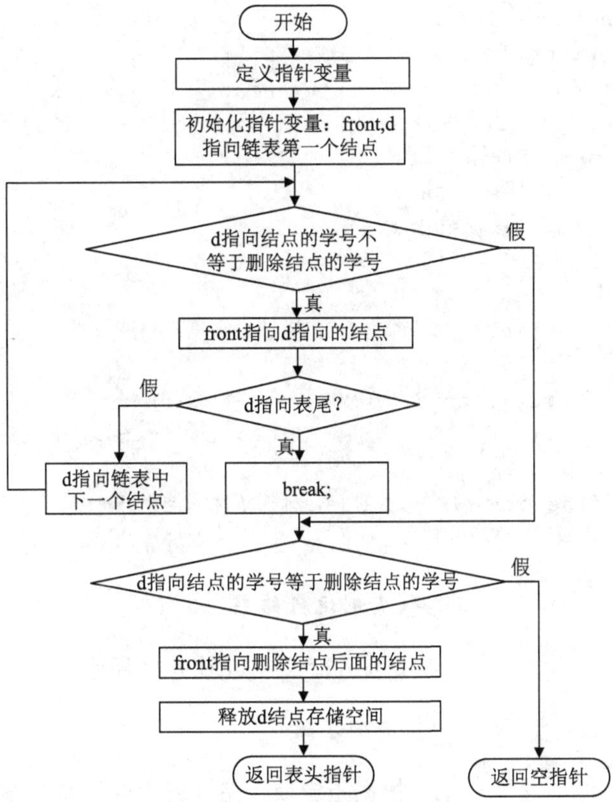

图 9-22 案例 9-11 程序流程图

案例主要代码

```
1-31 行：同案例 9-9 代码第 1～31 行
32.   struct list * del(struct list *head,char *num)
33.   {   struct list *front,*d;
34.       front=d=head;
35.       while(strcmp(d->number,num)!=0)       //定位即将被删除的结点
36.       {   front=d;
37.           if(d->next!=NULL)   d=d->next;
38.           else break;
39.       }
40.       if(strcmp(d->number,num)==0)
41.       {  front->next=d->next;
42.           free(d);
43.           return head;
44.       }
45.       else return 0;
```

```
}
void main()
{ struct list *head,*t;
   char x[11];
   head=creat();
   printf("  学号      总成绩\n");
   for(t=head;t!=NULL;t=t->next)      //利用指针 t 遍历链表
      printf("%s%10.0f\n",t->number,t->total);
    printf("输入要删除结点的学号：");
    scanf("%s",&x);
    head=del(head,x);
    if(head!=0)
    {
       printf("删除指定结点后链表数据：\n");
       printf("学号  总成绩\n");
       for(t=head;t!=NULL;t=t->next)
       printf("%s%10.0f\n",t->number,t->total);
     }
    else printf("未找到符合删除条件的结点\n");
}
```

图 9-23 案例 9-11 运行结果

案例运行结果

本案例运行结果如图 9-23 所示。

案例小结

1）根据指定值，在链表中寻找符合删除条件的结点的循环中，循环终止分为如下 3 种情况：

① 当循环体一次都不运行时，说明被删除的是链表第一个结点。

② 当循环体由 break 终止时，说明链表中未找到符合条件的结点

③ 当循环体由循环条件不满足而终止时，说明被删除的是链表的最后一个结点或者位于链表中间的结点。

2）在 C 语言程序中，当链表使用结束时，需要在程序运行结束前运行清空链表，即删除链表中每个结点，从而释放结点占用的存储空间。清空链表的操作实质上就是按照链表的存储顺序，依次删除链表结点的过程。

拓展训练

在案例 9-11 的基础上，完善被删除点为链表第一个结点和最后一个结点情况的处理。

当链表的第一个结点为被删除结点时，while 循环因为循环条件 strcmp(d->number, num)!=0 不满足，所以循环体一次都不运行。此时，“if(strcmp(d->number,num)==0)”中表达式结果为真。因此，只需在 if 结构中再增加一个选择结构，判断当被删除结点为链表第一个结点（即 d==head）时，改变表头指针指向被删除结点后面的结点即可。

当链表的最后一个结点为被删除结点时，while 循环结束，“if（strcmp(d->number, num)==0)”中表达式结果为真。此时，d 为链表中最后一个结点，所以 d->next 的值为 NULL。执行代码“front->next=d->next”，相当于将 NULL 赋值给 front->next。front 为被删除结点 d 前面的结点，当 d 被删除后，front 就成为新的表尾。

这里，代码 front->next=d->next 既可以处理被删除结点在链表中间的情况，又可以处理被删除结点为链表最后一个结点的情况。具体代码如下：

```
while(strcmp(d->number,num)!=0)
{ front=d;
  if(d->next!=NULL)   d=d->next;
  else break;
}
if(strcmp(d->number,num)==0)
{  if(d==head) head=d->next; //被删除结点为链表第一个结点
     else
   front->next=d->next;        //删除结点为表尾或者链表中间
     free(d);
     return head;
}
```

本章小结

结构体是一种构造数据类型，与普通变量存储数据相比，结构体类型可以将多个数据对象关联起来。本章主要介绍了结构体的基本概念、结构体类型的定义、结构体变量的定义、结构体变量初始化、结构体成员变量的引用、结构体数据的定义与应用、结构体类型的应用、链表的基本应用与操作。

同时，本章还介绍了结构体类型定义的 3 种形式，以及用相应的结构体类型定义该结构体变量的方法。结构体变量的初始化可以在定义结构体变量的同时实现，也可以在定义完成之后单独为每个结构体变量的成员赋值，还可以使用 scanf()输入函数从键盘接收数据。结构体变量既可以整体引用，也可以按照成员来引用。整体引用主要有两种情况：同类型的结构体变量的相互赋值、结构体变量作为函数参数。在运行结构体变量的输入和输出等基本操作时，不可以整体引用结构体变量，需要逐个成员来处理。

链表是数据结构的一种，由若干个结点构成。每个结点都是一个结构体类型的变量，结点的个数可以动态增加或减少，并且链表中结点的存储地址是不连续的。本章介绍了线性链表的创建、结点数据域的查找、结点的插入与删除等操作。

第 10 章 共用体与枚举

在 C 语言中，除了 3 种基本数据类型（整型、实型、字符型）之外，还有多种构造数据类型，如数组、结构体。构造数据类型是在基本数据类型基础上，根据数据本身的结构特点构造出来的数据类型，如结构体类型就是基于表格结构的数据特点构造的一种数据类型。

第 9 章介绍了结构体数据类型是用来表示表格类型的数据。表格中的每一行称为一条“记录”，表格中的每一列称为一个“字段”，也叫“成员”。在结构体中，表格的每一列数据具有相同的数据类型，如学号都是整型，即表示为“int num;”。

那么，如表 10-1 所示的数据，要用什么数据类型来处理？表 10-1 所示数据初看为表格类型，应该用结构体来表示。但是表格第五列“年级/职称”出现了年级（整数）、职称（字符串）不同的数据类型。那么该列应该如何定义呢？本章介绍的共用体数据类型将会解决此问题。

表 10-1 学生/教师信息表

编号	姓名	学院	身份	年级/职称
1001	张强	信息	学生	1
2001	王丁	机械	教师	教授
1002	孙雪	管理	学生	2
2002	李然	外语	教师	讲师
1003	周自强	生物	学生	2
⋮	⋮	⋮	⋮	⋮

本章知识图谱如图 10-1 所示。

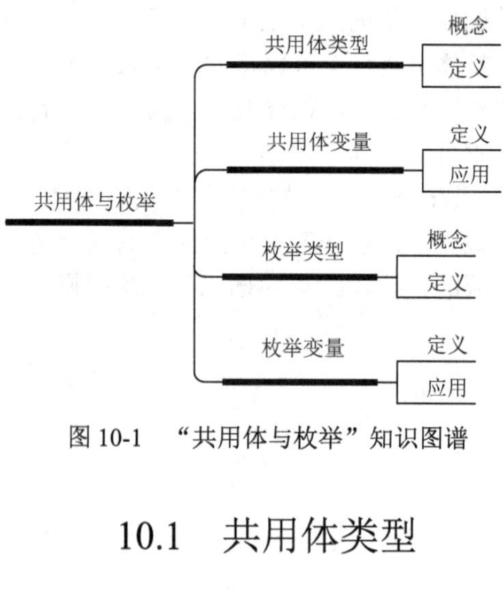

图 10-1 “共用体与枚举”知识图谱

10.1 共用体类型

与结构体一样，共用体（union，又称联合体）也是由一个或多个成员构成的，这些成员可能具有不同的数据类型，但是它们共享一块存储空间。编译器根据共用体中字节数最多的成员来分配足够的内存空间。共用体的成员在这个空间内存储数据，但某一时刻，只能有一个成员的数据有效，后赋值的成员的值会覆盖先赋值的成员的值。

10.1.1　共用体类型的定义

与结构体类型定义十分相似，共用体类型定义格式如下：

```
union 共用体类型名
{
   成员列表;
};
```

例如：

```
union data
{
   int a;
   double b;
   char c;
};
```

其中，union 是共用体类型声明的关键字；data 是共用体类型的名字；a、b、c 是共用体类型的 3 个成员变量，类型分别是整型、实型、字符型。

10.1.2　共用体变量的定义

定义共用体类型后，必须为其定义变量，才能使用该共用体类型，这种变量称为共用体变量。与结构体变量定义十分相似，共用体变量定义也有 3 种方法。

方法一：先定义共用体类型，再定义共用体变量。例如，如下代码：

```
union data                 //共用体类型关键字　共用体类型名
{
   int a;                  //整型成员 a，在 VC++ 6.0 中占 4 字节
   double b;               //实型成员 b，在 VC++ 6.0 中占 8 字节
   char c;                 //字符型成员 c，在 VC++ 6.0 中占 1 字节
};
union data x;              //定义一个共用体类型变量 x
```

① 上述代码在定义完成共用体类型之后，单独定义了共用体变量 x。

② 变量 x 在内存中占用的存储空间大小取决于该共用体类型中所需存储字节数最多的成员的长度，即 b 的长度，8 字节，其 3 个成员在内存中共用存储空间，如图 10-2 所示。

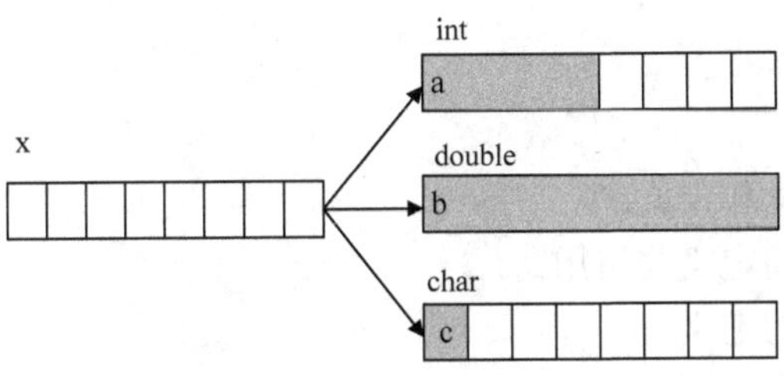

图 10-2　共用体变量存储示意图

③ 变量 x 有 3 个成员，分别为 x.a、x.b、x.c，有如下代码，分析代码运行的结果：

```
x.a=100;
x.b=3.14;
x.c='a';
printf("x.a=%d\nx.b=%6.2f\nx.c=%c\n",x.a,x.b,x.c);
```

上述代码按照顺序给 x.a，x.b，x.c 赋值，因为 x 的 3 个成员变量共用存储空间，如图 10-3 所示，后赋值的成员的值将覆盖先赋值的成员的值，所以最后 printf 语句输出 3 个成员变量的值只有 x.c 是前面赋的值。

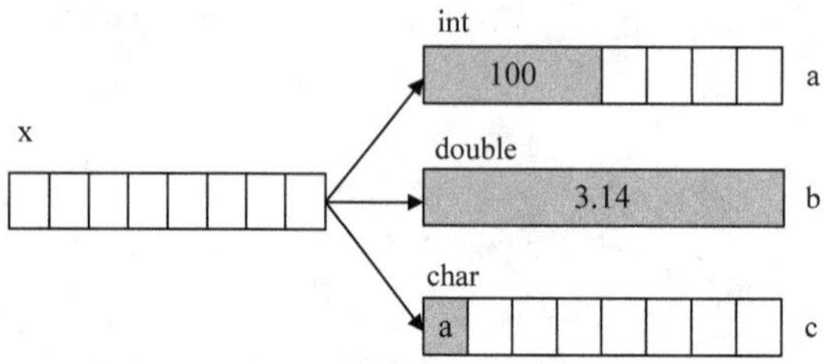

图 10-3 共用体变量成员示意图

方法二：定义共用体类型的同时定义共用体变量。例如，如下代码：

```
union data        //共用体类型关键字    共用体类型名
{
   int a;         //整型成员 a，在 VC++ 6.0 中占 4 字节
   double b;      //实型成员 b，在 VC++ 6.0 中占 8 字节
   char c;        //字符型成员 c，在 VC++ 6.0 中占 1 字节
}x;               //定义一个共用体类型变量 x
```

这种方法在定义共用体类型的同时定义共用体变量 x，分号写到变量后面。此处也可以同时定义多个变量，中间用“,”隔开，以“;”结束。

方法三：省略共用体类型名，必须同时定义共用体变量。例如，如下代码：

```
union             //共用体类型关键字
{
   int a;         //整型成员 a，在 VC++ 6.0 中占 4 字节
   double b;      //实型成员 b，在 VC++ 6.0 中占 8 字节
   char c;        //字符型成员 c，在 VC++ 6.0 中占 1 字节
}x;               //定义一个共用体类型变量 x
```

此处省略了共用体类型名，这就要求需要定义的变量必须在类型声明的同时定义，且不可以在后面再定义共用体变量。

【案例 10-1】用共用体实现表 10-1 的数据接收（从键盘接收）与输出。要求处理 5 行数据。

案例设计目的

1）复习结构体的概念和定义。

2）复习结构体数组的定义与引用。

3）掌握共用体类型的定义。

4）掌握共用体变量的使用。

5）掌握使用共用体类型解决实际问题的方法。

案例分析与思考

（1）分析

本案例需要处理的数据类型为表格结构，在 C 语言中可以用结构体数据类型表示表格结构的数据。

表格中的第 5 列虽然是结构体类型的一个成员，但是该列要存储两种不同类型的数据：整型和字符数组，因此该列要定义成共用体类型。

（2）思考

本案例要求处理表格中的 5 行数据，5 行数据需要定义 5 个结构体类型变量来存储。那么如果是 100 行数据甚至 1000 行数据呢？显然，如果处理更多的数据，用变量存储既麻烦，也不便于计算，因此需要使用结构体数组来存储更多的数据。

案例主要代码

```
#include<stdio.h>
#include<string.h>
void main()
{
 struct person              //定义一个结构体类型，类型名为 person
 {
  int num;
  char name[20];
  char sch[20];
  char job[10];
  union                     //定义一个共用体，名字省略
   {
    int grade;              //定义一个共用体成员变量用来存储年级
    char position[10];  //定义一个共用体成员变量用来存储职位
   }level;   //定义一个共用体变量 level，它同时是结构体的一个成员
  };
 struct person p[5];     //定义结构体数组用来存储 5 个人的信息
 int i;
 for(i=0;i<5;i++)
 {
   scanf("%d%s%s%s",&p[i].num,p[i].name,p[i].sch,p[i].job);
     //接收前 4 列
   if(strcmp(p[i].job,"学生")==0) //如果第 4 列是学生
    {
       printf("inputstudent's grade!");
       scanf("%d",&p[i].level.grade); //输入年级
   }
     else if(strcmp(p[i].job,"教师")==0) //如果第 4 列是教师
      {
       printf("input teacher's position!");
        scanf("%s",p[i].level. position);//输入职称
      }
     else printf("the data you input is wrong!");
```

```
                    //如果既不是学生也不是教师，提示输入错误
    }
    printf("编号\t 姓名\t 学院\t 身份\t 年级/职称\n");
    for(i=0;i<5;i++)
     {
      if(strcmp(p[i].job,"学生")==0)     //如果是学生，第 5 列用%d 输出
      printf("%d\t%s\t%s\t%s\t%d\n",p[i].num,p[i].name,p[i].sch,
      p[i].job,p[i].level.grade);
      else if(strcmp(p[i].job, "教师")==0)//如果是教师，第 5 列用%s 输出
      printf("%d\t%s\t%s\t%s\t%s\n",p[i].num,p[i].name,p[i].sch,
      p[i].job,p[i].level.position);
      }
    }
```

案例运行结果

本案例运行结果如图 10-4 所示。

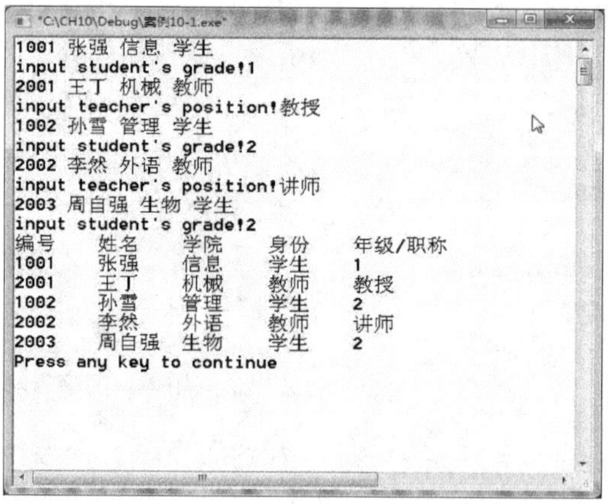

图 10-4　案例 10-1 运行结果

案例小结

1）共用体也是一种构造数据类型，本案例在定义结构体类型 person 时，嵌套定义了一个省略名字的共用体类型，同时定义了此共用体类型的变量 level，变量 level 作为结构体类型 person 的一个成员变量。

2）共用体变量 level 在内存中占用的存储空间为其成员变量 grade 和 position（数组）中存储空间需求最大的成员的存储空间字节数，此处为 position 占用的存储空间，长度为 10。

3）共用体变量 level 有两个成员变量：grade 和 positon 数组。在某一时刻，只能有一个成员的值有效。

4）本案例中，在输入数据时，处理方法如下：根据表格第 4 列，即身份列是“学生”还是“教师”来处理表格第 5 列是输入“年级”还是“职称”。同样，在处理数据输出时，也是根据第 4 列的数据内容，对第 5 列的输出格式进行相应的控制。

10.2　枚 举 类 型

枚举，也叫穷举，表示“一一列举”的意思。在实际生活中，有些数据的取值是有限个数的，或者说，是可以一一列举出来的。例如，一年有 12 个月，一个星期有 7 天，每月最多有 31 天；一副扑克有 4 种花色，每种花色有 13 张牌；等等。如果将这些数据信息用整数表示，程序的可读性会不够理想，存在一定的歧义，如整数 1，既可以表示 1 月，也可以表示 1 日，还可以表示星期一。为了解决这一问题，C 语言提供了枚举数据类型，可以将要表示的数据一一列举出来，并用一个容易理解的符号来表示。

10.2.1　枚举类型的定义

与定义结构体和共用体类型的原因相同，需要先定义枚举类型。枚举类型的定义格式如下：

```
enum 枚举类型名
{
枚举元素列表;
};
```

例如，定义星期 weekday 枚举类型，可以写成如下形式：

```
enum weekday{sun, mon, tue, wed, thu, fri, sat};
```

其中：

① enum 是枚举类型定义的关键字。

② weekday 是枚举类型名。

③ sun, mon, tue, wed, thu, fri, sat 是枚举元素。每一个枚举元素的值取决于在说明时排列的顺序，第一个枚举常量的序号为 0（规定序号从 0 开始），则 sun 的值为 0，后面的值顺序加 1，则有 mon 为 1，tue 为 2，wed 为 3，thu 为 4，fri 为 5，sat 为 6。

④ 也可以在定义枚举类型时，对某个枚举元素指定值，例如：

```
enum weekday{sun, mon, tue=4, wed, thu, fri, sat};
```

则 sun 为 0，mon 为 1，tue 为 4，wed 为 5，thu 为 6，fri 为 7，sat 为 8，也就是指定值的元素后面的元素，以指定值的元素为参考依次加 1。

10.2.2　枚举变量的定义

以定义星期的枚举类型为例，在定义枚举类型后，必须定义该枚举类型的变量才能使用该枚举类型。定义枚举变量的方式也有 3 种。

方法一：先定义枚举类型，再定义枚举变量。

```
enum weekday{sun, mon, tue=4, wed, thu, fri, sat};
enum weekday day1,day2;
```

方法二：定义枚举类型的同时定义枚举变量。

```
enum weekday{sun, mon, tue=4, wed, thu, fri, sat}day1,day2;
```

方法三：省略枚举类型名，直接定义枚举变量。

```
enum{sun, mon, tue=4, wed, thu, fri, sat}day1,day2;
```

此方法定义的枚举变量 day1 和 day2 可以取枚举元素中的任何值，但只能取其中的一个值。例如：

```
day1=sun;
day2=sat;
```

也可以这样使用枚举变量：

```
for(day1=sun;day1<=sat;day1++)
{循环体}
```

该语句表示，day1 获得的值是从 sun 到 sat 的每一个枚举元素。

【案例 10-2】袋子里装有红、黄、蓝、白、黑 5 种颜色的小球若干个。每次从袋子中先后取出 3 个球，求解得到 3 种不同颜色的球的可能取法，以及输出每种排列的情况。

案例设计目的

熟悉枚举类型的定义及应用。

案例分析与思考

（1）分析

1）本案例中的球是 5 种颜色之一，需要判断各个球是否同色，应该使用枚举类型处理变量。

2）假设取出的球是 i、j、k。根据题意得知，i≠j≠k。

3）利用穷举法得出每种符合上述条件的组合。

（2）思考

枚举元素为整型常量，可否将一个整型数据赋值给枚举变量？

程序流程图

案例 10-2 程序流程图如图 10-5 所示。

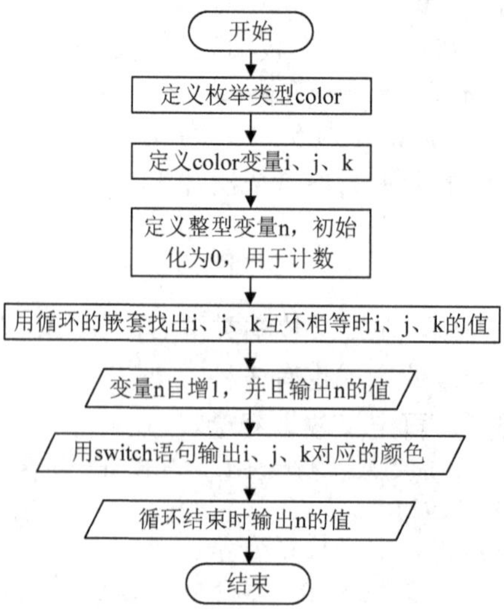

求三种不同颜色小球的所有取法

图 10-5　案例 10-2 程序流程图

案例主要代码

```
#include "stdio.h"
void main()
{
  enum color{red,yellow,blue,white,black};
  enum color i,j,k;
  int n=0;
  for(i=red;i<=black;i=(enum color)((int)i+1))  //枚举变量参与循环
    for(j=red;j<=black;j=(enum color)((int)j+1))//枚举变量参与循环
       if(i!=j)
       {
          for(k=red;k<=black;k=(enum color)((int)k+1))
             //枚举变量参与循环
            if(k!=i&&k!=j)
            {
              n++;
              printf("第%d种取法:", );
              switch(i)
              {  case red:printf("red\t");break;
                 case yellow:printf("yellow\t");break;
                 case blue:printf("blue\t");break;
                 case white:printf("white\t");break;
                 case black:printf("black\t");break;
              }
              switch(j)
              {  case red:printf("red\t");break;
                 case yellow:printf("yellow\t");break;
                 case blue:printf("blue\t");break;
                 case white:printf("white\t");break;
                 case black:printf("black\t");break;
              }
              switch(k)
              {  case red:printf("red\n");break;
                 case yellow:printf("yellow\n");break;
                 case blue:printf("blue\n");break;
                 case white:printf("white\n");break;
                 case black:printf("black\n");break;
              }
            }
       }
  printf("共有%d种取法\n",n);
}
```

案例运行结果

本案例运行结果如图 10-6 所示。

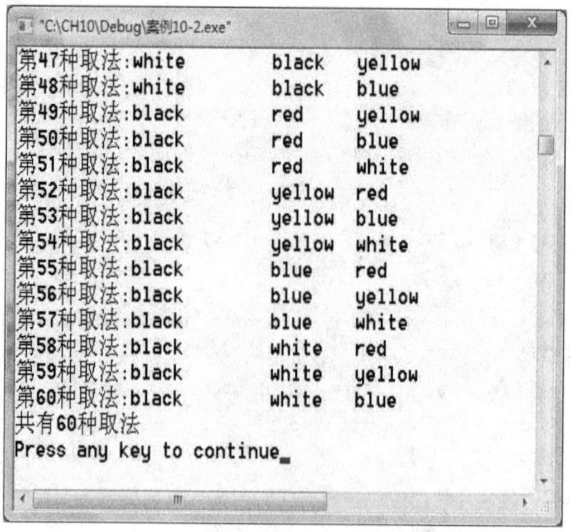

图 10-6 案例 10-2 运行结果

案例小结

1）枚举也是一种构造数据类型，本程序第 4 行语句定义了枚举类型 color，第 5 行语句定义了枚举类型 color 的变量 i、j 和 k。

2）在编译过程中，对程序中的枚举元素 red、yellow、blue、white 和 black 按照常量处理。它们不是变量，不能在程序运行语句中对其赋值。例如，“black=4;”这样的操作是非法的。

3）枚举元素的值是编译时由系统自动赋值的，如本案例中从 red 到 black 的值依次为 0～4。如果改变枚举元素的值，只能在定义枚举类型时进行修改。例如，“enum color {red=5,yellow=1,blue,white,black};”，这样赋值以后，blue 的值是 2，其后面的元素值依次加 1。

4）枚举元素的值可以进行判断比较，如程序中的“i<=black”。

5）不能将一个整数直接赋值给枚举变量。例如，程序第 7 行“for(i=red;i<=black; i=(enum color)((int)i+1))”，需要使用强制类型转换进行枚举的计算。

本 章 小 结

本章主要介绍了共用体类型的定义、共用体变量的定义、共用体成员占用内存的情况、共用体变量的引用和初始化、共用体和数据之间的关系，进一步了解共用体与结构体的区别；熟悉枚举类型的定义、枚举变量的定义、枚举作为整数的用法。

第 11 章　文　　件

C 语言在程序员与用户的设备（如键盘、显示器等）之间提供了转换接口，为程序员提供与设备无关的一致界面，称为“流”，具体的实际设备称为文件。C 语言程序可以通过两种方式使用文件：一种方式是设计能与键盘和屏幕互动的程序，根据不同的操作系统，重定向输入至文件或从文件输出；另一种方式是使用标准 I/O 函数来完成，使用第二种方式，不需要考虑不同操作系统的差异。本章介绍如何使用标准 I/O 函数完成文件的相关操作。

本章知识图谱如图 11-1 所示。

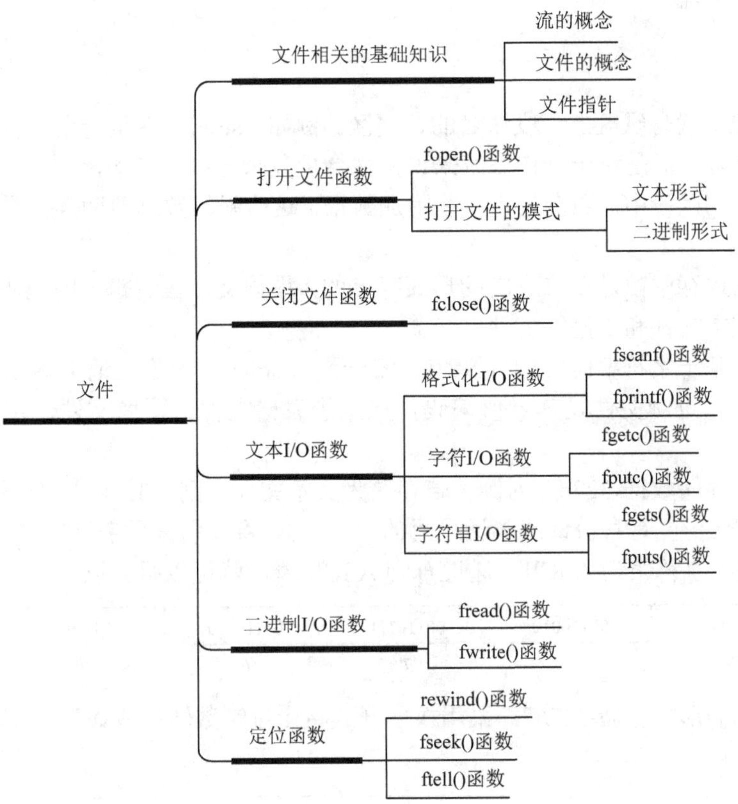

图 11-1　“文件”知识图谱

11.1　流、文件与文件指针

输入和输出是数据传送的过程，数据如流水一样从输入设备流向内存或从内存流向输出设备，C 语言将其抽象为“流”。流连接输入端与输入缓冲区、输出端与输出缓冲区，输入端和输出端就是磁盘上的文件。因此，可以说 C 语言程序处理的是流而不是直接处理文件，只是通过文件指针访问流。

11.1.1 流

数据的输入与输出都是通过计算机的外围设备（键盘或显示器）来实现的。不同的外围设备对于数据输入与输出的格式和方法有不同的处理方式，这样不但增加了编写文件访问程序的困难，还会因为设备之间的不兼容产生其他问题。

C 语言通过流来解决这个问题。流是一个实际输入或输出映射的理想化数据流，将不同属性和不同种类的输入或输出设备由属性更统一的流来表示。打开文件的过程就是把流与文件指针相关联，流借助文件指针的移动访问数据，文件指针目前所指的位置即要处理的数据，经过访问后文件指针会自动向后移动。因此，本章在应该说“流”时，会使用术语“文件”。但要注意，C 语言提供了许多函数处理各种形式的流，而不仅仅是处理表示文件的流。

11.1.2 文件

一个文件通常就是磁盘上一段命名的存储区。例如，stdio.h 就是一个包含一些有用信息的文件的名称。但是对于操作系统来说文件会更复杂一些。例如，一个大文件可以存储在一块分散的区段中，还会包含一些附加数据，这些附加数据帮助操作系统确定文件类型。

任何数据在内存中都是以二进制的形式存储的，根据文件在逻辑上的编码不同，可以将文件分为文本文件和二进制文件。

文本文件是基于字符编码，如 ASCII、统一码（unicode）等，记事本编写的文件就是文本文件；二进制文件是基于值编码，如电子表格文件、图像文件、声音文件等都是二进制文件。

以在文件中存储数据 32767 为例，若存储为文本文件，则“32767”为不参加数学运算的数字字符（可能是身份证或电话号码的一部分），将分别按照字符'3'、'2'、'7'、'6'、'7'写入文件。假设字符集为 ASCII，通过查询 ASCII 表，就可以得到以下 5 字节：

00110011	00110010	00110111	00110110	00110111
'3'	'2'	'7'	'6'	'7'

若以二进制的形式存储 32767，采用权展开式将十进制数转换成如下 2 字节的二进制数据：

01111111	11111111

从该示例可以看出，使用二进制形式存储数可以节省大量的空间。此外，文本文件具有如下两种二进制文件不具有的特性。

1）文本文件分为若干行。文本文件的每一行通常以一两个特殊字符结尾，特殊字符的选择与操作系统有关。在 Windows 中，行末的标记是<回车>和<换行>，对应'\r'和'\n'；在 UNIX 操作系统中，行末的标记是<换行>，对应'\n'；旧版本的 MacOS 行末的标记<回车>，对应'\r'。

2）文本文件可以包含一个特殊的文件末尾标记。一些操作系统允许在文本文件的末尾使用一个特殊的字节作为标记。在 Windows 中，标记为'\x1a'（Ctrl+Z）。Ctrl+Z 不是必需的，但是如果存在，它就标志着文件的结束，其后的所有字节都会被忽略。使用 Ctrl+Z 的这一习惯继承自 DOS。大多数其他操作系统（包括 UNIX）没有专门的文件末尾字符。

> **博学小助理**
>
> 二进制文件不分行，也没有行末标记和文件末尾标记，所有字节都是平等对待的。

11.1.3　访问文件模式

编写 C 语言程序的程序员一般只需要考虑如何在 C 语言程序中处理文件，C 语言将文件看作连续的字节序列，其中每一个字节都可以单独读取。因此，C 语言提供了两种访问文件的模式：文本模式和二进制模式。

对于一个文本文件，C 语言既可以通过文本模式访问，也可以通过二进制模式访问。区别在于：①文本文件在不同操作系统中对分行和文件末尾标记的处理不同，因此，在不同操作系统中两种访问模式的结果略有不同；②数字既可以当作参加数学运算的数值数据，又可以当作不参加数学运算的字符数据，因此，以文本模式访问时，数字就被当作字符处理；以二进制模式访问时，数字就被转换成等值的二进制形式。

11.1.4　文件指针

C 语言程序中对流（或者文件）的访问是通过文件指针实现的。在<stdio.h>头文件中，定义了一种结构体类型的数据结构“struct _iobuf”，并利用 typedef 将该结构体类型重定义为“FILE”。

在 VC++ 6.0 中，FILE 类型的定义如下：

```
struct _iobuf {
        char *_ptr;         //文件输入的下一个位置
        int _cnt;           //当前缓冲区的相对位置
        char *_base;        //指基础位置(即文件的起始位置)
        int _flag;          //文件标志
        int _file;          //文件的有效性验证
        int _charbuf;       //检查缓冲区状况,如果无缓冲区则不读取
        int _bufsiz;        //缓冲区大小
        char *_tmpfname;    //临时文件名
        };
        typedef struct _iobuf FILE;//类型重定义
```

不同的 C 语言编译器，使用不同的 FILE 结构处理文件。但是用户在使用文件指针时，不需要知道 FILE 结构的成员变量情况，可以直接使用 FILE 定义文件指针。

在 C 语言中，打开一个文件将返回指向 FILE 结构的指针，该指针包含处理文件的相关信息，然后通过文件操作的标准 I/O 函数调用文件指针，实现相应的操作即可。通常情况下，用户会在程序开始定义 FILE 类型的文件指针变量，如 FILE *fp。

11.2 打开与关闭文件函数

C 语言提供的标准 I/O 有许多专门的函数，这些函数简化了处理不同 I/O 的问题，如 printf()函数与 scanf()函数用于处理不同类型的数据输出与输入，getchar()函数与 putchar()函数用于处理一个字符数据的输入与输出，puts()函数与 gets()函数用于处理一串字符的输出与输入。本节介绍打开文件和关闭文件等相关操作的 I/O 函数。

11.2.1 打开文件函数

在使用文件前，需要通过函数打开文件并获取文件指针。在 C 语言中，fopen()函数用以实现文件的打开。其函数原型如下：

```
FILE *fopen (char const *name,char const *mode);
```

函数的两个参数都是字符串，函数的参数和返回值说明如下：

（1）参数 1“name”

“name”含有要打开的文件名的字符串，可以是文件名，也可以包含文件名的路径。

当“name”包含文件路径时，如“c:\project\test1.dat”，路径里面包含字符'\'，C 语言会将字符'\'看作转义序列的开始标志。因此在代码中直接使用字符'\'，打开文件会失败。代码如下：

```
fopen("c:\project\test1.dat", "r");
```

在编译这行代码时，编译器会把“\test1.dat”中的'\t'看成是转义字符。在 C 语言中有两种方法可以避免这一问题。

方法一，使用转义字符'\\'，表示为“fopen("c:\\project\\test1.dat", "r");”。

方法二，用'/'代替'\'，表示为“fopen("c:/project/test1.dat", "r");”。

（2）参数 2“mode”

“mode”模式字符串，用来指定将要对文件运行的操作。例如，字符串"r"表示从文件读入数据。C 语言提供的模式字符串，将在 11.2.2 小节详细介绍。

（3）返回值

fopen()函数调用成功时，返回一个文件类型指针。

fopen()函数的调用示例如下：

```
FILE *fp;
fp=fopen("c:\\project\\test1.dat" , "r");
```

当打开文件失败时，fopen()函数返回空指针。打开文件失败的原因，可能是文件不存在，也可能是文件的位置有误，还可能是没有打开文件的权限。因此，每次都要测试 fopen()函数的返回值，以确保不是空指针。

11.2.2 打开文件的模式字符串

向 fopen()函数传递哪种模式字符串不仅依赖于将要对文件采取的操作，还取决于文件中的数据是文本形式还是二进制形式。打开一个文本文件，可以采用表 11-1 中的“文本文件模式字符串”；打开二进制文件时，需要在模式字符串中包含字母 b，可以采用表 11-1 中的“二进制文件模式字符串”。

表 11-1　模式字符串

文本文件模式字符串	二进制文件模式字符串	含义	备注
"r"	"rb"	打开文件用于只读	若文件不存在，则打开文件失败
"w"	"wb"	打开文件用于只写	① 若文件不存在，则新建该文件； ② 打开文件后，清空文件原有数据
"a"	"ab"	打开文件用于追加	① 若文件不存在，则新建该文件； ② 若文件存在，则将数据追加至文件末尾
"r+"	"r+b"或者"rb+"	打开文件用于读和写，从文件头开始	① 若文件不存在，则打开文件失败； ② 用于写数据时，覆盖文件原有数据
"w+"	"w+b"或者"wb+"	打开文件用于读和写	① 若文件不存在，则新建该文件； ② 打开文件后，清空文件原有数据； ③ 若文件存在，覆盖文件原有数据
"a+"	"a+b"或者"ab+"	打开文件用于读和写	① 若文件不存在，则新建该文件； ② 若文件存在，则将数据追加至文件末尾

从表 11-1 可以看出，stdio.h 文件对写数据和追加数据进行了区分。当向文件写入数据时，通常会对先前的内容进行覆盖。当为追加打开文件时，向文件写入的数据会添加到文件末尾，因而可以保留文件的原始内容。

11.2.3　关闭文件函数

文件不再使用后，需要对文件进行“关闭”操作。文件关闭是将指向文件的指针变量中的文件相关信息清除，使文件指针与文件之间脱离关联。在 C 语言中，fclose()函数用于实现文件的关闭。其函数原型如下：

```
int fclose(FILE *fp);
```

fclose()函数的参数必须是文件指针，此指针来自调用 fopen()函数成功后的返回值。如果成功关闭了文件，fclose()函数会返回零；否则，它将返回错误代码 EOF（在<stdio.h>中定义的宏）。

为了说明如何在程序中使用 fopen()函数和 fclose()函数，下面给出一个程序的框架。此程序打开文件 exam.txt 进行读操作，并检查打开是否成功，然后在程序终止前将文件关闭。

【案例 11-1】文件打开与关闭。

利用 fopen()函数，以只读方式打开 C 盘根目录下的 exam.txt 文件。若文件未成功打开，则屏幕输出提示文字“Can’t open the c:\exam.txt”，并终止程序的运行；若文件成功打开，则不向屏幕输出任何信息，并利用 fclose()函数关闭文件。

案例设计目的

1）了解文件类型指针。
2）掌握文件操作流程。
3）掌握文件打开、关闭函数的用法。

案例分析与思考

（1）分析

本案例主要实现文件的打开与关闭。打开文件时，要根据实际需求选择表 11-1 中列举的文件模式字符串。同时，还要对可能产生的异常进行处理，确保文件指针获得相应的值，以便进行其他文件操作。

（2）思考

文件打开时如何检测文件打开是否成功？若文件打开失败，空指针怎样表示？怎样终止程序？为什么对文件的操作结束后要关闭文件？

案例主要代码

```
1.   #include<stdio.h>
2.   #include<stdlib.h>        //调用 exit()的头文件
3.   void main()
4.   {  FILE *fp;
5.      if((fp=fopen("c:\\exam.txt","r"))==NULL)
6.      {  printf("Can’t open the %s\n","c:\\exam.txt"); //提示文字
7.         exit(1);             //终止程序
8.      }
9.      fclose(fp);
10.  }
```

案例运行结果

如果文件路径和文件名都正确，且在 C 盘根目录下存在文件 exam.txt，则可以成功打开文件，运行程序后的结果如图 11-2（a）所示。如果文件路径或文件名错误或文件不存在，即打开失败，运行程序后的结果如图 11-2（b）所示结果。

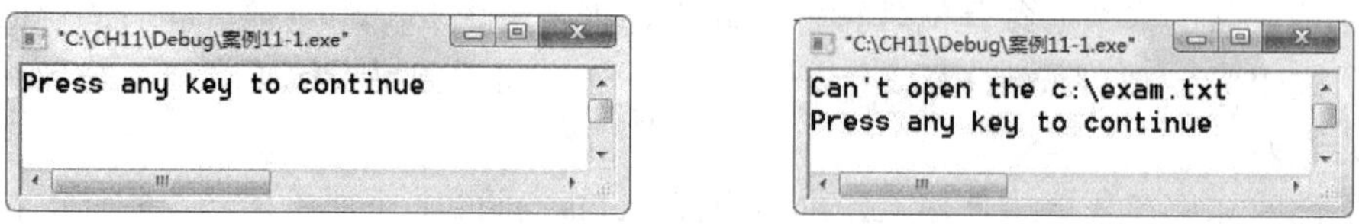

（a）打开文件成功后运行显示结果　　（b）打开文件失败后运行显示结果

图 11-2　案例 11-1 运行结果

案例小结

1）调用 fopen()函数成功后，函数的返回值即所打开文件的首地址，通常需要用一个文件指针来接收 fopen()函数返回值。

2）以“r”（只读）的方式打开文件时，若文件不存在或文件名错误或路径错误，打开文件操作就会失败，fopen()函数会返回一个空指针，使用系统已经定义的宏 NULL 代表空指针，NULL 宏值为 0。

3）在函数调用结束后，通过判断文件指针的值是否为 NULL，确定文件是否成功打开。若返回值为 NULL，则说明未成功打开文件，需要输出提示文字，提示用户文件未打开，同时终止程序。见代码第 5～8 行。

4）exit()函数的作用是终止程序，当函数参数为 0 时，表示程序正常终止；当函数参数非 0 时，表示程序非正常终止。当程序中调用 exit()函数时，必须包括头文件“#include <stdlib.h>”。

> **博学小助理**
>
> 对文件的操作处理结束后，要及时关闭文件。如果文件在某个程序中一直处于打开状态，那么其他程序就不能使用该文件。此外，文件打开后，有些操作可能被缓冲在内存中，若不正常关闭，缓冲在内存中的数据就不能真正写入文件，可能造成数据丢失。

11.2.4　文件结束检测函数

在利用 fopen()函数打开文件并获取文件指针后，就可以对文件进行其他 I/O 函数的操作，如读取文件数据。在读取文件数据时，有时需要通过判断文件指针是否指向文件末尾来决定下一步操作。在 C 语言中，feof()函数用以判断文件内部位置指针是否处于文件结束为止，若文件结束，则返回值为 1，否则为 0。其函数原型如下：

```
feof(FILE *fp);
```

当文件位置指针移动到文件末尾时，就要停止对文件的操作。

11.3　文本 I/O 函数

11.3.1　格式化 I/O 函数

fscanf()函数和 fprintf()函数与 scanf()函数和 printf()函数的功能相似，都是格式化读写函数。两者的区别在于 fscanf()函数和 fprintf()函数的读写对象不是键盘和显示器，而是磁盘文件。

1．fscanf()函数

fscanf()函数用于从磁盘文件读取数据至指定变量。其函数原型如下：

```
int fscanf(FILE *fp,char const *format,[argument……]);
```

fscanf()函数的参数和返回值说明如下：

（1）参数 1“fp”

利用 fopen()函数打开文件后，获得的文件指针 fp。

（2）参数 2“format”

format 是包含格式说明符的字符串，函数按照 format 中指定的格式读取数据。这里，文件位置指针指向的数据类型必须与 format 中指定的格式代码一致。

（3）参数 3“argument”

argument 是变量地址列表，函数读取到的数据按照 format 指定的格式存入变量地址列表的各个变量中。

fscanf()函数的调用示例如下：

```
fscanf(fp,"%d%s",&i,s);
```

该示例实现了从 fp 指向的磁盘文件中读取数据，并将读取的数据分别按照整型数据和字符串存入变量 i 和 s，调用结束后文件位置指针自动指向文件的下一个位置。

（4）返回值

当文件位置指针指向文件末尾时或者读取的数据与 format 指定的格式不一致时，函数调用结束，返回读取的数据的个数。

2. fprintf()函数

fprintf()函数用于将变量列表中的数据按照指定格式写入文件。其函数原型如下：

```
int fprintf(FILE *fp,char const *format,[argument……]);
```

fprintf()函数的各个参数和返回值的说明，与 fscanf()函数基本相同。区别在于，fscanf()函数的第 3 个参数是变量的地址列表，而 fprintf()函数的第 3 个参数是变量列表。fprintf()函数的调用示例如下：

```
fprintf(fp,"%d%s",i,s);
```

该示例实现了将变量 i 和 s 中的数据分别按照整型和字符串，写入文件指针 fp 指向的文件的当前位置，调用结束后文件位置指针自动指向文件的下一个位置。

【案例 11-2】建立“国学素养”知识问答题库。

以"a"方式打开 C 盘根目下的 exam.txt 文件，添加一道单选题。从键盘输入单选题的题干、4 个选项及标准答案。

案例设计目的

1）巩固文件类型指针在文件操作中的作用。

2）掌握 fscanf()函数和 fprintf()函数的用法。

案例分析与思考

（1）分析

1）定义结构体 struct exam 描述题库信息，每个成员变量的描述如下：

```
struct exam
{ char question[500];         //描述试题题干
  char a[30];                 //描述试题 A 选项
  char b[30];                 //描述试题 B 选项
  char c[30];                 //描述试题 C 选项
  char d[30];                 //描述试题 D 选项
  char standard_answer;       //描述试题标准答案
};
```

2）调用 fopen()函数打开题库文件时，因为需要向题库添加试题，所以选择“a”追加模式打开文件；新添加的试题通过调用 scanf()函数从键盘输入试题题干、4 个选项及标准答案信息，并将试题相关信息保存在内存变量中；再调用 fprintf()函数将内存变量中的试题相关信息写入 C 盘的 exam.txt 文件；最后题库建立完毕，调用 fclose()函数关闭题库文件。

（2）思考

以“a”方式打开文件有何作用？

案例主要代码

```
#include<stdio.h>
#include<stdlib.h>
struct exam
{  char question[500],a[30],b[30], c[30], d[30];
   char standard_answer;
}q1,*p1;
  void main()
  {  FILE *fp;
  int i=0;
   p1=&q1;
   if((fp=fopen("c:\\exam.txt", "a"))==NULL)
   {  printf("Can't open the file\n ");
      exit(1);}
   printf("请输入题干:");
   scanf("%s",p1->question);
   printf("请输入 A 选项:");
   scanf("%s",p1->a);
   printf("请输入 B 选项:");
   scanf("%s",p1->b);
   printf("请输入 C 选项:");
   scanf("%s",p1->c);
   printf("请输入 D 选项:");
   scanf("%s",p1->d);
   getchar();
   printf("请输入正确答案:");
   scanf("%c",&p1->standard_answer);
   fprintf(fp,"%s\nA.%s\nB.%s\nC.%s\nD.%s\n%c\n", p1->question,
        p1->a,p1->b,p1->c,p1->d,p1->standard_answer);
   fclose(fp);}
```

案例运行结果

案例 11-2 运行后，用户按照要求输入试题的题干、4 个选项及标准答案信息后，结果如图 11-3 所示。

打开 C:\exam.txt 题库文件，内容如图 11-4 所示，最后一题为图 11-3 所示添加的试题及答案。

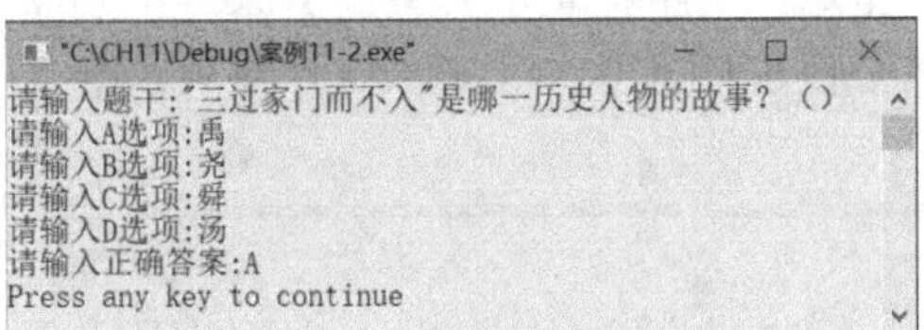

图 11-3　向文件写入数据

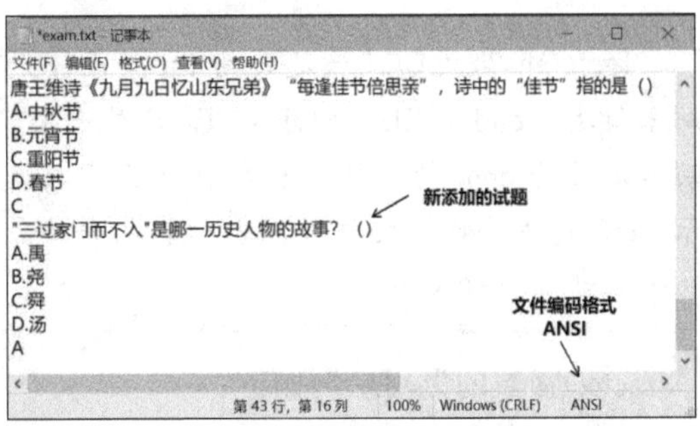

图 11-4　exam.txt 文件内容

案例小结

1）以“a”追加模式打开文件的作用。当第一次打开题库时，题库文件不存在，需要新建题库文件；当需要向题库添加试题时再次打开题库，保证原有试题不能被清空，因此选择“a”追加模式打开题库文件 exam.txt。

2）代码第 24 行 getchar()的作用。在代码第 23 行，用户输入试题的 D 选项后，需要通过回车结束字符串的输入。这个回车如果不做处理，就会被代码第 26 行的 scanf()函数接收至标准答案变量中，因此，使用 getchar()接收该回车，保证试题的标准答案通过 scanf()函数存储到正确的内存变量中。

拓展训练

以“r”方式打开 C 盘根目下的 exam.txt 文件，将所有试题的题干及对应的 4 个选项和标准答案，按照图 11-5 的形式显示到屏幕上。

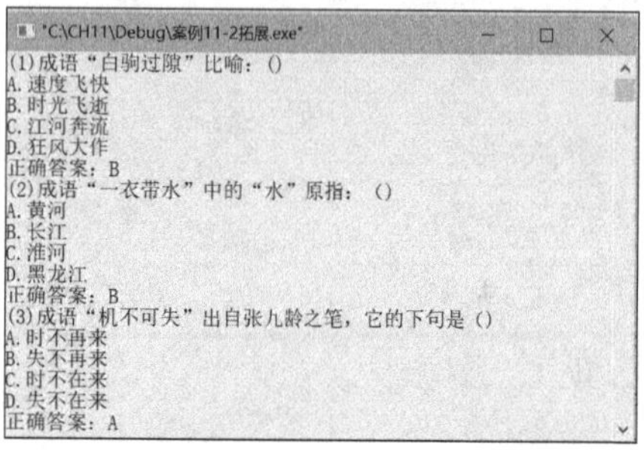

图 11-5　读取 exam.txt 文件内容到显示器

提示：调用 fscanf()函数将文件中的数据写到内存变量中，再调用 printf()函数将内存变量的数据显示到屏幕上。调用 feof()函数判断是否到文件结尾，结束循环。

注意：格式控制符%s 在读取数据时，遇到第一个空格就会结束数据的读取操作，因此要保证题干或选项中无空格。

11.3.2　字符 I/O 函数

字符 I/O 函数每次可从磁盘文件读出或向磁盘文件写入一个字符。

1. fgetc()函数

fgetc()函数用于从磁盘文件读取一个字符。其函数原型如下：

```
int fgetc(FILE *fp);
```

函数的返回值就是从磁盘文件读取到的字符。

> **博学小助理**
>
> fgetc()函数返回值被定义为 int 型而不是 char 型，原因在于表示文件结尾的文件结束标志（end of file，EOF）。EOF 是一个宏名，其宏值就是-1。如果 fgetc()函数返回值定义为 char 型，就需要在 ASCII 字符集中指定一个字符表示 EOF。如果这个表示 EOF 的字符作为文件数据出现在文件中，将会被解释为 EOF，那么这个字符以后的内容都会被读取。

fgetc()函数的调用示例如下：

```
int ch;
ch=fgetc(fp);
```

该示例实现从 fp 指向的磁盘文件中读取一个字符数据，并将读取的一个字符保存至变量 ch，调用结束后文件位置指针自动指向下一个位置。

2. fputc()函数

fputc()函数实现将一个字符写入磁盘文件。其函数原型如下：

```
int fputc(int ch,FILE *fp);
```

如果函数调用成功，则函数返回值是写入磁盘文件的字符的 ASCII 值；如果不成功，则返回 EOF。

fputc()函数的调用示例如下：

```
int ch='a';
fputc(ch,fp);
```

该示例实现了将变量 ch 中存储的字符'a'写入文件指针 fp 指向的文件，调用结束后文件位置指针自动指向下一个位置。

11.3.3 字符串 I/O 函数

字符串 I/O 函数每次可从磁盘文件读出或向文件写入一串字符。

1. fgets()函数

fgets()函数用于从磁盘文件读取指定长度的字符串，并将读取的字符串存入指定变量。其函数原型如下：

```
char *fgets(char *str,int n, FILE *fp);
```

fgets()函数的参数和返回值说明如下。

（1）参数 1“str”

str 是一个指向字符数组的指针，该字符数组用于存储 fgets()函数从磁盘文件读取的字符串。

（2）参数 2“n”

n 是 fgets()函数从磁盘文件读取的最大字符数，是指针 str 指向的字符数组的数组长度。因此，fgets()函数每次从磁盘文件读取的最大字符数是 n−1 个字符。

（3）参数 3“fp”

利用 fopen()函数打开文件后，获得的文件指针 fp。

（4）返回值

若 fgets()函数调用成功，即读取了 n−1 个字符，则返回指针 str；若函数调用失败，可能是未读取到任何字符，也可能是文件指针指向文件末尾，这时返回一个空指针。

此外，fgets()函数一次最多读取 n−1 个字符，当在读取的字符数未满足 n−1 个字符时遇到换行符或 EOF，则函数调用结束，系统自动在字符串最后加一个'\0'并以指针 str 作为函数返回值。

fgets()函数的调用示例如下：

```
char string[20];
fgets(string,strlen(string)+1,fp);
```

该示例实现了从 fp 指向的磁盘文件中，读取 strlen(string)个字符并将读取的字符存储到字符数组 string 中，调用结束后文件位置指针自动指向下一个位置。

2. fputs()函数

fputs()函数用于将一个字符串写入指定的磁盘文件。其函数原型如下：

```
int fputs(const char *str, FILE *fp);
```

如果函数调用成功，则函数返回一个非负值；如果不成功，则返回 EOF。

fputs()函数的调用示例如下：

```
char string[20]="hello";
fputs(string, fp);
```

该示例实现了将字符数组 string 中存储的字符串"hello"写入文件指针 fp 指向的文件，调用结束后文件的位置指针自动指向文件的下一个位置。

【案例 11-3】使用文本 I/O 函数读取和写入磁盘文件。

以只读方式打开题库 exam.txt 文件，向屏幕输出试题。考生作答后，将试题的题干和考生答案写入考生答卷，考生答卷以考生考号命名并保存到 C 盘根目录下。

案例设计目的

1）巩固文件类型指针在文件操作中的作用。

2）掌握 fscanf()函数、fprintf()函数、fputc()函数和 fputs()函数的用法。

案例分析与思考

（1）分析

1）定义两个结构体：struct exam 描述题库，struct stu 描述考生答卷。其中，结构体与案例 11-2 中的相同，结构体 struct stu 的成员变量描述如下：

```
struct stu
 {    char number[11];              //考生考号
      char question[500];           //描述试题题干
      char a[30];                   //描述试题 A 选项
      char b[30];                   //描述试题 B 选项
      char c[30];                   //描述试题 C 选项
      char d[30];                   //描述试题 D 选项
      char standard_answer;         //描述试题标准答案
      char student_answer;          //考生答案
      int sum;                      //试卷分数（本案例未使用该成员）
 };
```

2）定义 begin()函数、openfile()函数和 stu_test()函数 3 个自定义函数实现模块化编程，各函数说明见表 11-2。

表 11-2　案例 11-3 自定义函数说明

函数名	参数	返回值	功能
begin()	无参数	无返回值	考生答题界面，从键盘接收考生输入考号至变量中
openfile()	参数 1：要打开的文件名的字符串； 参数 2：模式字符串	指向文件的文件指针	打开文件，若打开失败，则输出提示

续表

函数名	参数	返回值	功能
stu_test()	参数 1：指向结构体 exam 变量的指针； 参数 2：指向结构体 stu 变量的指针	无返回值	将结构体 exam 变量中保存的一道试题的信息和标准答案复制到结构体 stu 变量中

（2）思考

如何打开两个文件？如何判断文件指针是否到达文件末尾？

程序流程图

本案例程序流程图如图 11-6 所示。

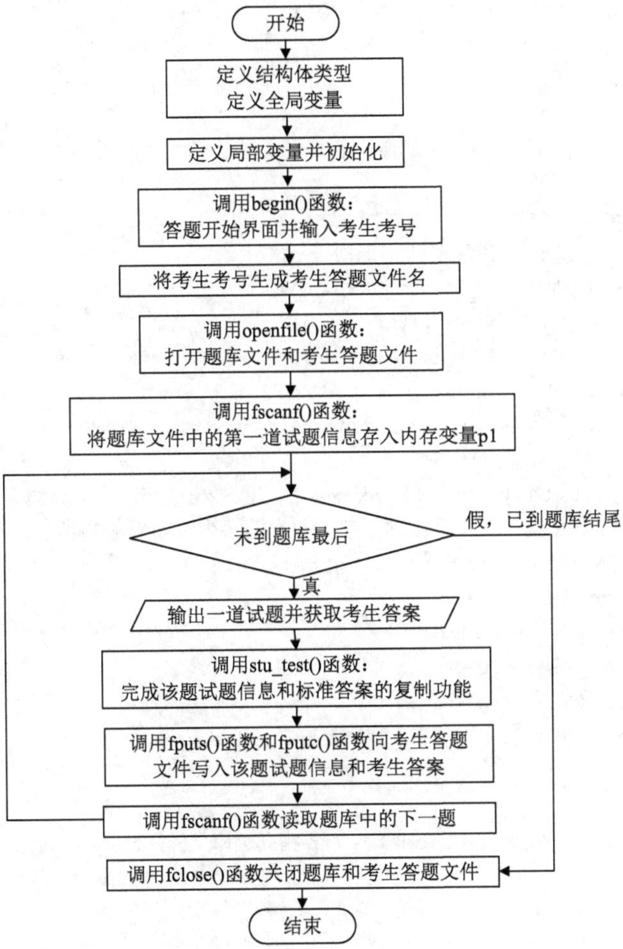

图 11-6　案例 11-3 程序流程图

案例主要代码

```
#include<string.h>
#include<stdio.h>
```

```
#include<stdlib.h>
struct exam
{  char question[500],a[30],b[30], c[30], d[30];
   char standard_answer; }q1,*p1;
struct stu                   //定义描述考生试卷的结构体
{  char number[11],question[500],a[30],b[30],c[30],d[30];
   char standard_answer;//标准答案
   char student_answer; //考生答案
   int sum;  }s,*s1;
FILE * openfile(char filename[],char mode[])//自定义函数，打开文件
{  FILE *f;
  if((f=fopen(filename, mode))==NULL)
  {  printf("Can't open the file\n ");
     exit(1);}
  return f;
}
void begin()//自定义函数，答题开始前输入学号的界面
{
 printf("*****************\n\n");
 printf("\"国学素养\"知识问答\n\n");
 printf("*****************\n\n");
 printf("请输入学号：\n");
 scanf("%s",s1->number);
 getchar();
 printf("开始答题...\n\n");
}
void stu_test(struct exam *p,struct stu *s)//自定义函数
{//将题库中题干、4 个选项及答案复制给考生试卷对应的结构体变量
  strcpy(s->question,p->question);
  strcpy(s->a,p->a);
  strcpy(s->b,p->b);
  strcpy(s->c,p->c);
  strcpy(s->d,p->d);
  s->standard_answer=p->standard_answer;
}
void main()
{  FILE *fp,*fp_student;//fp 指向题库文件，fp_student 指向考生试卷文件
  int i=0;                       //考生试卷文件的题号
  char student_choice;           //考生每次选择的答案
  char fname[100]="c:\\";        //考生学号命名的文件名
  p1=&q1;
  s1=&s;
  s1->sum=0;                     //试卷分数
  begin();                       //答题开始前输入学号的界面
  strcat(fname,s1->number);//将学号转换成文件名
  strcat(fname,".txt");
```

```
    fp=openfile("c:\\exam.txt", "r");      //以只读方式打开题库
    fp_student=openfile(fname, "a");      //以追加方式打开考生试卷
    fscanf(fp,"%s\n%s\n%s\n%s\n%s\n%c",p1->question, p1->a,
              p1->b,p1->c,p1->d,&p1->standard_answer);//读取题库
   for(i=1;!feof(fp);i++)//未到题库最后，循环控制读取题库
   { printf("(%d)%s\n%s\n%s\n%s\n%s\n",i,p1->question,p1->a,
              p1->b,p1->c,p1->d);                  //将题库试题输出到显示器
     printf("您选择的答案：");
     student_choice=getchar();                  // 保存考生答案
     getchar();
     stu_test(p1,s1);//调用函数将试题信息复制到考生试卷对应的结构体变量s1
     fprintf(fp_student,"\n(%d)",i);       //将试题号写入考生试卷
     fputs(s1->question,fp_student);      //将题干写入考生试卷
     fputc('\n',fp_student);
     fputs("学生答案：",fp_student);
     fputc(student_choice,fp_student);   //将考生答案写入考生试卷
     fscanf(fp,"%s\n%s\n%s\n%s\n%s\n%c",p1->question, p1->a,
       p1->b,p1->c,p1->d,&p1->standard_answer); //读取题库下一道试题
   }
  fclose(fp_student);//关闭考生试卷文件
  fclose(fp);            //关闭题库文件
}
```

案例运行结果

运行案例 11-3，考生输入考号后，显示试题并提示考生作答，考生答题运行界面如图 11-7 所示。

C 盘根目录下，以考生考号为 1901010101 命名的考生试卷信息，如图 11-8 所示。

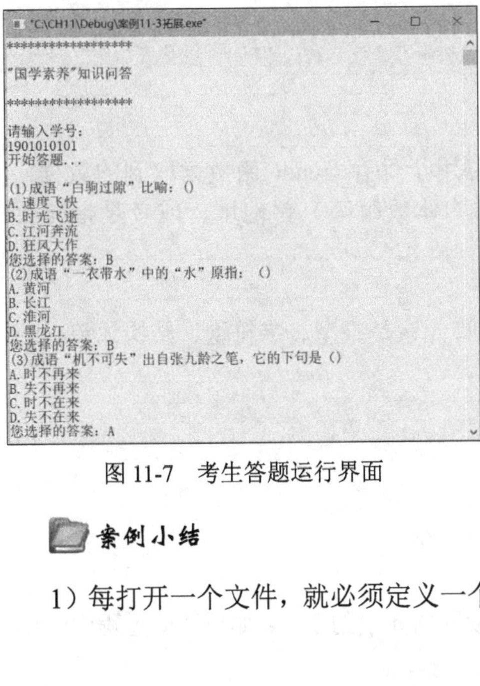

图 11-7 考生答题运行界面

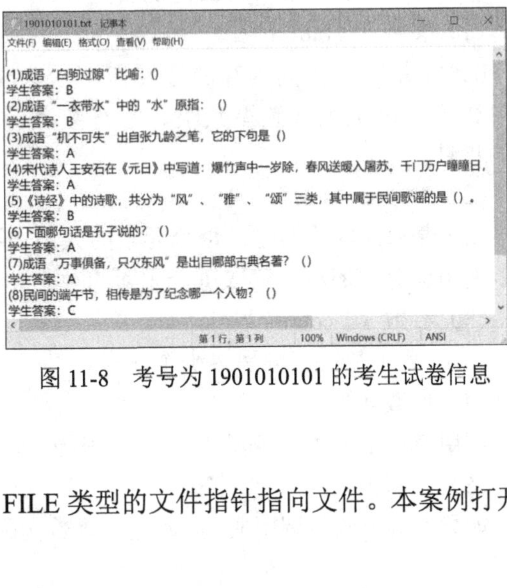

图 11-8 考号为 1901010101 的考生试卷信息

案例小结

1）每打开一个文件，就必须定义一个 FILE 类型的文件指针指向文件。本案例打开

两个文件，因此定义两个文件指针 fp 和 fp_student，见代码第 39 行。

2）自定义函数 openfile()的功能是调用 fopen()函数打开文件，openfile()函数的定义部分见代码第 12～18 行。代码第 49、50 行两次调用 openfile()函数，分别使文件指针 fp 指向题库文件 exam.txt，文件指针 fp_ student 指向考生试卷文件（以考生考号命名的文本文件）。

3）feof()函数用于判断文件位置指针是否指向文件末尾，当文件位置指针读取到文件最后一条记录时，位置指针对应的内容是最后一条记录，所以 feof()函数认为文件并未结束，会多读一次数据，读到最后一条记录的后面时，才认为文件结束。因此，为了防止多读一次数据，在利用 feof()函数判断时，先读取一次数据后，再在循环结构中判断是否达到文件结尾，如以下代码：

```
fscanf(fp,"%s", p1->question);
for(i=1;!feof(fp);i++)
  fscanf(fp,"%s", p1->question);
```

案例代码第 51～64 行，采用这种方式读取题库文件 exam.txt。

11.4 二进制 I/O 函数

fprintf()函数可以将指定类型的数据写入文件，但是 fprintf()函数把所有类型的数据都保存为字符串，尤其是数值数据在转换成字符串的过程中其数值精度会发生改变。

因此，C 语言引入了二进制 I/O，以二进制形式将数据写入文件，既避免了数值转换成字符串的精度损失，又提高了写入效率。

1. fread()函数

fread()函数用于从指定文件读取指定长度的数据块，并将读取的数据块以二进制的形式存入指定的内存。其函数原型如下：

```
size_t fread(void *buffer,size_t size,size_t count, FILE *fp);
```

fread()函数的参数和返回值说明如下。

（1）参数 1 “buffer”

buffer 是一个指向内存的位置指针，该内存用于保存 fread()函数读取到的数据。该参数可以是数组（整型数组、字符数组、结构体数组等）首地址，或者是指向数组的指针。

（2）参数 2 “size”

size 表示读取数据时，每个元素的大小。不管元素是整型、字符型、结构体等，都可以使用运算符 sizeof 获取每个元素的大小。

（3）参数 3 “count”

count 表示每次读取了多少个元素。

（4）参数 4 “fp”

利用 fopen()函数打开文件后，获得的文件指针 fp。

（5）返回值

如果 fread()函数调用成功，则返回函数实际读取的元素的个数；如果读取过程中遇到文件末尾或者读取的数据不满足参数 2 “size” 指定的每个元素的大小，则返回值不确定。

fread()函数的调用示例如下：

```
float f[2];
fread(f,4,2,fp);
```

该示例实现了从 fp 指向的磁盘文件中每次读取 4 字节，连续读取两次，将读取的数据存储到单精度浮点型数组 f 中。

2. fwrite()函数

fwrite ()函数实现将内存中的数据块写入指定的磁盘文件。其函数原型如下：

```
size_t fwrite(void *buffer,size_t size,size_t count,FILE *fp);
```

fwrite()函数的各个参数和返回值的说明，与 fread()函数基本相同。区别在于，fread()函数的参数 “buffer” 用于存放从磁盘文件读取的数据，而 fwrite()函数的参数 “buffer 用于存放写入磁盘文件的数据。

fwrite()函数的调用示例如下：

```
float f[2]={1.1,1.2};
fwrite(f,4,2,fp);
```

该示例实现了将单精度浮点型数组 f 中存放的数据 “1.1” 和 “1.2”，分两次，每次 4 字节，写入文件指针 fp 指向的文件。

【案例 11-4】 使用二进制 I/O 函数向磁盘文件写入数据。

以 “r” 方式打开 C 盘根目录下的 exam.txt 文件，生成试卷，学生作答，最后调用 fwrite()函数，将考生试卷的评阅结果——正确（用字母 t 表示），错误（用字母 f 表示），一次性写入 C 盘根目录下的 student.txt 文件。

案例设计目的

掌握 fwrite()函数的用法。

案例分析与思考

（1）分析

程序的设计流程与案例 11-3 大致相同，区别在于案例 11-3 存储学生答题试卷及答案，本案例存储的是学生每道试题的判定结果。在考生答完试题后，判定结果通过调用 fwrite()函数将评阅结果写入评阅文件。因此，本案例除了使用结构体 struct exam 描述题库外，还需要定义结构体 struct stu 描述考生试卷评阅信息。结构体 struct stu 的成员变量描述如下：

```
struct stu
{  char number[11];        //考生考号
   char score[10];         //存放 10 道试题的评阅结果
};
```

（2）思考

考生输入的选项是小写字母时如何处理？

案例主要代码

```
1-6. ……见案例 11-3 主要代码第 1～6 行
7.  struct stu
8.  {  char number[11];
9.     char score[10];
10. }s,*s1;
11-27. ……打开文件 openfile()函数和答题界面 begin()函数见案例 11-3 主要代码第
      12～28 行
28.  void main()
29.  {  FILE *fp,*fp_student;
30.     int i=0;//试题号
31.     char student_choice[100];
32.     char fname[100]="c:\\";
33.     p1=&q1;
34.     s1=&s;
35.     begin();      //答题开始前输入学号的界面
36.     strcat(fname,s1->number);//将学号转换成文件名
37.     strcat(fname,".txt");
38.     fp=openfile("c:\\exam.txt", "r");
39.     fscanf(fp, "%s\n%s\n%s\n%s\n%s\n%c",p1->question,p1->a,
            p1->b,p1->c,p1->d,&p1->standard_answer);
40.     for(i=0;!feof(fp);i++)
41.     {
42.       printf("(%d)%s\n%s\n%s\n%s\n%s\n",i+1,p1->question,p1->a,
              p1->b,p1->c,p1->d);
43.       printf("您选择的答案：");
44.       student_choice[i]=getchar();
45.       getchar();
46.       if(student_choice[i]>='a'&&student_choice[i]<='z')
47.       student_choice[i]=student_choice[i]-32;
48.       if(p1->standard_answer==student_choice[i])
49.       {  s1->score[i]='t'; }
50.       else    {  s1->score[i]='f'; }
51.       fscanf(fp,"%s\n%s\n%s\n%s\n%s\n%c",p1->question,p1->a,
              p1->b,p1->c,p1->d,&p1->standard_answer);
52.     }
53.    fp_student=openfile(fname, "a");
54.    fwrite(s1,sizeof(struct stu),1,fp_student);
55.    fclose(fp);
56.    fclose(fp_student);
57.}
```

案例运行结果

运行案例 11-4 后，考生答题运行界面如图 11-7 所示。考生作答完毕后，将考生的答

案保存至 C 盘根目录下，并以考生考号命名，生成的考生评分信息内容如图 11-9 所示。

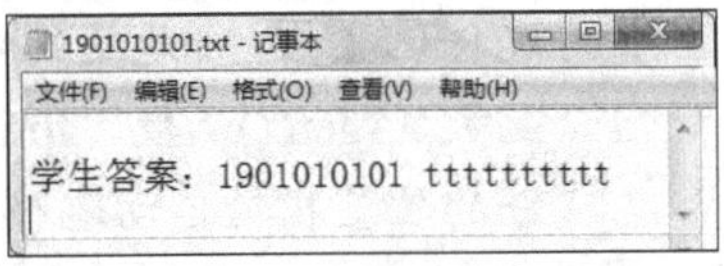

图 11-9　生成的考生评分信息内容

案例小结

考生作答时，可能输入大写字母，也可能输入小写字母。代码第 46、47 行，实现了当考生输入的答案是小写时，将其转换成大写字母的功能。

> **博学小助理**
>
> 使用二进制 I/O 向文件写入信息时，信息将以二进制形式写入目标文件，当写入信息中包含整型、浮点型等数值型数据时，涉及数据编码问题，会出现乱码。所以，本案例结构体类型 struct stu 的成员变量都设计成字符型，这样在使用 fwrite()函数向文本文件写入数据后，打开 student.txt 文件就不存在乱码问题。

11.5　定 位 函 数

前面章节介绍的对文件的读写方式都是顺序读写，即读写文件只能从头开始，按照顺序读写各个数据。但是在解决实际问题时，常常要求只读写文件中的某一部分。为了解决这个问题，可移动文件内部的位置指针到需要读写的位置，再进行读写，这种读写称为随机读写。

实现随机读写的关键是按照要求移动位置指针，C 语言通过定位函数实现文件内部位置指针的移动。

1. rewind()函数

rewind()函数将文件指针 fp 指向的文件的内部位置指针移到文件首。其函数原型如下：

```
void rewind(FILE *fp);
```

> **博学小助理**
>
> ◇ 文件指针：利用 fopen()函数可以获得一个指向磁盘文件的文件指针，文件指针始终指向结构体类型 FILE 所定义的对象的起始地址。文件指针的移动是指在文件之间移动，如以下代码：
>
> ```
> FILE *fp;
> fp=fopen("c:\\exam.txt", "a");
> ……//其他操作
> fp=fopen("c:\\answer.txt", "r");
> ……//其他操作
> ```
>
> 可见，文件指针的移动是将文件指针从指向一个文件，改变为指向另一个文件。

> ✧ 文件位置指针：是结构体类型 FILE 的一个成员变量，如 fscanf()函数、fprintf()函数、fgetc()函数、fputc()函数、fgets()函数和 fputs()函数在调用成功后，文件的位置指针自动地移动到下一个位置。

2. fseek()函数

fseek()函数用来移动文件的内部位置指针。其函数原型如下：

```
int fseek(FILE *fp,long offset,int from);
```

fseek()函数的参数和返回值说明如下：

（1）参数 1“fp”

利用 fopen()函数打开文件后，获得的文件指针 fp。

（2）参数 2“offset”

offset 指的是以参数 3“from”为起始位置，指定的偏移的字节个数。

（3）参数 3“from”

from 表示偏移量的起始点，C 语言规定的起始点有 3 种：文件首、当前位置和文件尾。其表示方法见表 11-3。

表 11-3　fseek()函数中的符号常量

符号常量	符号常量的值	定位到的位置
SEEK_SET	0	从文件首开始的 offset 字节，offset 必须是一个非负值
SEEK_CUR	1	从当前位置开始的 offset 字节，offset 的值可正可负
SEEK_END	2	从文件尾开始的 offset 字节，offset 的值可正可负

（4）返回值

若函数调用成功，返回 0；若调用失败，返回非零值。

fseek()函数的调用示例如下：

```
fseek(fp,200L,0);          //其作用是把位置指针移动到离文件首 200 字节处
fseek(fp,-10L,SEEK_END); //将位置指针从文件尾往文件首方向移动 10 字节
```

3. ftell()函数

ftell()函数用于获取当前位置指针。其函数原型如下：

```
long ftell(FILE *FP);
```

该函数保存的是下一个读取或者写入数据将要开始的位置距离文件真实位置的偏移量，ftell()函数的返回值，可以作为 fseek()函数的参数。

11.6　文件应用案例

【案例 11-5】编写“国学素养”知识问答程序。

其功能有：创建试卷，考生登录作答，生成以考生考号命名的考生试卷（包含评分信息）。

案例设计目的

1）综合运用 C 语言文件的操作。
2）熟练掌握文件操作函数的使用方法。

案例分析与思考

（1）分析
本案例需要执行两个 C 语言程序，这两个 C 语言程序的详细信息见表 11-4。

表 11-4　文件应用案例相关信息说明

类型	案例 11-2.cpp	案例 11-5.cpp
功能	创建试卷	考生登录作答，生成以考生考号命名的考生试卷（包含评分信息）
涉及结构体类型	描述试题库中题干、4 个选项、标准答案的结构体类型：struct exam	① 描述试题库中题干、4 个选项、标准答案的结构体类型：struct exam； ② 描述考生试卷中考生学号、题干、4 个选项、标准答案、考生答案、试卷成绩的结构体类型：struct stu
包含函数	主函数：以追加方式向指定目录下的 exam.txt 文件添加试题。（需要修改案例 11-2.cpp，实现循环添加试题，从而完成组建一套试卷）	① begin()函数： 生成考生答题界面，考生输入考号； ② openfile()函数： 打开参数指定的文件：题库中的试卷文件和考生作答试卷文件； ③ stu_test()函数： 将试卷中的一道试题复制到考生试卷中（主函数中通过循环控制该函数完成试卷所有试题的复制）； ④ answer_test()函数： 接收主函数中学生作答信息后写入考生文件，并进行判卷； ⑤ result()函数 根据评分结果按照不同形式向考生反馈试卷分数； ⑥ 主函数： 获取学生的学号，作答信息传递给相应函数，实现 5 个函数的调用和控制
相关文件操作	① 新建 exam.txt 文件，即试卷文件； ② 添加试题，形成试卷； ③ 关闭 exam.txt 文件	① 打开 exam.txt 文件，获取试卷信息； ② 新建考生考号命名的考生文件； ③ 将 exam.txt 文件中的试卷信息复制到考生文件； ④ 考生作答时，将考生答案写入考生文件； ⑤ 将评分结果写入考生文件； ⑥ 关闭 exam.txt 文件和考生文件

（2）思考
如何将文件指针定位到文件首要写入试卷分数所在位置？

程序流程图

创建试卷的流程图参见案例 11-3 流程图（图 11-6），这里将详细描述案例 11-5.cpp 程序中，主函数如何调用和控制 stu_test()函数、answer_test()函数和 result()函数，以实现考生作答、判卷和评分功能，流程图如图 11-10 所示。

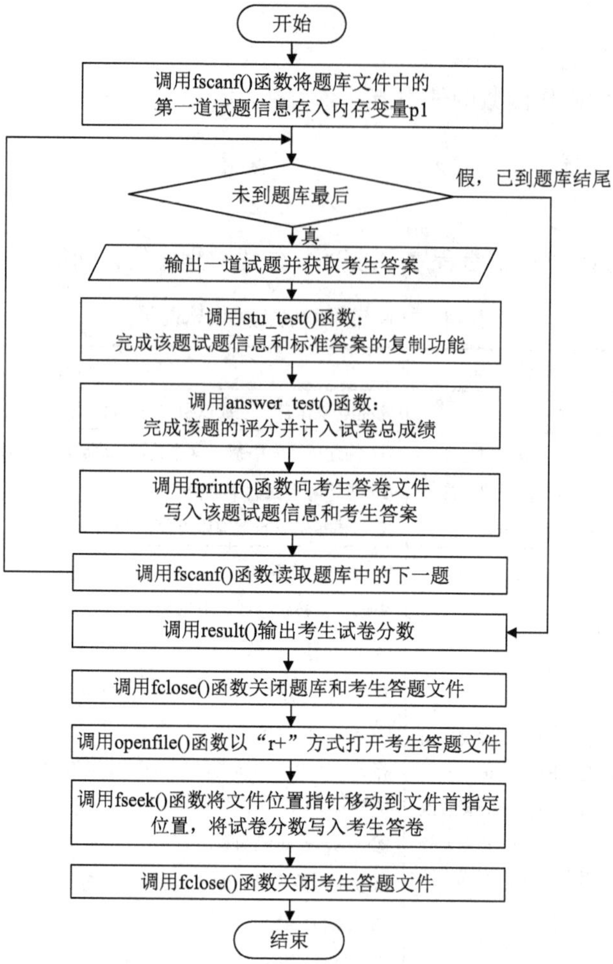

图 11-10　案例 11-5 程序流程图

案例主要代码

```
1-37. ……见案例11-3主要代码第1～37行
      void answer_test(char student_choice,struct exam *p,struct stu *s)
38.    {//自定义函数，处理将考生答案中的小写转换成大写及试题判分
39.      if(student_choice>='a'&&student_choice<='z')
40.        student_choice=student_choice-32;
41.      if(p->standard_answer==student_choice)
42.       {s1->student_answer=student_choice; s1->sum+=10;}
43.      else { s1->student_answer=student_choice;s1->sum+=0;}
44.    }
45.    void result(int s)//自定义函数，根据分数段在屏幕上显示考生分数
46.    {
47.       printf("\n请评分结果：\n");
48.       if(s>=100) printf("\n恭喜这位同学，本次问答活动您获得了满分！\n");
49.       else if(s>=90)  printf("\n恭喜这位同学，本次问答活动您获得了%d
```

```
                    分！\n",s);
        else if(s>=60)  printf("\n 这位同学，本次问答活动您获得了%d 分！
          \n",s);
        else  printf("\n 这位同学您不及格，还需要继续加把劲儿！\n");
     }
……见案例 11-3 主要代码第 38～50 行
  fprintf(fp_student,"学号为%s 同学，得分为%d\n",s1->number,s1->sum);
   fscanf(fp, "%s\n%s\n%s\n%s\n%s\n%c",p1->question,p1->a,
          p1->b,p1->c,p1->d,&p1->standard_answer);
   for(i=0;!feof(fp);i++)
   {
     printf("(%d)%s\n%s\n%s\n%s\n%s\n",i+1,p1->question,p1->a,
            p1->b,p1->c,p1->d);
     printf("您选择的答案：");
     student_choice=getchar();//保存考生答案
     getchar();
     stu_test(p1,s1);//调用函数将试题信息复制到考生试卷对应的结构体变量 s1
     answer_test(student_choice,p1,s1);//调用函数评分
     fprintf(fp_student,"(%d)%s\n%s\n%s\n%s\n%s\n 标准答案:%c\n 考生
            答案:%c\n",i+1,s1->question,s1->a,s1->b,s1->c,s1->d,
            s1->standard_answer,s1->student_answer);//将信息写入考
            生试卷
     fscanf(fp, "%s\n%s\n%s\n%s\n%s\n%c",p1->question,p1->a,
            p1->b,p1->c,p1->d,&p1->standard_answer);
   }
     result(s1->sum);//自定义函数，根据分数段在屏幕上显示考生分数
     fclose(fp); //关闭题库文件
     fclose(fp_student); //关闭考生试卷文件
     fp_student=openfile(fname, "r+");//重新打开考生试卷文件
     fseek(fp_student,28,0); // 将文件指针定位到文件开始第 28 个字节处
     fprintf(fp_student,"%d\n\n",s1->sum);//填入考生总分
     fclose(fp_student); //关闭考生试卷文件
}
```

案例运行结果

运行案例 11-5 后，考生答题运行界面如图 11-7 所示；作答结束后，考生看到的评分结果，如图 11-11 所示。

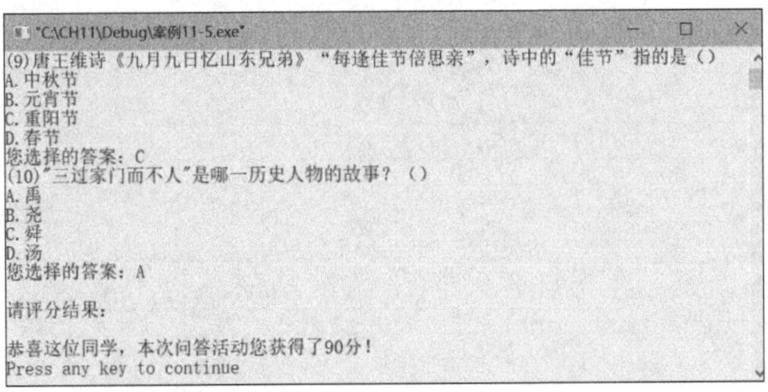

图 11-11　考生得分情况

程序运行结束，在 C 盘根目录下生成的以考生考号命名的文本文件，记录着试题、选项、标准答案和考生答案。

案例小结

1）本案例采用系统逐道出题，考生逐道作答的方式。因此，只有在考生答完全部试题后，才能得到试卷的总分。但是在考生试卷文件中，文件的第一行需要显示考生考号和试卷分数。所以，在评分结束并关闭考生试卷文件后，再次以“r+”方式打开考生试卷文件，将文件指针定位到第一行试卷分数位置，再次修改试卷分数。

2）利用 fseek()函数移动文件内部位置指针，其第二个参数值为 28，是因为从文件开始位置到需要显示考试分数的位置，共计 28 字节，见代码第 83 行。

本章小结

C 语言中对文件的处理，实际上就是对“流”的处理。打开文件的过程就是把流与文件指针相关联，流借助文件指针的移动来访问数据，文件指针目前所指的位置即要处理的数据，经过访问后文件指针会自动向后移动。

可以选择以文本模式还是二进制模式打开文件。此外，还可以选择只读、只写、读写、追加 4 种操作方式中的一种打开文件。文件打开成功后，使用标准 I/O 函数操作文件，其中根据文件内容是文本文件还是二进制文件，可以采用文本 I/O 函数和二进制 I/O 函数进行操作。

第12章　算 法 之 美

算法（algorithm）是指解题方案的准确、完整地描述，是一系列解决问题的清晰指令，算法代表用系统的方法描述解决问题的策略机制。也就是说，能够对一定规范的输入，在有限时间内获得所要求的输出。不同的算法可能用不同的时间、空间或效率来完成同样的任务。一个算法的优劣可以用空间复杂度和时间复杂度来衡量。

算法不仅限于数学。当按照菜谱烹制一道菜品时，菜谱上的所有步骤就是一个算法。按照设计图裁剪一件衣服时，设计图就是一个算法。在金工实习课程中大家都磨过的那把小锤子，小锤子的基本结构、加工方法及加工步骤和过程，也是一个算法。随着计算机处理现实任务的能力不断增强，计算机算法不仅对人类自己的生活具有借鉴意义，同时还为理解人类认知提供了一个更好的比较标准。

本章总体设计以拟解决的实际问题为导向，介绍问题求解的算法设计、代码设计、算法优化等内容，培养学生的计算思维能力、程序设计能力、问题分析求解能力。本章共设计 6 个典型实训，包括素数问题、排序问题、递归问题、穷举问题、大数处理和创意游戏设计，每个实训中又包括若干案例。通过素数问题求解，体验函数为解决问题带来的灵活性和便利性，体验模块化编程之美；通过多种排序算法的比较，提升算法设计分析能力的同时也启发我们从多个角度思考问题，培养发散思维和创新思维之美；通过递归算法的介绍，体验使用函数递归调用可以化繁为简，解决问题简洁之美；通过穷举算法的介绍，体验“笨拙”与“勤奋”融合，体验力量之美；通过大数处理算法的介绍，体验挑战极限的成就感，同时还告诉我们凡事遇到瓶颈，可以尝试换个角度、换个方式寻找到新的解决办法，体验变通之美。通过“井字棋”创意游戏的分析与设计，介绍人机博弈的算法原理与典型博弈算法（Minimax 和蒙特卡罗）的对比，带给读者复杂问题求解的基本方法参考，并通过游戏的设计与实现，体验人机博弈算法的无限趣味与挑战。

实训 1　巧用函数——验证哥德巴赫猜想

在 C 语言程序中，将每个功能模块编写成一个函数，C 语言程序就是由函数构成的。采用函数的好处是：程序结构清晰，便于理解和阅读；函数调用灵活，只要使用该功能，就可以调用这个函数，减少了代码重复编写的工作量。本实训目的在于训练读者理解函数的定义，并体验利用函数解决复杂问题的灵活性和便利性，培养模块化编程思维。同时，为后续案例组设计抛砖引玉，即后文的案例组设计，均采用单独定义函数的形式。

本实训拟解决的问题是：验证哥德巴赫猜想（任意一个大于 5 的偶数，都可以拆成两个素数之和。验证范围：6～50 之间的全部偶数）。本实训用到一个重要的数学概念“素数”（又称质数）。一个大于 1 的自然数，除了 1 和它自身外，不能被其他自然数整除的数叫称为质数；否则称为合数（规定 1 既不是质数也不是合数）。本案例从判断一个数是否为素数开始，逐渐从一个函数（main()函数）的程序，过渡为两个函数（main()函数+prime()函数）的程序，进而过渡到多个数据中查找素数，最终解决实际问题，验证哥德巴赫猜想。

1. 实训设计目的

1）了解素数的概念。
2）掌握函数的定义。
3）体验函数的灵活性和便利性。
4）解决实际问题（验证哥德巴赫猜想）。

2. 实训任务目标

本实训通过 4 个案例，逐层递进地实现哥德巴赫猜想的求解。首先通过案例 12-1，实现判断一个整数是否为素数的求解；通过案例 12-2（将案例 12-1 代码打包成一个函数），为后面实际问题求解奠定基础，降低程序的复杂度；通过案例 12-3，验证函数的简洁性和便利性；最后，通过案例 12-4 验证哥德巴赫猜想，让读者体验模块化编程的简便与成就感。

实训的任务描述及主要技术如表 12-1 所示。

表 12-1 实训 1 的任务描述及主要技术

编号	案例描述	主要技术
案例 12-1	判断一个大于 2 的整数是否为素数	素数的概念、整除关系判断、循环结束的条件
案例 12-2	将素数代码打包做成一个函数，函数功能：判断给定的参数是否为素数，是返回 1，不是返回 0	重温函数的结构及函数四要素
案例 12-3	判断 100～200 之间的全部素数	函数调用、函数值的利用
案例 12-4	验证哥德巴赫猜想：任意一个大于 5 的偶数，都可以拆成两个素数之和。 验证范围：6～50 之间的全部偶数	函数调用、函数值的利用、输出格式设置

3. 实训设计与实现

【案例 12-1】判断一个大于 2 的整数是否为素数。

算法设计

遵循程序设计四个步骤：变量定义、数据输入、计算、输出。

1）定义：定义需要的变量，确定变量数据类型及变量个数。

2）输入：根据要求，判断一个整数是否为素数，该整数从键盘输入。

3）计算：判断整数 n 是否为素数，只需判断 n 能否被 2n−1 之间的数整除即可。若均不能整除，则 n 是素数（flag 的值一直为 1）；若能够整除，则 n 不是素数（flag 赋值为 0）。

4）输出：根据 flag 变量的值，输出 n 是否为素数的结论。

案例主要代码

案例所有代码仅由 main()函数构成。素数判断也在 main()函数中完成。

```
#include<stdio.h>
void main()
{
    int x,t,flag;
    flag=1;
    scanf("%d",&x);
    for(t=2;t<x;t++)
    if(x%t==0){flag=0;break;}
    if(flag==1)printf("%d 是素数\n",x);
     else printf("%d 不是素数\n",x);
 }
```

案例运行结果

本案例运行结果如图 12-1 所示。

图 12-1　案例 12-1 运行结果

算法优化与改进

上述代码中，循环变量 t 从 2 开始一直取到 x-1。例如，x=17，t 取值范围为 2～16。实际上，一个整数的因子都是成对出现的，并且这一对因子，一定是其中的一个小于该数的平方根，另一个大于该数的平方根。因此 t 所取得的最大值可以设为 x 的平方根。若小于平方根的一侧没有因子，则大于平方根的一侧一定没有因子。这样设计的好处是：减少了循环执行的次数，提高了程序执行的效率。优化后的代码如下：

```
1.  #include<stdio.h>
2.  #include<math.h>
3.  void main()
4.  {
5.      int x,t,flag;
6.      flag=1;
7.      scanf("%d",&x);
8.      for(t=2;t<=sqrt(x);t++)
9.      if(x%t==0){flag=0;break;}
10.      if(flag==1)printf("%d 是素数\n",x);
11.      else printf("%d 不是素数\n",x);
12.  }
```

其中，代码第 2 行“#include<math.h>”是因为代码第 8 行使用了库函数 sqrt()，因此包含了 math.h 头文件。

【案例 12-2】将案例 12-1 素数代码打包做成一个函数，函数功能：判断给定的参数是否为素数，是返回 1，不是返回 0。

算法设计

步骤 1：定义判定素数的函数。

1）确定函数名：prime。

2）确定函数类型：因为要返回 1 或 0，所以函数类型定义为整型 int。

3）确定函数的参数：函数的功能是判断一个整数是否为素数，该数应由主调函数提供，因此需要有一个参数，类型为整型。

4）确定函数体（即函数的功能）：判定传递的参数是否为素数。具体代码参考案例 12-1。

步骤 2：完善 main()函数。

1）定义：x 为要判定是否为素数的整数，y 为函数调用后存储返回的函数值。

2）输入：从键盘输入要判定的整数存入变量 x。

3）计算：调用 prime()函数，变量 x 作为实参，将函数值存入变量 y。

4）输出：判断 y 的值，如果等于 1，则输出“是素数”，否则输出“不是素数”。

案例主要代码

```
#include<stdio.h>
#include<math.h>
int prime(int n)
{
    int t,flag=1;
    for(t=2;t<=sqrt(n);t++)
    if(n%t==0){flag=0;break;}
    return flag;
}
 void main()
 {
    int x,y;
    scanf("%d",&x);
    y=prime(x);
    if(y==1)printf("%d 是素数\n",x);
    else printf("%d 不是素数\n",x);
 }
```

案例运行结果

本案例运行结果如图 12-2 所示。

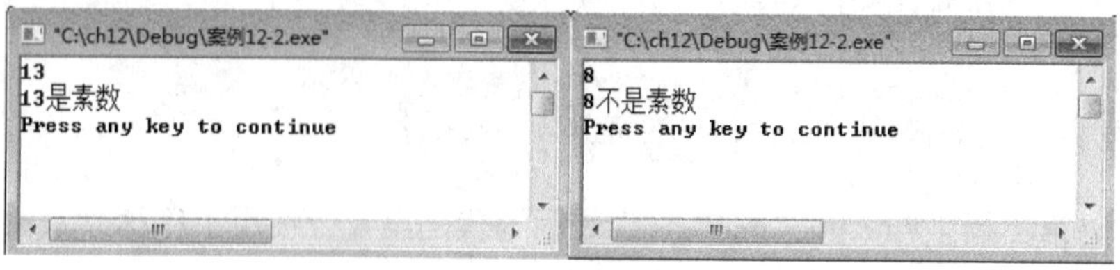

图 12-2　案例 12-2 运行结果

【案例 12-3】判断并输出 100～200 之间的全部素数。

算法设计

案例 12-2 已经定义了 prime()函数，用来实现判断给定的参数是否为素数，若是则返回 1，若不是则返回 0。本案例只需调用 prime()函数，即可完成每个整数的判定。

步骤 1：将案例 12-2 定义的 prime()函数代码复制到本案例。

步骤 2：完善 main()函数。

1）定义变量 x。

2）使用循环结构，令 x 初值为 100，终止值为 200，步长为 1。

3）判断每一个 x 的值是否为素数，此处调用 prime()函数，x 作为参数传递给 prime()函数，然后根据 prime()函数的返回值，输出该数是否为素数。

案例主要代码

prime()函数：

```
#include<stdio.h>
#include<math.h>
int prime(int n)
{
  int t,flag=1;
  for(t=2;t<=sqrt(n);t++)
  if(n%t==0){flag=0;break;}
  return flag;
}
```

完善 main()函数：

```
void main()
{
   int x;
   for(x=100;x<=200;x++)
   if(prime(x)==1)printf("%8d是素数 ",x);
   else printf("%6d不是素数 ",x);
}
```

案例运行结果

本案例运行结果如图 12-3 所示。

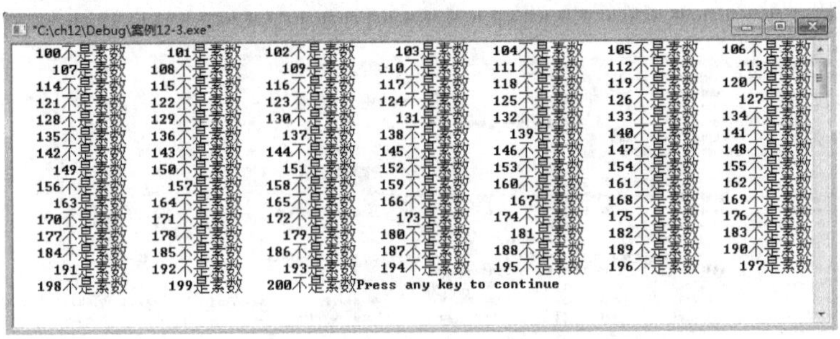

图 12-3 案例 12-3 运行结果

算法优化与改进

上述代码 x 的取值范围为 100～200。由常识可知，偶数一定不是素数。因此 x 的初值可以从 101 开始，且步长为 2。这样可以减少约 50%的循环次数，提高程序运行效率。

【案例 12-4】验证哥德巴赫猜想：任意一个大于 5 的偶数，都可以拆成两个素数之和。验证范围：6～50 之间的全部偶数。

算法设计

步骤 1：将案例 12-2 定义的 prime()函数代码复制到本案例。

步骤 2：完善 main()函数。

1）用变量 x 表示 6～50 之间的任意偶数。

2）使用循环遍历 x 的所有取值，x 初值为 6，x 的终值为 50，x 的步长为 2。

3）判断每一个 x 是否满足哥德巴赫猜想。定义一个变量 a，a 的取值在 3-x 之间，只需判断 prime(a)和 prime(x-a)是否同时为真，若满足，则输出 a 和(x-a)，即完成验证。

案例主要代码

prime()函数：

```
#include<stdio.h>
#include<math.h>
int prime(int n)
{
  int t,flag=1;
  for(t=2;t<=sqrt(n);t++)
  if(n%t==0){flag=0;
              break;}
  return flag;
}
```

main()函数：

```
void main()
{
  int x,a;
  for(x=6;x<=50;x=x+2)
  {for(a=3;a<x;a++)
  if(prime(a)&&prime(x-a))
    printf("%d=%d+%d\t",x,a,x-a);
  printf("\n");
  }
}
```

案例运行结果

本案例运行结果如图 12-4 所示。

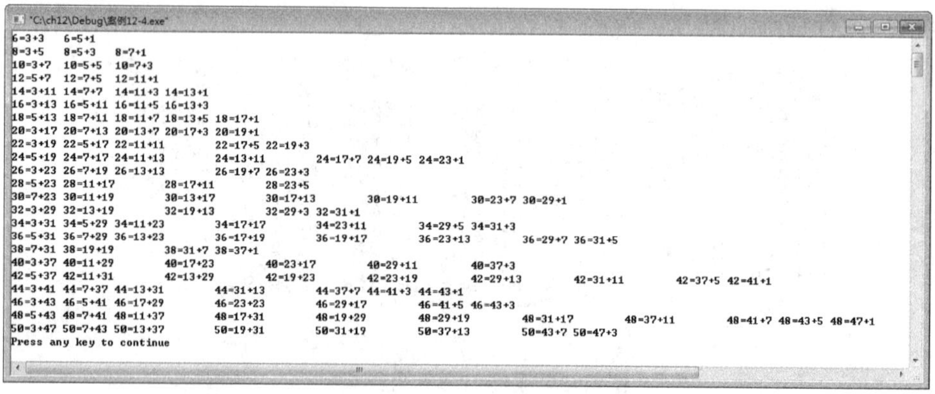

图 12-4　案例 12-4 运行结果

实训 2　殊途同归——经典排序算法

排序是日常生活中经常遇到的问题，如成绩排名、商品价格列表、比赛时间次序、文件编号等。排序可以帮助我们更加方便、高效地理解、组织和处理事务。在计算机科学领域，排序算法是基本且重要的主题之一，其目标是将一组数据按照某种规则进行排列。

本实训运用冒泡排序、选择排序和插入排序三种经典算法实现对同一数列由小到大排序，并分析时间复杂度。对排序算法的详细分析，能够帮助我们更深入地理解排序概念、排序算法原理及特征，提升算法设计分析能力的同时也启发我们从多个角度思考问题，培养发散思维和创新思维。

1. 实训设计目的

1）了解排序的概念。
2）了解时间复杂度。
3）理解冒泡排序、选择排序和插入排序算法的原理。
4）掌握排序算法的实现。

2. 实训任务目标

本实训的任务描述与主要技术如表 12-2 所示。

表 12-2 实训 2 的任务描述与主要技术

编号	案例描述	主要技术
案例 12-5	运用冒泡排序算法将成绩 90、80、70、75、50 由小到大排序	函数调用、冒泡排序原理、冒泡排序实现
案例 12-6	运用选择排序算法将成绩 90、80、70、75、50 由小到大排序	函数调用、选择排序原理、选择排序实现
案例 12-7	运用插入排序算法将成绩 90、80、70、75、50 由小到大排序	函数调用、插入排序原理、插入排序实现

3. 实训设计与实现

【案例 12-5】冒泡排序算法的应用。

算法设计

冒泡排序算法的基本思想是将数列中的两个相邻数进行比较，如果前面的数比后面的大（小）就交换，经过从头到尾一趟交换，最大（小）值被逐步换到最后位置，即最大（小）值确定；再次从头开始对相邻数进行比较，确定次大（小）值，以此类推，直到全部数据排序完成。将被排序的数列想象成垂直排列，在排序过程中，大（小）的数往下沉，小（大）的数往上浮，就像气泡一样，因此称为冒泡排序或起泡排序。

运用冒泡排序算法，将成绩 90、80、70、75、50 由小到大进行排序的过程具体如下。

第 1 趟：a[0]和 a[1]比较，90>80，前者大于后者，二者交换，a[0]变为 80、a[1]变为 90；a[1]和 a[2]比较，90>70，前者大于后者，交换，a[1]变为 70、a[2]变为 90；a[2]和 a[3]比较，90>75，前者大于后者，交换，a[2]变为 75、a[3]变为 90；a[3]和 a[4]比较，90>50，前者大于后者，交换，a[3]变为 50、a[4]变为 90，最大值确定，已“沉入”a[4]。下一趟从 a[0]比较到 a[3]即可。同理，第 i 趟 a[i]、a[i+1]……a[n-1-i]依次两两比较，如果前者比后者大，则交换。每一趟可确定一个最大值。冒泡排序的详细步骤如图 12-5 所示。

第 1 趟（i=1）

a[0]	a[1]	a[2]	a[3]	a[4]	
90	80	70	75	50	比较 a[0]、a[1]：90>80，交换
80	90	70	75	50	比较 a[1]、a[2]：90>70，交换
80	70	90	75	50	比较 a[2]、a[3]：90>75，交换
80	70	75	90	50	比较 a[3]、a[4]：90>50，交换
80	70	75	50	**90**	

第 2 趟（i=2）

a[0]	a[1]	a[2]	a[3]	a[4]	
80	70	75	50	**90**	比较 a[0]、a[1]：80>70，交换
70	80	75	50	**90**	比较 a[1]、a[2]：80>75，交换
70	75	80	50	**90**	比较 a[2]、a[3]：80>50，交换
70	75	50	**80**	**90**	

第 3 趟（i=3）

a[0]	a[1]	a[2]	a[3]	a[4]	
70	75	50	**80**	**90**	比较 a[0]、a[1]：70<75，不交换
70	75	50	**80**	**90**	比较 a[1]、a[2]：75>50，交换
70	50	**75**	**80**	**90**	

第 4 趟（i=4） x=50

a[0]	a[1]	a[2]	a[3]	a[4]	
70	50	**75**	**80**	**90**	比较 a[0]、a[1]：70>50，交换
50	**70**	**75**	**80**	**90**	

图 12-5 冒泡排序的详细步骤

案例主要代码

```
#include<stdio.h>
//对具有 n 个元素的数组 a 进行冒泡排序
void bubblesort(int a[],int n)
{
   int i,j,t,f;                       //f 标记是否发生交换
   for(i=1;i<=n-1;i++)          //第 i 趟
   {
      f=0;                            //第 i 趟起始，没有交换
      for(j=0;j<n-i;j++)              //控制每趟的比较次数
         if(a[j]>a[j+1])              //相邻元素比较，如果前面元素大
          {
             t=a[j];a[j]=a[j+1];a[j+1]=t;      //交换
             f=1;                              //发生交换
          }
      if(f==0)                        //如果第 i 趟没发生交换，说明已排好序
          break;
   }
}
//输出数组
void print(int a[],int size)
{
   int i;
   for(i=0;i<size;i++)
```

```
            printf("%4d ",a[i]);
        printf("\n");
    }

    void main(){
        int a[]={90,80,70,75,50},n=5;
        printf("排序前:\n");
        print(a,n);
       bubblesort(a,n);              //调用排序函数对 a 数组排序
        printf("冒泡排序后:\n");
        print(a,n);
    }
```

案例运行结果

本案例运行结果如图 12-6 所示。

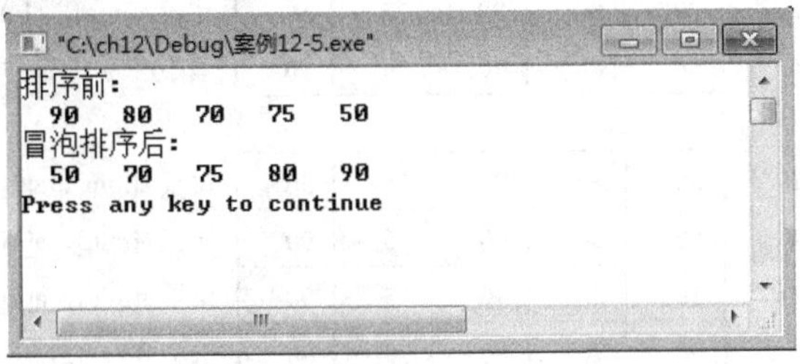

图 12-6　案例 12-5 运行结果

算法时间复杂度

时间复杂度是衡量算法效率的重要指标之一，是算法的时间量度。时间复杂度描述算法执行时间随输入数据规模增长的变化趋势，通常用大 Θ 表示法来描述，常见的时间复杂度有常数时间复杂度 $\Theta(1)$、线性时间复杂度 $\Theta(n)$、二次时间复杂度 $\Theta(n^2)$、对数时间复杂度 $\Theta(\log n)$等。

依据输入数据的初始状态，对冒泡排序算法的时间复杂度分析如下：

最佳情况是输入数据是有序的，只需第一趟与其相邻数据比较，不需要交换即结束。所以比较次数为 n−1，交换次数为 0，时间复杂度为 $\Theta(n)$。

最坏情况是输入数据完全逆序时，每个数据都需要与它相邻的所有数据进行比较，并且进行交换。第 0 号数据需要比较 n−1 次，第 1 号数据需要比较 n−2 次……以此类推，总的比较次数和交换次数都是 $(n-1)+(n-2)+\cdots+1=n(n-1)/2$，所以时间复杂度为 $\Theta(n^2)$。

【案例 12-6】选择排序算法的应用。

算法设计

选择排序算法的基本思想是从待排序数列中选出最小（大）数据，存放在起始位置，再从剩余未排序数据中选出次小（大）数据，放到第二位置，以此类推，直到全部数据排序完成。

运用选择排序，将成绩 90、80、70、75、50 由小到大进行排序的过程如下。

第 1 趟：目标为选出 a[0]～a[4]中的最小值放入 a[0]。定义 min 标记最小值位置，首先假定 0 号元素最小即 min 为 0，比较 a[min]和 a[1]，90>80，a[1]更小，更改 min 为 1。a[min]继续与 a[2]、a[3]、a[4]依次比较，如果 a[min]大于任何一个元素，更改 min 值为该元素下标。比较完毕，min 即为最小值位置。交换 a[min]和 a[0]，使最小值放入 a[0]，a[0]里原有数据放入 min 位置。

同理，第 i 趟目标为选出 a[i]～a[4]中最小值放入 a[i]，首先假定 i 号元素最小，a[min]与其后续元素依次比较，发现更小值即更改 min 值。比较完成后交换 a[min]和 a[i]，使最小值放入 a[i]。详细步骤如图 12-7 所示。

		a[0]	a[1]	a[2]	a[3]	a[4]	
第 1 趟（i=0）	min=0	90	80	70	75	50	比较 a[min]、a[1]：90>80，min=1
	min=1	90	80	70	75	50	比较 a[min]、a[2]：80>70，min=2
	min=2	90	80	70	75	50	比较 a[min]、a[3]：70<75，min 不变
	min=2	90	80	70	75	50	比较 a[min]、a[4]：70>50，min=4
	min=4	**50**	80	70	75	90	最小值为 a[4]，与 a[0]交换
第 2 趟（i=1）	min=1	**50**	80	70	75	90	比较 a[min]、a[2]：80>70，min=2
	min=2	**50**	80	70	75	90	比较 a[min]、a[3]：70<75，min 不变
	min=2	**50**	80	70	75	90	比较 a[min]、a[4]：70<90，min 不变
		50	**70**	80	75	90	次小值为 a[2]，与 a[1]交换
第 3 趟（i=2）	min=2	**50**	**70**	80	75	90	比较 a[min]、a[3]：80>75，min=3
	min=3	**50**	**70**	80	75	90	比较 a[min]、a[4]：75<90，min 不变
		50	**70**	**75**	80	90	第三小值为 a[3]，与 a[2]交换
第 4 趟（i=3）	min=3	**50**	**70**	**75**	80	90	比较 a[min]、a[4]：80<90，min 不变
		50	**70**	**75**	**80**	90	第四小值为 a[3]

图 12-7 选择排序的详细步骤

案例主要代码

```
#include<stdio.h>
 //对具有 n 个元素的数组 a 进行选择排序
void selectionsort(int a[],int n)
{
    int i,j,min,t;
    for(i=0;i<n-1;i++)              //第 i 趟
    {
        min=i;                      //假设最小值下标为 i
        for(j=i;j<=n-i;j++)         //第 min 元素和后续元素逐一比较，
            if(a[min]>a[j])         //如果大于后续第 j 元素
                min=j;              //更新 min 值为 j
         t=a[min];a[min]=a[i];a[i]=t;//交换
```

```
    }
}
//输出数组
void print(int a[],int size)
{
    int i;
    for(i=0;i<size;i++)
        printf("%4d ",a[i]);
    printf("\n");
}

void main(){
    int a[]={90,80,70,75,50},n=5;
    printf("排序前:\n");
    print(a,n);
    selectionsort(a,n);          //调用排序函数对数组 a 排序
    printf("选择排序后:\n");
    print(a,n);
}
```

案例运行结果

本案例运行结果如图 12-8 所示。

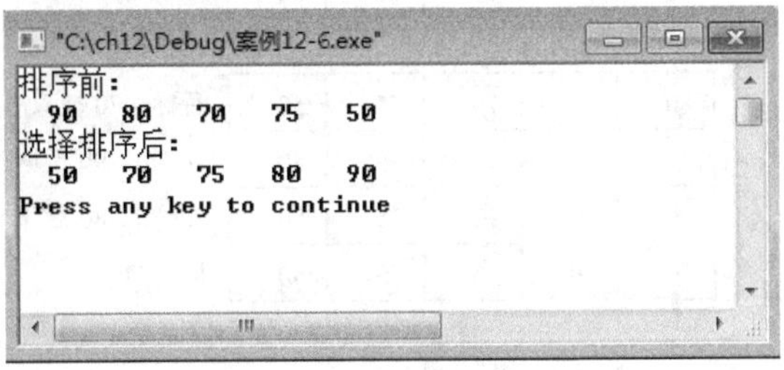

图 12-8　案例 12-6 运行结果

算法时间复杂度

依据输入数据的初始状态，对选择排序算法的时间复杂度分析如下：

无论最佳情况（输入数据是有序），还是最差情况（输入数据是完全逆序的），每个数据都需要与其后面全部数据依次进行比较，总体比较次数为$(n-1)+(n-2)+\cdots+1=n(n-1)/2$，因此总体时间复杂度均为$\Theta(n^2)$。但交换次数在最佳情况时为 0 次，最差情况时为 n−1 次。与冒泡排序算法相比，交换次数较少。

【案例 12-7】插入排序算法的应用。

算法设计

插入排序算法的基本思想是通过不断将数据插入到正确位置构建有序序列。数列的第一个数可以作为有序数列，从第二个数开始，与其左侧数据从后向前依次比较，找到正确位置并插入，直到全部数据排序完成。插入排序的工作方式与排序扑克相似，假设

左手握牌，每当右手抓起一张牌，需要将它与左手中的每张牌进行比较，插入适当位置，保证所有牌是排好序的。

运用插入排序将成绩 90、80、70、75、50，由小到大排序，一个数不需要排序，因此从 a[1]开始排序，排序过程具体如下：

第 1 趟：目标为将 a[1]插入正确位置，首先将待插入值 a[1]存入 x，与左侧的列表 a[0]比较，因为 80<90，所以 90 向后移动一个位置，即 a[1]变为 90，为 80 腾出位置插入，即 a[0]变为 80。

第 2 趟：目标为将 a[2]插入其左侧序列 a[0]、a[1]，将 a[2]存入 x，依次与 a[0]、a[1]比较，因为 70<90，所以 90 后移一个位置，即 a[2]变为 90，70<80，所以 80 也后移一个位置，即 a[1]变为 80，将 70 插入，即 a[0]变为 70。

同理，第 i 趟：目标为将 a[i]插入正确位置，首先将待插入值 a[i]存入 x，与左侧的列表 a[0]、a[1]……a[i−1]从后向前进行比较，如果 x<a[i−1]，则 a[i−1]向后移动一个位置，如果 x<a[i−2]，则 a[i−2]向后移动一个位置，继续比较，直到 x 不小于当前比较元素，比较停止，当前位置即为 x 应插入的位置，插入 x。详细步骤如图 12-9 所示。

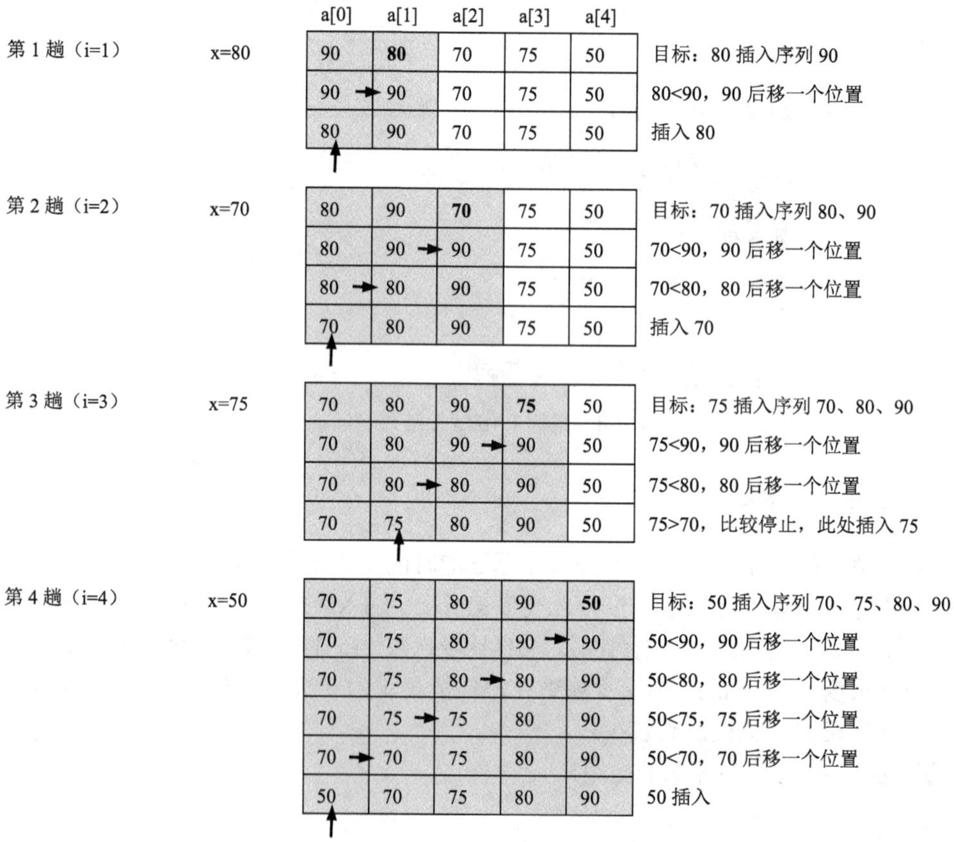

图 12-9 插入排序的详细步骤

案例主要代码

```
#include<stdio.h>
//对具有 n 个元素的数组 a 进行插入排序
void insertionsort(int a[],int n)
{
    int i,j,x;
    for(i=1;i<n;i++)                    //第 i 趟
    {
        x=a[i];                         //待插入值存入 x
        j=i-1;
        //x 与列表 a[0]……a[i-1]从后向前逐一进行比较，腾出插入 x 的位置
         while(j>=0&&a[j]>x)
         {
             a[j+1]=a[j];               //a[j]后移一个位置
             j--;
         }
         a[j+1]=x;                      //插入 x
    }
}
//输出数组
void print(int a[],int size)
{
    int i;
    for(i=0;i<size;i++)
        printf("%4d ",a[i]);
    printf("\n");
}

void main(){
    int a[]={90,80,70,75,50},n=5;
    printf("排序前:\n");
    print(a,n);
    insertionsort(a,n);
    printf("插入排序后:\n");
    print(a,n);
}
```

案例运行结果

本案例运行结果如图 12-10 所示。

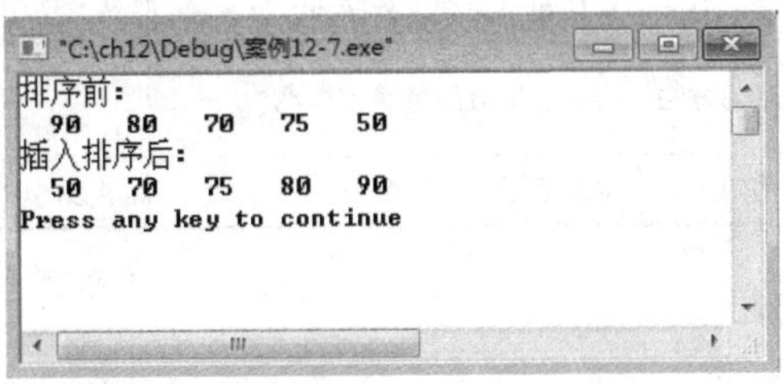

图 12-10 案例 12-7 运行结果

算法时间复杂度

依据输入数据的初始状态，对插入排序算法的时间复杂度分析如下：

最佳情况是输入数据是有序或接近有序的，每个数据只需与它前面的数据比较一次，不需要移动任何数据。程序一共比较 n−1 次，0 次移动。

最坏情况是输入数据完全逆序时，每个数据都需要与它前面的所有数据进行比较，并且需要移动前面的所有数据腾出位置。第 0 号数据需要比较 0 次，第 1 号数据需要比较 1 次并移动 1 个数据，第 2 号数据需要比较 2 次并移动 2 个数据，以此类推，直到最后一个数据需要比较 n−1 次并移动 n−1 个数据。因此，总的比较次数和移动次数都是 $1+2+\cdots+(n-1)=n(n-1)/2$，所以时间复杂度为 $\Theta(n^2)$。

实训 3　化繁为简——递归算法

递归算法在计算机科学中是指一种通过重复将问题分解为同类的子问题而解决问题的方法。C 语言支持函数递归调用，在 7.5 节中详细介绍了函数递归调用的方法，了解到递归调用的思想就是将一个复杂的问题层层下推，在下推的过程中找到递归关系，当下推到终点时，找到递归的结束条件。使用函数递归调用的过程，可以提高解决问题的简洁性、灵活性、可读性。

1. 实训设计目的

1）了解递归的概念。
2）了解递归的应用。
3）掌握设计递归算法的要素。
4）体验递归算法解决问题的便捷性。
5）解决实际问题（四层汉诺塔游戏）。

2. 实训任务目标

实训 3 的任务描述及主要技术如表 12-3 所示。

表 12-3　实训 3 的任务描述及主要技术

编号	案例描述	主要技术
案例 12-8	用函数递归调用的方法，实现计算 x^n 的值	函数递归调用的概念、设计递归算法的要素
案例 12-9	用函数递归调用的方法，实现输出斐波那契序列的第 5 项	函数递归调用的概念、设计递归算法的要素
案例 12-10	用函数递归调用的方法，验证三位数的黑洞数是 495	各个位数、重排求差、函数递归调用的概念、设计递归算法的要素
案例 12-11	用函数递归调用的方法，实现四层汉诺塔游戏	函数递归调用的概念、设计递归算法的要素

3. 实训设计与实现

【案例 12-8】 用函数递归调用的方法，实现计算 x^n 的值。

根据数学知识，求 x^n 的值实际上就是求 n 个相同因数的积的运算，其中 x 为底数，n 为指数。如果不用函数递归调用的方法，也可以使用循环结构解决此问题。如果用函数递归调用的方法解决问题，则需要找到 x^n 的递归关系和递归结束条件。

算法设计

求解 x 的 n 次幂，首先需要确定 x 的值和 n 的值，然后根据递归调用的规则，找到递归关系和递归结束条件。假设要求 2 的 4 次幂，则有以下递归过程：

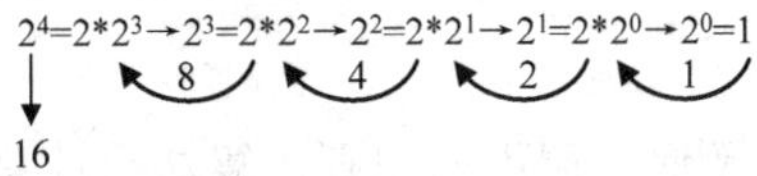

观察上式可以发现，2 的 n 次幂可以分解为 2 乘 2 的 n−1 次幂；2 的 0 次幂为 1，即为递归结束条件。从此例拓展到任意数可以得出结论，详情见表 12-4。

表 12-4　案例 12-8 递归关系及递归结束条件

$x^n=x*x^{n-1}$	递归关系
当 n=0 时，无论 x 的值是多少，x^n 的结果均为 1	递归结束条件

案例主要代码

定义一个函数用来实现递归关系。函数名字是 powerfun，函数头部为 int powerfun (int x,int n)，参数 x 为底数，参数 n 为指数。程序代码如下：

```
#include<stdio.h>
int powerfun(int x,int n)
{
    int y;
    if(n==0) y=1;
    else y=x*powerfun(x,n-1);
    return y;
}
void main()
 {
     int x,n;
     printf("本程序用来求解 x 的 n 次方，请分别输入 x 的值和 n 的值.\n");
     scanf("%d%d",&x,&n);
     printf("求解%d 的%d 次方的结果是：%d\n",x,n, powerfun (x,n));
 }
```

案例运行结果

本案例运行结果如图 12-11 所示。

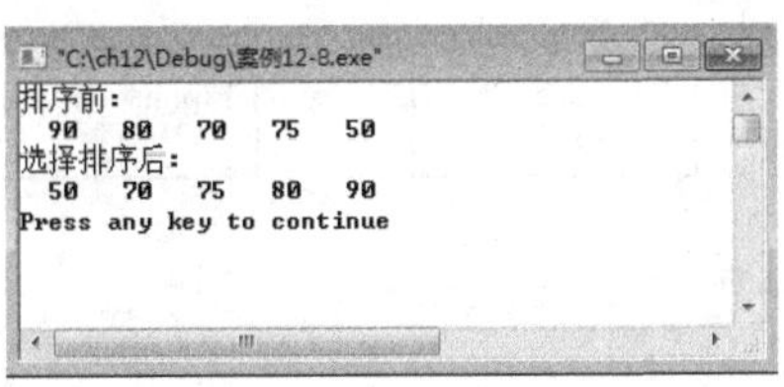

图 12-11　案例 12-8 运行结果

【案例 12-9】用函数递归调用的方法，实现输出斐波那契序列的第 5 项。

斐波那契序列由意大利数学家莱昂纳多·斐波那契提出的兔子繁殖问题而引入，俗称"兔子数列"。该数列的特点为前两项为 1，后面每一项为前两项的数据之和，详情见表 12-5。

表 12-5 斐波那契序列数据规律

项数号	第 1 项	第 2 项	第 3 项	第 4 项	第 5 项	第 6 项	…	第 n 项
数据值	1	1	2	3	5	8	…	第 n-1 项+第 n-2 项

算法设计

根据斐波那契序列的特点及递归调用的规则，算法设计总结见表 12-6。

表 12-6 案例 12-9 递归关系及递归结束条件

第 1 项	F(1)=1	递归结束条件
第 2 项	F(2)=1	
…	…	
第 n 项	F(n)=F(n-1)+F(n-2)	递归关系

案例主要代码

定义一个函数用来实现递归关系。函数名字是 Fibonacci，函数头部为 int Fibonacci (int n)，参数 n 为求斐波那契序列的第几项。程序代码如下：

```
 #include<stdio.h>
int Fibonacci(int n)
{
    int y;
    if(n==1||n==2) y=1;                           //递归结束条件
    else  y=Fibonacci(n-1)+Fibonacci(n-2);           //递归关系
    return y;
}
void main()
{
     printf("第 5 项斐波那契序列的值是：%d\n",Fibonacci(5));
}
```

程序完整调用过程如图 12-12 所示。

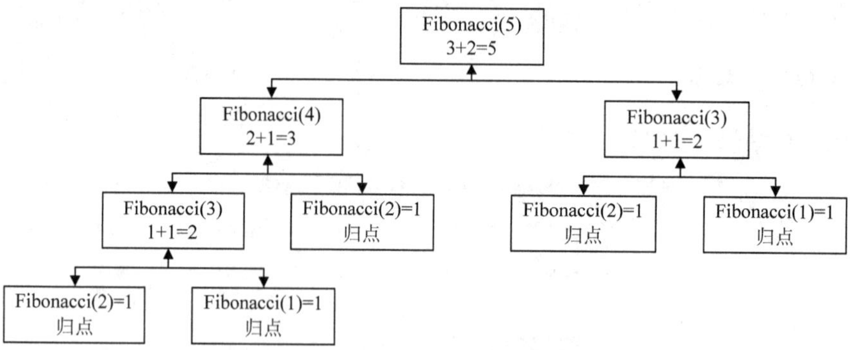

图 12-12 案例 12-9 函数调用过程简图

案例运行结果

本案例运行结果如图 12-13 所示。

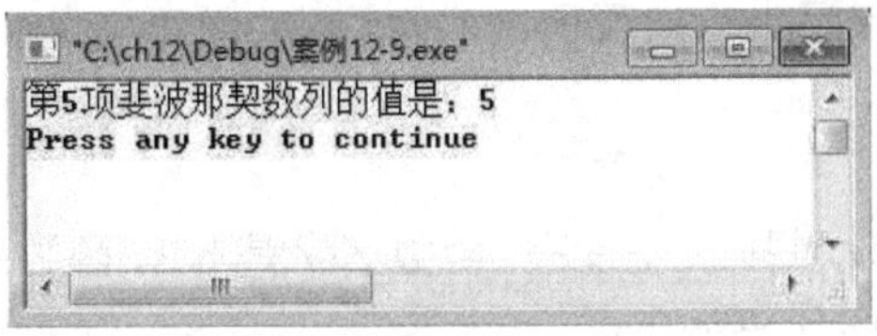

图 12-13 案例 12-9 运行结果

算法优化与改进

是否可以用普通变量或者数组的方法完成此案例？如果完成了，请对比三个案例各自的优缺点。

【案例 12-10】用函数递归调用的方法，验证三位数的黑洞数是 495。

黑洞数又称陷阱数，是具有奇特转换特性的整数。任何一个不全相同的整数，经有限“重排求差”操作，总会得到某一个或一些数，这些数即为黑洞数。本例用递归的方法验证三位数的黑洞数是 495。

“重排求差”操作的规则是，将一个各位上数字不完全相同的整数，每一位上的数字分解出来，然后按照数字的值重新排列组成一个最大值与一个最小值，并且计算二者的差值，然后重复以上操作。例如，对一个三位数 123 进行重排求差的过程如图 12-14 所示。

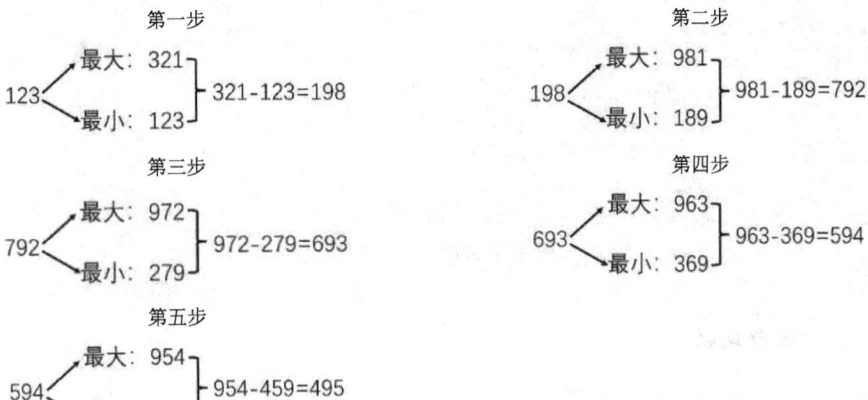

图 12-14 对 123 进行重排求差的过程

由于三位数的黑洞数是 495，因此对任意一个各位上数字不相同的三位数重排求差之后的不变结果就是 495。

算法设计

根据递归的规则，如果能找到递归关系及递归结束条件，就可以解决本案例。本案例的递归结束条件是数据 495；递归关系为对三位数重排求差，共分为三步：

步骤 1：将此三位数的百位、十位、个位上的数字分解。

步骤 2：将分解出来的三个数按照从大到小或从小到大排序，并组成最大值和最小值。

步骤 3：计算最大值与最小值的差值。

案例主要代码

定义一个函数用来实现重排求差过程。函数名字是 hds，函数头部为 void hds(int x)，参数 x 为一个三位数。程序代码如下：

```
#include<stdio.h>
void hds(int x)
{
    int x1, x2, x3;
    int m, t;
    x1=x/100;
    x2=x/10%10;
    x3=x%10;
    //从小到大排序
    if(x1>x2){t=x1;x1=x2;x2=t;}
     if(x1>x3){t=x1;x1=x3;x3=t;}
     if(x2>x3){t=x2;x2=x3;x3=t;}
     m=(x3*100+x2*10+x1)-(x1*100+x2*10+x3);   //组成最大数和最小数
     printf("%d\n",m);
     if(m!=495) hds(m);                      //递归调用
 }
 void main()
 {
     int x;
     int x1,x2,x3;
     scanf("%d",&x);
     x1=x/100;
     x2=x/10%10;
     x3=x%10;
     if(x1!=x2&&x2!=x3&&x1!=x3)hds(x);
     else printf("三位数不合法！\n");
 }
```

案例运行结果

本案例运行结果如图 12-15 所示。

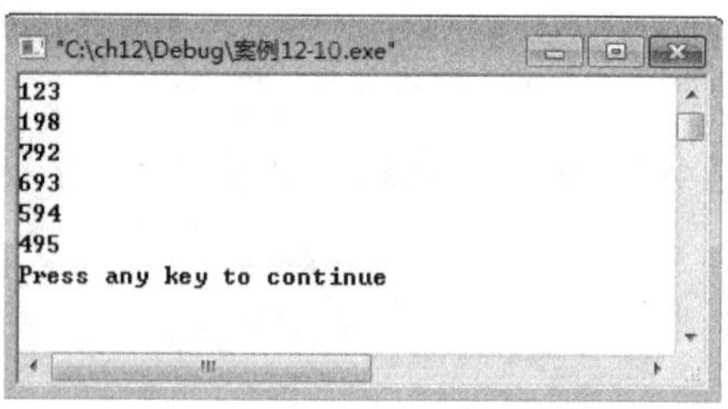

图 12-15 案例 12-10 运行结果

算法优化与改进

根据以上案例的讲解，是否能够验证四位数的黑洞数？

【案例 12-11】用函数递归调用的方法，实现四层汉诺塔游戏。

汉诺塔，又称河内塔，是一个源于印度古老传说的益智玩具。汉诺塔游戏的规则如下：共有三根相邻的柱子，标号为 A 柱、B 柱、C 柱。首先在 A 柱上放有若干圆盘，圆盘自上而下按照从小到大叠放；做游戏时，每次只允许移动一个圆盘，移动过程中每个圆盘可以在 A 柱、B 柱、C 柱上任意移动，同时要求小圆盘始终在大圆盘上面；最后所有的圆盘都要自上而下按照从小到大叠放到 C 柱上，如图 12-16 和图 12-17 所示。

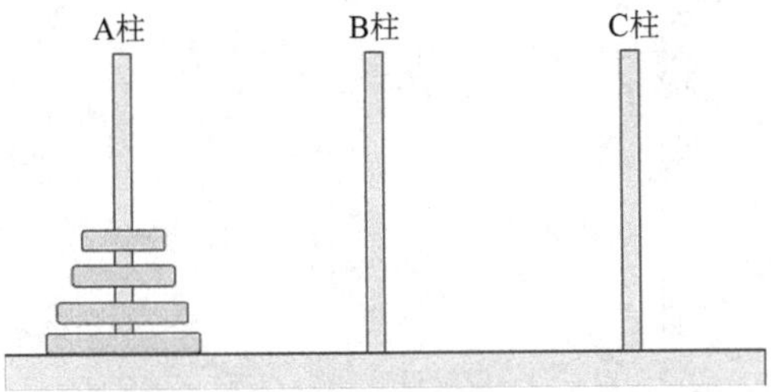

图 12-16　四层汉诺塔游戏开始状态

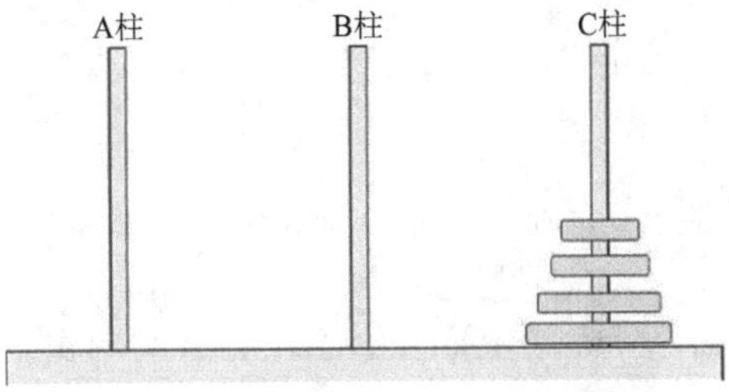

图 12-17　四层汉诺塔游戏完成状态

算法设计

根据递归算法的规则，如果能找到递归关系及递归结束条件，就可以解决这个案例。仔细观察图 12-16、图 12-17，可以发现，如果想要完成四层汉诺塔游戏，可以将上面三层作为一个整体，最下面一层作为一个整体分别移动，这样就将四层汉诺塔游戏下推到三层汉诺塔游戏，同理三层汉诺塔游戏，可以将上面两层作为一个整体，最下面一层作为一个整体分别移动，这样就将三层汉诺塔游戏下推到两层汉诺塔游戏，直到只有一层圆盘的情况，直接移动到目标柱子就可以了，整个下推过程如图 12-18 所示。分解汉诺塔游戏的整个过程就是将一个层数较多的问题层层下推，直到一个最终结束的归点，然后将归点的结果再层层回带，整个问题就迎刃而解了。

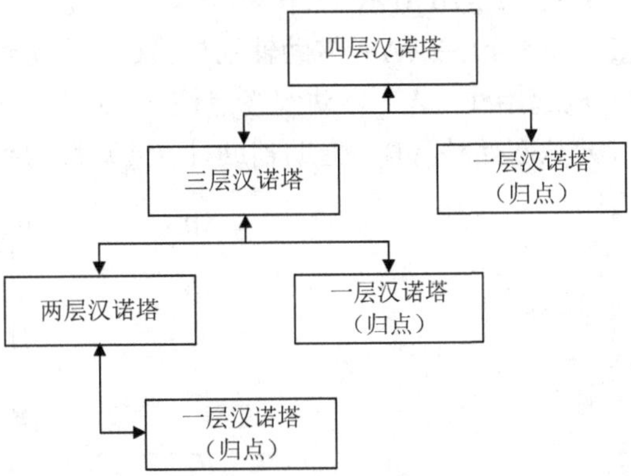

图 12-18　四层汉诺塔游戏递归分解过程简图

具体算法分析如下：

三根柱子 A 柱、B 柱、C 柱，设圆盘最开始放置的柱子称为起始柱，圆盘最终放置的柱子称为终点柱，帮助过渡的柱子称为辅助柱。A 柱、B 柱、C 柱三个柱子在整个游戏过程中根据移动要求，变换自己的身份。

第一次递归：四层汉诺塔游戏，需要将上面三层看作一个整体，最下面一层是一个整体，移动步骤如图 12-19～图 12-22 所示。

步骤 1：将圆盘（1,2,3）从起始柱（A）借助辅助柱（C）移动到终点柱（B）。

步骤 2：将圆盘（4）从起始柱（A）移动到终点柱（C）上。

步骤 3：将圆盘（1,2,3）从起始柱（B）借助辅助柱（A）移动到终点柱（C）。

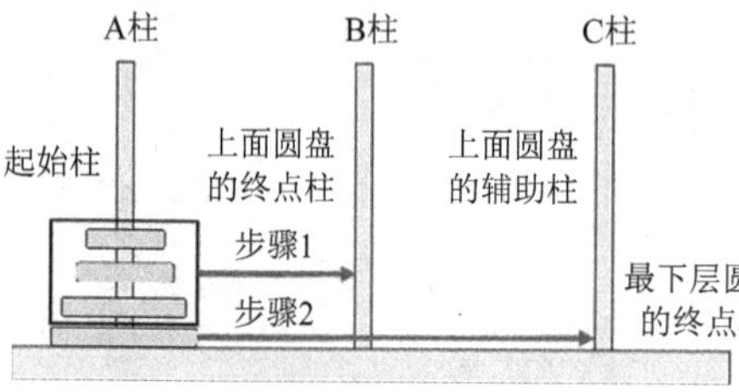

图 12-19　步骤 1、2 起始及移动状态

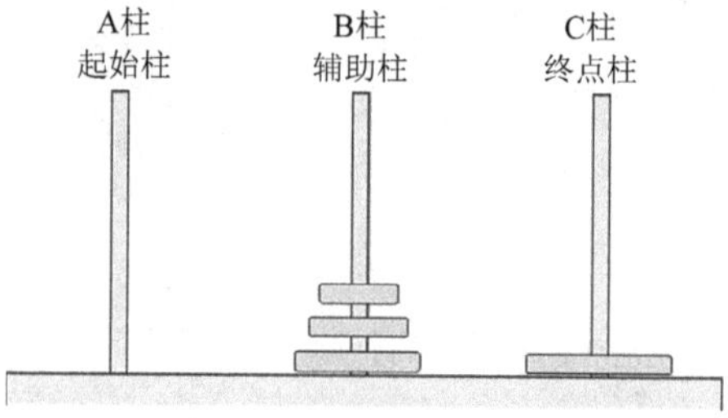

图 12-20　步骤 1、2 完成状态

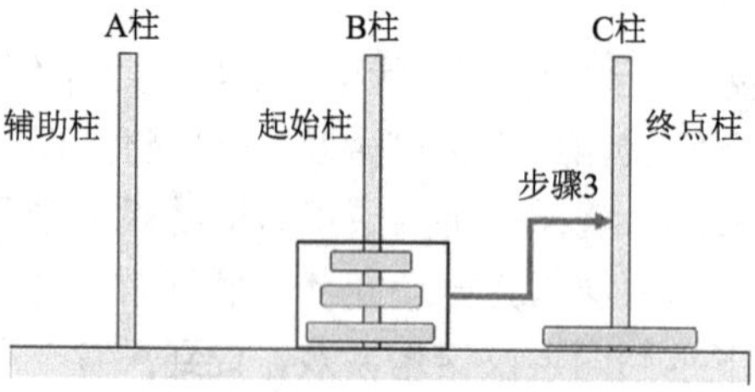

图 12-21　步骤 3 起始及移动状态

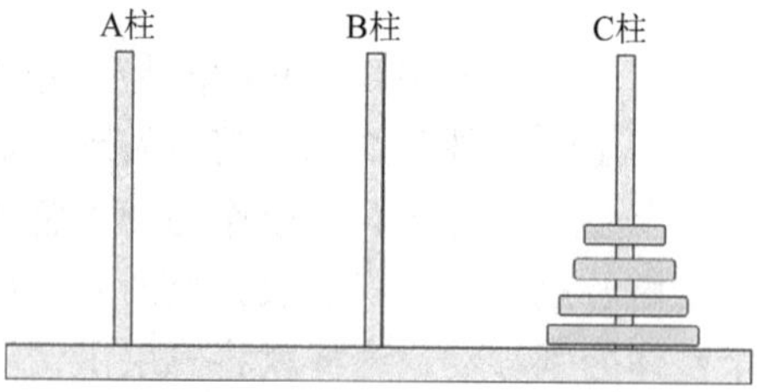

图 12-22　步骤 3 完成状态

第二次递归：三层汉诺塔游戏，需要将上面两层看作一个整体，最下面一层是一个整体，移动步骤如图 12-23～图 12-26 所示。

步骤 1：将圆盘（1,2）从起始柱（A）借助辅助柱（C）移动到终点柱（B）。

步骤 2：将圆盘（3）从起始柱（A）移动到终点柱（C）上。

步骤 3：将圆盘（1,2）从起始柱（B）借助辅助柱（A）移动到终点柱（C）。

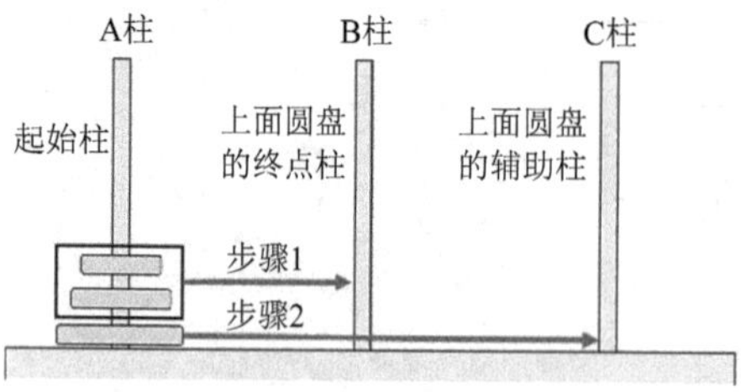

图 12-23　步骤 1、2 起始及移动状态

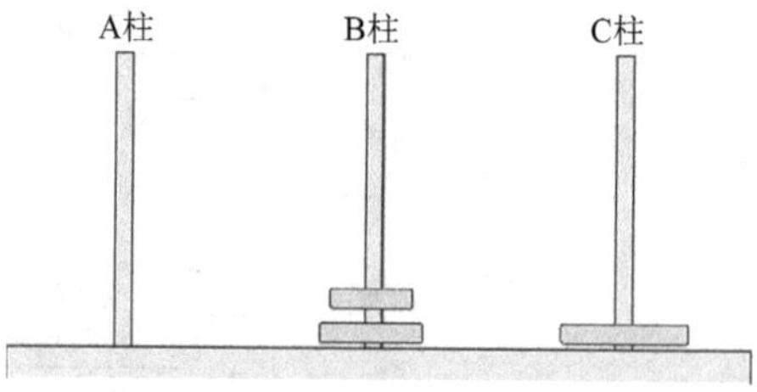

图 12-24　步骤 1、2 完成状态

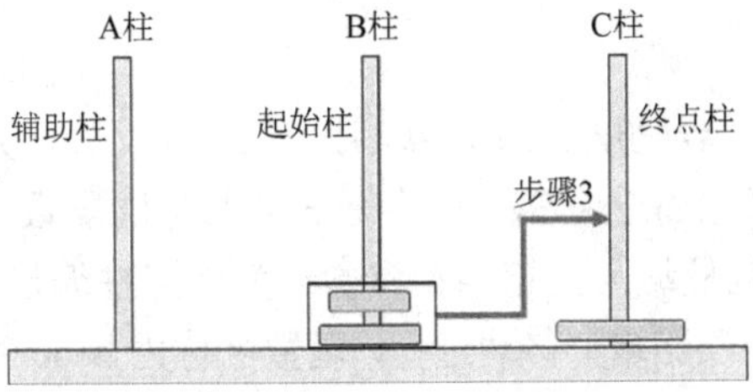

图 12-25 步骤 3 起始及移动状态

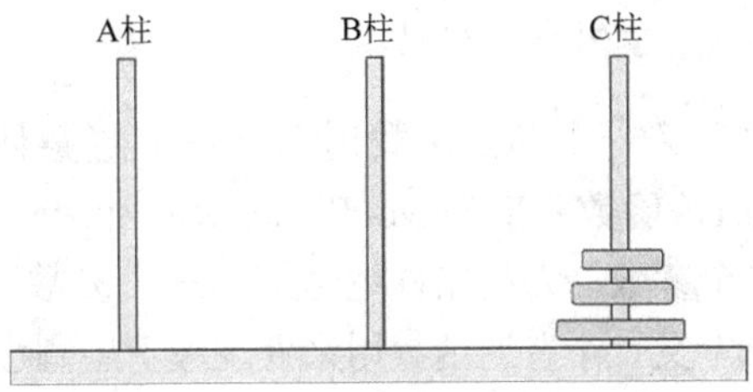

图 12-26 步骤 3 完成状态

第三次递归：两层汉诺塔游戏，需要将上面一层看作一个整体，最下面一层是一个整体，移动步骤如图 12-27～图 12-30 所示。

步骤 1：将圆盘（1）从起始柱（A）借助辅助柱（C）移动到终点柱（B）。

步骤 2：将圆盘（2）从起始柱（A）移动到终点柱（C）上。

步骤 3：将圆盘（1）从起始柱（B）借助辅助柱（A）移动到终点柱（C）。

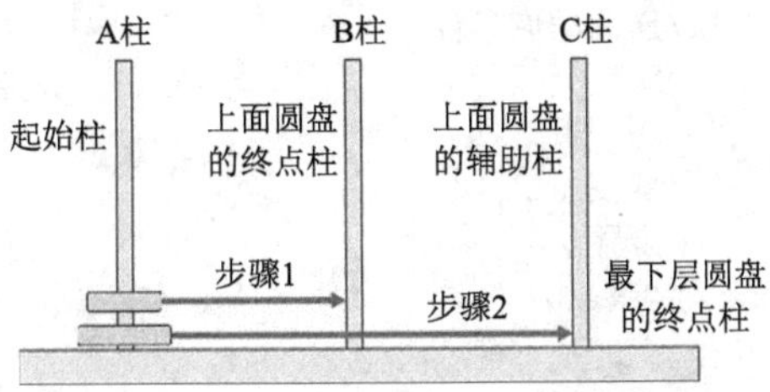

图 12-27 步骤 1、2 起始及移动状态

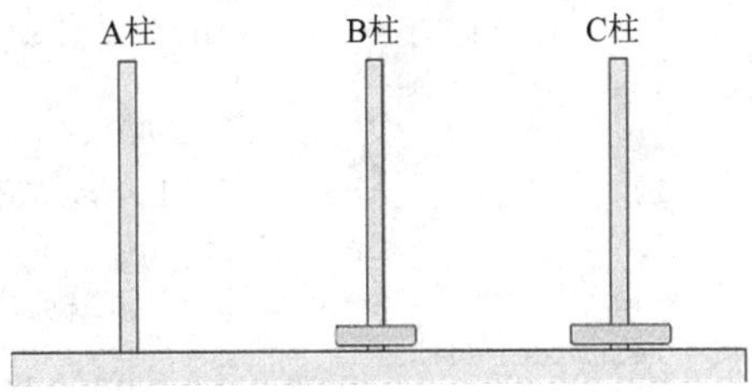

图 12-28 步骤 1、2 完成状态

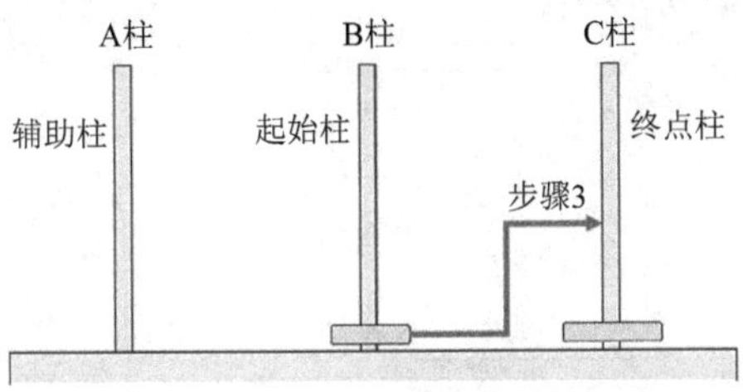

图 12-29 步骤 3 起始及移动状态

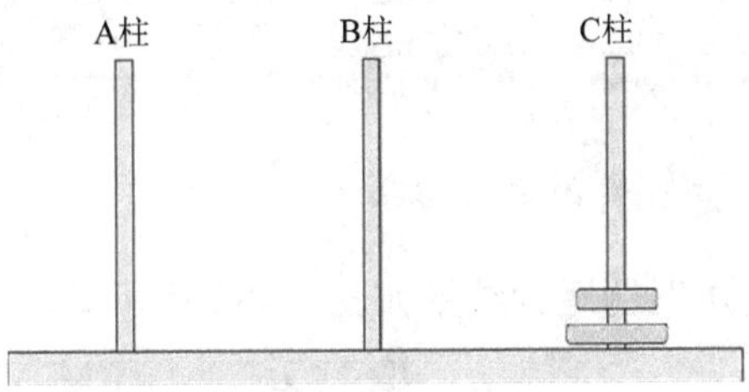

图 12-30 步骤 3 完成状态

第四次递归：一层汉诺塔游戏，直接从起始柱（A）移动到终点柱（C）上。此情况为本案例的归点，如图 12-31 所示。一层汉诺塔游戏完成状态如图 12-32 所示。

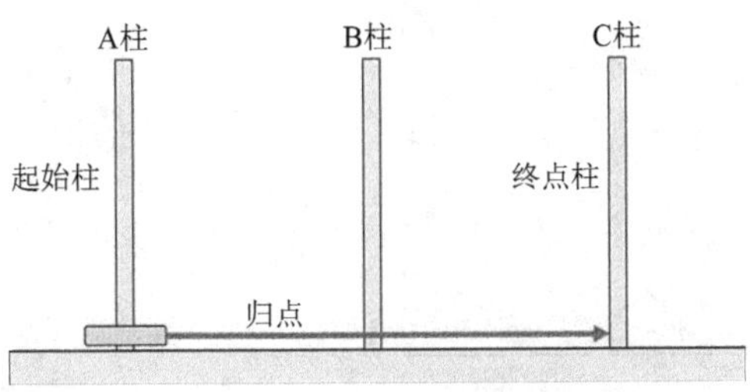

图 12-31 一层汉诺塔游戏起始及移动状态

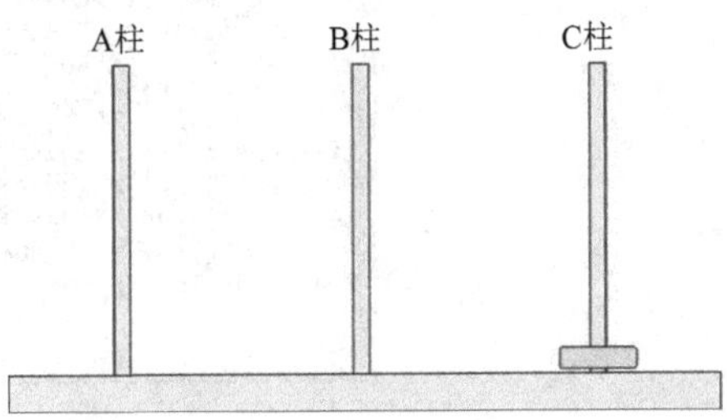

图 12-32 一层汉诺塔游戏完成状态

案例主要代码

定义一个递归函数用来处理上层整体圆盘（多层汉诺塔）移动过程，函数名称为 hanoi1，函数头部为 void hanoi1(int n,char a,char b,char c)，第一个参数 n 为圆盘的层数，第二个参数 a 为起始柱编号，第三个参数 b 为辅助柱编号，第四个参数 c 为终点柱编号。

定义一个普通函数用来处理最下层圆盘（一层汉诺塔）移动过程，函数名称为 hanoi2，函数头部为 void hano2(char a, char c)，第一个参数 a 为起始柱编号，第二个参数 c 为终点柱编号。程序代码如下：

```
#include<stdio.h>
void  hanoi2(int a,int c)          //最下层圆盘移动过程（一层汉诺塔）
{
    printf("将一块圆盘从%c 柱移动到%c 柱\n",a,c);
}
void hanoi1(int n,char a,char b,char c)//上层整体圆盘移动过程（多层汉诺塔）
{
    if(n==1)  hanoi2(a,c);         //递归结束条件
    else
     {
         hanoi1(n-1,a,c,b);        //步骤 1
         hanoi2(a,c);              //步骤 2
         hanoi1(n-1,b,a,c);        //步骤 3
     }
 }
 void main()
 {
     printf("四层汉诺塔游戏开始啦！ \n");
     hanoi1(4,'A','B','C');
 }
```

案例运行结果

本案例运行结果如图 12-33 所示。

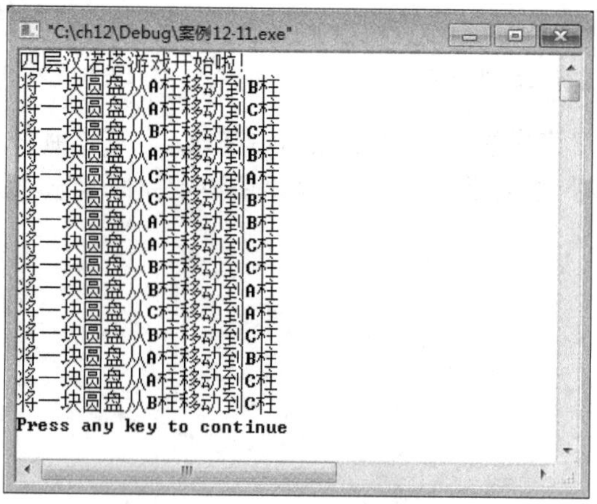

图 12-33　案例 12-11 运行结果

算法优化与改进

如果现在计算四层汉诺塔游戏一共需要移动多少次圆盘，该怎么改进上面的案例呢？

实训 4 勤能补拙——穷举算法

穷举算法是一种简单实用的解决问题的方法，在分析问题时，逐个列举出所有可能情况，然后根据条件判断是否符合题意，符合题意即为所求。穷举算法可以说是最简单“笨拙”的算法，也可以说是最“勤奋”的算法，不论数据量有多大，只要满足可以“一一列举”的情况，都可以完成数据的穷举。

穷举算法的一般模式如下：

1）列出问题的可能范围，一般用循环或者循环嵌套结构来实现。

2）探究、挖掘出问题解的约束条件，根据约束条件优化算法，尽可能地缩小穷举范围，减少穷举次数，降低算法的时间和空间复杂度。

1. 实训设计目的

1）掌握算术运算符的应用。

2）掌握逻辑运算符与关系运算符的应用。

3）掌握穷举的概念及穷举的实现方法。

4）掌握循环结束的方法。

2. 实训任务目标

本实训设计 3 个案例，由浅入深地讲解穷举算法的使用及其优化方法。案例 12-12 利用单层循环进行穷举，实现经典的数学问题——韩信点兵问题的求解，并通过对题目条件的分析，对穷举算法进行优化。案例 12-13 利用 6 层循环嵌套进行穷举，求解委派任务问题并对程序的输出进行优化，使人机界面更人性化。案例 12-14 用穷举算法模拟由字母或数字组成的 6 位密码的破解。实训 4 的任务描述与主要技术如表 12-7 所示。

表 12-7 实训 4 的任务描述与主要技术

编号	案例描述	主要技术
案例 12-12	韩信点兵	求余运算、穷举的概念、穷举算法的优化
案例 12-13	委派任务	关系运算与逻辑运算、穷举的概念、输出优化
案例 12-14	穷举攻击（密码破解）、6 位密码破解	穷举数据收集、多层穷举应用

3. 实训设计与实现

【案例 12-12】 韩信点兵。

韩信是汉高祖刘邦手下的大将，他在点兵的时候，为了知道有多少个士兵，让士兵排队报数，共采用 4 种报数形式：

1）从 1 到 5 报数，最后一个士兵报数为 1；

2）从 1 到 6 报数，最后一个士兵报数为 5；

3）从 1 到 7 报数，最后一个士兵报数为 4；

4）从 1 到 11 报数，最后一个士兵报数为 10。

最后，韩信通过士兵报数情况能计算出至少有多少个士兵，请问你知道韩信是怎么计算的吗？至少有多少士兵呢？

算法设计

设兵数为 x，由题意可知 x 满足如下 4 个条件：

1）x 被 5 整除且余 1 人：x%5==1；

2）x 被 6 整除且余 5 人：x%6==5；

3）x 被 7 整除且余 4 人：x%7==4；

4）x 被 11 整除且余 10 人：x%11==10。

根据题意，满足上述 4 个条件的最小正整数 x 即为所求。

本案例采用穷举算法，算法步骤如下。

步骤 1：定义变量 x，表示士兵总人数。

步骤 2：用 for 循环来穷举 x 的值，寻找满足 4 个条件的 x 值。

1）变量 x 的初值从 1 开始，步长为 1，因为无法确定 x 的终值，所以 for 循环的表达式 2 为空。

2）对于每个 x 都要判断是否满足 4 个条件，若同时满足，则用 break 语句结束循环，此时 x 即为所求。

步骤 3：输出士兵人数 x 的值。

案例主要代码

```
#include<stdio.h>
void main()
{  int x;
   for(x=1;   ;x++)                    //无法确定 x 的终值，表达式 2 为空
   if(x%5==1&&x%6==5&&x%7==4&&x%11==10)break;
   printf("最少的士兵人数为：%d\n",x);
}
```

案例运行结果

本案例运行结果如图 12-34 所示。

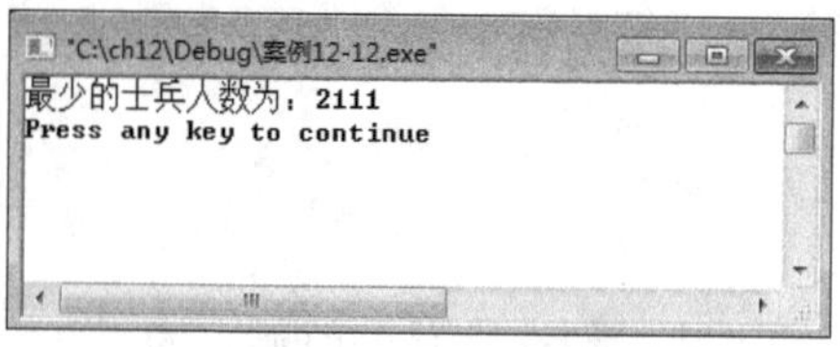

图 12-34 案例 12-12 运行结果

算法优化与改进

本案例采用穷举算法，x 取值范围从 1 开始，即最少士兵人数为 1 人。为提高程序运行效率，程序存在一定的优化空间。由 4 个条件可知，优化点 1：士兵人数至少为 21 人（按从 1 到 11 报数，最后一个士兵报数为 10）。优化点 2：由条件 2）和 4）可知 x+1 能被 11 和 6 整除，所以 x 初始值可以定为 65，步长为 66。x 再满足条件 1）和 3），即满足 x%5==1 和 x%7==4 即可。

程序代码如下：

```
#include<stdio.h>
void main()
{
   int x;
   for(x=65;   ;x+=66)
   if(x%5==1&&x%7==4)break;
   printf("最少的士兵人数为：%d\n",x);
}
```

【案例 12-13】委派任务。

某侦察队接到一项紧急任务，要求在 A、B、C、D、E、F 6 个队员中尽可能多地挑选若干人完成任务，但有以下限制条件：

1）A 和 B 两人中至少去一人；

2）A 和 D 不能一起去；

3）A、E 和 F 三人中要派两人去；

4）B 和 C 都去或都不去；

5）C 和 D 两人中去一个；

6）若 D 不去，则 E 也不去。

问：应当派哪几个人去？

算法设计

本案例为选人问题，每个人只可能是两种情况，选上或没选上，可以用 a、b、c、d、e、f 6 个变量值表示 6 个员工是否去的状态，分别用 1（去）和 0（不去）表示。上述 6 个条件可以用以下 6 个表达式来表示。

1）a+b>=1；

2）a+d<2；

3）a+e+f=2；

4）b+c==0||b+c==2；

5）c+d==1；

6）e-d!=1。

因此，可以用 6 层循环嵌套遍历 6 个人所有的状态组合，符合上述 6 个条件的委派方法即为所求。具体算法步骤如下。

步骤 1：定义 6 个变量用来表示 6 个员工的状态。

步骤 2：用 6 层循环，表示员工状态的 6 个变量值从 0 取到 1，遍历 6 个员工的所有状态组合。

步骤 3：输出符合全部条件的员工状态组合。

案例主要代码

```
#include<stdio.h>
void main()
{
int a,b,c,d,e,f;
for(a=0;a<=1;a++)
for(b=0;b<=1;b++)
for(c=0;c<=1;c++)
for(d=0;d<=1;d++)
for(e=0;e<=1;e++)
 for(f=0;f<=1;f++)
 if((a+b>=1)&&(a+d<2)&&(a+e+f==2)&&(b+c==0||b+c==2)&&(c+d==1)
   &&(e-d!=1))
 printf("1 表示去，0 表示不去：\na:%d,b:%d,c:%d,d:%d,e:%d,f:%d\n",
   a,b,c,d,e,f);
 }
```

案例运行结果

本案例运行结果如图 12-35 所示。

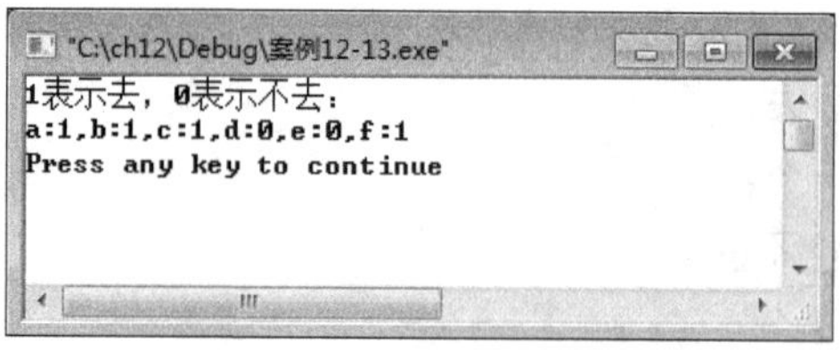

图 12-35　案例 12-13 运行结果

算法优化与改进

本案例的输出结果过于简单，对用户不友好，在此对程序输出进行优化。程序输出部分优化后，代码如下：

```
if((a+b>=1)&&(a+d<2)&&(a+e+f==2)&&(b+c==0||b+c==2)&&(c+d==1)&&
  (e-d!=1))
{
  if(a==1)printf("A 员工:去\n");else printf("A 员工:不去\n");
  if(b==1)printf("B 员工:去\n");else printf("B 员工:不去\n");
  if(c==1)printf("C 员工:去\n");else printf("C 员工:不去\n");
  if(d==1)printf("D 员工:去\n");else printf("D 员工:不去\n");
  if(e==1)printf("E 员工:去\n");else printf("E 员工:不去\n");
  if(f==1)printf("F 员工:去\n");else printf("F 员工:不去\n");
}
```

优化后程序的运行结果如图 12-36 所示。

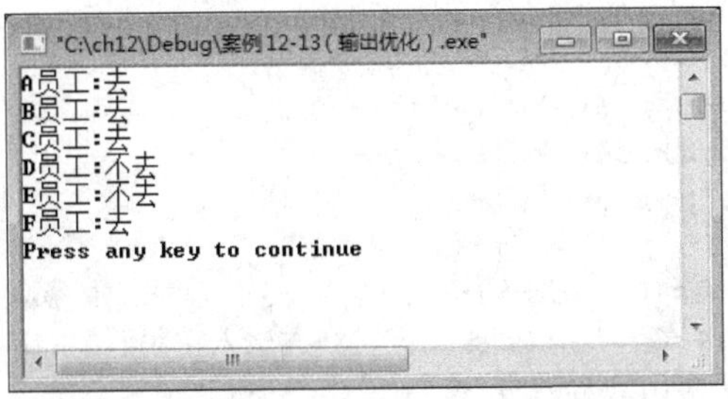

图 12-36 案例 12-13 优化后的运行结果

【案例 12-14】 穷举攻击（密码破解）。

穷举攻击，又称“暴力破解”。对密码进行逐个推算，直到找出真正的密码为止的一种攻击方式。理论上可破解任何一种密码，问题在于如何缩短破解时间。本案例以最简单的邮箱密码破解为例：假定某电子邮箱的密码由 6 位字母或者数字组成，请破解此密码。

算法设计

本案例采用穷举算法破解密码，即将密码进行逐个推算直到找出真正的密码为止。例如，一个 4 位全部由数字组成的密码共有 10000 种组合，也就是说最多需要尝试 9999 次才能找到真正的密码。

本案例中假设邮箱密码由字母或数字组成，因此采用字符数组存放全部数字字符和字母字符，作为对照字符库。然后将密码的每一位与字符库中全部字符做比较，具体算法步骤如下。

步骤 1：将字符 0～9、A～Z 和 a～z 一共 62 个字符，分别存入长度为 62 的字符数组 ku 中。

步骤 2：输入邮箱密码，将此密码存入长度为 7 的字符数组 inpas 中。

步骤 3：用 6 层循环嵌套遍历所有的字符组合，其中与输入的密码匹配的字符组合即为所求，输出此字符组合。

案例主要代码

```
#include<stdio.h>
void main()
{ char ku[62];                      //数组 ku 用来存放 62 个字符
 char inpas[7];                     //数组 inpas 用来存放从键盘输入的 6 位密码
 int i;
 char  c1,c2,c3,c4,c5,c6;
 for(i=0;i<=9;i++)                  //首先存入数字字符'0'～'9'
    ku[i]=i+'0';
 for(i=10;i<=35;i++)                //存入大写字母'A'～'Z'
     ku[i]=i-10+'A';
  for(i=36;i<=61;i++)               //存入小写字母'a'～'z'
     ku[i]=i-36+'a';
 printf("请输入一个由字母或数字组成的 6 位密码：");
  gets(inpas);
   //遍历 6 个变量在数组 ku 中所有的字符组合
```

```
for(c1=ku[0];c1<=ku[61];c1++)
for(c2=ku[0];c2<=ku[61];c2++)
for(c3=ku[0];c3<=ku[61];c3++)
for(c4=ku[0];c4<=ku[61];c4++)
for(c5=ku[0];c5<=ku[61];c5++)
for(c6=ku[0];c6<=ku[61];c6++)
if(c1==inpas[0]&&c2==inpas[1]&&c3==inpas[2]&&c4==inpas[3]&&c5==
inpas[4]&&c6==inpas[5])     //与输入密码匹配的字符组合即为所求密码
printf("破解出的密码为：%c%c%c%c%c%c",c1,c2,c3,c4,c5,c6);
}
```

案例运行结果

本案例运行结果如图 12-37 所示。

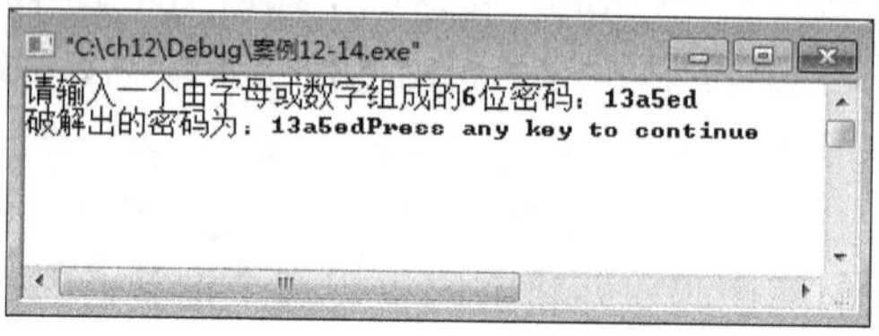

图 12-37　案例 12-14 运行结果

实训 5　突破极限——大数处理

C 语言中，变量使用前必须声明其数据类型，而数据类型决定了变量存储数据的取值范围。例如，在 VC++ 6.0 中，规定使用关键字为 int 的基本整型声明的变量占用 4 字节的存储空间，可表示的最大十进制整数是 2147483647。当要处理的整型数据的值超过该值，就会产生数据溢出，导致数据失去准确性。一个解决办法是选择一个能够表示更大数据范围的类型，但是随着数值的增加，当所有的基本类型都不能满足存储要求时，就达到了存储的极限。那么，如何突破基本数据类型的存储极限，来处理更大数值的数据呢？本实训通过求解实际问题（计算斐波那契序列前 100 项），巧妙利用字符串（字符数组）来存储大数，并完成两个大数相加的运算。当然，在大数据时代，随着数据值的不断增加，字符串处理大数也有其局限性，还可以采用链表等更复杂的数据类型进行大数的处理。本实训不仅可以让读者体验挑战极限的成就感，同时还告诉我们凡事遇到瓶颈，可以尝试换个角度、换个方式以寻求新的解决办法。

1. 实训设计目的

1）了解字符串的特点。
2）体验通过字符数组处理两个大数相加的过程。
3）解决实际问题（斐波那契序列）。

2. 实训任务目标

本实训主要解决的实际问题是计算斐波那契序列的前 100 项。在计算过程中，由于数据值过大，导致普通整型变量无法存储数据，因此引出大数处理问题。采用字符数组来存储数据并进行大数计算，因此还需要解决字符数据输入后的逆序问题、大数按位来做加法运算的进位问题等。实训 5 的任务描述与主要技术如表 12-8 所示。

表 12-8　实训 5 的任务描述与主要技术

编号	案例描述	主要技术
案例 12-15	字符串逆序存放	交换算法
案例 12-16	两个大数相加	使用字符数组存储和处理大数；利用除法和取余运算实现进位
案例 12-17	输出斐波那契序列前 100 项	使用字符数组存储和处理大数；二维字符数组的引用

3. 实训设计与实现

【案例 12-15】 将一个字符数组中的元素改为逆序存放。

字符数组中元素的逆序存放是将字符数组中的字符串逐对进行首尾交换。例如，原字符串为“123456”，“1”和“6”交换、“2”和“5”交换、“3”和“4”交换，逆序后字符串为“654321”。

算法设计

数组元素首位交换的算法步骤如下。

步骤 1：利用 strlen()函数获取数组长度，作为步骤 2 中控制循环次数的条件。

步骤 2：循环控制进行首位交换，核心为交换两个变量的值。

案例主要代码

设计自定义函数 r_number(char n[])，函数形参为需要处理的数组 n。mian()函数为主调函数，函数调用时的实参数组名 in，即数组的首地址，数组 in 与数组 n 具有相同地址。程序代码如下：

```
#include "stdio.h"
#include "string.h"
void  r_number(char n[])
{
  int i,len;
  char t;
  len=strlen(n);       //通过 strlen()函数获得数组元素的个数
  //len 个元素，交换 len/2 次完成逆序存放
  for(i=0;i<len/2;i++)
 {  //交换两个变量
     t=n[i];
     n[i]=n[len-1-i];
     n[len-1-i]=t;
  }
 }
 void main(){
   char in[100];
   gets(in);
   r_number(in);
```

```
    puts(in);
}
```

案例运行结果

输入整数 543678，用字符数组存放这个大整数，进行逆序存放处理后输出，如图 12-38 所示。

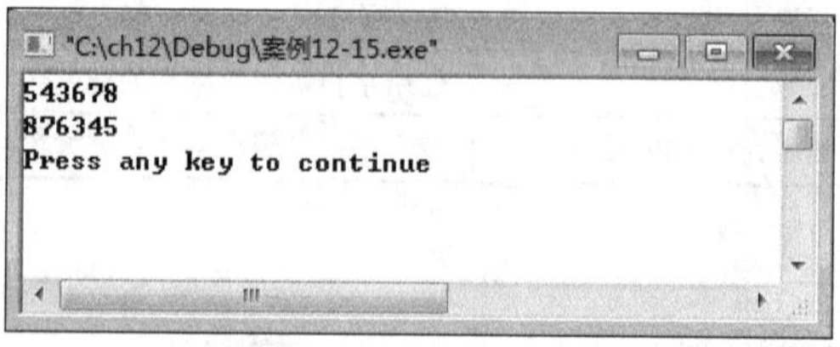

图 12-38 逆序存放大数的结果

【案例 12-16】两个大数相加。

首先，我们来看一个简单的案例，计算大数 1000000000 与 2000000000 的和，代码及运行结果如图 12-39 所示。

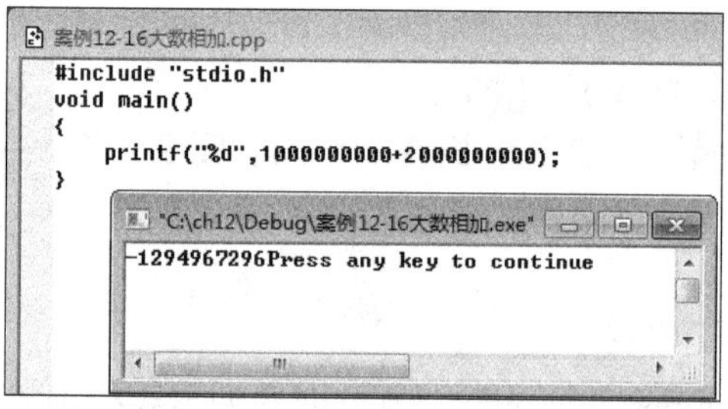

图 12-39 两个大数求和结果产生溢出的情况

由图 12-39 可见，其运行结果“-1294967296”与我们理解的结果“3000000000”不符。原因是 int 数据类型占 4 字节存储空间，能够表示的最大正整数是 2147483647，所以此处数据产生了溢出。因此，本案例选择以字符数组存储数据，从而突破基本数据类型的存储限制。

算法设计

本案例的重点和难点是解决以下 4 个问题：

1）确保输入数据存储符合加法计算要求。从键盘输入的数据（字符串），其高位将被存入字符数组下标的低位。当参加计算的两个操作数的长度不一致时，会导致数据的对应位的下标不同（如 1234 中，个位 4 的下标为 3；12356 中，个位 6 的下标为 4），这样不利于逐位相加的控制。因此，需要将输入的两个数据（字符串）做逆序存放处理，以保证从个位（下标为 0）开始，两个操作数的对应位的下标相同。

2）解决两个操作数长度不同时的计算问题。假定第一个数据长度大于第二个数据长度，以第一个数据的长度作为循环的条件，通过循环控制逐位读取数据并相加。因此，需要定义一个交换两个操作数的函数 swap()，无论用户输入数据如何，都可以保证数组

add1 存储的字符串长度大于数组 add2 存储的字符串长度。

3）解决两个对应位相加时产生的进位问题。设计一个 carry 变量，用来存储两个对应位的和。求和后，将 carry 的个位（carry%10），直接存入结果数组对应下标；将 carry 的十位（carry/10）送入下一位求和。

4）解决求和时最高位产生的进位问题。初始化存储加数、被加数和相加结果的数组时，存储相加结果的数组长度比存储加数和被加数的数组多一位，以保存求和时最高位产生的进位数据。此外，在完成逐位相加后，如果最高位产生进位，需要将求和结果的数组 result 连接到最高位进位“1”的后面，如代码 strcat(result,"1")。

案例主要代码

在主函数中，利用 gets()函数接收加数和被加数后，首先调用 swap()函数交换加数和被加数，以保证位数长的操作数存储在数组 add1 中。然后，调用 r_number()函数将两个数组执行逆序存放处理，最后调用 big_add()函数执行两个大数相加。程序代码如下：

```
#include "stdio.h"
#include "string.h"
void  r_number(char n[])
{
  int i,len=strlen(n);
  char t;
  for(i=0;i<len/2;i++){
    t=n[i];
    n[i]=n[len-1-i];
    n[len-1-i]=t;
  }
}
void swap(char add1[],char add2[])
{
   char t[100];
   if(strlen(add1)<strlen(add2)) {
     strcpy(t,add1);
     strcpy(add1,add2);
     strcpy(add2,t);
   }
}
void big_add(char add1[],char add2[],char result[])
{
  int carry=0,i;
  for(i=0;i<strlen(add1);i++)
  {
      carry+=add1[i]-'0';//字符型数字转换成数值型数字，加数存入carry
 //变量字符型数字转换成数值型数字，被加数存入变量 carry
      if(i<strlen(add2)) carry+=add2[i]-'0';
      result[i]=carry%10+'0';
      carry=carry/10;//两数和产生的进位
  }
   result[i]='\0';
```

```
    if(carry>0) strcat(result,"1");//处理最高位的权产生的进位
    r_number(result);//求和结果逆序
 }
 void main(){
   char add1[100],add2[100],result[101];
   gets(add1);  gets(add2);
   swap(add1,add2) ;//交换两个数组，保证位数长的数存储在数组 add1 中
   r_number(add1);        //逆序存放数组 add1
   r_number(add2);        //逆序存放数组 add2
   big_add(add1,add2,result) ;//逐位相加
   puts(result);
 }
```

案例运行结果

求大整数 2123456789 与 987654321 的和，其结果为 3111111110，如图 12-40 所示。

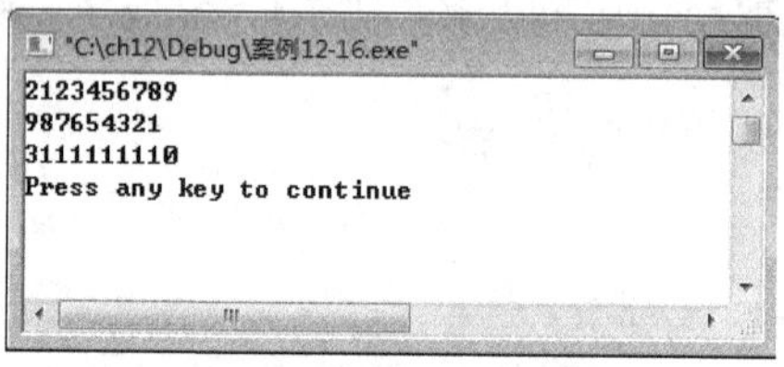

图 12-40 两个大整数相加的运行结果

【案例 12-17】输出斐波那契序列前 100 项。

若使用整型数组来求解斐波那契序列，前 47 项数据是完整且正确的。因为斐波那契序列第 46 项数据为 1134903170，第 47 项数据为 1836311903，利用第 46 项和第 47 项之和求解的第 48 项的数值 2971215073，超过了整型数据在 VC++ 6.0 下能表示的最大数值 2147483647，从而导致数据产生溢出获得一个错误值。这里使用大整数相加的方法，采用字符串存储大整数，完成斐波那契序列前 100 项的输出。

算法设计

设计一个二维数组存储斐波那契序列，定义数组的行下标的长度 100，表示存储数列的 100 项，列下标的长度 100，表示每项斐波那契序列的最多可以存储一个具有 100 位的十进制数，这样的二维数组的每一行都是以字符串形式存储的整数。

案例主要代码

```
#include "stdio.h"
#include "string.h"
void  r_number(char n[])
{
   int i,len=strlen(n);
   char t;
   for(i=0;i<len/2;i++) {
     t=n[i];
     n[i]=n[len-1-i];
```

```
        n[len-1-i]=t;
    }
}
void swap(char add1[],char add2[])
{
char t[100];
    if(strlen(add1)<strlen(add2)) {
        strcpy(t,add1);
        strcpy(add1,add2);
        strcpy(add2,t);
    }
}
void big_add(char add1[],char add2[],char result[])
{
  int carry=0,i;
  for(i=0;i<strlen(add1);i++){
      carry+=add1[i]-'0';
      if(i<strlen(add2)) carry+=add2[i]-'0';
      result[i]=carry%10+'0';
      carry=carry/10;
  }
   result[i]='\0';
   if(carry>0) strcat(result,"1");
   r_number(result);
}
void fibonacci_sequence(char array_fib[][100],int n)
{
  char add1[100],add2[100],result[101];
  int i;
  for(i=2;i<n;i++){
      strcpy(add1,array_fib[i-2]);
      strcpy(add2,array_fib[i-1]);
      swap(add1,add2);
      r_number(add1);
      r_number(add2);
      big_add(add1,add2,result);
      strcpy(array_fib[i],result);
  }
}
void main()
{
char array_fib[100][100]={"0","1",};
  int n,i;
  scanf("%d",&n);
  fibonacci_sequence(array_fib,n);
  for(i=1;i<=100;i++)
   {
     printf("%30s",array_fib[i-1]);
     if(i%5==0)printf("\n");
   }
}
```

案例运行结果

如图 12-41 所示，程序运行时，用户输入要求解的斐波那契序列的前 100 项。注意，由于运行结果中的部分数据位数较长，需要将运行结果界面横向放大，才能如图 12-41 所示那样有规则地、完整地显示数列前 100 项的值。

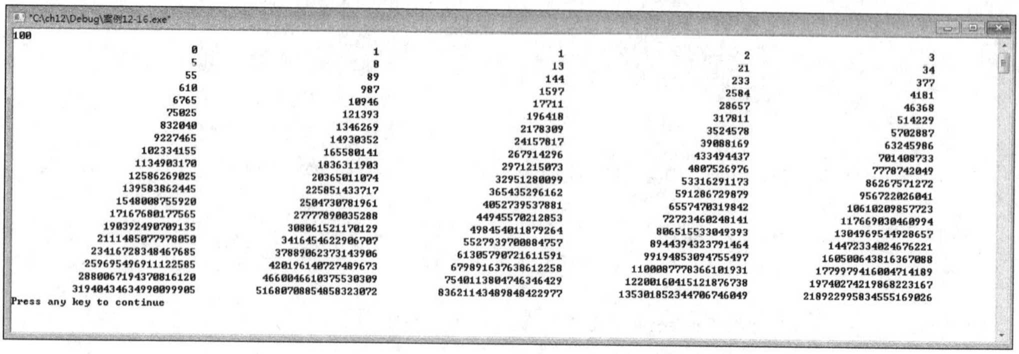

图 12-41　斐波那契序列前 100 项数的显示结果

实训 6　创意游戏——人机博弈

博弈论，又称对策论（game theory）、赛局理论等，既是现代数学的一个新分支，也是运筹学的一个重要学科。博弈论考虑游戏中的个体的预测行为和实际行为，并研究它们的优化策略。博弈论在金融学、证券学、生物学、经济学、国际关系、计算机科学、政治学、军事战略等方面都有广泛的应用。博弈论的基本概念包括参与人、行为、信息、战略、支付函数、结果、均衡。

人机博弈理论是一种研究人类与机器之间交互的理论模型，旨在分析和预测他们在特定情境下所做决策的方式。人机博弈就是人类和机器的一种比赛，如猜数字游戏、井字棋游戏、五子棋游戏、围棋游戏等。AlphaGo 是第一个击败人类职业围棋选手、第一个战胜围棋世界冠军的人工智能机器人。AlphaGo 的核心算法就是“落子选择器”，即程序观察棋盘布局企图找到最佳的下一步。事实上，它预测每一个合法下一步的最佳概率，那么最前面猜测的就是那个概率最高的。“落子选择器”是人机博弈程序的典型代表。

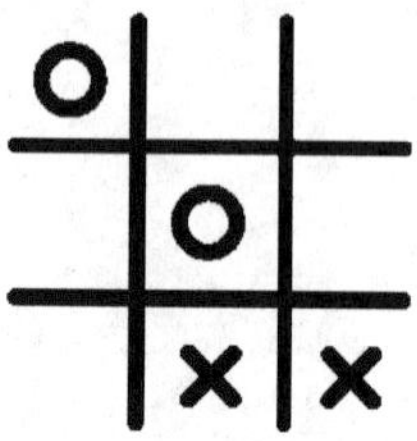

图 12-42　“井字棋”游戏示意图

本实训以“井字棋”游戏（图 12-42）设计开发为例，通过游戏整体分析、分部设计调试、组合实现等多个模块的实现对井字棋游戏程序设计。此外，面向更高需求的读者，案例设计无博弈算法、Minimax 博弈算法和蒙特卡罗博弈算法的实现与算法胜率对比，力图能够为读者展现面对复杂问题的分析方法、模块化程序设计步骤，以及如何综合运用 C 语言知识求解实际问题。

井字棋，英文名叫 Tic-Tac-Toe，是一种在 3×3 格子上进行的连珠游戏，与五子棋游戏类似，由于棋盘一般不画边框，格线排成井字而得名。现实游戏中需要的工具仅为纸和笔，然后由分别代表 O 和 X 的两个游戏者轮流在格子里留下标记（一般来说先手方为 X），任意三个标记形成一条直线，则为获胜。

1. 实训设计目的

1）掌握复杂问题分析、求解。
2）掌握人机博弈算法设计。
3）综合运用 C 语言的输出、选择、循环、数组、函数、文件等知识。

2. 实训任务目标

棋类游戏的设计一般包括：①棋盘设计与输出；②选择先手方；③双方落子，人方通过输入落子，机器方通过随机方法（或通过蒙特卡罗方法、极大极小算法）生成招法落子；④判断输赢。

先通过带参数的函数定义完成相对独立的功能的实现，再将函数全部组合起来。

3. 实训设计与实现

【案例 12-18】棋盘设计与初始化。

本案例是完成井字棋，其棋盘为 3×3 的格子组成。如何实现这个 3×3 的格子设置呢？根据 C 语言的输出是按照“行”进行的，联想 C 语言的知识，在棋盘设计的实施上可以用 3×3 二维数组来实现存储。设计如图 12-43 所示的棋盘，用竖线间隔列，用横线间隔行，不设置外框线。

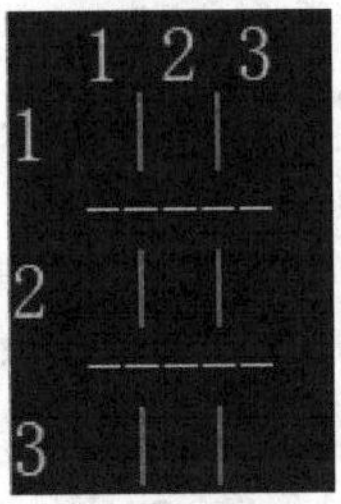

图 12-43 井字棋游戏棋盘

算法设计

棋盘设计：使用一个 3×3 的字符数组表示，每个元素代表一个位置，可以是空的、玩家 1 的棋子或玩家 2（计算机）的棋子。

这是一个 3 行 3 列的二维字符数组，即 char board[3][3];
每个元素代表棋盘上的一个位置，可以有以下三种状态：
1）'' 表示空位置；
2）'X' 表示玩家 1 的棋子；
3）'O' 表示玩家 2（计算机）的棋子。

棋盘初始化：通过一个双重循环将每个位置都设置为空字符 ''，确保每次新游戏开始时棋盘都是空的。初始化棋盘是游戏开始的关键步骤，确保游戏在正确的初始状态下进行，避免上一局游戏的残留状态影响新游戏。

案例主要代码

初始化棋盘：该函数的目的是将棋盘初始化为空格，表示所有位置均未被占用。

```
void initializeBoard(char board[3][3]) {
    for (int i=0; i<3; i++) {
        for (int j=0; j<3; j++) {
            board[i][j]=' ';}}}
```

打印棋盘：该函数负责打印当前棋盘状态，以便玩家查看。

```
void printBoard(char board[3][3]) {
    printf("Current Board:\n");
    for (int i=0; i<3; i++) {
        for (int j=0; j<3; j++) {
            printf(" %c ", board[i][j]);
            if (j<2) printf("|");}
        printf("\n");
        if (i<2) printf("---|---|---\n");}}
```

【案例 12-19】 玩家 1（人）落子。

玩家落子是井字棋游戏中玩家下棋的部分。在这个游戏中，玩家将选择一个位置，在棋盘上放置他们的棋子（'X'）。为了实现这一功能，设计一个 playerMove()函数。

算法设计

函数声明和参数，int playerMove(char board[3][3], int player);：

1）函数返回类型是 int，表示移动是否合法。如果合法返回 1，否则返回 0。

2）参数 char board[3][3]是一个 3×3 的字符数组，表示当前的棋盘状态。

3）参数 int player 表示当前玩家编号，1 表示玩家 1（使用'X'），2 表示玩家 2（使用'O'）。

变量声明：

1）row 和 col 用于存储玩家输入的行号和列号。

2）mark 是玩家的标志符号，根据玩家编号设置为'X'。

获取玩家输入：

1）printf()函数提示玩家输入行号和列号（范围为 1～3）。

2）scanf()函数从标准输入读取玩家输入的行号和列号。

验证输入合法性：

1）检查玩家输入的行号和列号是否在合法范围内（1～3）。

2）检查棋盘指定位置是否为空（' '）。

3）如果输入合法且位置为空，将棋盘对应位置设置为玩家的标志符号（'X'或'O'），并返回 1 表示成功。

4）如果输入不合法或位置不为空，提示玩家输入无效并返回 0 表示失败。

在实际游戏中，playerMove()函数通常会在一个循环中被调用，直到玩家输入合法位置。

案例主要代码

```
int playerMove(char board[3][3], int player) {
    int row, col;
    char mark=(player==1) ? 'X' : 'O';
    printf("Player %d (%c), enter row and column (1-3): ", player, mark);
    scanf("%d %d", &row, &col);
    row--; col--;                   //转换为 0 索引值
    if (row>=0 && row<3 && col>=0 && col<3 && board[row][col]==' ') {
        board[row][col]=mark;
```

```
        return 1;                    //成功移动
    } else {
        printf("Invalid move. Try again.\n");
        return 0;                    //未成功移动
}
```

【案例 12-20】计算机落子。

（1）无博弈算法落子

无博弈算法落子是让计算机在井字棋盘上随机选择一个空位置放置它的棋子（'O'）。这个功能通过 computerMoveRandom()函数实现。

算法设计

生成随机位置：

1）使用 rand() 函数生成一个随机数，需要引入“stdlib.h”文件。

2）rand() % 3 生成一个在 0～2 之间的随机整数，这个整数用于行号和列号。

3）do-while 循环确保生成的行号和列号对应的位置是空的（' '）。

4）如果生成的位置不空，循环会继续，直到找到一个空位置。

案例主要代码

```
void computerMoveRandom(char board[3][3]) {
    int row, col;
    do {
        row=rand() % 3;
        col=rand() % 3;
    } while (board[row][col]!=' ');
    board[row][col]='O';
    printf("Computer (Random) plays at (%d, %d)\n", row+1, col+1);
}
```

（2）Minimax 博弈算法落子

极小化极大（Minimax）算法是一种经典的博弈树搜索算法，用于决策的优化，特别是在两人零和游戏（如井字棋）中。Minimax 算法的核心思想是在整个游戏的决策树中搜索最优的决策。在每个决策节点，玩家和对手交替地进行移动，直到达到游戏的终止状态（胜利、失败或平局）。在叶子节点上，使用一个评估函数来评估局面的得分。Minimax 算法实现是通过递归评估每个可能的棋盘状态，并选择最大化最小收益的移动。对于最大化玩家（Max 玩家），Minimax 算法会选择最大化当前节点的得分。对于最小化玩家（Min 玩家），Minimax 算法会选择最小化当前节点的得分。

假设 X 是最大化玩家，O 是最小化玩家。最简单的评分策略之一是为包含 3 个 X 标记 [X Wins]的行指定+1 值，为包含 3 个 O 标记 [O Wins]的行指定值为-1，当比赛是平局时，可以通过遵循每个可能的移动路径来评估当前玩家的下一步移动。每个玩家都可以预测他们的对手会同样做出他们最好的举动。玩家 X 正在寻找 1 的分数，而玩家 O 正在寻找-1 的分数。

给定如图 12-44 所示的示例棋盘，Minimax 算法可用于确定玩家 X（最大化玩家）的最佳移动。X 有三个可用的方格来放置棋子。如图 12-45 所示，这些方格中的第一个和第三个结果是+1 的分数，X 立即获胜并结束游戏。第二个结果是游戏继续并切换到玩家 O 的回合。玩家 O 有两种选择，一种是 O 三连胜，得分为-1。玩家 O 将始终选择最小选项，因此它会向上回归到-1 层。X 的下一步是在+1 和-1 和+1 之间进行选择将被选中。当有两个价值相等的选项时，可以选择第一个。

图 12-44　以 X 作为 Minimax 的赢家

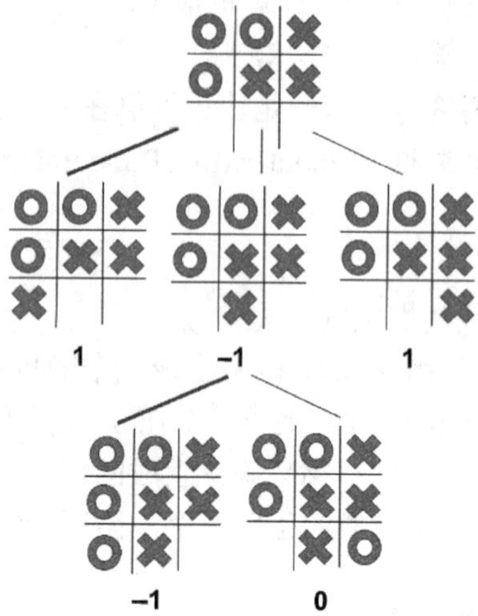

图 12-45　X 的选项分析

算法设计

初始化最佳分数和最佳落子：

1）bestScore 初始化为极小值-1000。

2）bestMove 用于记录最佳移动的行和列。

遍历所有空位置：

1）如果当前位置为空，则尝试将'O'放置在当前位置。

2）递归调用 Minimax 评估新棋盘状态，depth 为深度，isMaximizingPlayer 为 0 时表示玩家回合。

3）恢复当前位置为空。

4）如果 Minimax 返回的分数大于当前 bestScore，则更新 bestScore 和 bestMove。

执行最佳落子：

1）将'O'放置在最佳移动的位置。

2）打印计算机的移动位置。

案例主要代码

```
int minimax(char board[3][3], int depth, int isMaximizingPlayer) {
    int i,j;
    int score=checkWin(board);
    if (score==1) return -10;          //玩家 1 获胜
    if (score==2) return 10;           //玩家 2 获胜
    if (score==3) return 0;            //平局
    if (isMaximizingPlayer) {
```

```
        int bestScore = -1000;
        for (int i=0; i<3; i++) {
            for (int j=0; j<3; j++) {
                if (board[i][j]==' ') {
                    board[i][j]='O';  //计算机落子
                    bestScore = (bestScore>minimax(board, depth+1, 0)) ?
                                bestScore : minimax(board, depth+1, 0);
                    board[i][j]=' ';}}}
        return bestScore;
    } else {
        int bestScore=1000;
        for (i=0; i<3; i++) {
            for (j=0; j<3; j++) {
                if (board[i][j]==' ') {
                    board[i][j]='X';  //玩家落子
                    bestScore=(bestScore<minimax(board, depth+1, 1)) ?
                               bestScore : minimax(board, depth+1, 1);
                    board[i][j]=' ';}}}
        return bestScore;}
}

void computerMove(char board[3][3]) {
    int i,j;
    int bestScore=-1000;
    int bestMove[2];
    for (i=0; i<3; i++) {
        for (j=0; j<3; j++) {
            if (board[i][j]==' ') {
                board[i][j]='O';           //计算机落子
                int moveScore=minimax(board, 0, 0);//调用minimax 博弈函数
                board[i][j]=' ';
                if (moveScore> bestScore) {
                    bestMove[0]=i;
                    bestMove[1]=j;
                    bestScore=moveScore;}}}}
    board[bestMove[0]][bestMove[1]]='O';
    printf("Computer plays at (%d, %d)\n", bestMove[0]+1, bestMove[1] + 1);
}
```

（3）蒙特卡罗树搜索博弈算法落子

蒙特卡罗树搜索（Monte Carlo tree search，MCTS）是一种基于随机模拟的搜索博弈算法，常用于决策过程。它通过多次模拟游戏，从而选择出最佳的决策路径。普通的 Minimax 搜索树无法应用到搜索空间非常大的情况，而 MCTS 经常应用到非常复杂的博弈游戏中，如象棋、围棋。

在本案例中，因为只涉及了 9 个区域的落子，使用简化版的 MCTS 来进行实现：①获取有效落子列表；②随机模拟游戏结果；③选择最佳落子位置。

算法设计

数据结构（用于 MCTS 节点）：定义一个 Move 结构体，用于存储棋盘上的一个位置，包括行（row）和列（col）。

获取有效落子位置 getValidMoves()函数，函数遍历整个棋盘，将每一个空位的位置记录到 moves 数组中，并更新 moveCount，主要参数如下。

1）board：当前的棋盘状态。

2）moves：有效落子的数组。

3）moveCount：有效落子的数量。

随机模拟游戏 simulateRandomGame()函数，模拟一个随机游戏，直到游戏结束，主要步骤如下：

1）初始化变量 status、moveCount 和 moves 数组。

2）根据 currentPlayer 确定当前玩家的标志（mark）。

3）在游戏未结束时，获取所有有效移动并随机选择一个移动，将棋子放在该位置，并切换玩家。

主要参数如下：

1）board：当前的棋盘状态。

2）currentPlayer：当前玩家（1 表示 'X'，2 表示 'O'）。

案例主要代码

```
#include<stdlib.h>
#include<time.h>
typedef struct {
    int row, col;
} Move;
void getValidMoves(char board[3][3], Move moves[], int *moveCount) {
    int i,j;
    *moveCount=0;
    for (i=0; i<3; i++) {
        for (j=0; j<3; j++) {
            if (board[i][j]==' ') {
                moves[*moveCount].row=i;
                moves[*moveCount].col=j;
                (*moveCount)++;}}}}

 int simulateRandomGame(char board[3][3], int currentPlayer) {
     int status;
     int moveCount;
     Move moves[9];
     char mark=(currentPlayer==1) ? 'X' : 'O';
     while ((status=checkWin(board))==0) {
         getValidMoves(board, moves, &moveCount);
         if (moveCount==0) return 3;
         Move move=moves[rand()%moveCount];
         board[move.row][move.col]=mark;
         mark=(mark=='X') ? 'O' : 'X';}
     return status;
 }
void computerMoveMCTS(char board[3][3]) {
```

```
    int i,j;
    int bestScore=-1;
    Move bestMove;
    int moveCount;
    Move moves[9];
    getValidMoves(board, moves, &moveCount);
    srand(time(NULL));
    for (i=0; i<moveCount; i++) {
        int wins=0;
        int trials=100;
        for (j=0; j<trials; j++) {
            char tempBoard[3][3];
            memcpy(tempBoard, board, sizeof(tempBoard));
            tempBoard[moves[i].row][moves[i].col]='O';
            int result=simulateRandomGame(tempBoard, 1);
            if (result==2) wins++;}
        if (wins>bestScore) {
            bestScore=wins;
            bestMove=moves[i];}}
    board[bestMove.row][bestMove.col]='O';
    printf("Computer (MCTS) plays at (%d, %d)\n", bestMove.row+1,
      bestMove.col+1);
}
```

【案例 12-21】 判别输赢。

判断当前棋盘是否存在胜利者，或者是否已经平局。这个功能通过 checkWin()函数实现。

算法设计

判别输赢的方法具体如下。

1）行检查：遍历每一行，如果某一行的三个格子相同且不为空，返回胜利者。

2）列检查：遍历每一列，如果某一列的三个格子相同且不为空，返回胜利者。

3）对角线检查：检查两条对角线，如果任一对角线的三个格子相同且不为空，返回胜利者。

4）平局检查：遍历整个棋盘，如果存在空格子，表示游戏继续；否则，返回平局。

案例主要代码

```
int checkWin(char board[3][3]) {
int i,j;
 //检查行列
    for (i=0; i<3; i++) {
        if (board[i][0]==board[i][1]&&board[i][1]==board[i][2]&&
            board[i][0]!=' ')
            return (board[i][0]=='X') ? 1 : 2;
        if (board[0][i]==board[1][i]&&board[1][i]==board[2][i]&&
            board[0][i]!=' ')
            return (board[0][i]=='X') ? 1 : 2;
```

```
    }
    // 检查对角线
    if (board[0][0]==board[1][1]&&board[1][1]==board[2][2]&&
                board[0][0]!=' ')
        return (board[0][0]=='X') ? 1 : 2;
    if (board[0][2]==board[1][1]&&board[1][1]==board[2][0]&&
                board[0][2]!=' ')
        return (board[0][2]=='X') ? 1 : 2;
    // 检查平局
    for (i=0; i<3; i++) {
        for (j=0; j<3; j++) {
            if (board[i][j]==' ')
                return 0; // 游戏继续}}
    return 3; // 平局
}
```

【案例 12-22】主函数。

主函数首先询问玩家是否要先手，并根据玩家的输入设置 playerFirst 变量。然后，依次调用 playGame()函数三次，每次使用不同的计算机移动算法（无博弈随机、Minimax 和 MCTS）。

算法设计

playGame()函数的主要功能如下。

1）playGame()函数参数 playerFirst，表示玩家是否先手。

2）根据 playerFirst 参数，设置 currentPlayer 变量，1 表示玩家 1（'X'），2 表示玩家 2（'O'）。

3）游戏循环中，依次调用 playerMove()和 computerMoveFunc()函数，直到游戏结束。

4）打印最终的棋盘状态和结果。

案例主要代码

```
int main() {
    int playerFirst;
    printf("Do you want to go first? (1 for Yes, 0 for No): ");
    scanf("%d", &playerFirst);
    printf("Playing game with Random algorithm:\n");
    playGame(computerMoveRandom, playerFirst);
    printf("\nPlaying game with Minimax algorithm:\n");
    playGame(computerMoveMinimax, playerFirst);
    printf("\nPlaying game with MCTS algorithm:\n");
    playGame(computerMoveMCTS, playerFirst);
    return 0;
}
void playGame(void (*computerMoveFunc)(char[3][3]), int playerFirst) {
    char board[3][3];
    initializeBoard(board);
    int currentPlayer=playerFirst ? 1 : 2; /*1 表示玩家 1 ('X'),
                                              2 表示玩家 2 ('O')*/
```

```
    int status;
    while ((status=checkWin(board))==0) {
        printBoard(board);
        if (currentPlayer==1) {
            playerMove(board);
            currentPlayer=2;
        } else {
            computerMoveFunc(board);
            currentPlayer=1;
        }
    }
    printBoard(board);
    if (status==1) {
        printf("Player wins!\n");
    } else if (status==2) {
        printf("Computer wins!\n");
    } else {
        printf("It's a draw!\n");
    }
}
```

案例运行结果

本案例运行结果如图 12-46 所示。

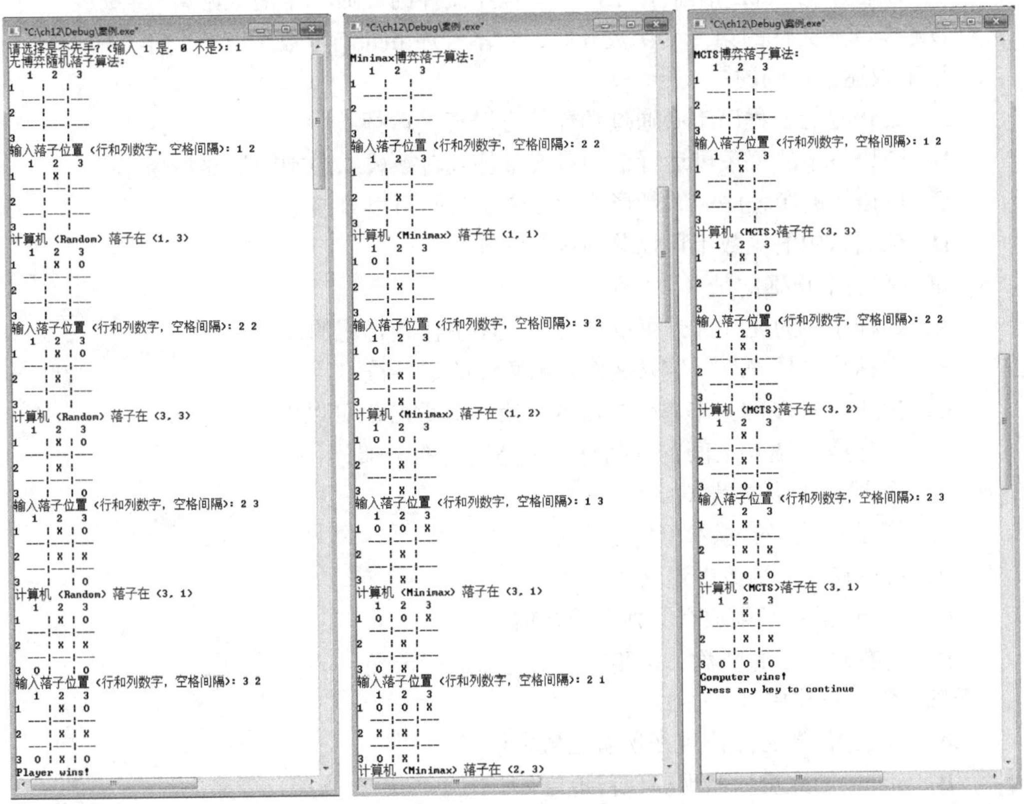

图 12-46 井字棋不同算法运行结果

经典习题及答案

题型一　单项选择题

第 1 部分　C 语言概述

1．C 语言源程序的基本单位是（　　）。

A．过程　　B．函数　　C．子程序　　D．标识符

2．下列字符序列中，可用作 C 语言标识符的一组字符序列是（　　）。

A．S.b，sum，average，_above　　B．class，day，lotus_1，2day

C．#md，&12x，month，student_n!　　D．D56，r_1_2，name，_st_1

3．一个 C 程序的运行是从（　　）。

A．本程序的 main()函数开始，到 main()函数结束

B．本程序文件的第一个函数开始，到本程序文件的最后一个函数结束

C．本程序的 main()函数开始，到本程序文件的最后一个函数结束

D．本程序文件的第一个函数开始，到本程序 main()函数结束

4．以下叙述中正确的是（　　）。

A．C 语言的源程序不必通过编译就可以直接运行

B．C 语言中的每条可运行语句最终都将被转换成二进制的机器指令

C．C 语言的源程序经编译形成的二进制代码可以直接运行

D．C 语言中的函数不可以单独进行编译

5．以下叙述中正确的是（　　）。

A．C 程序中的注释部分可以出现在程序中任意合适的地方

B．大括号“{”和“}”只能作为函数体的定界符

C．构成 C 程序的基本单位是函数，所有函数名都可以由用户命名

D．分号是 C 语句之间的分隔符，不是语句的一部分

6．以下叙述中正确的是（　　）。

A．构成 C 程序的基本单位是函数

B．可以在一个函数中定义另一个函数

C．main()函数必须放在其他函数之前

D．所有被调用的函数一定要在调用之前进行定义

7．在一个 C 程序中（　　）。

A．main()函数必须出现在所有函数之前

B．main()函数可以出现在任何地方

C．main()函数必须出现在所有函数之后

D. main()函数必须出现在固定位置

8. 下列叙述中正确的是（　　）。

A. C 语言比其他语言高级

B. C 语言可以不用编译就能被计算机识别运行

C. C 语言以接近英语国家的自然语言和数学语言作为语言的表达形式

D. C 语言出现得最晚，具有其他语言的一切优点

9. 下列说法不正确的是（　　）。

A. 一个 C 程序可以由多个文件组成，一个 C 程序文件又可由多个函数构成

B. C 程序的模块化设计是通过函数来实现的

C. 一个 C 程序中的注释说明语句只能写在一行中

D. 一个 C 程序总是从 main()函数开始运行，且这个函数的位置任意

10. 下列有关 C 语言描述不正确的是（　　）。

A. 一条语句可以写在多行上　　B. C 语言本身没有输入、输出语句

C. C 程序由若干个函数构成　　D. C 语言不能直接对硬件进行操作

第 2 部分　数据类型及其运算

1. sizeof(double)是（　　）。

A. 一种函数调用　　B. 一个整型表达式

C. 一个双精度表达式　　D. 一个不合法的表达式

2. 以下数据中，不正确的数值或字符常量是（　　）。

A. 0　　B. 5L　　C. o13　　D. 9861

3. 下列不合法的十六进制数是（　　）。

A. 0xff　　B. 0Xcde　　C. ox11　　D. 0x23

4. 以下选项中，正确的赋值语句是（　　）。

A. a=1,b=2　　B. j++　　C. a=b=5;　　D. y=int(x)

5. 以下关于运算符优先顺序的描述正确的是（　　）。

A. 关系运算符<算术运算符<赋值运算符<逻辑运算符

B. 逻辑运算符<关系运算符<算术运算符<赋值运算符

C. 赋值运算符<逻辑运算符<关系运算符<算术运算符

D. 算术运算符<关系运算符<赋值运算符<逻辑运算符

6. 在 C 语言中，能代表逻辑值“真”的是（　　）。

A. True　　B. 大于 0 的数　　C. 非 0 整数　　D. 非 0 的数

7. 下列变量说明语句中，正确的是（　　）。

A. char:a b c;　　B. char a;b;c;　　C. int x;z;　　D. int x,z;

8. 下列 4 个选项中，均是 C 语言关键字的是（　　）。

A. auto　sin　include　　B. switch　typedef　continue

C. signed　union　scanf　　D. if　struct　type

9. 以下不正确的叙述是（　　）。

A. 在 C 程序中所用的变量必须先定义后使用

B．程序中，APH 和 aph 是两个不同的变量

C．若 a 和 b 类型相同，运行赋值语句 a=b 后，b 的值将放入 a 中，b 的值不变

D．当输入数值数据时，对整型变量只能输入整型值，对实型变量只能输入实型值

10．表达式 0x13&0x17 的值是（　　）。

A．0x17　　B．0x13　　C．0xf8　　D．0xec

11．若 a=1,b=2，则 a|b 的值是（　　）。

A．0　　B．1　　C．2　　D．3

12．能正确表示逻辑关系“a≥10 或 a≤0”的 C 语言表达式是（　　）。

A．a>=10 or a<=0　　B．a>=0|a<=10

C．a>=10&&a<=0　　D．a>=10||a<=0

13．以下数据中，不正确的数值是（　　）。

A．8.9e1.2　　B．10　　C．0xff00　　D．82.5

14．若希望当 A 的值为奇数时，表达式的值为“真”，A 的值为偶数时，表达式的值为“假”，则以下不能满足要求的表达式是（　　）。

A．A%2==1　　B．!(A%2==0)　　C．!(A%2)　　D．A%2

15．判断 char 型变量 cl 是否为小写字母的正确表达式是（　　）。

A．'a'<=cl<='z'　　B．(cl>=a)&&(cl<=z)

C．('a'>=cl)||('z'<=cl)　　D．(cl>='a')&&(cl<='z')

16．逻辑运算符两侧运算对象的数据类型（　　）。

A．只能是 0 或 1　　B．只能是 0 或非 0 正数

C．只能是整型或字符型数据　　D．可以是任何类型的数据

17．下列程序段的运行结果为（　　）。

```
float x=213.82631;
printf("%3d",(int)x);
```

A．213.82　　B．213.83　　C．213　　D．3.8

18．运行下列程序段后，a 和 b 的值分别为（　　）。

```
int a,b;
a=1+'a';
b=2+7%-4-'A';
```

A．-63,-64　　B．98,-60　　C．1,-60　　D．79,78

19．设变量已正确定义并赋值，以下正确的表达式是（　　）。

A．x=y*5=x+z　　B．int(15.8%5)　　C．x=y+z+5,++y　　D．x=25%5.0

20．若已定义 x 和 y 为 double 类型，则表达式 x=1,y=x+3/2 的值是（　　）。

A．1　　B．2　　C．2.0　　D．2.5

第 3 部分　C 语言输入/输出

1．若 ch 为 char 型变量，k 为 int 型变量（已知字符 a 的十进制 ASCII 值为 97），则以下程序段的运行结果是（　　）。

```
ch='a';
k=12;
printf("%x,%o,",ch,ch,k);
printf("k=%%d\n",k);
```

A．因变量类型与格式描述符的类型不匹配，输出无定值

B．输出项与格式描述符个数不符，输出为零值或不定值

C．61,141,k=%d

D．61,141,k=%12

2．若 a 是 float 型变量，b 是 unsigned 型变量，以下输入语句中合法的是（　　）。

A．scanf("%6.2f%d",&a,&b);　　B．scanf("%f%n",&a,&b);

C．scanf("%f%3o",&a,&b);　　D．scanf("%f%f",&a,&b);

3．以下语句中，不能实现回车换行的是（　　）。

A．printf("\n");　　B．putchar("\n");

C．printf("%s", "\n");　　D．putchar('\n');

4．printf()函数中用到格式符%5s，其中数字 5 表示输出的字符串占用 5 列，如果字符串长度大于 5，则输出方式为（　　）。

A．从左起输出该字符串，右补空格　　B．按原字符长从左向右全部输出

C．右对齐输出该字串，左补空格　　D．输出错误信息

5．putchar()函数可以向终端输出一个（　　）。

A．整型变量表达式值　　B．实型变量值

C．字符串　　D．字符或字符型变量值

6．以下程序段运行的结果是（　　）。

```
int x=102,y=012;   printf("%2d,%2d\n",x,y);
```

A．10,01　　B．102,12　　C．102,10　　D．02,10

7．下列程序段：

```
int a=1234;
float b=123.456;
double c=12345.54321;
printf("%2d,%2.1f,%2.1f",a,b,c);
```

运行结果是（　　）。

A．无输出　　B．12,123.5,12345.5

C．1234,123.5,12345.5　　D．1234,123.4,1234.5

8．若运行时给变量 x 输入 12，则以下程序段的运行结果是（　　）。

```
int x,y;
scanf("%d",&x);
y=x>12?x+10:x-12;
printf("%d\n",y);
```

A．0　　B．22　　C．12　　D．10

第 4 部分　C 语言控制结构

1．以下程序段的运行结果是（　　）。

```
int i=1,sum=0;
```

```
while(i<10)
   sum=sum+1;
i++;
printf("i=%d,sum=%d",i,sum);
```

A. i=10,sum=9　　B. i=9,sum=9

C. i=2,sum=1　　D. 运行时，程序陷入死循环

2. 以下程序段的运行结果是（　　）。

```
int n;
for(n=1;n<=10;n++)
{  if(n%3==0)  continue;
   printf("%d",n);
}
```

A. 12457810　　B. 369　　C. 12　　D. 1234567890

3. 在C语言中，if语句后的一对圆括号中用于决定分支流程的表达式（　　）。

A. 只能用逻辑表达式　　B. 只能用关系表达式

C. 只能用逻辑表达式或关系表达式　　D. 可用任意表达式

4. 在以下表达式中，与do…while(E)语句中的E不等价的表达式是（　　）。

A. !E==0　　B. E>0||E<0　　C. E==0　　D. E!=0

5. 假定所有变量均已正确定义，下列程序段运行后x的值是（　　）。

```
k1=1; k2=2; k3=3; x=15; if(!k1) x--; else if(k2) x=4; else x=3;
```

A. 14　　B. 4　　C. 15　　D. 3

6. 下列程序段的运行结果是（　　）。

```
int x=1,y=0,a=0,b=0;
 switch(x)
 {  case 1: switch(y)
    {  case 0: a++;  break;  case 1: b++;  break;  }
    case 2:  a++;  b++;  break;
    case 3:  a++;  b++;  break;  }
 printf("a=%d,b=%d\n",a,b);
```

A. a=1,b=0　　B. a=2,b=1　　C. a=1,b=1　　D. a=2,b=2

7. 在C语言中，为了结束由while语句构成的循环，while后的一对圆括号中表达式的值应为（　　）。

A. 0　　B. 1　　C. True　　D. 非0

8. 下列程序段的输出结果为（　　）。

```
int  y=10;
 while(y--);
 printf("y=%d\n",y);
```

A. y=0　　B. while构成无限循环

C. y=1　　D. y=-1

9. C语言的if语句嵌套时，if与else的配对关系是（　　）。

A. 每个else总是与它上面的最近的尚未配对的if配对

B. 每个else总是与最外层的if配对

C. 每个else与if的配对是任意的

D．每个 else 总是与它上面的 if 配对

10．设 j 和 k 都是 int 类型，则 for 循环语句 for(j=0,k=-1;k=1;j++,k++)　printf("****\n");（　　）。

A．循环结束的条件不合法　　B．是无限循环

C．循环体一次也不运行　　D．循环体只运行一次

第 5 部分　数　　组

1．下列数组说明中，正确的是（　　）。

A．int array[][4];　B．int array[][];　C．int array[][][5];　D．int array[3][];

2．下列数组说明中，正确的是（　　）。

A．static char str[]="China";

B．static char str[]; str="China";

C．static char str1[5],str2[]={"China"}; str1=str2;

D．static char str1[],str2[];str2={"China"}; strcpy(str1,str2);

3．下列定义数组的语句中正确的是（　　）。

A．#define size 10　char str1[size],str2[size+2];

B．char str[];

C．int num['10'];

D．int n=5; int a[n][n+2];

4．下列定义数组的语句中不正确的是（　　）。

A．static int a[2][3]={1,2,3,4,5,6};　　B．static int a[2][3]={{1},{4,5}};

C．static int a[][3]={{1},{4}};　　D．static int a[][]={{1,2,3},{4,5,6}};

5．int a[10];合法的数组元素的最小下标值为（　　）。

A．10　B．9　C．1　D．0

6．static char str[10]="China";数组元素的个数为（　　）。

A．5　B．6　C．9　D．10

7．字符数组 a 已正确定义，以下语句中不能从键盘上给 a 数组的所有元素输入值的语句是（　　）。

A．gets(a);　　B．scanf("%s",a);

C．for(i=0;i<10;i++)　a[i]=getchar();　　D．a=getchar();

8．char a[]="This is a program.";输出前 5 个字符的语句是（　　）。

A．printf("%.5s",a);　　B．puts(a);

C．printf("%s",a);　　D．a[5*2]=0; puts(a);

9．如有 10 个元素的整型数组 a，给数组 a 的所有元素分别赋值为 1、2、3……的语句是（　　）。

A．for(i=1;i<11;i++) a[i]=i;　　B．for(i=1;i<11;i++) a[i-1]=i;

C．for(i=1;i<11;i++) a[i+1]=i;　　D．for(i=1;i<11;i++) a[0]=1;

10．以下程序段的运行结果为（　　）。

```
char c[]="abc";
```

```
int i=0;
do ;
while(c[i++]!='\0');
printf("%d",i-1);
```

A. abc　　B. ab　　C. 2　　D. 3

第 6 部分　函数与编译预处理

1. 若已定义的函数有返回值，则以下关于该函数调用的叙述中错误的是（　　）。
   A. 函数调用可以作为独立的语句存在
   B. 函数调用可以作为一个函数的实参
   C. 函数调用可以出现在表达式中
   D. 函数调用可以作为一个函数的形参
2. 下列说法不正确的是（　　）。
   A. 主函数 main()中定义的变量在整个文件或程序中有效
   B. 不同函数中，可以使用相同名字的变量
   C. 形参是局部变量
   D. 在一个函数内部，在复合语句中定义的变量，只在复合语句中有效
3. 关于 return 语句，下列正确的说法是（　　）。
   A. 主函数和其他函数中均可出现　　B. 必须在每个函数中出现
   C. 一次可以带回多个值给主调函数　　D. 只能在除主函数之外的函数中出现一次
4. 在 C 语言的函数中，下列正确的说法是（　　）。
   A. 必须有形参　　B. 形参必须是变量名
   C. 可以有也可以没有形参　　D. 数组名不能作为形参
5. 在 C 语言程序中（　　）。
   A. 函数的定义可以嵌套，但函数的调用不可以嵌套
   B. 函数的定义不可以嵌套，但函数的调用可以嵌套
   C. 函数的定义和函数调用均可以嵌套
   D. 函数的定义和函数调用均不可以嵌套
6. C 语言规定，函数返回值的类型由（　　）。
   A. return 语句中的表达式类型决定　　B. 调用该函数时的主调函数类型决定
   C. 调用该函数时系统临时决定　　D. 定义该函数时所指定的函数类型决定
7. 在 C 语言程序中，当调用函数时（　　）。
   A. 实参和形参各占一个独立的存储单元
   B. 实参和形参可以共用存储单元
   C. 可以由用户指定是否共用存储单元
   D. 计算机系统自动确定是否共用存储单元
8. 数组名作为实参传递给函数时，数组名被处理为（　　）。
   A. 该数组的长度　　B. 该数组的元素个数
   C. 该数组的首地址　　D. 该数组中各元素的值

9．以下叙述中正确的是（　　）。

A．全局变量的作用域一定比局部变量的作用域范围大

B．静态（static）类别变量的生存期贯穿整个程序的运行期间

C．函数的形参都属于全局变量

D．未在定义语句中赋初值的 auto 变量和 static 变量的初值都是随机值

10．以下函数调用语句中实参的个数是（　　）。

```
fun((v1,v2),(v3,v4,v5),v6);
```

A．3　　B．4　　C．5　　D．6

第 7 部分　指　　针

1．变量的指针含义是该变量的（　　）。

A．值　　B．地址　　C．名　　D．一个标志

2．已知 p、p1 为指针变量，a 为数组名，j 为整型变量，下列赋值语句中不正确的是（　　）。

A．p1=&j,p=p1;　　B．p=a;　　C．p=&a[j];　　D．p=10;

3．设有定义 int n1=0,n2,*p=&n2,*q=&n1;，以下表达式与 n2=n1 等价的是（　　）。

A．*p=*q　　B．p=q　　C．p=&n1　　D．p=*q

4．两个指针变量不可以（　　）。

A．相加　　B．比较　　C．相减　　D．指向同一地址

5．若已定义 x 为 int 类型变量，下列语句中说明指针变量 p 的正确语句是（　　）。

A．int p=&x;　　B．int *p=x;　　C．int *p=&x;　　D．*p=*x;

6．关于指针的概念说法不正确的是（　　）。

A．一个指针变量只能指向同一类型变量

B．一个变量的地址称为该变量的指针

C．只有同一类型变量的地址才能放到指向该类型变量的指针变量中

D．指针变量可以由整数赋值，不能用浮点数赋值

7．下列判断正确的是（　　）。

A．char *a="china";等价于 char *a;　*a="china";

B．char str[10]={"china"};等价于 char str[10];　str[]={"china"};

C．char *s="china";等价于 char *s;　s="china";

D．char c[4]="abc",d[4]="abc";等价于 char c[4]=d[4]="abc";

8．下列正确的赋值语句是（设 char a[5],*p=a;）（　　）。

A．p="abcd";　　B．a="abcd";　　C．*p="abcd";　　D．*a="abcd";

9．设 char *s="\ta\017bc";，则指针变量 s 指向的字符串所占的字节数是（　　）。

A．9　　B．5　　C．6　　D．7

10．若有定义 int a[5],*p=a;，则对 a 数组元素地址的正确引用是（　　）。

A．&a[5]　　B．p+2　　C．a++　　D．&a

第 8 部分 结构体和共用体

1．当定义一个结构体变量时，系统分配给它的内存空间是（　　）。

A．各成员所需内存量的总和　　B．结构中第一个成员所需内存量

C．结构中最后一个成员所需内存量　　D．成员中占内存量最大者所需的容量

2．设有如下定义：

```
struct sk
{ int a;  float  b;}data,*p;
```

若使 p 指向 data，则正确的赋值语句是（　　）。

A．p=&data;　　B．p=(struct sk*) data.a;

C．*p=data;　　D．p=(struct sk*)data.a;

3．以下对枚举类型名的定义中正确的是（　　）。

A．enum a={sum,mon,tue};　　B．enum a {sum=9,mon=-1,tue};

C．enum a={"sum","mon","tue"};　　D．enum a {"sum","mon","tue"};

4．在下列程序段中，枚举变量 c1、c2 的值依次是（　　）。

```
enum color {red,yellow,blue=4,green,white} c1,c2;
c1=yellow;  c2=white;
printf("%d,%d\n",c1,c2);
```

A．1,6　　B．2,5　　C．1,4　　D．2,6

5．结构体类型的定义允许嵌套是指（　　）。

A．结构体成员变量可以是已经定义的结构体类型

B．结构体成员变量可以重名

C．可以定义多个结构体类型

D．结构体类型可以派生

6．对结构体类型变量成员的访问，无论数据类型如何都可使用的运算符是（　　）。

A．.　　B．->　　C．*　　D．&

7．说明一个类型名 STP，使定义语句 STP s 等价于 char *s，以下语句中正确的是（　　）。

A．typedef STP char *s;　　B．typedef *char STP;

C．typedef stp *char;　　D．typedef char* STP;

8．有以下程序，表达式的值为 11 的是（　　）。

```
struct st { int x;  int *y; } *pt;
int a[]={1,2}, b[]={3,4};
struct st c[2]={10,a,20,b};
pt=c;
```

A．*pt->y　　B．pt->x　　C．++pt->x　　D．(pt++)->x

9．若有定义 union data { int i;　char c;　float f; }x;　int y;，则以下语句正确的是（　　）。

A．x=10.5;　　B．x.c=101;　　C．y=x;　　D．printf("%d\n",x);

10．有定义 struct data {int i; char ch; float f;}a;，若整型数据占 2 字节的空间，则变量 a 在内存中占用的字节数为（　　）。

A．7　　B．4　　C．3　　D．1

第9部分 文 件

1．C 语言中的文件的存储方式有（ ）。

A．只能顺序存取　　B．只能随机存取（或直接存取）

C．可以顺序存取，也可随机存取　　D．只能从文件的开头进行存取

2．应用缓冲文件系统对文件进行读写操作，打开文件的函数为（ ）。

A．open()　　B．fopen()　　C．close()　　D．fclose()

3．若文件 f1.txt 中原有内容为 good，则以下程序段运行后文件 f1.txt 的内容为（ ）。

```
FILE *fp1; fp1=fopen("f1.txt", "a");
  fprintf(fp1,"abc");
  fclose(fp1);
```

A．goodabc　　B．abcd　　C．abc　　D．abcgood

4．以下哪个函数不能实现从键盘上输入一个字符的功能（ ）。

A．getchar()　　B．gets()　　C．scanf()　　D．fread()

5．打开文件时，方式 "w" 决定了对文件进行的操作是？（ ）

A．只写　　B．只读　　C．可读可写　　D．追加写

6．若调用 fputc()函数向磁盘文件写入一个字符成功，则其返回值是（ ）。

A．EOF　　B．1　　C．0　　D．写入字符的 ASCII 值

7．若以"a+"方式打开一个已存在的文件，则以下叙述正确的是（ ）。

A．文件打开时，原有文件内容保留，位置指针移到文件末尾，可追加可读

B．文件打开时，原有文件内容保留，位置指针移到文件开头，可重写可读

C．文件打开时，原有文件内容被删除，只可做写操作

D．以上说法皆不正确

8．若用 fopen()函数以新建方式打开一个二进制文件，该文件要既能写也能读，则文件打开方式字符串应是（ ）。

A．"ab++"　　B．"wb+"　　C．"rb+"　　D．"ab"

9．若 fp 已正确定义并指向某个文件，当未遇到该文件结束标志时函数 feof（fp）的值为（ ）。

A．0　　B．1　　C．-1　　D．一个非 0 值

单项选择题答案

第1部分 C 语言概述

1～5　BDABA　　6～10　ABCCD

第2部分 数据类型及其运算

1～5　BCCCC　　6～10　DDBDB　　11～15　DDACD　　16～20　DCBCC

第 3 部分　C 语言输入/输出

1～5　CCBBD　6～8　CCA

第 4 部分　C 语言控制结构

1～5　DADCB　6～10　BADAB

第 5 部分　数　组

1～5　AAADD　6～10　DDABD

第 6 部分　函数与编译预处理

1～5　DAACB　6～10　DACBA

第 7 部分　指　针

1～5　BDAAC　6～10　DCACB

第 8 部分　结构体和共用体

1～5　AABAA　6～10　ADCBA

第 9 部分　文　件

1～5　CBADA　6～9　DABA

题型二　填　空　题

第 1 部分　数据类型及输入/输出

1．C 语言表达式!(3<6)||(4<9)的值是__________。

2．设 a、b、t 为整型变量，初值为 a=7，b=9，运行语句 t=(a>b)?a:b;后，t 的值是__________。

3．运行语句 int x=4,y=25,z=5; z=y/x*z;后，z 的值是__________。

4．已知 i=5，语句 a=i++;运行后整型变量 a 的值是__________。

5．设 x 的值为 15，n 的值为 2，则表达式 x%=n+3 运行后 x 的值是__________。

6．已知 i=5，语句 i+=012;运行后整型变量 i 的十进制值是__________。

7．已知 i=5.6，语句 a=(int)i;运行后变量 i 的值是__________。

8．已知 i=5，写出语句 i*=i+1;运行后整型变量 i 的值是__________。

9．语句 b=(a=6,a*3);运行后整型变量 b 的值是__________。

10．已知 a=12，表达式(0<a)&&(a<2)的值是__________。

11．表达式 1.234&&5.982 的值是__________。

12．补充 scanf 语句，使其能够实现为整型变量 a 输入值。

```
scanf("%d",__________);
```

13．已知 int a=1,b=2,c=3;，运行语句 a=b=c;后 a 的值是__________。

14．已知 int a=1,b=2,c=3;，表达式(a&b)||(a|b)的值是__________。

15．假设变量 a，b 均为整型，表达式(a=5,b=2,a>b?a++:b++,a+b)的值是__________。

第 2 部分　C 语言控制结构

1．C 语言的 3 种基本结构是__________结构、选择结构、循环结构。

2．为了避免嵌套条件语句的二义性，C 语言规定 else 与其前面最近的在同一层的未配对的__________配对。

3．当 a=1，b=2，c=3 时，运行程序段 if(a>c) b=a;　a=c;　c=b;后，a=__________。

4．当 a=3，b=2，c=1 时，运行以下程序段后，a=__________。

```
if(a>b) a=b;  if(b>c) b=c;  else c=b;  c=a;
```

5．若所用变量均已正确定义，则运行下面程序段后的值是__________。

```
for(i=0; i<2; i++) printf("YES");  printf("\n");
```

6．以下程序段要求从键盘输入字符，当输入字母为'Y' 时，运行循环体，则括号内应填写__________。

```
ch=getchar();
while(ch __________ 'Y')
ch=getchar();
```

7．设 i，j，k 均为 int 型变量，则运行 for 循环 for(i=0,j=10;i<=j;i++,j--) k=i+j;后，k 的值为__________。

8．程序段 int k=10; while(k=0)　k=k-1;循环体语句运行__________次。

9．若输入字符串 abcde↙，则以下 while 循环体将运行__________次。

```
while((ch=getchar())=='e') printf("*");
```

10．运行以下程序段后的输出结果为__________。

```
int a;
for(a=0;a<10;a++);
printf("%d",a);
```

第 3 部分　数　　组

1．运行语句 char str[81]="abcdef";后，字符串 str 结束标志存储在 str[__________]中。

2．在 C 语言中，数组元素的下标下限为__________。

3．在 C 语言中，数组名是一个不可变的地址________量（常/变），不能对它进行加减和赋值运算。

4．若已定义 int a[10]={9,4,12,8,2,10,7, 5,1,3};，则该数组可用的最大下标值是__________。

5．在 C 语言中，二维数组在内存中的存放方式为按__________（行/列）优先存放。

6．定义 int a[2][3];表示数组 a 中的元素个数是__________个。

7．字符串的结束标志是'________'。

8．int a[3][3]={{1,2,3},{4,5,6},{7,8,9}};，其中 a[1][2]的值为__________。

9．若有定义 char s[ ]="China";，则 C 系统为数组 s 开辟__________字节的内存单元

（用阿拉伯数字填写）。

10．运行下面程序段，若输入：abcd　efgh，则输出__________。

```
char a[30];
scanf("%s",a);
printf("%s",a);
```

第 4 部分　函数与编译预处理

1．求字符串长度的库函数是__________（只写函数名）。

2．复制字符串的库函数是__________（只写函数名）。

3．字符串比较的库函数是__________（只写函数名）。

4．函数调用时的实参和形参之间的数据是单向__________传递。

5．在 C 语言中，__________是程序的基本组成部分。

6．如果函数不要求带回值，可用__________类型来定义函数返回值为空。

7．函数的__________调用是一个函数直接或间接地调用自身。

8．函数调用语句 func((e1,e2 ,e3),(e4,e5))中含有__________个实参。

9．静态变量和外部变量的初始化是在____【1】____阶段完成的，而自动变量的赋值是在____【2】____时进行的。

10．一个 C 源程序中至少应包括一个__________函数（只写函数名）。

第 5 部分　指　　针

1．运行下列语句后，*(p+1)的值是__________。

```
char s[3]="ab",*p;p=s;
```

2．将数组 a 的首地址赋给指针变量 p 的语句是__________。

3．运行以下程序段后，s 的值是__________。

```
int a[]={5,3,7,2,1,5,3,10},s=0,k;   for(k=0;k<8;k+=2)  s+=*(a+k);
```

4．在 C 程序中，只能给指针赋 NULL 值和_______值。

5．运行以下程序段后运行结果是__________。

```
char s[]="Yes\n/No",*ps=s;
puts(ps+4);
*(ps+4)=0;
puts(s);
```

6．运行以下程序段后输出结果是__________（程序中字符串各单词之间有一个空格）。

```
char str1[]="How do you do", *p1=str1;
strcpy(str1+strlen(str1)/2,"es she");
printf("%s \n",p1);
```

7．以下函数按每行 8 个输出数组中的数据，请将代码补充完整。

```
void fun(int *w, int n)
{  int i;
   for(i=0; i<n; i++)
   {  __________  printf("\n");    printf("%d",w); }
   printf("\n");}
```

第 6 部分　结构体、共用体和文件

1．结构体是不同数据类型的数据集合，作为数据类型，必须先说明结构体_______，再说明结构体变量。

2．设有定义 struct stud{ char num[6];int s[4];double ave;}a;，则变量 a 在内存所占字节数是_________。

3．设有定义 struct DATE{int year;int month; int day;}; 请写出一条定义语句，定义 d 为上述结构体变量，并同时为其成员 year、month、day 依次赋初值 2006、10、1：_________。

4．C 语言中调用_________函数来关闭文件（只写函数名）。

5．ANSI C 提供了两种类型的文件：二进制文件和_______文件。

6．feof(fp)函数用来判断文件是否结束，若文件未结束，则函数值为______。

7．以下程序运行后的结果是_________。

```
struct st { int x, y;}data[2]={1, 10, 2, 20};
void main()
{ struct st *p=data;
  printf("%d,",p->y);
  printf("%d\n",(++p)->x); }
```

8．以下程序用来判断指定文件是否能正常打开，请填空。

```
void main( )
{ FILE *fp;
  if(((fp=fopen("test.txt","r"))== _________))
    printf("未能打开文件!\n");
  else printf("文件打开成功!\n"); }
```

填空题答案

第 1 部分　数据类型及输入/输出

1．1	2．9	3．30	4．5
5．0	6．15	7．5.6	8．30
9．18	10．0	11．1	12．&a
13．3	14．1	15．8	

第 2 部分　C 语言控制结构

1．顺序	2．if	3．3	4．2
5．YESYES	6．==	7．10	8．0
9．0	10．10		

第3部分 数 组

1．6　　2．0　　3．地址　　4．9
5．行　　6．6　　7．'\0'　　8．6
9．6　　10．abcd

第4部分 函数与编译预处理

1．strlen　　2．strcpy　　3．strcmp　　4．值
5．函数　　6．void　　7．递归　　8．2
9．【1】编译　【2】函数调用　　10．main

第5部分 指 针

1．b　　2．p=a;　　3．16　　4．地址
5．Yes↙ /No↙　　6．How does she　　7．if(i%8==0)

第6部分 结构体、共用体和文件

1．类型　　2．30　　3．struct DATA d={2006,10,1};
4．fclose　　5．文本　　6．0　　7．10,2
8．NULL

题型三 程序改错题

下列程序 FOUND 标识后面的行有错误，请找出，并改正。

第1部分 基本控制结构

1．求解下列表达式的值。

$$S=1+\frac{1}{1+2}+\frac{1}{1+2+3}+\frac{1}{1+2+3+4}+\cdots+\frac{1}{1+2+\cdots+n}$$

```
#include<stdio.h>
/**********FOUND**********/
fun(int n)
{  int i,j,t;
   float s;  s=0;
   /**********FOUND**********/
   while(i=1;i<=n;i++);
   {  t=0;
      for(j=1;j<=i;j++)  t=t+j;
      /**********FOUND**********/
      s=s+1/t;
   }
   return s;
```

```
}
void main()
{ int n;
  printf("Please input a number:");
  /**********FOUND**********/
  print("%d",n);
  printf("%10.6f\n",fun(n));
}
```

2. 输出 1～100 之间所有素数，一行显示 5 个数据。

```
#include<stdio.h>
/**********FOUND**********/
void fun(int n)
{ int i, k=1;
  if(m<=1)  k=0;
  /**********FOUND**********/
  for(i=1;i<m;i++)
    /**********FOUND**********/
    if(m%i=0)  k=0;
  /**********FOUND**********/
  return m;
}
void main()
{ int m, k=0;
  for(m=1; m<100; m++)
    if(fun(m)==1)
    { printf("%4d",m);  k++;
      if(k%5==0)  printf("\n");
    }
}
```

3. 求 1 到 10 的阶乘的和。

```
#include<stdio.h>
float fac(int n)
{/**********FOUND**********/
  int y=1;
  int i;
  for(i=1;i<=n;i++)
    y=y*i;
 /**********FOUND**********/
  return;
}
void main()
{ int i;
  float t,s=0;
  /**********FOUND**********/
  for(i=1;i<10;i++)
    /**********FOUND**********/
    s=fac(i);
  printf("%f\n",s);
}
```

4．输出 Fabonacci 序列的前 20 项。要求变量类型定义为浮点型，输出时只输出整数部分。

```
#include<stdio.h>
void fun()
{  int i;   int f1=1,f2=1,f3;
   /**********FOUND**********/
   printf("%8f",f1);
   /**********FOUND**********/
   for(i=1;i<=20;i++)
   {  f3=f1+f2;
      /**********FOUND**********/
      f2=f1;
      /**********FOUND**********/
      f3=f2;
      printf("%8d",f1);
   }
   printf("\n");
}
void main(){  fun();  }
```

5．计算正整数 num 的各位上的数字之积。例如，输入 252，输出 20。

```
#include<stdio.h>
long fun (long num)
{  /**********FOUND**********/
   long k;
   do
   {  k*=num%10;
      /**********FOUND**********/
      num\=10;
   }while (num);
   return k;
}
void main()
{  long n;
   printf("\nPlease enter a number:");
   /**********FOUND**********/
   scanf("%ld", n);
   /**********FOUND**********/
   printf("%ld\n",fun(long n));
}
```

第 2 部分　数组/数组与指针

1．在一个一维整型数组中找出其中最大的数及其下标。

```
#include "stdio.h"
#define N 10
/**********FOUND**********/
float fun(int *a,int *b,int n)
{  int *c,max=*a;
   for(c=a+1;c<a+n;c++)
```

```
        if(*c>max)
        {  max=*c;
           /**********FOUND**********/
           b=c-a;
        }
     return max;
  }
  void main()
  {  int a[N],i,max,p=0;
     printf("please enter 10 integers:\n");
     for(i=0;i<N;i++)
        /**********FOUND**********/
        scanf("%d",a[i]);
     /**********FOUND**********/
     max=fun(a,p,N);
     printf("max=%d,position=%d\n",max,p);
  }
```

2．为一维数组输入 10 个整数，将其中最小的数与第一个数对换，将最大的数与最后一个数对换，输出数组元素。

```
  #include "stdio.h"
  void max_min(int *arr,int n)
  {  int *min,*max,*p,t;
     /**********FOUND**********/
     min=max=*arr;
     for(p=arr+1;p<arr+n;p++)
        /**********FOUND**********/
        if(*p<*max)      max=p;
        else if(*p<*min) min=p;
     t=*arr;*arr=*min;*min=t;
     /**********FOUND**********/
     if(max=arr)  max=min;
     t=*(arr+n-1);
     *(arr+n-1)=*max;
     *max=t;
  }
  void main()
  {  int a[10],i;
     printf("please enter 10 integers:\n");
     for(i=0;i<10;i++)
        scanf("%d",&a[i]);
     /**********FOUND**********/
     max_min(a,10);
     for(i=0;i<10;i++)
        printf("%d ",a[i]);
     printf("\n");
  }
```

3．用冒泡排序法对 10 个整数按从小到大的顺序进行排序。

```
  #include "stdio.h"
  /**********FOUND**********/
```

```
void sort(int x,int n)
{  int i,j,t;
     for(i=0;i<n-1;i++)
        /**********FOUND**********/
        for(j=0;j<n-i;j++)
           /**********FOUND**********/
           if(x[i]>x[i+1])
           {  t=x[j];    x[j]=x[j+1];x[j+1]=t;  }
}
void main()
{  int i,n,a[100];
   printf("please input the length of the array:\n");
   scanf("%d",&n);
   printf("please enter 10 integers:\n");
   for(i=0;i<n;i++)   scanf("%d",&a[i]);
   /**********FOUND**********/
   sort(n,a);
   printf("output the sorted array:\n");
   for(i=0;i<=n-1;i++)    printf("%5d",a[i]);
   printf("\n");
}
```

4．在一个已按升序排列的数组中插入一个数，使数组元素仍按升序排列。

```
#include "stdio.h"
#define N 11
void main()
{  int i,j,t,number,a[N]={1,2,4,6,8,9,12,15,149,156};
   printf("please enter an integer:\n");
   /**********FOUND**********/
   scanf("%d",&number)
   printf("The original array:\n");
   for(i=0;i<N-1;i++)   printf("%5d",a[i]);
   printf("\n");
   /**********FOUND**********/
   for(i=N-1;i<=0;i--)
      if(number<=a[i-1])
         /**********FOUND**********/
         a[i]=a[i+1];
      else
      {  a[i]=number;
         /**********FOUND**********/
         exit;
   }
   if(number<a[0])  a[0]=number;
   printf("The result array:\n");
   for(i=0;i<N;i++)
      printf("%5d",a[i]);
   printf("\n");
}
```

5．将长整型数中每一位上为偶数的数依次取出，构成一个新数放在 t 中。高位仍在高位，低位仍在低位。例如，当 s 中的数为 87654 时，t 中的数为 864。

```
#include<stdio.h>
void fun (long s, long *t)
{  int d;  long sl=1;
   *t=0;
   while(s>0)
   {  d=s%10;
    /**********FOUND**********/
     if(d%2=0)
     { /**********FOUND**********/
       *t=d*sl+t;
       sl*=10;  }
/**********FOUND**********/
       s\=10;}
}
void main()
{  long s, t;
   printf("\nPlease enter s:");
   scanf("%ld", &s);    fun(s, &t);
   printf("The result is: %ld\n", t);
}
```

第 3 部分　字符串/字符串与指针

1. 将一个字符串中的大写字母转换成小写字母。例如，输入 aSdFG，输出 asdfg。

```
#include<stdio.h>
/**********FOUND**********/
void fun(char *c)
{  if(*c<='Z'&&*c>='A')
      *c-='A'-'a';
   /**********FOUND**********/
   return c;
}
void main()
{  /**********FOUND**********/
   char s[81],p=s;
   gets(s);
   while(*p)
   {  *p=fun(p);
      /**********FOUND**********/
      puts(*p);
      p++;
   }
   putchar('\n');
}
```

2. 实现两个字符串的连接。例如，输入 dfdfqe 和 12345，输出 dfdfqe12345。

```
#include<stdio.h>
void main()
{  char s1[80],s2[80];
   void scat(char s1[],char s2[]);
```

```
    gets(s1);  gets(s2);
    scat(s1,s2);  puts(s1);
}
void scat (char s1[],char s2[])
{  int i=0,j=0;
   /**********FOUND**********/
     while(s1[i]=='\0')  i++;
     /**********FOUND**********/
   while(s2[j]=='\0')
   {  /**********FOUND**********/
      s2[j]=s1[i];
      i++;  j++;
   }
   /**********FOUND**********/
   s2[j]='\0';
}
```

3．将 s 所指字符串的反序和正序进行连接形成一个新字符串放在 t 所指的数组中。例如，当 s 所指向的字符串的内容为"ABCD"时，t 所指向数组中的内容为"DCBAABCD"。

```
#include<stdio.h>
#include<string.h>
/**********FOUND**********/
void fun(char s, char t)
{  int i,d;
   /**********FOUND**********/
   d=len(s);
   /**********FOUND**********/
   for(i=1;i<d;i++)
      t[i]=s[d-1-i];
   for(i=0;i<d;i++)
      t[d+i]=s[i];
   /**********FOUND**********/
   t[2*d]='/0';
}
void main()
{  char s[100], t[100];
   printf("\nPlease enter string S:");
   scanf("%s",s);  fun(s,t);
   printf("\nThe result is: %s\n", t);
}
```

4．在字符串 str 中找出 ASCII 值最大的字符，将其放在第一个位置上，并将该字符串的原字符向后顺序移动。例如，调用 fun()函数之前给字符串输入"ABCDeFGH"，调用后字符串中的内容为"eABCDFGH"。

```
#include<stdio.h>
void fun(char *p)
{  char max,*q;int i=0;
   max=p[i];
   while(p[i]!=0)
   {  if(max<p[i])
      {  max=p[i];
```

```
        /**********FOUND**********/
        p=q+i;
      }
      i++;
   }
   /**********FOUND**********/
   while(q<p)
   {  /**********FOUND**********/
      q=*(q-1);
      q--;
   }
   p[0]=max;
}
void main()
{  char str[80];
   printf("Enter a string:");  gets(str);
   printf("\nThe original string:");
   puts(str);  fun(str);
   printf("\nThe string after moving:");
   puts(str);
}
```

5．编写函数 fun()，对长度为 8 个字符的字符串，将 8 个字符按降序排列。例如，原来的字符串为"CEAedcab"，排序后输出为"edcbaECA"。

```
#include<stdio.h>
void fun(char *s,int num)
{  /**********FOUND**********/
   int i;j;
   char t;
   for(i=0;i<num;i++)
      /**********FOUND**********/
      for(j=i;j<num;j++)
         /**********FOUND**********/
      if(s[i]>s[j])
      {  t=s[i];  s[i]=s[j];  s[j]=t; }
}
void main()
{  char s[10];
   printf("输入 8 个字符的字符串:");
   gets(s);  fun(s,8);
   printf("\n%s\n",s);
}
```

第 4 部分　指针简单应用与递归

1．根据整数 m 的值，计算如下公式的值。例如，若 m=5，则输出 0.536389。

$$t=1-\frac{1}{4}-\frac{1}{9}-\cdots-\frac{1}{m\cdot m}$$

```
#include<stdio.h>
double fun(int m)
{  double y=1.0;
```

```
    int i;
    /**********FOUND**********/
    for(i=2;i<m;i--)
       /**********FOUND**********/
       y=y-1/(i*i);
    /**********FOUND**********/
    return m;
}
void main()
{  int n=5;
   printf("\nthe result is %lf\n",fun(n));
}
```

2．实现交换两个整数的值。例如，给 a 和 b 分别输入 3 和 6，输出为“a=6 b=3”。

```
#include<stdio.h>
/**********FOUND**********/
void fun (int a,b)
{  int t;
   /**********FOUND**********/
   t=a;
   /**********FOUND**********/
   a=b;
   /**********FOUND**********/
   b=t;
}
void main()
{  int a,b;
   printf("enter a,b:");
   scanf("%d%d",&a,&b);
   fun(&a,&b);
   printf("a=%d b=%d\n",a,b);
}
```

3．将两个数按由大到小的顺序输出。

```
#include<stdio.h>
/***********FOUND***********/
void swap(int *p1,*p2)
{  int p;
   p=*p1; *p1=*p2; *p2=p;
}
void main()
{  int a,b, *p,*q;
   printf("input a,b:");
   /***********FOUND***********/
   scanf("%d%d",a,b);
   p=&a;  q=&b;
   if(a<b)  swap(p,q);
   printf("a=%d,b=%d\n",a,b);
   /***********FOUND***********/
   printf("max=%d,min=%d\n",p,q);
}
```

程序改错题答案

第 1 部分　基本控制结构

1. ① float fun(int n)　② for(i=1;i<=n;i++)
   ③ s=s+1.0/t;或 s=s+1 /(float)t;　④ scanf("%d",&n);
2. ① int fun(int m)　② for(i=2;i<m;i++)
   ③ if(m%i==0)　k=0;　④ return　k;
3. ① float y=1.0;　② return　y;
   ③ for(i=1;i<=10;i++)　④ s=s+fac(i);
4. ① printf("%8d",f1);　② for(i=1;i<20;i++)
   ③ f1=f2;　④ f2=f3;
5. ① long k=1;　② num/=num10; 或者 num=num/10;
   ③ scanf("%ld",&n);　④ printf("\n%ld\n",fun(n));

第 2 部分　数组/数组与指针

1. ① int fun(int *a,int *b,int n)　② *b=c−a;
   ③ scanf("%d",&a[i]);　④ max=fun(a,&p,N);
2. ① min=max=arr;　② if(*p>*max)
   ③ if(max==arr)　④ max_min(a,10);
3. ① void sort(int *x,int n)　② for(j=0;j<n-i-1;j++)
   ③ if(x[j]>x[j+1])　④ sort(a,n);
4. ① scanf("%d",&number);　② for(i=N−1;i>=0;i−−)
   ③ a[i]=a[i-1];　④ break;
5. ① if(d%2==0)　② *t=d*sl+*t;
   ③ s/=10;

第 3 部分　字符串/字符串与指针

1. ① char fun(char *c)　② return　*c;
   ③ char s[81],*p=s;　④ putchar(*p);
2. ① while(s1[i]!='\0')　i++;　② while(s2[j]!='\0')
   ③ s1[i]=s2[j];　④ s1[i]='\0';
3. ① void fun(char s[],char t[])　② d=strlen(s);
   ③ for(i=0;i<d;i++)　④ t[2*d]='\0';
4. ① q=p+i;　② while(q>p)　③ *q=*(q−1);
5. ① int i,j;　② for(j=i+1;j<num;j++)
   ③ if(s[i]<s[j])

第 4 部分　指针简单应用与递归

1．① for(i=2;i<=m;i++)　② y=y-1.0/(i*i);　③ return　y;

2．① void fun(int *a,int *b)　② t=*a;　③ *a=*b;
④ *b=t;

3．① void swap(int *p1,int *p2)　② scanf("%d%d",&a,&b);
③ printf("max=%d,min=%d\n",*p,*q);

题型四　程序填空题

在下列程序空白处填上适当内容，使程序能完成指定功能。

第 1 部分　基本控制结构

1．以下程序的功能是求 1!+3!+5!+…+n!的和。

```
#include<stdio.h>
void main()
{  long int f,s;  int i,j,n;
   ____【1】____;
   scanf("%d",&n);
   for(i=1;i<=n;____【2】____)
   {  f=1;
      for(j=1;____【3】____;j++)
          ____【4】____;
      s=s+f;
   }
   printf("n=%d,s=%ld\n",n,s);
}
```

2．以每行 5 个数来输出 300 以内能被 7 或 17 整除的偶数，并求出其和。

```
#include<stdio.h>
void main()
{  int i,n,sum;
   sum=0;
   ____【1】____;
   for(i=1;____【2】____;i++)
      if(____【3】____)
         if(i%2==0)
         {  sum=sum+i;  n++;
            printf("%6d",i);
            if(____【4】____)
               printf("\n");
         }
   printf("\ntotal=%d",sum);
}
```

3．以下程序的功能是用公式$\pi/4 \approx 1-\frac{1}{3}+\frac{1}{5}-\frac{1}{7}+\cdots$求π的近似值。要求直到最后一项的绝对值小于$10^{-5}$为止。

```
#include<stdio.h>
#include<math.h>
void main()
{  int f;
   ____【1】____;
   float t,pi;
   t=1; pi=t; f=1; n=1.0;
   while(____【2】____)
   {  n=n+2;     ____【3】____;
      t=f/n;     pi=pi+t;
   }
      ____【4】____;
   printf("pi=%10.6f\n",pi);
}
```

4．求100～999之间的水仙花数。水仙花数是指一个3位数的各位数字的立方和是这个数本身。例如，$153=1^3+5^3+3^3$。

```
#include<stdio.h>
int fun(int n)
{  int i,j,k,m;  m=n;  ____【1】____;
   for(i=1;i<4;i++)
   {  ____【2】____;
      m=(m-j)/10;     k=k+j*j*j;
   }
   if(k==n)   ____【3】____;
   else  return 0;
}
void main()
{  int i;
   for(i=100;i<1000;i++)
      if(____【4】____==1)
   printf("%d is ok!\n" ,i);
}
```

5．分别求出一批非零整数中的偶数、奇数的平均值，用零作为终止标记。

```
#include<stdio.h>
void main()
{  int x,i=0,j=0;  float s1=0,s2=0,av1,av2;
   scanf("%d",&x);
   while(____【1】____)
   {  if(x%2==0)  {s1=s1+x;i++;}
      ____【2】____
      { s2=s2+x;  j++;  }
      ____【3】____;  }
   if(i!=0)  av1=s1/i;
   else  av1=0;
   if(j!=0)  ____【4】____;
   else  av2=0;
```

```
    printf("oushujunzhi:%7.2f,jishujunzhi:%7.2f\n",av1,av2);
}
```

6．计算 f 的值，x 由键盘输入。

$$f(x)=\begin{cases}|x+1|, & x<0\\ 2x+1, & 0\leqslant x\leqslant 5\\ \sin(x)+5, & x>0\end{cases}$$

```
____【1】____
#include<stdio.h>
void main()
{  float x,f;   scanf("%f",&x);
   if(x<0)____【2】____;
   else if(____【3】____)
      f=2*x+1;
   else
      f=sin(x)+5;
   printf("x=%f,y=%f\n", ____【4】____);
}
```

7．计算并输出 high 以内最大的 10 个素数之和，high 由主函数传给 fun()函数，若 high()的值为 100，则函数的值为 732。

```
#include<stdio.h>
#include<math.h>
int fun(int high)
{  int sum=0, n=0, j, yes;
   while((high>=2)&&(____【1】____))
   {  yes=1;
      for(j=2;j<=high/2;j++)
         if(____【2】____)
         {  yes=0;  break;  }
         if(yes){  sum +=high;  n++;}
      high--;
   }
   ____【3】____;
}
void main(){  printf("%d\n", fun (100));  }
```

8．打印如下图案（菱形）。

```
       *
      ***
     *****
    *******
     *****
      ***
       *
#include<stdio.h>
void main()
{  int i,j,k;
   for(i=0;____【1】____;i++)
   {  for(j=0;j<=4-i;j++)  printf(" ");
      for(k=1;k<=____【2】____;k++)
```

```
        printf("*");
      printf("\n");
    }
    for(____【3】____;j<3;j++)
    {  for(k=0;k<j+3;k++)  printf(" ");
       for(k=0;k<5-2*j;k++)  printf("*");
       printf("\n");
    }
}
```

9. 输入某年某月某日，判断这一天是这一年的第几天。

```
#include<stdio.h>
void main()
{  int day,month,year,sum,leap;
   printf("\nplease input year,month,day\n");
   scanf("%d,%d,%d",&year,&month,&day);
   switch(month)
   {  case 1:   sum=0;   break;
      case 2:   sum=31;   break;
      case 3:   sum=59;   break;
      case 4:   __【1】__;   break;
      case 5:   sum=120;   break;
      case 6:   sum=151;   break;
      case 7:   sum=181;   break;
      case 8:   sum=212;   break;
      case 9:   sum=243;   break;
      case 10:   sum=273;   break;
      case 11:   sum=304;   break;
      case 12:   sum=334;   break;
      default:   printf("data error"); break;
   }
   ____【2】____;
   if(year%400==0||(____【3】____))
      leap=1;
   else   leap=0;
   if(____【4】____) sum++;
   printf("It is the %dth day.",sum);
}
```

10. 输入 3 个整数 x、y、z，将这 3 个数按由小到大的顺序输出。

```
#include<stdio.h>
void main()
{  int x,y,z,t;
   scanf("%d%d%d",&x,&y,&z);
   if(x>y)  {____【1】____}
   if(x>z){____【2】____}
   if(y>z){____【3】____}
   printf("small to big: %d %d %d\n",x,y,z);
}
```

第 2 部分　数组/数组与指针

1．以下程序采用选择法对 10 个整数按升序排序。

```
#include<stdio.h>
  【1】
void main()
{  int i,j,k,t,a[N];
   for(i=0;i<=N-1;i++)
      scanf("%d",&a[i]);
   for(i=0;i<N-1;i++)
   {  【2】 ;
      for(j=i+1; 【3】 ;j++)
         if(a[j]<a[k])  k=j;
      if( 【4】 )
      {  t=a[i];  a[i]=a[k];  a[k]=t;  }
   }
   printf("output the sorted array:\n");
   for(i=0;i<=N-1;i++)
      printf("%5d",a[i]);
   printf("\n");
}
```

2．产生并输出杨辉三角的前 7 行。

```
1
1    1
1    2    1
1    3    3    1
1    4    6    4    1
1    5   10   10    5    1
1    6   15   20   15    6    1
#include<stdio.h>
void main()
{  int a[7][7], i,j;
   for(i=0;i<7;i++)
   {  a[i][0]=1;  【1】 ; }
   for(i=2;i<7;i++)
      for(j=1;j< 【2】 ;j++)
         a[i][j]= 【3】 ;
   for(i=0;i<7;i++)
   {  for(j=0; 【4】 ;j++)
         printf("%6d",a[i][j]);
      printf("\n");
   }
}
```

3．将一个数组中的元素按逆序存放。

```
#include<stdio.h>
#define N 7
void main()
{  static int a[N]={12,9,16,5,7,2,1},k,s;
   printf("\n the ori;anal array:\n");
```

```
    for(k=0;k<N;k++)
      printf("%4d",a[k]);
    for(k=0;k<N/2;___【1】___)
    {  s=a[k];  ___【2】___;
      ___【3】___;
    }
    printf("\n the changed array:\n");
    for(k=0;k<N;k++)
      ___【4】___("%4d",a[k]);
}
```

4．求一个二维数组中每行元素的最大值和每行元素之和。

```
#include<stdio.h>
#include "stdlib.h"
void main()
{  int a[5][5],b[5],c[5],i,j,k,s=0;
   for(i=0;i<5;i++)
     for(j=0;j<5;j++)
       a[i][j]=random(40)+20;
   for(i=0;i<5;i++)
   {  k=a[i][0];
      ___【1】___;
      for(j=0;j<5;j++)
      {  if(k<a[i][j])
           ___【2】___;
         s=s+a[i][j];
      }
      b[i]=k;
      ___【3】___;
   }
   for(i=0;i<5;i++)
   {  for(j=0;j<5;j++)
        printf("%-2d", ___【4】___);
      printf("\nmax=%5d,sum=%5d\n",b[i],c[i]);
      printf("\n");
   }
}
```

5．下列函数的功能是利用二分法查找指定数值 key。数组中的元素已递增排序。若找到 key，则返回对应的下标，否则返回-1。

```
#include<stdio.h>
fun(int a[],int n,int key)
{  int low,high,mid;
   low=0;  high=n-1;
   while(___【1】___)
   {  mid=(low+high)/2;
      if(key<a[mid])  ___【2】___;
      else if(key>a[mid])  ___【3】___;
      else  ___【4】___;
   }
   return -1;}
```

```
void main()
{  int a[10]={1,2,3,4,5,6,7,8,9,10};
   int b,c;
   b=4;
   c=fun(a,10,b);
   if(c==1)
      printf("not found");
   else
      printf("position %d\n",c);
}
```

6. 用冒泡排序法对数组 a 中的元素进行由小到大的排序。

```
#include<stdio.h>
void fun(int a[],int n)
{  int i,j,t;
   for(j=0;____【1】____;j++)
      for(i=0;____【2】____;i++)
         if(____【3】____)
         { t=a[i]; a[i]=a[i+1];  a[i+1]=t; }
}
void main()
{  int i,a[10]={3,7,5,1,2,8,6,4,10,9};
   ____【4】____;
   for(i=0;i<10;i++)
      printf("%3d",a[i]);
}
```

7. 输入数组，将最大的元素与最后一个元素交换，最小的元素与第一个元素交换，并输出数组。

```
#include<stdio.h>
void input(int number[10])
{  int i;
   for(i=0;____【1】____;i++)
      scanf("%d,",&number[i]);
   scanf("%d",&number[9]);
}
void output(int array[10])
{  int *p;
   for(p=array;p<array+9;p++)
      printf("%d,",*p);
   printf("%d\n",array[9]);
}
void max_min(int array[10])
{  int *max,*min,k,l;
   int *p,*arr_end;
   arr_end=array+10;
   max=min=array;
   for(p=array+1;p<arr_end;p++)
      if(*p>*max)
         max=p;
      else if(*p<*min)
```

```
        ____【2】____;
    k=*max; l=*min;
    *p=array[0]; array[0]=l;
    ____【3】____;
    *p=array[9];
    ____【4】____;
    k=*p; return;
}
void main()
{  int number[10];
   input(number);  max_min(number);
   output(number);
}
```

8. 有 n 个整数，使其前面各数顺序向后移 m 个位置，最后 m 个数变成最前面的 m 个数。

```
#include<stdio.h>
void move(int array[], int n, int m);
void main()
{  int number[20],n,m,i;
   printf("the total numbers is:");
   scanf("%d",&n);  printf("back m:");
   scanf("%d",&m);
   for(i=0;i<n-1;i++)
      scanf("%d,",&number[i]);
   scanf("%d",&number[n-1]);
   move(____【1】____);
   for(i=0;i<n-1;i++)
      printf("%d,",number[i]);
   printf("%d",number[n-1]);
}
void move(____【2】____)
{  int *p,array_end;
   array_end=*(____【3】____);
   for(p=array+n-1;p>array;p--)
      *p=*(____【4】____);
   *array=array_end;  m--;
   if(m>0)  move(array,n,m);
}
```

9. 以数组名作为函数参数，求平均成绩。

```
#include<stdio.h>
float aver(float a[ ])  /*定义求平均值函数，形参为一个浮点型数组名*/
{  int i;
   float av,s=a[0];
   for(i=1;i<5;i++)
      s+=____【1】____[i];
   av=s/5;
   return ____【2】____;
}
void main()
```

```
{  float sco[5],av;
   int i;
   printf("\ninput 5 scores:\n");
   for(i=0;i<5;i++)
     scanf("%f",____【3】____);
   av=aver(____【4】____);
   printf("average score is %5.2f\n",av);
}
```

10．计算学生的各科平均成绩及全班学生的平均成绩，并在屏幕上显示出来。

```
#include<stdio.h>
#define M 5   /*定义符号常量，人数为5*/
#define N 4   /*定义符号常量，课程为4*/
void main()
{  int i, j;
   void aver(float sco[M+1][N+1]);
   static float score[M+1][N+1]={{78,85,83,65}, {88,91,89,93},
                                 {72,65,54,75},{86,88,75,60},
                                 {69,60,50,72}};
   aver(score);
   printf("学生编号  课程1   课程2   课程3   课程4   个人平均\n");
   for(i=0;i<M;i++)
   {  printf("学生%d\t",i+1);
      for(j=0;j<____【1】____;j++)  printf("%6.1f\t",score[i][j]);
      printf("\n");
   }
   for(j=0;j<8*(N+2);j++)  printf("-");
   printf("\n课程平均");
   for(j=0;j<N+1;j++)  printf("%6.1f\t",score[i][j]);
   printf("\n");
}
void aver(float sco[][N+1])
{  int i,j;
   for(i=0;i<____【2】____;i++)
   {  for(j=0;j<N;j++)
      {  sco[i][N]+=sco[i][j];  sco[M][j]+=sco[i][j];
      sco[M][N]+=sco[i][j];  }sco[i][N]____【3】____ N;
   }
   for(j=0;j<N;j++)  sco[M][____【4】____]/=M;
   sco[M][N]=sco[M][N]/M/N;
}
```

第3部分 字符串/字符串与指针

1．将一个字符串中从下标为m的字符开始的全部字符复制成为另一个字符串。

```
#include<stdio.h>
void strcopy(char *str1,char *str2,int m)
{  char *p1,*p2;
   ____【1】____;
   p2=str2;
   while(*p1)  ____【2】____;
```

```
    【3】    ;
}
void main()
{  int i,m;
   char str1[80],str2[80];
   gets(str1);
   scanf("%d",&m);
    【4】    ;
   puts(str1);puts(str2);
}
```

2．删除字符串中的指定字符，字符串与要删除的字符均由键盘输入。

```
#include "stdio.h"
void main()
{  char str[80],ch;
   int i,k=0;
   gets(   【1】   );
   ch=getchar();
   for(i=0;   【2】   ;i++)
      if(str[i]!=ch)
      {    【3】   ;  k++;  }
    【4】    ;
   puts(str);
}
```

3．将两个字符串连接为一个字符串，不允许使用库函数 strcat()。

```
#include<stdio.h>
#include "string.h"
void JOIN(char s1[80], char s2[40]);
void main()
{  char str1[80],str2[40];
   gets(str1);  gets(str2);
   puts(str1);  puts(str2);
    【1】    ;  puts(str1);
}
void JOIN(char s1[80],int s2[40])
{  int i,j;
    【2】    ;
   for(i=0;   【3】   '\0';i++)
      s1[i+j]=s2[i];
   s1[i+j]=   【4】   ;
}
```

4．将一个字符串中的前 N 个字符复制到一个字符数组中，不允许使用 strcpy()函数。

```
#include<stdio.h>
void main()
{  char str1[80],str2[80];
   int i,n;
   gets(   【1】   );
   scanf("%d",&n);
   for(i=0;   【2】   ;i++)
       【3】    ;
```

```
    ____【4】____;
    printf("%s\n",str2);
}
```

5．删除一个字符串中的所有数字字符。

```
#include "stdio.h"
void delnum(char *s)
{  int i,j;
   for(i=0,j=0;____【1】____'\0';i++)
      if(s[i]<'0'____【2】____s[i]>'9')
      {  ____【2】____;  j++; }
   s[j]='\0';}
void main ()
{  char str[100],*item=str;
   printf("\n input a string:\n");
   gets(item);
   ____【4】____;
   printf("\%s n ",item);
}
```

6．统计一个字符串中的字母、数字、空格和其他字符的个数。

```
#include "stdio.h"
void main ()
{  char s1[80];int a[4]={0};
   int k;
   ____【1】____;  gets(s1);
   ____【2】____;  puts(s1);
   for(k=0;k<4;k++)
      printf("%4d",a[k]);
}
void fun(char s[],int b[])
{  int i;
   for(i=0;s[i]!='\0';i++)
      if('a'<=s[i]&&s[i]<='z'||'A'<=s[i]&&s[i]<='Z')
         b[0]++;
      else if (____【3】____)  b[1]++;
      else if (____【4】____)  b[2]++;
      else  b[3]++;
}
```

7．将s所指字符串的正序和反序进行连接，形成一个新字符串放在t所指的数组中。例如，当s串为"ABCD"时，t串的内容应为"ABCDDCBA"。

```
#include<stdio.h>
#include<string.h>
void fun(char *s, char *t)
{  int i, d;
   d=____【1】____;
   for(i=0;i<d;____【2】____)     t[i]=s[i];
   for(i=0;i<d;i++)
      t[____【3】____]=s[d-1-i];
   t[____【4】____] ='\0'; }
void main()
```

```
{  char s[100], t[100];
   printf("\nPlease enter string S:");
   scanf("%s", s);  fun(s, t);
   printf("\nThe result is: %s\n", t);
}
```

8．写一个函数，求一个字符串的长度，在main()函数中输入字符串，并输出其长度。

```
#include<stdio.h>
void main()
{  int length(char *p);
   int len;
   char str[20];
   printf("please input a string:\n");
   scanf("%s",str);  len=length(____【1】____);
   printf("the string has %d characters.",len);
}
____【2】____(char *p)
{  int n;
   n=0;
   while(*p!='\0')
   {  ____【3】____;  ____【4】____;  }
   return n;
}
```

9．将字符串中所有的字母改写成该字母的下一个字母，最后一个字母 z 改写成字母 a。大写字母仍为大写字母，小写字母仍为小写字母，其他字符不变。例如，原有的字符串为"Mn.123xyZ"，调用该函数后，字符串中的内容为"No.123yzA"。

```
#include<string.h>
#include<ctype.h>
#include<stdio.h>
#define  N  81
void main()
{  char a[N],*s;
   printf("Enter a string :  ");  gets(a);
   printf("The original string is :  ");  puts(a);
   ____【1】____;
   while(*s)
   {  if(*s=='z')  *s='a';
      else if(*s=='Z')  *s='A';
      else if(isalpha(*s))  ____【2】____;
      ____【3】____;
   }
   printf("The string after modified :  ");  puts(a);
}
```

第 4 部分　指针简单应用及递归

1．通过函数的递归调用计算阶乘。

```
#include<stdio.h>
long power(int n)
{  long f;
```

```
    if(n>1)  f=______【1】______;
    else  f=1;
    return(f);
}
void main()
{  int n;  long y;
   printf("input a inteager number:\n");
   scanf("%d",______【2】______);
   y=power(n);
   printf("%d!=%ld\n",n,______【3】______);
}
```

2．输入 3 个数 a、b、c，按从小到大的顺序输出。

```
#include<stdio.h>
void main()
{  void swap(int *p1, int *p2);
   int n1,n2,n3;
   int *pointer1,*pointer2,*pointer3;
   printf("please input 3 number:n1,n2,n3:");
   scanf("%d,%d,%d",&n1,&n2,&n3);
   pointer1=&n1;
   pointer2=&n2;
   pointer3=&n3;
   if(______【1】______)  swap(pointer1,pointer2);
   if(______【2】______)  swap(pointer1,pointer3);
   if(______【3】______)  swap(pointer2,pointer3);
   printf("the sorted numbers are:%d,%d,%d\n",n1,n2,n3);
}
void swap(______【4】______)
{  int p;
   p=*p1;*p1=*p2;*p2=p;
}
```

3．用递归法将一个整数 n 转换成字符串。例如，输入 483，应输出对应的字符串"483"。n 的位数不确定，可以是任意位数的整数。

```
#include<stdio.h>
void convert(int n)
{  int i;
   if((______【1】______)!=0)
   convert(i);
   putchar(n%10+______【2】______);
}
void main()
{  int number;
   printf("\nInput an integer:");
   scanf("%d",&number); printf("Output:");
   if(number<0)
   {  putchar('-');  ______【3】______;  }
   convert(number);
}
```

程序填空题答案

第 1 部分 基本控制结构

1. 【1】 s=0 【2】 i=i+2 【3】 j<=i 【4】 f=f*j

2. 【1】 n=0 【2】 i<=300
   【3】 i%7==0||i%17==0 【4】 n%5==0

3. 【1】 float n 或 duoble n 【2】 fabs(t)>=1e-6
   【3】 f=-f 【4】 pi= pi*4

4. 【1】 k=0 【2】 j=m%10 或 j=m-m/10*10 或 j=m-10*(m/10)
   【3】 return 1 【4】 fun(i)

5. 【1】 x!=0 【2】 else if(x%2==1) 或 else if(x%2!=0)
   【3】 scanf("%d",&x) 【4】 av2=s2/j

6. 【1】 #include "math.h" 或#include <math.h> 【2】 f=fabs(x+1)
   【3】 x<=5 或 x>=0&&x<=5 【4】 x,f

7. 【1】 n<10 【2】 high%j==0 【3】 return sum

8. 【1】 i<=3 或 i<4 【2】 2*i+1 【3】 j=0

9. 【1】 sum=90 【2】 sum=sum+day
   【3】 year%4==0&&year%100!=0 【4】 leap==1&&month>2

10. 【1】 t=x;x=y;y=t; 【2】 t=z;z=x;x=t; 【3】 t=y;y=z;z=t;

第 2 部分 数组/数组与指针

1. 【1】 #define N 10 【2】 k=i 【3】 j<N 【4】 k!=i

2. 【1】 a[i][i]=1 【2】 i 【3】 a[i-1][j]+a[i-1][j-1] 【4】 j<=i

3. 【1】 k++ 【2】 a[k]=a[N-k-1]或 a[k]=a[6-k]
   【3】 a[N-k-1]=s 或 a[6-k]=s 【4】 printf

4. 【1】 s=0 【2】 k=a[i][j] 【3】 c[i]=s 【4】 a[i][j]

5. 【1】 low<=high 【2】 high=mid-1
   【3】 low= mid+1 【4】 return mid

6. 【1】 j<=n-1 【2】 i<n-j-1 【3】 a[i]>a[i+1] 【4】 fun(a,10)

7. 【1】 i<=9 或 i<10 【2】 min=p
   【3】 *min=*p 【4】 array[9]=*max

8. 【1】 number,n,m 【2】 int array[], int n, int m
   【3】 array+n-1 【4】 p-1

9. 【1】 a 【2】 (av)或 av 【3】 &sco[i] 【4】 sco

10. 【1】 N+1 或 5 【2】 M 或 5 【3】 /= 【4】 j
    【3】 i%5==4

第 3 部分　字符串/字符串与指针

1.【1】 p1=str1+m　　【2】 *p2++=*p1++ 或 *(p2++)=*(p1++)
　【3】 *p2='\0'　　【4】 strcopy(str1,str2,m)

2.【1】 str　　【2】 str[i]!='\0'
　【3】 str[k]=str[i]　　【4】 str[k]='\0'

3.【1】 JOIN(str1,str2)
　【2】 j=strlen(s1) 或 for(j=0;s1[j]!='\0';j++);
　【3】 s2[i]!=　　【4】 '\0'

4.【1】 str1　　【2】 i<n　　【3】 str2[i]=str1[i]　　【4】 str2[n]='\0'

5.【1】 s[i]!=　　【2】 ||　　【3】 s[j]=s[i]　　【4】 delnum(item)

6.【1】 void fun(char s[],int b[])　　【2】 fun(s1,a)
　【3】 '0'<=s[i] && s[i]<='9'　　【4】 s[i] == ' '

7.【1】 strlen(s)　　【2】 i++　　【3】 d+i　　【4】 2*d

8.【1】 str　　【2】 int length
　【3】 n++　　【4】 p++

9.【1】 s=a　　【2】 *s =*s+1　　【3】 s++

第 4 部分　指针简单应用及递归

1.【1】 power(n-1)*n　　【2】 &n　　【3】 power(n)或 y

2.【1】 n1>n2 或 *pointer1>*pointer2　　【2】 n1>n3 或 *pointer1>*pointer3
　【3】 n2>n3 或 *pointer2>*pointer3　　【4】 int *p1, int *p2

3.【1】 i=n/10　　【2】 '0'　　【3】 number=-number

题型五　程序设计题

部分源程序如下，请勿改动主函数 main()和其他函数中的任何内容，仅在函数 fun()或空白处的大括号中填入所编写的若干条语句。

第 1 部分　基本控制结构

1．将两个两位的正整数 a、b 合并形成一个整数放在 c 中。合并的方式是：将数 a 的十位和个位数依次放在数 c 的百位和个位上，数 b 的十位和个位数依次放在数 c 的十位和千位上。例如，a=45，b=12。调用该函数后，c=2415。

```
#include<stdio.h>
void fun(int a, int b, long *c)
{
```

```
}
void main()
{  int a,b;long c;
   printf("Input a, b:");
   scanf("%d%d", &a, &b);
   fun(a, b, &c);
   printf("The result is: %ld\n", c);  }
```

2. 编写函数求 3!+6!+9!+12!+15+18!+21!。

```
#include "stdio.h"
float sum(int n)
{







}
void main()
{
   printf("this sum=%e\n",sum(21));
}
```

3. 从键盘输入一个大于 3 的整数，调用 fun()函数判断其是否为素数，然后在 main()函数中输出相应的结论信息。

```
#include "stdio.h"
int fun(int n)
{





}
void main()
{  int m,flag;
   printf("input an integer:");
   scanf("%d",&m);  flag=fun(m);
   if(flag)  printf("%d is a prime.\n",m);
   else  printf("%d is not a prime.\n",m);
}
```

4. 找出一个大于给定整数且紧随这个整数的素数，并作为函数值返回。

```
#include "stdio.h"
int fun(int n)
{

}
void main()
{  int m;
   printf("Enter m: ");
   scanf("%d", &m);
   printf("The result is %d\n", fun(m));
}
```

5．求给定正整数 n 以内的素数之积（n<28）。

```
#include "stdio.h"
long fun(int n)
{


}
void main()
{  int  m;
   printf("Enter m: ");
   scanf("%d", &m);
   printf("\nThe result is %ld\n", fun(m));
}
```

6．用函数求 Fibonacci 序列前 n 项之和。

```
#include "stdio.h"
long sum(long f1,long f2)
{







}
void main()
{
   long int f1=1,f2=1;
   printf("sum=%ld\n",sum(f1,f2));
}
```

7．计算并输出给定整数 n 的所有因子之和（不包括 1 与自身）。

注意： n 的值不大于 1000。例如，n 的值为 855 时，应输出 704。

```
#include "stdio.h"
int fun(int n)
{
}
void main()
{
   printf("s=%d\n",fun(855));
}
```

8．调用 fun()函数，判断一个 3 位数是否为水仙花数。在 main()函数中从键盘输入一个 3 位数，并输出判断结果。请编写 fun()函数。

```
#include "stdio.h"
int fun(int n)
{


}
void main()
```

```
{  int n,flag;
   scanf("%d",&n);  flag=fun(n);
   if(flag)  printf("%d 是水仙花数\n",n);
   else  printf("%d 不是水仙花数\n",n);
}
```

9．判断一个整数 w 的各位数字的平方和能否被 5 整除，可以被 5 整除则返回 1，否则返回 0。

```
#include "stdio.h"
int fun(int w)
{







}
void main()
{  int m;
   printf("Enter m: ");
   scanf("%d", &m);
   printf("\nThe result is %d\n", fun(m));
}
```

10．求一个 n 位自然数的各位数字的乘积（n 是小于 10 的自然数）。

```
#include "stdio.h"
long fun(long n)
{


}
void main()
{  long  m;
   printf("Enter m: ");
   scanf("%ld", &m);
  printf("\nThe result is %ld\n", fun(m));
}
```

第 2 部分　数组/数组与指针

1．从键盘为一维整型数组输入 10 个整数，调用 fun()函数找出其中最小的数，并在 main()函数中输出。请编写 fun()函数。

```
#include "stdio.h"
int fun(int x[],int n)
{



}
void main()
```

```
{  int a[10],i,min;
   for(i=0;i<10;i++)  scanf("%d",&a[i]);
   for(i=0;i<10;i++)  printf("%3d",a[i]);
   printf("\n");  min=fun(a,10);
   printf("%d\n",min);
}
```

2．求一批数中最大值和最小值的乘积。

```
#define N 10
#include "stdlib.h"
#include "stdio.h"
int max_min(int a[],int n)
{





}
void main()
{  int a[N],i,k;
   printf("please enter 10 integers:\n");
   for(i=0;i<N;i++)  scanf("%3d",&a[i]);
   for(i=0;i<N;i++)
   {  printf("%5d",a[i]);
      if((i+1)%5==0)  printf("\n");
   }
   k=max_min(a,N);
   printf("the result is:%d\n",k);
}
```

3．计算 n 门课程的平均值，计算结果作为函数值返回。例如，若有 5 门课程的成绩是 92、76、69、58、88，则函数的值为 72.599998。

```
#include<stdio.h>
float fun(int a[],int n)
{





}
void main()
{  int a[]={92,76,69,58,88};
   printf("y=%f\n",fun(a,5));
}
```

4．求大于 lim（lim 为小于 100 的整数）并且小于 100 的所有素数并放在数组 aa 中，fun()函数返回所求素数的个数。

```
#include<stdio.h>
#define MAX 100
int fun(int lim,int aa[MAX])
{
```

```
}
void main()
{  int limit,i,sum, aa[MAX];
   printf("Please Input aInteger:");
   scanf("%d",&limit);
   sum=fun(limit,aa);
   for(i=0;i<sum;i++){
      if(i%10==0&&i!=0)  printf("\n");
      printf("%5d",aa[i]);
   }
}
```

5．将 20 个随机数存入一个数组，然后输出该数组中的最小值。其中，确定最小值下标的操作在 fun()函数中实现。请给出该函数的定义。

```
#include<stdio.h>
#include<stdlib.h>
#include<time.h>
#define VSIZE 20
int vector[VSIZE];
int fun(int list[],int size)
{


}
void main()
{  int i;
srand(time(NULL));
   for (i=0;i<VSIZE;i++)
   {  vector[i]=rand();
      printf("Vector[%d]=%6d\n",i,vector[i]);
   }
   i=fun(vector,VSIZE);
   printf("\nMininum: Vector[%d]=%6d\n",i,vector[i]);
}
```

6．求一组数中大于平均值的数的个数。

```
#include "stdio.h"
int fun(int a[],int n)
{


}
void main()
{  int a[10]={1,3,6,9,4,23,35,67,12,88};
   int y;
   y=fun(a,10);
```

```
    printf("y=%d\n",y);
}
```

7. 求一批数中最大值和最小值的差。

```
#define N 10
#include "stdlib.h"
#include "stdio.h"
int max_min(int a[],int n)
{






}
void main()
{  int a[N],i,k;
   printf("please enter 10 integers:\n");
   for(i=0;i<N;i++)  scanf("%3d",&a[i]);
   for(i=0;i<N;i++)
   {  printf("%5d",a[i]);
      if((i+1)%5==0)  printf("\n");
   }
   k=max_min(a,N);
   printf("the result is:%d\n",k);
}
```

8. 编写函数，用选择排序法对数组中的数据进行从小到大的排序。

```
#include<stdlib.h>
#include<stdio.h>
void sort(int a[],int n)
{






}
void main()
{  int a[13],i;
   printf("please enter 13 integers:\n");
   for(i=0;i<13;i++)  scanf("%3d",&a[i]);
   for(i=0;i<13;i++)  printf("%3d",a[i]);
   printf("\n------------------\n");  sort(a,13);
   for(i=0;i<13;i++)  printf("%3d",a[i]);
   printf("\n");
}
```

9. 编写函数，用冒泡排序法对数组中的数据进行从小到大的排序。

```
#include<stdlib.h>
#include<stdio.h>
void sort(int a[],int n)
{
```

```
}
void main()
{  int a[10],i;
   printf("please enter 10 integers:\n");
   for(i=0;i<10;i++)  scanf("%3d",&a[i]);
   for(i=0;i<10;i++)  printf("%3d",a[i]);
   printf("\n-------------------\n");  sort(a,10);
   for(i=0;i<10;i++)  printf("%3d",a[i]);
   printf("\n");
}
```

10．编写函数 fun()，用比较法对主程序中由用户输入的具有 10 个数据的数组 a 按由大到小的顺序进行排序，并在主程序中输出排序结果。

```
#include "stdio.h"
void  fun(int array[], int n)
{









}
void main()
{  int a[10],i;
   printf("请输入数组 a 中的 10 个数:\n");
   for (i=0;i<10;i++)  scanf("%d",&a[i]);
   fun(a,10);
   printf("由大到小的排序结果是:\n");
   for(i=0;i<10;i++)  printf("%4d",a[i]);
   printf("\n");
}
```

第 3 部分　字符串/字符串与指针

1．从字符串 s 中删除指定的字符 c。

```
#include "stdio.h"
void fun(char s[],char c)
{





}
void main()
{  static char str[]="turbo c and borland c++";
   char c='a';
```

```
    fun(str,c);
    printf("str=%s\n",str);
}
```

2．求一个给定字符串中字母的个数。

```
#include<stdio.h>
int fun(char s[])
{



}
void main()
{  char str[]="Best wishes for you!";
   int k;
   k=fun(str);
   printf("k=%d\n",k);
}
```

3．将主函数中输入的字符串逆序存放。

```
#include<stdio.h>
#define N 81
void fun(char *str,int n)
{




}
void main()
{  char s [N];  int l;
   printf("input a string:");  gets(s);
   l=strlen(s);  fun(s,l);
   printf("The new string is :");
   puts(s);
}
```

4．输入一个字符串，过滤此串，只保留串中的字母，并统计新生成串中包含的字母个数。

```
#include<stdio.h>
#define N 80
fun(char *ptr)
{

}
void main()
{  char str[N];
   int s;
   printf("input a string:");
   gets(str);
   printf("The original string is :");
   puts(str);
```

```
  s=fun(str);
  printf("The new string is :");
  puts(str);
  printf("There are %d char in the new string.",s);
}
```

5. 从字符串中删除指定的字符，同一字母的大、小写按不同字符处理。

```
#include<stdio.h>
void fun(char s[],int c)
{




}
void main()
{  static char str[]="turbocandborlandc++";
   char ch;    printf("原始字符串:%s\n", str);
   printf("输入一个字符:");
   scanf("%c",&ch);     fun(str,ch);
   printf("str[]=%s\n",str);
}
```

6. 编写函数，该函数可以统计一个长度为 2 的字符串在另一个字符串中出现的次数。例如，假定输入的主字符串为"asdasasdfgasdaszx67asdmklo"，子字符串为"as"，则应输出 6。

```
#include<string.h>
#include<stdio.h>
int fun(char *str,char *substr)
{





}
void main()
{  char str[81],substr[3];
   int n;
   printf("输入主字符串： "); gets(str);
   printf("输入子字符串： "); gets(substr);
   puts(str); puts(substr);
   n=fun(str,substr);
   printf("n=%d\n",n);
}
```

7. 对长度为 7 个字符的字符串，除首、尾字符外，将其余 5 个字符按降序排列。例如，原来的字符串为"CEAedca"，排序后输出为"CedcEAa"。

```
#include<stdio.h>
void fun(char *s,int num)
{
```

```
}
void main()
{  char s[10];
   printf("输入7个字符的字符串:");
   gets(s);
   fun(s,7);
   printf("%s\n",s);
}
```

8．用函数将第2个字符串连接到第1个字符串之后，不允许使用strcat()函数。

```
#include "stdio.h"
void len_cat(char c1[],char c2[])
{






}
void main()
{  char s1[80],s2[40];
   gets(s1);
   gets(s2);
   len_cat(s1,s2);
   printf("string is: %s\n",s1);
}
```

9．用函数实现字符串的复制，不允许使用strcpy()函数。

```
#include "stdio.h"
void copy(char str1[],char str2[])
{


}
void main()
{
   void copy(char str1[],char str2[]);
   char c1[40],c2[40];
   gets(c1);  copy(c1,c2);  puts(c2);
}
```

10．编写函数fun（str,i,n），从字符串str中删除从第i个字符开始的连续n个字符（注意：str[0]代表字符串的第一个字符）。

```
#include<stdio.h>
void fun(char str[],int i,int n)
{


}
void main()
{  char  str[81];
   int  i,n;
```

```
    printf("请输入字符串 str 的值:\n");
    scanf("%s",str);
    printf("你输入的字符串 str 是:%s\n",str);
    printf("输入删除位置 i 和待删字符个数 n 的值:\n");
    scanf("%d%d",&i,&n);
    while (i+n-1>strlen(str))
    { printf("删除位置 i 和待删字符个数 n 的值错! 请重新输入 i 和 n 的值\n");
      scanf("%d%d",&i,&n);
    }
    fun(str,i,n);
    printf("删除后的字符串 str 是:%s\n",str);
}
```

第 4 部分 指针简单应用与递归

1．求 k！（k<13），所求阶乘的值作为函数值返回要求使用递归。

```
#include "stdio.h"
long fun(int k)
{

}
void main()
{  int m;
   scanf("%d", &m);
   printf("The result is %ld\n", fun(m));
}
```

2．编写函数，实现两个数据的交换。要求在主函数中输入任意 3 个数据，调用函数对这 3 个数据进行从大到小排序。

```
#include<stdio.h>
void swap(int *a,int *b)
{






}
void main()
{  int x,y,z;
   scanf("%d%d%d",&x,&y,&z);
   if(x<y)  swap(&x,&y);
   if(x<z)  swap(&x,&z);
   if(y<z)  swap(&y,&z);
   printf("%3d%3d%3d\n",x,y,z);
}
```

程序设计题答案

第 1 部分　基本控制结构

1.

```
*c=a/10*100+a%10+b/10*10+b%10*1000;
```

2.

```
int i,j;
float t,s=0;
for(i=3;i<=n;i=i+3)
{  t=1;
   for(j=1;j<=i;j++)  t=t*j;
   s=s+t;  }
return s;
```

3.

```
int i;
int j;
j= 1;
for(i=2;i<n;i++)
{  if(n%i==0)  j=0;  }
return j;
```

4.

```
int i,k;
for(i=n+1;;i++)
{  for(k=2;k<i;k++)
     if(i%k==0)  break;
   if(k==i)  return i;
}
```

5.

```
long i,k;
long s=1;
for(i=2;i<=n;i++)
{  for(k=2;k<i;k++)
       if(i%k==0)  break;
   if(k==i)  s=s*i;
}
return s;
```

6.

```
long f,k=f1+f2;
int i;
for(i=3;i<=28;i++)
{  f=f1+f2;  k=k+f;
   f1=f2;  f2=f;
}
return k;
```

7.

```
int s=0,i;
for(i=2;i<n;i++)
if(n%i==0)  s=s+i;
return s;
```

8.

```
int bw,sw,gw;
bw=n/100;  sw=(n-bw*100)/10;  gw=n%10;
if(n==bw*bw*bw+sw*sw*sw+gw*gw*gw)  return 1;
else return 0;
```

9.

```
int k,s=0;
do
{  s=s+(w%10)*(w%10); w=w/10;
}while(w!=0);
if(s%5==0)  k=1;
else k=0;
return  k;
```

10.

```
long d,s=1;
 while  (n>0)
 {  d=n%10; s*=d;  n/=10; }
 return s;
```

第 2 部分　数组/数组与指针

1.

```
int min,i;
min=x[0];
for(i=1;i<n;i++)
{  if(x[i]<min)  min=x[i];}
return min;
```

2.

```
int i,max,min;
max=min=a[0];
for(i=1;i<n;i++)
  if(a[i]>max)  max=a[i];
  else if(a[i]<min)  min=a[i];
return  max*min;
```

3.

```
int i;
float y=0;
for(i=0;i<n;i++)
  y+=a[i];
y=y/n;
return y;
```

4.

```
int n=0, i,j;
```

```
for(i=lim;i<=100;i++)
{  for(j=2;j<i;j++)
   if(i%j==0)  break;
   if(j==i)  aa[n++]=i;
}
return n;
```

5.

```
int i,min=0;
for(i=1;i<size;i++)
   if(list[min]>list[i])
      min=i;
return min;
```

6.

```
int i,k=0;
float s=0,ave;
for(i=0;i<n;i++)  s+=a[i];
ave=s/n;
for(i=0;i<n;i++)  if(a[i]>ave)  k++;
return k;
```

7.

```
int i,max,min;
max=min=a[0];
for(i=1;i<n;i++)
   if(a[i]>max) max=a[i];
   else if(a[i]<min) min=a[i];
return max-min;
```

8.

```
int i,j,k,t;
for(i=0;i<n-1;i++)
{  k=i;
   for(j=i+1;j<n;j++)  if(a[k]>a[j])  k=j;
   if(k!=i)
   {  t=a[i];  a[i]=a[k];  a[k]=t; }
}
```

9.

```
int i,j,t;
for(i=0;i<n-1;i++)
   for(j=0;j<n-1-i;j++)
      if(a[j]>a[j+1])
      {  t=a[j];  a[j]=a[j+1];
         a[j+1]=t;
      }
```

10.

```
int k,j,t;
 for(k=0;k<n-1;k++)
    for(j=k+1;j<n;j++)
       if (array[k]<array[j])
       {  t=array[k];  array[k]=array[j];
```

```
        array[j]=t;
    }
```

第 3 部分　字符串/字符串与指针

1.

```
int i,k=0;
for(i=0;s[i]!='\0';i++)
if(s[i]!=c)  s[k++]=s[i];
s[k]='\0';
```

2.

```
int i,k=0;
for(i=0;s[i]!='\0';i++)
  if(s[i]>='a'&&s[i]<='z'||s[i]>='A'&&s[i]<='Z')
    k++;
return k;
```

3.

```
int i,j;
char c;
for(i=0,j=n-1;i<j;i++,j--)
{  c=*(str+i);  *(str+i)=*(str+j);
  *(str+j)=c;
}
```

4.

```
int i,j;
for(i=0,j=0;*(ptr+i)!='\0';i++)
  if(*(ptr+i)<='z'&& *(ptr+i)>='a'||*(ptr+i)<='Z'
  && *(ptr+i)>='A')
  {  ptr[j]= ptr[i];  j++;}
ptr[j]='\0';
return j;
```

5.

```
char *q=s;
for(;*q;q++)
  if(*q != c)  *(s++)=*q;
*s=0;
```

6.

```
int i,n=0;
for(i=0;i<=strlen(str)-2;i++)
  if((str[i]==substr[0])&&(str[i+1]==substr[1]))
    n++;
return n;
```

7.

```
int i,j;
char t;
for(i=1;i<num-1;i++)
  for(j=i+1;j<num-1;j++)
    if(s[i]<s[j])
    {  t=s[i];s[i]=s[j];s[j]=t;  }
```

8.

```
int i,j;
for(i=0;c1[i]!='\0';i++);
for(j=0;c2[j]!='\0';j++)
  c1[i+j]=c2[j];
c1[i+j]='\0';
```

9.

```
int i;
for(i=0;str1[i]!='\0';i++)  str2[i]=str1[i];
str2[i]='\0';
```

10.

```
while(str[i+n-1])
{  str[i-1]=str[i+n-1];  i++;  }
str[i-1]='\0';
```

第 4 部分　指针简单应用与递归

1.

```
if (k>1)  return(k*fun(k-1));
else  return 1;
```

2.

```
int t;
t=*a;
*a=*b;
*b=t;
```

参考文献

安德鲁・凯尼格，2020. C 陷阱与缺陷[M]. 高巍，译. 北京：人民邮电出版社.

彼得・范德林登，2020. C 专家编程[M]. 徐波，译. 北京：人民邮电出版社.

布莱恩・克里斯汀，2018. 算法之美[M]. 万慧，译. 中信出版集团.

储岳中，王小林，2016. C 语言程序设计习题详解、实验指导与综合实训[M]. 北京：人民邮电出版社.

何钦铭，颜晖，2020. C 语言程序设计[M]. 4 版. 北京：高等教育出版社.

李清勇，2020. 算法设计与问题求解：计算思维培养[M]. 2 版. 北京：电子工业出版社.

马克・艾伦・维斯，2019. 数据结构与算法分析 C 语言描述[M]. 冯舜玺，译. 2 版. 北京：机械工业出版社.

苏小红，王甜甜，2019. C 语言程序设计学习指导[M]. 4 版. 北京：高等教育出版社.

苏小红，赵玲玲，2019. C 语言程序设计[M]. 4 版. 北京：高等教育出版社.

孙宝刚，杨芳权，2020. 大学计算机：计算思维与程序设计[M]. 重庆：重庆大学出版社.

谭浩强，2017. C 程序设计[M]. 5 版. 北京：清华大学出版社.

谭浩强，2017. C 程序设计学习指导[M]. 5 版. 北京：清华大学出版社.

颜晖，张泳，2020. C 语言程序设计实验与习题指导[M]. 4 版. 北京：高等育出版社.

杨克昌，2016. 至美：C 程序设计[M]. 北京：中国水利水电出版社.

朱鸣华，罗晓芳，2019. C 语言程序设计教程[M]. 4 版. 北京：机械工业出版社.

KERNIGHAN B W，PIKE R，2016. 程序设计实践（英文版）[M]. 北京：人民邮电出版社.

KERNIGHAN B W，RITCHIE D M，2019. C 语言程序设计（英文版）[M]. 徐宝文，李志，译. 2 版. 北京：机械工业出版社.

KING K N，2021. C 语言程序设计现代方法 [M]. 吕秀峰，黄倩，译. 2 版. 北京：人民邮电出版社.

PLAUGER P J，2014. C 标准库（英文版）[M]. 北京：人民邮电出版社.

PRATA S，2019. C Primer Plus（中文版）[M]. 云巅工作室，译. 6 版. 北京：人民邮电出版社.

PRATA S，2021. C Primer Plus（中文版）习题解答[M]. 曹良亮，译. 6 版. 北京：人民邮电出版社.

REEK K A，2020. C 和指针[M]. 徐波，译. 北京：人民邮电出版社.

附录　C语言常用库函数

1. 数学函数

头文件 math.h

函数名	函数原型	函数功能
sin	double sin(double x);	返回 sin(x)的值
cos	double cos(double x);	返回 cos(x)的值
tan	double tan(double x);	返回 tan(x)的值
abs	int abs(int x);	返回整数 x 的绝对值
fabs	double fabs(double x);	返回实数 x 的绝对值
floor	double floor(double x);	对 x 向下取整
ceil	double ceil(double x);	对 x 向上取整
pow	double pow(double x,double y);	返回 x^y 的值
log10	double log10(double x);	返回以 10 为底数，x 为真数的对数
sqrt	double sqrt(double x);	返回 x 的正平方根

2. 字符处理函数

头文件 ctype.h

函数名	函数原型	函数功能
islower	int islower(int x)	若 x 是小写字母，返回非 0，否则返回 0
isupper	int isupper(int x)	若 x 是大写字母，返回非 0，否则返回 0
isalpha	int isalpha(int x)	若 x 是字母，返回非 0，否则返回 0
isdigit	int isdigit(int x)	若 x 是数字，返回非 0，否则返回 0
isalnum	int isalnum(int x)	若 x 是字母或是数字，返回非 0，否则返回 0
tolower	int tolower(int x)	返回 x 代表的小写字母
toupper	int toupper(int x)	返回 x 代表的大写字母

3. 字符串处理函数

头文件 string.h

函数名	函数原型	函数功能
strcpy	char *strcpy(char *x1,const char *x2)	将字符串 x2 复制到字符串 x1 中
strcat	char *strcat(char *x1,const char *x2)	将字符串 x2 连接到字符串 x1 后面
strcmp	char *strcmp(const char *x1,const char *x2)	按照字典顺序挨个字符比较两个字符串（字母大小写敏感） x1<x2，返回负数 x1=x2，返回 0 x1>x2，返回正数

续表

函数名	函数原型	函数功能
strupr	char *strupr(char *x)	将字符串 x 中的小写字母变成大写字母
strlwr	char *strlwr(char *x)	将字符串 x 中的大写字母变成小写字母
strlen	unsigned int char *strlen(const char *x)	返回字符串 x 的字符个数

4. 动态内存分配函数

头文件 stdlib.h 或 malloc.h

函数名	函数原型	函数功能
malloc	void *malloc(unsigned size);	分配 size 字节的内存区， 成功则返回内存起始地址，失败则返回 NULL
free	void free(void *p);	释放 p 所指的内存区

5. 缓冲区文件系统的输入输出函数

头文件 stdio.h

函数名	函数原型	函数功能
scanf	int scanf(const char *format,p);	按 format 格式输入数据给 p 所指向的内存单元，文件结束返回 EOF
printf	int printf(const char *format,args);	按 format 格式输出 args 的值
getchar	int getchar();	读取并返回字符直到遇上回车符
putchar	int putchar(char ch);	输出字符 ch
gets	char *gets(char *str);	读入字符串到 str 指向的字符数组中，直到读到回车符变成'\0'作为字符串的结束
puts	int puts(const char *str);	输出 str 指向的字符串，将'\0'变成回车换行

6. 其他函数

其他函数

函数名	函数原型	函数功能
random	#include<stdlib.h> int random(int num);	生成 0 到 num 之间的随机数